激励教育与数学认知非离散思想

Indiscrete Thoughts on the Incentive Education and Nature of Mathematics

阴东升　著

科学出版社
北　京

内 容 简 介

基于“追求收益最大化”之朴素的经济原则和相关神经科学知识，本书通过 131 个断想，提出了“面向收益最大化的大学数学激励教育”的理论框架. 在“思想代表系”的写作结构中，主要以与线性代数相关的实例来例证有关的思想. 在理论创新的架构中，提出了诸如“数学是隐几何”、“数学是研究逻辑等价形式的不同效用的学问”、“数学是代事学”、“数学预言新技术”、“数学是体育”、“文本医学”，以及与著名的旅行商问题有关的“和积式”概念等具体的有关数学认知的新思想.

本书可供数学教育、数学思想方法、神经教育学、教育经济学等领域研究或教学人员参考，也可作为大学生提升数学修养、开拓知识与思维之视野、加深对线性代数之认识的参考书.

图书在版编目(CIP)数据

激励教育与数学认知非离散思想/阴东升著. —北京：科学出版社，2015.1

ISBN 978-7-03-042824-0

Ⅰ. ①激…　Ⅱ. ①阴…　Ⅲ. ①数学教学-教学研究-高等学校　Ⅳ. ①O1-4

中国版本图书馆 CIP 数据核字(2014) 第 297884 号

责任编辑：王胡权／责任校对：邹慧卿
责任印制：张　伟／封面设计：迷底书装

科学出版社 出版
北京东黄城根北街 16 号
邮政编码：100717
http://www.sciencep.com
北京凌奇印刷有限责任公司 印刷
科学出版社发行　各地新华书店经销
*
2015 年 1 月第 一 版　开本：720 × 1000 1/16
2022 年 7 月第六次印刷　印张：23
字数：463 000
定价：89.00 元
(如有印装质量问题，我社负责调换)

献给恩师徐利治先生

前　言

有的作品意在提出自己对某个问题的思考结果, 重在弱化、甚至终结读者的相关思考; 有的作品则意在以自己的思考为依托, 重在激发读者自己进一步思考. 后者是具有激励性的作品. 由于从发展的角度来讲, 只有永久的问题, 没有永久的答案. 因此, 具有激励性的作品才是顺应事物发展趋向的价值久远的作品.

目前的教育经济学, 很少具体谈论提高教学收益的问题. 本作品意在将现代神经科学的思想应用于数学教育的支持下, 开 "具体教育经济学"[①]之先河, 研究落到实处的、具体教与学的效果、收益问题.

人类各种团体组织的良性发展, 依赖于其内在的活力. 而活力来自于各成员自身的活力和管理者的水平. 管理者对整体组织所负的责任之一, 就是要制订并落实旨在展示和提升组织活力的制度[②]. 相应的制度应具有两个基本的功能: 一是降低成员之间、领导者与一般成员之间的内耗成本, 提高和谐度; 二是对所有成员都具有相当的激励作用: 不仅仅是降低内耗展示自然、自发的活力, 而且要旨在通过适当的制度措施, 来自觉、有意识地提高成员和整体团队的活力. 我们将具有这两种功能的制度, 称为自然激励型制度[③]; 同时, 将具有这种制度的组织, 称为激励型组织. 从组织规模上讲, 大有人类发展的激励型阶段、激励型社会、激励型国家; 中有激励型社区、学校; 小有激励型院系、课堂, 等等. 如何建构一个激

---

① 类比美国斯坦福大学组合学家、计算机专家高德纳 (Donald E. Knuth, 1938—) 之著作《具体数学》的思想.

② 我国著名经济学家林毅夫先生 (1952—) 在为帕萨 · 达斯古普塔 (Partha Dasgupta, 1942—) 著牛津通识读本《大众经济学》(*Economics, A very short introduction*) 中译本所写的序言中说: "一般人关注的资本、自然资源等仅仅是决定一个国家贫富的表层原因, 根本的决定因素则在于一个国家的制度安排是否能够最大限度地调动每个人在工作、学习、积累、创新等方面的积极性." (文献 [175]). 实际上, 制度对各种团体的活力、能取得的成就都具有基本的重要性.

③ 从一般角度来讲, 任何一种制度、措施, 对于任何一个对象, 都有相应的激励度. 基于激励度考虑的一个数学模型是: 各种制度组成的系统作用在对象系统上, 制度对对象作用的结果属于 $[0, 1]$. 其中的对象既可以是个体的人, 也可以是各类团队、组织以至国家. 这一模型也可看成一个特殊的二元函数: $F: C \times P \to [0,1]$. 其中 C 是制度构成的系统, P 是对象构成的系统. F(国家制度, 张三) 表示的是国家制度对张三的激励度; F(李四的教学方法, 张三) 表示的是李四的教学方法对张三的激励度, 等等. 由于对象中既有个体, 又有个体的集合、结构, 不难理解, 这一模型中必定存在着大量有现实意义的数学问题. 例如, 对一个具体的个人来讲, 一种制度对其可能有激励作用, 另一种制度对其可能具有抑制作用; 多种制度的综合宏观效果依赖于其间的正向协同作用. 其间的数学关系便值得分析.

励型组织, 这是一个涉及面颇广的复杂问题. 本书探讨的不是这种宏大的问题, 而是主要针对激励型课堂教学, 做些具体的相应思考.

受维特根斯坦、尼采等写作风格的影响, 类似美国数学家、哲学家罗塔 (G.C. Rota, 1932—1999) 内涵丰富的著作《非离散的思想》(*Indiscrete thoughts*)(文献 [159]), 本书意在以随笔、断想之内容非离散的离散形式, 呈现一套 "以教学收益极大化为目标、以激励为提高收益效率之手段" 的 "基于经济原则和认知神经科学的大学数学激励教育" 的理论构件. 它是 1992 年诺贝尔经济学奖获得者、美国经济学家贝克尔 (Gary Becker, 1930—)"人类行为皆可进行经济学分析" 观点 (文献 [140]) 的一种具体体现.

经济原则的核心在于 "低成本, 高收益". 数学大师波利亚 (George Polya, 1887—1985) 曾明确表达过这一观点. 收益的直接体现并不仅有物质、金钱财富一种, 还有很多其他的形式. 对于教与学而言, 知识、思想、方法、精神、境界等方面的收获是较直接的收益. 针对这些方面的经济分析, 构成了本书的基本内容之一.

传统的教育经济学的研究对象主要是与金钱或较宏观方面的内容有关, 与其不同的是, 本书涉及的是最直接的教学活动的收益. 尽管有了知识、素质, 也可以为拥有者带来金钱财富, 但那只是教学效果在次级阶段的体现.

本书主要以课堂教学收益为研究对象,基本建立了较微观的面向收益极大化的激励教育框架. 填补了贝克尔经济分析和教育经济学的一个空白. 相应于数学中的构造精神, 也可称为 "构造教育经济学"—— 一种落到教与学实处的 "具体应用经济学".

在众多的激励教育手段中, "明事理型激励" 占有非常重要的位置. 所谓明事理型激励, 指的是, 通过 "让学生明学习之理, 在数学学习中明数学之理 —— 其内在之理、外在应用之理" 而使其产生主动学习之欲望的激励. 这是一种 "以理性激发情绪, 情绪转化为行动, 而行动收获认知进步" 的措施, 是对 "智" "情" "行" 三者之间关系的一种实际应用. 显然, 对数学有较充分的认知是有效实施这一激励的基本保障. 本书的较多篇幅涉及数学认知、认识数学的问题, 例如, 数学的本意是什么? 其含义是如何演化的? 数学知识体系发展路线有何特点? 数学世界是怎样的一种存在? 数学在人类进化过程中扮演着怎样的一个角色? 如何理解 "数学家的出现, 反映着人类进化到了一个新阶段"? 数学对技术进步起怎样的作用? 数学行为对人的健康与长寿有怎样的影响? 数学 "文本医学" 是个什么概念? 数学思维的特点是什么? 如何理解 "数学是隐几何"? 如何理解 "数学其实是研究逻辑等价之形式的不同功用的学问"? 如何学好数学? 如何进行数学创新? 数学与经济是什么关系? 为什么笔者更喜欢称数学为 "代事学"? 等等.

创新思维是实现学习收益极大化的一个重要手段. 它对学习者的主观素质依

赖性较强：它既依赖学习者的创新意识, 也依赖其创新能力 —— 多角度创新能力、多层次持续创新能力等. 本书在例讲创新思维时, 并非仅用已有的知识进行讲解, 而是适时给出了一些新概念 —— 也就是说, 作者是真的在进行创新实践. 比如, 对集合的布局认识观, 行列式的多种推广、类比, 等等. 特别是矩阵的 “和积式 (某种类型的和的乘积)” 的概念在此值得强调. 它是与传统的积和式 (也称为恒久式, permanent) 对偶的一个概念; 借助于它, 可以给出著名的旅行商问题 (the traveling salesman problem, TSP) 的一个相应的新表述. 也就是说, 被美国克莱数学研究所 (Clay Mathematics Institute) 悬赏百万美元求解的这一问题, 实际只是未来 “和积式理论” 中的一个具体问题 —— 尽管不是容易的问题.

本书在数学实例的选择上, 以线性代数内容为主. 其中体现着一个一般指导思想 ——“思想方法代表系的思想”. 人类认识事物、解决问题、组织思想的思维方法在任何一个数学领域都能得到体现, 它们或者在该领域已经得到了体现, 或者随着领域的发展可以创造出体现的情景. 换言之, 任何一个数学领域从发展的角度讲, 都可看成数学思想方法集合的全息体. 道理很简单, 各领域思维用的都是同一个大脑 (人类大脑). 只要领域得到了充分发展, 各种思维方式在其中都会有所反映. 对于人们关注的一组方法, 人们可以从选定的领域中选择出体现这些方法的典型例子. 这些例子的集合, 笔者称之为相应思想方法集合的一个代表系. 在本书中, 所讨论的众多思想方法的代表系成员主要取自线性代数, 为方便读者理解, 少数例子取自其他数学分支.

聪明的读者可能已经意识到, 如果我们换了代表系, 也能写出类似的著作, 甚至写出更好的作品. 是的, 的确如此! 我们希望本书能起到抛砖引玉的作用, 在数学教育界, 能出现一个 “数学思想方法代表系” 类型著作的出版潮：①对选定的思想方法集合, 可写面向儿童、小学生、中学生、大学生, 以至一般读者、专家等各层面的作品; ②思想方法集合可以变化选择; ③可以对思想方法集合的选择进行教育效能比较等多方面的理论及实践研究. 更普遍的是, 不仅在数学领域, 在超出数学的领域也可做类似的事情.

著作中文献的引用有两种基本类型：贴标签型和组拼型. 贴标签型是指：作者 A 的作品内容具有独立思考的连续整体性, 是先生或共生产物. 只是出于对先行意识到其中相关思想者 B 的尊重 ①, 而标明此类思想的先行归属 —— 这又包

① 知识产权具有相对的合理性. 从思想的神经系统基础来讲, 只要具有相同的神经振动模式, 就会产生相同的思想. 一种思想并不是哪一个人的私有财产. 之所以 “先遇先得”, 主要是为了鼓励大家树立积极的探索意识, 并付诸行动, 以保持人类进步的活力. 正是由于各种可能的思想是人类共同的财富, 所以知识产权是有期限的.

含两种情况: A 独立想到了有关内容 C, 或受 B 工作的启发、共鸣而想到了 C. 组拼型是指: A 的作品来自于对各种相关文献的编辑组合, 是后生产物.

本书文献的标注, 以贴标签型为主. 由于有的文献时间上见到的晚, 属不断后补型, 所以正文文献标注序号 —— 用数学的语言讲 —— 很多并非自然序, 而是反序 —— 大的数在小的数前面. 文献标注的本质在于建立所引文字、思想与已有文献的对应关系. 序号选择无关紧要. 本书正文中由前到后的文献序号数列, 可看成文后参考文献序号自然序数列的一个排列. 它真实地体现了本书写作进程的结构.

本书在内容的结构上虽仍由传统正文、脚注和参考文献三个基本部分组成, 但笔者在此要特别强调的是, 三类的区分只是一个分类, 并不代表谁轻谁重. 作品一经产生, 它便具有了相对独立性, 成了奥地利裔英国科学哲学家波普尔 (Karl Raimund Popper, 1902—1994) 世界 3 中的一个客观存在. 读者可根据自己的理解给出它的一个结构性解读. 你既可认为该作品的参考文献是服务于作品相关内容的, 也可认为该作品是对书后众多文献的一个串联式介绍 —— 如果你能通过该作品的学习而深入到某一参考文献, 那作品的引导性价值也就得到了相应的体现; 从书的传统正文内容来讲, 你既可认为脚注是对正式行文的补充, 也可认为是正文延伸的一种方式 —— 除了正式行文维度的继续延伸, 还有脚注这一维度的延伸, 因而使得思想的继续有了二维性, 而非简单的线性进程. 由于目前的纸张具有二维性, 因此, 传统意义下的写作也就是最多呈现二维了. 顺便指出, 目前的电子文本已经突破了这一局限, 链接可多层、多分支进递.

本书形式上不追求固定的体系, 但读者可创造性地读出与自己的思维结构、生活经历、知识背景相适应的整体思想架构. 例如, 下面即为你能读出的一个可能的目录.

前言

第一章　具体教学的经济原则

　第 1 节　收益度的概念

　第 2 节　收益的类型

　第 3 节　收益的来源

　第 4 节　收益的实现途径与效率

　第 5 节　收益的管理与利用

第二章　收益极大化的基本理论

　第 1 节　三行原则 —— 能行 快行 远行

　第 2 节　虚心受益原理与 “始向量” 方法

本书的写作, 采用的是发散关联延伸法: 从一种思想出发, 多角度、多层面地进行联想引申. 不仅有数学内部的延伸, 而且还有、甚至强调至数学外部的延伸 —— 因为我们所谈的数学教育, 指的是 “以数学为教育载体而实行的人的全面教育”. 这一写法体现着 “思维流动极大化” 和 “ 思想收益极大化” 的精神.

尽管本书目录中列出了 131 个条目的主旨引导句, 但其往往只反映有关条目的部分思想, 而对由其联想阐发的思想有时难以兼顾. 为方便读者快速了解自己感兴趣的部分, 我们采用书后编制人名索引、名词及基本思想索引的方法来加以补充, 读者可通过它们来反查书中相关具体的内容.

本书有的条目论述内容较多, 有的较少, 甚至有的只是一个题目, 但这并不意味着此重彼轻. 论述多少的差异只反映笔者掌握材料和思维多少的差异. 读者尽可深入思考自己感兴趣的问题.

本书三大关键词 “基于经济原则、基于神经科学、激励教育” 意指: 基于经济原则, 重在强调收益极大化. 基于神经科学, 重在强调人之行为的神经生理基础, 强调行为者个人物质基础的约束性及特点. 二者联合, 强调个人生理神经基础约束下的行为收益极大化. 激励教育, 强调对学习的激发; 目的在于使学生走向自我快速、良性发展的轨道.

本书部分内容曾被作者用于公共基础课“线性代数”、通识教育课“数学思想方法选讲”, 以及新生研讨课“数学文化选讲”和“数学家与数学史”等的教学. 它既是一部适于数学教育工作者、数学思想方法工作者、经济思想和神经科学思想应用工作者阅读的理论著作, 又是一部大学生提升数学素养、加深对线性代数认识的参考书.

本书将经济学精神、数学及其教育的特点、人之数学行为的生理神经科学基础等方面融合到一起, 对达成收益极大化的途径、提高收益效率的激励类型, 做了较为全面的思考. 它不仅具有一定的理论价值, 而且, 这些成果的教学实践, 在目前这个我国建立创新型国家的时期, 对树立学生的创新意识、把握相应的创新途径, 培养创新人才, 也具有一定的现实意义.

本书部分内容的研究, 得到了北京工业大学教育教学研究项目 ER2004-A-17 和 ER2005-B-101 的资助; 本书的写作, 一直得到了张忠占教授的关心与支持; 本书的出版, 也得到了王术教授主持项目的资助; 澳大利亚昆士兰大学的阴红志博士后在一些文献的获取方面提供了不可或缺的帮助; 程兰芳博士帮忙整理了人名索引、名词及基本思想索引; 责任编辑王胡权对本书的出版, 不论在文字还是内容方面都提出了中肯的意见和建议. 在此, 笔者向他们表示由衷的感谢!

本书的写作虽历经数年, 但难免有不足和疏漏之处, 望读者不吝提出自己的宝贵意见; 当然, 笔者更希望的是: 您能从中发现对您有益的东西!

阴东升

2014 年 9 月 5 日

目　录

激励教育与数学认知非离散思想

——— 基于经济原则和认知神经科学的若干教育断想

以教学效益极大化为目标、以激励为提高收益效率之手段的教育, 我们称之为"面向收益极大化的激励教育". 其试图为学生"提供宏大的知识、思想视野, 展示精湛的思维技术".

西班牙思想家、教育家奥尔特加 · 加塞特 (Jose Ortegay Gasset, 1883—1955) 在其《大学的使命》一书中谈到, "人类从事和热衷于教育是基于一个简单明了、毫无浪漫色彩的原因: 人类为了能够满怀信心、自由自在和卓有成效地生活必须知道很多事情, 但儿童和青年的学习能力都非常有限, 这就是原因所在. 假如童年期和青年期的时间分别都是持续一百年, 或是儿童和青少年都具有无限的智慧和注意力, 那么就不会有教学活动存在"(文献 [236]P.67). 确实如此. 时间是每个人的稀缺资源. 若在一定时间段内 (如 6—25 岁) 想使自己的学识、能力达到一定程度, 仅凭一己之力可能做不到. 这时就要借助外力的帮助. 通常情况下, 就是到相应级别的学校接受相应的教育. 也就是说, 学生到学校接受教育, 是希望在一定的时间内, 获得尽可能大的收获; 甚至希望, 在尽可能短的时间内, 获得尽可能大的理想收获. 总而言之, 是希望自己的时间价值最大化. 自然地, 与之相应, 教师的教学就应满足学生的这一愿望; 不然, 学生到学校学习的动力就会消失. "低成本、高收益" 是经济原则的基本内涵. 因此, 教育具有经济属性!

教育要使受众在以下四个方面获得收益: 收获知识、锻炼能力、感受快乐、增进健康; 而激励教育则要使受众的相关收益极大化.

谁能提出新观点? 其生理学基础是什么?

观念的出现根基于感觉. 感觉有 "感觉延展度" 的问题. 感觉的广度、深度如何度量?

"人类行为的神经生理学基础" 是明确人类行为之本质的基本研究课题.

本书希望在考虑教育问题 —— 特别是数学教育问题时, 能够加上经济原则和认知神经科学这两个维度.

1992 年诺贝尔经济学奖得主、美国芝加哥大学的贝克尔教授认为:“经济分析是一种统一的方法, 适用于解释全部人类行为, 这些行为涉及货币价格或影子价格, 重复的或零星的决策, 重大的或次要的决策, 感情或机械似的目的, 富者与穷人, 男子与女士, 成人与儿童, 智者与愚者, 医生与患者, 商人与政客, 教师与学生等.” (文献 [140], P.11).

列宁认为, “人的思维在正确地反映客观真理的时候才是 “经济的”, 而实践、实验、工业是衡量这个正确性的准绳.”(文献 [215]P.164).

经济分为即时经济和整体经济两种基本类型.

断想 1　开放而期望收获的读书态度

一部作品能否引起共鸣, 与大家的相关经验有关系. 当你对所听所见没有感觉时, 你需要做的不是无知地对其妄加评论, 而是要在你以后的亲身实践中去检验它!

断想 2　真相显示之性质

人为何要将自己看到的事情的真相讲出来为别人所知? 是自发本性的显露, 还是自觉地表演?

真相的性质有两个阶段: 私有阶段与公有阶段. 事情在一开始往往属前者, 逐渐转化为后者. 到后一阶段 —— 纸包不住火的阶段, 谁先讲出真相, 谁就会赢得公众的尊敬, 因此他获得一种揭秘的权利, 原因之一; 之二在于, 人的实践能力是不同的. 同一个想法, 张三能付诸实践而获得实际的收益, 李四则可能心里明白却做不出. 人有做者与说者之分. 人能说到什么程度与做到什么程度, 与其自身的主观条件和客观条件都有关系. 说者获得收益的最好办法就是将自己做不到的事情说出来, 从中获得信息而践行以致受益者, 自然对李四心存佩服感激之情. 李四由此获得的有学问、有水平的名声就是一种社会资本, 它为其在社会中的生存与发展奠定了相应基础.

断想 3　教育、文明与经济

狭隘的教育还是真正的本性教育? 何谓文明? 文明是人类争斗中为了共存的产物. 人与人之间的斗争犹如不息的激流, 在冲涤着人的棱角. 人与人之间开始有妥协、开始有内在的心计、开始有表里不一的争斗艺术 —— 有了艺术, 就没了真实、没了自由. 艺术、机巧总是和真正的自由相冲突的. 文明是人之间在各种约束条件下和谐相互之间关系之经济行为的衍生物. 这里的 “经济”, 指的是其朴素含义: 追求收益最大化.

断想 4　学习、激励以及激励教育中的教师

“人脑的杰作就是学习. 学习可以改变脑, 这是由于通过每一次新异的刺激、经历和行为, 脑本身也发生改变. ”(文献 [75]P.15)“洛杉矶加州大学的神经科学家 Bob Jacobs 通过解剖发现, 学习生活更富挑战性、要求更严格的学生的大脑比其他学生的大脑有着更多的网状分支. 换句话说, 他们的大脑发生了物理上的变化, 变得更丰富和更复杂了. ”(文献 [75]P.4) 这类现代神经科学的工作, 启发了人们比美国著名心理学家桑代克 (Lee Edward Thorndike, 1874—1949) 在其学习理论中提出的三大主要定律之一的 “权宜假说”—— 准备律 —— 更多的东西. 桑代克的三大主要定律包括效果律、练习律和准备律. 准备律是说, “学习现象受制于学习者的生理机制. 学习离不开神经元的突触活动, 神经元的突触随练习而变化. 这种改变并非由练习本身直接引发的, 而是练习先引起神经系统化学的、电的, 甚至原生质的变化, 再由这些变化导致神经元活动的改变”(文献 [206], 中文版译序 P.5).

激励有内在生理激励系统产生的激励与外在行为机制设计产生的激励两种基本类型. 后天外在人为的机制设计与内在天生机制相匹配、相互促进对取得良好激励效果是有益的. 从本质上讲, 人为机制设计的目的, 在于激活或促进内在激励系统的效率. 提高内在激励系统的工作水平是激励长生良好效果的根本. 诚如 Eric Jensen 在其《适于脑的教学》一书所言, 学生不是工厂的工人, 不需要被鞭策、笼络、贿赂、管理或者威胁. 不要问 “我该怎么激励学生?” 更好的方式是问 “脑是以何种方式进行内部自然激励的?”(文献 [75]P.82).

“什么是激励? 当一个人愿意做什么事的时候, 他就被激励了”(文献 [67]P.2). 描述一个对象, 既可从其自身结构出发, 也可从其外在功能、效用出发. 世界上第一位领导学教授阿代尔 (John Adair) 对激励给出的这一定义, 便是从效用的角度对激励给出的一种刻画.

关于激励的研究, 是个具有相互联系的多层面的研究课题: 一般的层面有: 内在生理激励系统的脑科学研究、心理学的动机激励研究、经济学的激励理论的研究、管理的激励研究等. 相对于上述层面而言, 学校教育的激励研究是一种具有特定环境、对象和施行者的应用性研究. 大学数学教育的激励研究更是其中一子课题.

激励教育的科学研究中有六个基本的方面: 激励目的、激励者、激励措施、被激励者、激励评价与激励改进. 这些内容具有普遍性: 不论学校教育, 还是企业教

育皆如此.

专业激励有其自身的特点. 大学教育中的激励教育也如此. 数学、文学、哲学、历史、艺术、体育是人类的基本教育. 其中的激励教育应备受重视.

激励的初始目的在于借助于一定的措施刺激人向上.

但什么叫向上? 人为何要向上?

常言道 "兵熊熊一个, 将熊熊一窝", 在教育方面也是如此. 诚如美国著名教育家博耶 (Ernst L. Boyer, 1928—1995) 所说, "归根到底, 教育的质量取决于教师的教学质量" (文献 [202]P.16). 教师的质量直接影响着学生的成长与发展.

"优质教育实际上就存在于这样的教育时机之中, 即具有好奇心的学生和能够激励学生的教师之间的相互作用" (文献 [202]P.26).

激励具有可行度. 激励既有科学成分、艺术成分, 亦有实验色彩.

教学课堂就是教师的舞台, 是有意引导学生成长, 并在其中自己也得到相应发展的重要场所. 教师不仅是蜡烛、奉献者, 他们也是 (或应该是) 主动的收益者 —— 在与学生的互动进步中, 保持着自己的年轻、延缓着衰老, 并在学生身上意识到、学到很多东西, 使自己进入并保持在 "生长的年轻 (growing young)" 的状态 ①(文献 [448]P.11).

教师是一种特殊的职业, 它使教师有机会复习、重塑相应学生年龄段自己的人生经历的意义. 例如, 幼儿园教师可以从幼儿园学生身上感受自身的幼儿品质, 小学教师可以从小学生身上感受自身的小学生品质, 中学教师可以从中学生身上感受自身的中学生年龄段的品质, 大学教师可以从大学生身上感受自身大学生年龄段的品质, 等等. 知识只有不断复习才能理解但更加深刻. 人生也是如此. 人生也需要复习! 在复习中巩固、开拓和提高. 一个人一生中很多阶段的意义都没充分展现就匆匆过去了. 一个成年人使自己重温青少年的经历, 并从中学到很多东西, 对大多数人而言, 仅有的新机会, 就是对自己后代的教育时期. 教师则不同, 他可以接触很多学生, 能够得到更多的复习, 见识更多的人性新要素 —— 他之前、或与学生年龄相当的年代自己没有展现的品质 —— 的机会. 英裔美国人类学家蒙塔古 (Ashley Montagu, 1905—1999) 认为, 人的发展不应是弱化或极小化孩童

① 这里 "生长的年轻" 是指年轻态沿时间轴的伸展和充分展开, 老化的延迟, 但整体趋势仍是逐渐老化. 在现代信息技术、生物技术、纳米技术等科技发展的支撑下, 人们已经开始了反老化、逆生长的研究. 亦即, 借助于新技术, 如克隆技术、反转老化过程, 使得人在生理、精神诸方面沿时间轴变得越来越年轻, 甚至年轻、成熟的程度可按意愿进行设计、落实. 美国发明家、未来学家库兹韦尔 (Ray Kurzweil, 1948—) 和长生医学专家格罗斯曼 (Terry Grossman, 1951—) 在他们合著的《神奇旅行 —— 根本的生命扩展之背后的科学》一书中对此多有论述, 并给出了 "长得越来越年轻 (growing younger)" 的概念 (文献 [460]$^{23-27}$).

时期的特性, 而应该是强化他们, 使儿时的人性得以生长和展开 ([448][11−13]). 人在时间上的发展过程, 在形象上应是一个膨胀、强化的过程, 恰如宇宙的膨胀式发展一样. 由于人生境遇的不同, 人的发展并不具有齐次性. 但无论如何, 人们都应知道, 人性应随着时间的推移不断展现出来. 人生是个无休止的过程: 除了有一个 "人性内涵不断逐步展现的线程", 还有一个 "各要素、品质、能力不断强化, 并总体上追求加权优化趋强的进程".

要让师生明白师生关系的演进过程. 建立博弈的观点 —— 透明化. 有的老师是无私付出, 有的老师是将教学看作自己教育研究的一个实验室. 其实, 教师的概念 —— 特别是教授职称的概念已经变了味. 任何一种职业都在随着历史的演进而发生变化.

透明的博弈显示大智慧 —— 在宏大视野中运转乾坤.

教育的过程实际是多种 "对立" 因素博弈的一个综合系统: 教师与学生的博弈、下级与上级的博弈、工作与生活的博弈, 是其中具有代表性的 "三大战役".

例如, 很多学校允许学生期末考试缓考. 对教师考试出题有出 A, B 卷的要求 —— 其中一份作为考卷, 而另一份作为补考卷 (一般安排在下学期开学初). 由于任课教师一般不知道 (或不应该知道) 采用哪份试题作为考题, 因此, 在出题时, 往往两份试卷题型、难度相当. 有的学生意识到这一点后, 便开始钻缓考的空子. 如果缓考手续办理成功, 他就可先将期末试卷做一遍, 等开学初再考时, 自然会得到一个较好的成绩. 这时就会导致三类基本博弈: ①教师与学生的博弈: 如何出题, 才能保证缓考与正常考试在理论上的结果是一样的; ②学校考试制度与教师的博弈: 教师为了得到好的教学评价, 希望学生成绩好一些, 因此, 教师有可能将缓考策略以某种方式告诉学生. ③学校考试制度与学生的博弈: 学校如何有效判断学生的缓考申请是否合理? 客观地讲, 如果是学生自己意识到了缓考优势, 那他还是一个聪明学生, 学校和老师应该感谢他揭示了考试制度中的漏洞. 能够看清并利用所处 (学校) 环境的制度缺陷进行作为的人, 是推动制度完善化的重要力量.

我们将以教育中的博弈现象为研究对象的学问称为 "教育博弈论"—— 它是教育学问之精髓.

教师自己对待工作的态度是不一样的: 有人将之看作兴趣, 有人将之看作职业, 有人对之看作稀里糊涂.

教师在课堂上的表现要在以下两个方面取得平衡: 作为教书育人表演的教师与设置知识情景以让学生置身其中体味知识甘霖的布景师. 前者在于让学生看到掌握知识的一个典范, 后者的目标则在于让学生在纯净知识的海洋中畅游 —— 忘记教师的存在是其重要的前提. 教师的成功之处主要在于让学生记得其传播的知识, 而无视他的存在. 课堂上的教师在自己讲解的过程中让自己在学生的心灵中暂时消失了 —— 让学生完全沉浸在对知识的思索之中了 —— 学生外在看到的是教师, 头脑中的映像却是知识. 能让课堂中的学生这样 "目中无人" 的教师才是真正高水平的好教师. 在课堂中学生钻进去了, 课下他则体会到教师的教育魅力. 钻进去与跳出来, 内外两相综合, 利于学生真正的进步.

"课上被无视, 课下被想起" 是教师扮演 "顺畅而透明的知识通道" 的角色成功的重要标志.

断想 5　学术市场

学生有初始需求, 但学生的需求也需要引导. 教育的功能就在于满足学生适宜的需求, 以及引导其利于自身与社会发展相和谐的新需求. "满足" 与 "引导" 是教育的两个基本功能.

专业教师、或作为科研人员的教师要借助各种可能的媒体, 向社会传播自己的教育和学术思想, 成为社会中的 "大教师".

开辟新的研究领域可以创造很多学术人员的就业岗位. 这是 "学术市场" 的另一重要含义. 准确地说, 上面学术市场的含义其实指的是 "教育市场".

对于 "市场", 要广义地加以理解. 在数学上, 它可用一张依赖时间的有向图 —— 我们称之为 "市场图"—— 来表示. 社会中由人组成的市场是一个相互作用的网.

教师既应是个理论家, 又应是其理论的活动实践家.

断想 6　朴素的生活激励

投资要有回报, 付钱要取商品. 不论是学习还是读书, 都应从自身作为一个 "消费者" 身份的角度看问题. 应该有收益最大化的思想. 学生在学期间, 要充分利用好学校能够提供的各种资源提高自己. 投资有金钱投资和时间投资. 时间就是生命. 浪费光阴就是在浪费自己的生命, 那是一种极其愚蠢的行为. 英国大数学家、哲学家罗素就是从消费者角度去读历史的 [文献 11].

上大学就是在做一件大事情, 需要花费四年的时间才能完成的一件具有复杂环节的事情. 在这期间, 既有与老师、同学的相处问题, 也有学习与娱乐的安排问题 —— 特别是有应对学习考试压力的问题. 通过完成它, 学生可以积累很多的做事经验. 这些经验对下一阶段的研究生时期的研究工作或在社会岗位中的工作都是有益的 —— 当然, 前提是, 你要努力看到人的各类不同行为现象背后的相同指导思想和成功路线的模式. 很多人没能看到这一点, 总认为学生离创新研究、社会很遥远. 其实不然. 大学四年, 是人生的一段美好时光, 其主要方面之一, 就是一个人的思想与精神, 得到或应该得到了锻炼与提高. 在数学界, 英国数学家李特尔伍德 (John Edensor Littlewood, 1885—1977) 可谓在学习、研究以致一般做事等不同阶段或方面具有适时转换和融会贯通能力的典型代表. 他在剑桥大学作为大学生学习期间, 认识到当时的数学考试只是一些技术性游戏 —— 它并不是真实的数学. 你必须会玩, 而且要赢. 他说, "我们玩的这种游戏, 对我来说, 很容易. 我甚至对一些成功的技巧感到某种满足". (文献 [383]P.126, [387]P.71). 他研究、并精于考试技巧, 热衷其实践. 最终取得了毕业生顶级成绩. 他进入数学研究阶段后, 又及时实现了面向这一阶段的思维、工作方式的转移. 最终成为了成就卓著的数学家. 可以说, 他是一位突出地集 "分析性思维、创造性思维、实用性思维" 于一身的代表人物. 分析性思维、创造性思维、实用性思维是美国耶鲁大学著名心理学家斯滕博格 (Robert Jeffrey Sternberg, 1949—) 提出的 "思维三元理论" 的核心基本概念 [388].

教师激励学生通过学习获得极大的收获. 在学生一方呢? 很多人是在追求着另一个方向上的极值化 —— 付出努力的极小化: 付出少的努力而期望获得课程的过关及最终获得文凭. 教师强调学生要主动付出, 以达收获极大化之目的, 部分学生本身自发追求的则是 "低成本". 转化学生低成本的行为倾向于追求 "高效率", 是激励教育的一个重要内容.

断想 7　强化随时随地扩展思维视野的意识

在内容的学习上, 要抓住每一个机会强化自己 "粗化"、扩大知识的意识, 以便实现学习收益最大化: 精化思维、扩大视野 —— 由微而欲知著, 由点而欲展面. 在学习矩阵乘法时, 我们知道, 乘法的消去律

$$\boldsymbol{AB}=\boldsymbol{O}\Rightarrow(\boldsymbol{A}=\boldsymbol{O})\vee(\boldsymbol{B}=\boldsymbol{O})$$

一般不再成立了. 这时, 不能满足于举出说明这一点的一个例子, 而要问: 什么时候消去律成立呢? 线性代数中的一个相关结论:

$$(\boldsymbol{A}_{m\times s}\boldsymbol{B}_{s\times n}=O)\wedge(r(\boldsymbol{A})=s)\Rightarrow\boldsymbol{B}_{s\times n}=O.$$

当然, 借助于转置, 易知, 下式也成立

$$(\boldsymbol{A}_{m\times s}\boldsymbol{B}_{s\times n}=O)\wedge(r(\boldsymbol{B})=s)\Rightarrow\boldsymbol{A}_{s\times n}=\boldsymbol{O}.$$

断想 8 人在思维时, 要有到达自身能力边缘的行为意识

触及边缘, 才会享受极限的刺激, 才会有拓展、有超越. 对知识的推广, 也要尽己之所能去做. 在任一时刻, 只要客观条件允许, 就要极限地发挥自己的主观能动性. 我们将此原则, 称为 "极限行为原则". 收益极大化源自追求收益的行为极大化, 行为极大化源自强烈的收益极大化的意识.

知识收益极大化不是让人们像收破烂似的盲目地吸取知识. 知识的学习既有选择, 又有存在形态的管理. 收益是要追求合理优化的存在形态的. 敛来的 "知识之财" 应有合理的安排, 以便后继的可持续发展.

知识管理是目前科技发展与知识经济研究中的一个重要课题. 数学知识管理 MKM(mathematical knowledge management) 更是数学、计算机科学、图书馆科学, 以及科学出版相结合的一个跨学科研究的前沿. "其主要目标是借助于精致的软件工具, 发展新的和较好的管理数学知识的方式. 另外两个重要的目标, 一是获得对数学知识性质的较好理解, 二是探索数学知识的消费与生产的新模式"(文献 [120], 前言). 学生学习时期的知识管理, 主要在于两个方面: 一是将所学知识进行理论化梳理, 二是在此过程和基础上, 探索新知识产生的可能性, 是一个统前启后的工作. 在有了一定的经验后, 可进入 MKM 的正统研究, 实现由学习到研究创造的转换. 这也是数学创新教育的一条具体道路.

实现收益的可持续增长, 要做好两件事:

一是改错, 将学习中出现的问题、错误, 要及时地改过来. 为此, 我们建议学生要有一个专门的改错本. 这种设立改错本、记录并修正错误的做法, 是从北京师范大学附属实验小学的数学老师 —— 何老师处学来的. 中学、小学的一些好的做法, 对大学生、甚至每个人都是适用的; 与之对应的, 高级的研究生阶段的一些人才教育、培养措施, 经过适宜改造, 也是可以拿到目前来用的. 例如, 著名的英国物理学家、数学家狄拉克 (Paul Dirac, 1902—1984) 在研究生培养中实行的 "或者沉下去, 或者学会游泳 (sink-or-swim)" 的扔到学术之海锻炼自立生存的方法 (文献 [305], PP.156—157), 在树立、培养学生独立思考的意识和习惯方面, 就具有可取的积极要素.

所谓某一阶段的教育措施, 主要指的是对此阶段较为有效的措施、能够较有针对性地解决其中存在的某些问题的措施. 同一种措施, 在任一环境中, 都可以根据环境的自身约束条件进行相应的调整而成为适应此环境的措施 ——"与境俱进" 的措施. 当然, 也有可能经过改造后, 所得到的经环境限制后的措施没什么效用了、平凡化了. 在这种极端情况下, 我们说给定的措施在新环境中的效用为零.

不论如何, 总体而言, 任一措施在任一环境中都有个有效度的问题. 在理论研究中, 我们可以考虑一定时期所有措施形成的集合 ——“措施全集” 针对给定受教育人群 (幼儿园、小学、中学、大学、研究生、研究群体等) 的总体效用问题 —— 当然, 这是与 “每一措施对每一受众的效用” 都有关的. 所谓因材施教, 就是针对给定的 “目标受众”, 明确哪些措施在其身上的效用不是零? 这些措施如何运用, 才可以对其教育起到最大的综合效用? 目标受众既可以是一个人, 也可以是一个班级、某特定人群等. 措施的效用度计量、个体效用与群体综合效用的关系等问题, 都是 (教育)“措施效用计量学”, 对实际教学具有真正指导意义的研究课题.

措施效用研究中的基本概念之一就是效用映射. 如果我们记措施全集为 U, 受众目标为 S, U 中任一元素 u 在 S 上的效用度为 u_S, 则 U 在 S 上经限制调整后的措施效用度集合 $\{u_S|u \in U, u_S \in [0,1]\}$ 是 [0,1] 一个子集. 我们称 U 到此子集的变化为 U 到 S 的效用映射, 并记作 U_S:

$$U_S : U \to [0,1]$$
$$u \to u_S$$

二是养成整理自己的知识, 将其凝结为一个局部体系性结构的习惯, 它可以提高收益增长的效率. 知识凝结的行为, 不仅利于学习者轻装前进, 而且这种思维过程实际上在不断凝结着人的精神. 精神不散, 利于健康与长生.

知识的财富遵循 “才生财 → 财生才” 的良性发展原则.

一个人不仅要善于理生活中的钱财, 而且要善于理知识财富, 善于对自己所学进行总结. 理财意识是任何类型的财富拥有者都应树立的重要观念. 对于学习线性代数的学生, 知道了矩阵乘法一般不满足交换律的事实后, 应该考虑: 对给定的一个矩阵 $\boldsymbol{A}$ 而言, 与它可交换的矩阵是怎样的? 与其可交换的常见矩阵有哪些? 能否说出几个, 如三个、无穷多个? 能否说出几类, 如三类? 等等. $\boldsymbol{0}, \lambda\boldsymbol{E}, \lambda\boldsymbol{A}^*, f(\boldsymbol{A})$ 是与 $\boldsymbol{A}$ 可交换的常见四类矩阵. 其中 $f(\boldsymbol{A})$ 是 $\boldsymbol{A}$ 的多项式矩阵.

要做到收益极大化, 自然首先要明确: 收益来自于哪里. 收益的来源有两类: 一是主观源泉; 二是客观源泉.

主观源泉指的是思维者的心态及主动、多角度思维的意识.

积极的心态益于增加收益. 举例来说, 如果一个人在听课时, 关注的不是从老师身上汲取对自己有益的成分, 而是挑老师的毛病, 那他 (她) 的心态就是负面的、消极而非积极的. 这种态度带给他 (她) 的将是小的收益. 为了发展自身, 一个人首先要做的不是改造别人, 而是要从别人身上千方百计地学到东西. 在这方面, 德国大数学家、哲学家莱布尼茨 (Gottfried Leibniz , 1646—1716) 是我们学习的榜样①. 他主要关注万物中的美好的一面; 总是习惯于在别人的著作中更多地注意对他有益的东西, 而较少注意那些不好的东西. 对于纯粹的反驳性的文章, 他既不写, 也不去读 (文献 [347], 22—23). 对于不可避免的争议, 他也只是对事不对人, "对论战或批评的对方, 从来采取十分尊重、友好和平等的态度"([346][163]). 他的行为态度, 促使这位 "百科全书式伟大学者" 的形成. 著名美国数学史家贝尔 (Eric Temple Bell, 1883—1960. 生于苏格兰) 称莱布尼茨为样样精通的大师 (master of all trades): 像任何其他民间谚语一样, "样样精通, 样样稀松 (Jack of all trades, master of none)" 有其惊人的例外, 莱布尼茨即为其中之一 (文献 [351][127]).

对所学知识进行多角度的认识, 是增强收益的重要途径. 例如, 对等式 $A=B$, 可有两种基本的理解: 一是将关注点放在等式的关系 "=" 上, 这时认识到的是对象 A, B 之间的一种共存的静态结构; 二是将关注点放在从左向右 $\boldsymbol{A}\rightarrow\boldsymbol{B}$(或从右向左 $B\rightarrow A$) 的对象动态变换上, 这时认识到的是对象的一种变化、推理手段, 这对于解决有关 A 的问题往往是有帮助的. 例如, 若 $\boldsymbol{\alpha}$ 是实方阵 $\boldsymbol{A}$ 的属于特征值 λ 的特征向量, 即 $A\alpha=\lambda\boldsymbol{\alpha}(\boldsymbol{\alpha}\neq\mathbf{0})$, 则, 对任意的自然数 m, 成立 $\boldsymbol{A}^m\boldsymbol{\alpha}=\lambda^m\boldsymbol{\alpha}$. 此等式即启示着计算 $\boldsymbol{A}^m\boldsymbol{\beta}$ 型问题的一种方法: 如果 $\boldsymbol{\beta}$ 能写成 $\boldsymbol{A}$ 的属于特征值 $\lambda_1,\lambda_2,\cdots,\lambda_s$ 的特征向量 $\boldsymbol{\alpha}_1,\boldsymbol{\alpha}_2,\cdots,\boldsymbol{\alpha}_s$ 的线性组合

$$\boldsymbol{\beta}=k_1\boldsymbol{\alpha}_1+k_2\boldsymbol{\alpha}_2+\cdots+k_s\boldsymbol{\alpha}_s,$$

则

$$\boldsymbol{A}^m\boldsymbol{\beta}=\boldsymbol{A}^m(k_1\boldsymbol{\alpha}_1+k_2\boldsymbol{\alpha}_2+\cdots+k_s\boldsymbol{\alpha}_s)=k_1\lambda_1^m\boldsymbol{\alpha}_1+k_2\lambda_2^m\boldsymbol{\alpha}_2+\cdots+k_s\lambda_s^m\boldsymbol{\alpha}_s.$$

具体例如, 计算

$$\begin{pmatrix}1&-1&-1\\-1&1&-1\\-1&-1&1\end{pmatrix}^{100}\begin{pmatrix}\\ \\ \\ \end{pmatrix}=?$$

客观源泉有两个: 内源与外源. 内源又分两类: 一是所学知识的意义或推论 —— 我们称之为推论式收益; 二是知识点之间的联系 —— 密化知识之网 —— 我们称之为关联式收益. 推论式收益由于本质上不需要多余的劳动即可得到的特点, 而被古希腊数学家 Proclus 称为 "横财或红利 (windfalls or bonuses)"(文献 [104], P.99 中译本, P.112).

① 这里我们只是谈论莱布尼茨的一种优秀品质, 并不涉及对其人品的评价. 对莱布尼茨的评价仁者见仁, 智者见智. 德国哲学家杜林 (Eugen Karl Düring, 1833—1921) 对其持反对态度. 他认为莱布尼茨是个缺乏优良操守的人; 其 "全部哲学清谈, 不过是对布鲁诺的一种见不得人的, 混杂着种种落后性的扭曲. "(文献 [345], 320—321)

课程学习中的收益极大化有两种基本类型: 推广已知; 类比出新 —— 在与先前知识类比的情况下, 意识到新的认识对象或已有概念的新角度的性质. 在学习任何一个概念时, 都要尽可能地与其他概念的性质进行比较考察, 看哪些性质仍然保留, 哪些性质发生了变化, 发生了怎样的变化, 等等. 在线性代数的学习中, 如果先讲行列式, 后讲矩阵, 那么, 在讨论矩阵的运算时, 要进行至少三类参照, 来建立矩阵相应的运算: ① 与 (实) 数的运算进行类比, 考虑其加减乘除 (逆). ②参照向量的数乘, 给出矩阵的数乘运算. ③回顾行列式 "行列互换值不变" 的运算性质, 给出矩阵转置的运算; 将 "n 阶行列式每一行 (列) 的元素乘上其自身位置的代数余子式, 然后求和, 等于行列式的值, 乘上另一行 (列) 对应位置的代数余子式, 然后求和, 等于零" 包含的 n^2 个具体的等式, 借助于矩阵的乘法, 浓缩为一个等式, 可自然引出伴随矩阵的概念 (一个一元运算); 回忆行列式是行 (列) 线性运算, 可给出矩阵的单 "行和"、单 "行数乘"(相应地有单列和、单列数乘) 的概念.

第 k 行和 "$+_k$":

$$\begin{pmatrix} a_{11} & \cdots & a_{1j} & \cdots & a_{1n} \\ \vdots & \ddots & \vdots & \ddots & \vdots \\ a_{k1} & \cdots & a_{kj} & \cdots & a_{kn} \\ \vdots & \ddots & \vdots & \ddots & \vdots \\ a_{m1} & \cdots & a_{mj} & \cdots & a_{mn} \end{pmatrix} +_k \begin{pmatrix} b_{11} & \cdots & b_{1j} & \cdots & b_{1n} \\ \vdots & \ddots & \vdots & \ddots & \vdots \\ b_{k1} & \cdots & b_{kj} & \cdots & b_{kn} \\ \vdots & \ddots & \vdots & \ddots & \vdots \\ b_{m1} & \cdots & b_{mj} & \cdots & b_{mn} \end{pmatrix}$$

$$= \begin{pmatrix} a_{11} & \cdots & a_{1j} & \cdots & a_{1n} \\ \vdots & \ddots & \vdots & \ddots & \vdots \\ a_{k1}+b_{k1} & \cdots & a_{kj}+b_{kj} & \cdots & a_{kn}+b_{kn} \\ \vdots & \ddots & \vdots & \ddots & \vdots \\ a_{m1} & \cdots & a_{mj} & \cdots & a_{mn} \end{pmatrix}.$$

第 k 行数乘 "$()_k$":

$$\lambda()_k \begin{pmatrix} a_{11} & \cdots & a_{1j} & \cdots & a_{1n} \\ \vdots & \ddots & \vdots & \ddots & \vdots \\ a_{k1} & \cdots & a_{kj} & \cdots & a_{kn} \\ \vdots & \ddots & \vdots & \ddots & \vdots \\ a_{m1} & \cdots & a_{mj} & \cdots & a_{mn} \end{pmatrix} = \begin{pmatrix} a_{11} & \cdots & a_{1j} & \cdots & a_{1n} \\ \vdots & \ddots & \vdots & \ddots & \vdots \\ \lambda a_{k1} & \cdots & \lambda a_{kj} & \cdots & \lambda a_{kn} \\ \vdots & \ddots & \vdots & \ddots & \vdots \\ a_{m1} & \cdots & a_{mj} & \cdots & a_{mn} \end{pmatrix}.$$

显然, 普通的矩阵加法与数乘是对所有行实行行和、行数乘后的结果. 这一概念是教科书中所未见的, 引导学生提出这一与行列式的类比概念, 有助于培养起思维的敏锐性.

例 1 (1) 若 $\boldsymbol{A}$ 是实对称矩阵, 则其与对角矩阵 $\mathrm{diag}(\lambda_1, \lambda_2, \cdots, \lambda_n)$ 相似. 其中的 λ_k 是 $\boldsymbol{A}$ 的特征值. 考虑到相似关系具有传递性, 便知: 两个实对称矩阵相似的充要条件是它们具有相同的特征值.

(2) 若 $\boldsymbol{A}$ 是实对称矩阵, 则其与对角矩阵 $\mathrm{diag}(\underbrace{1,1,\cdots,1}_{p},\underbrace{-1,-1,\cdots,-1}_{q},\underbrace{0,0,\cdots,0}_{n-p-q})$ 合同. 其中 p 是正惯性指数 —— 等于 $\boldsymbol{A}$ 的正特征值的个数, q 是负惯性指数 —— 等于 $\boldsymbol{A}$ 的负特征值的个数. 考虑到合同关系具有传递性, 便知: 两个实对称矩阵合同的充要条件是它们具有相同的正特征值个数和相同的负特征值个数.

从知识点意识到一些关系的判别法, 这就是一种推论式收益.

当然, 本着收益极大化的原则, 人们还可在思维上再进一步、"多想一步", 考虑 n 阶实对称矩阵的不同合同类数. 此问题可如下解决: 一个合同类, 唯一对应着 $x+y+z=n$ 的一个非负整数解 (x,y,z), 它唯一对应着 $x+y+z=n+3$ 的一个满足条件 $x,y,z \geqslant 1$ 的解. 对方程从右向左看, 这种解的个数等价于 $n+3$ 的三项加法分解数: 将 $n+3$ 具体化为

$$\underbrace{\cdots\cdots\cdot}_{n+3},$$

一个加法分解对应着在 $\cdot$ 间的 $(n+3)-1$ 个空之间选择 2 个空插入分割小棍. 这种选择数等于组合数 $\begin{pmatrix} n+3-1 \\ 3-1 \end{pmatrix} = \begin{pmatrix} n+2 \\ 2 \end{pmatrix} = \dfrac{(n+2)(n+1)}{2}$.

"多想一步" 是思维收益极大化的一个切实可行的口号.

例 2 数学中的一些 "概念对" 具有特殊与一般的关系. 例如, 对称矩阵、反对称矩阵、正交矩阵、正定矩阵都是特殊的矩阵. 它们与矩阵构成的概念对都具有特殊与一般的关系, (正定矩阵、对称矩阵) 也具有这种关系, (正交矩阵、正定矩阵) 则不具有这一关系. 考虑特殊与一般的相互生成, 得到的就是数学中一类关联式收益. 例如, 在方阵范围内, 任何一个矩阵都可写成一个对称矩阵与一个反对称矩阵之和的形式:

$$\boldsymbol{A} = \frac{1}{2}(\boldsymbol{A}+\boldsymbol{A}^{\mathrm{T}}) + \frac{1}{2}(\boldsymbol{A}-\boldsymbol{A}^{\mathrm{T}}).$$

以上属特殊生成一般: (对称矩阵、矩阵)、(反对称矩阵、矩阵) 具有特殊与一般的

关系; “任何一个正定矩阵都可写成一个可逆矩阵与其转置的乘积的形式:

$$\boldsymbol{A}=\boldsymbol{Q}\boldsymbol{Q}^{\mathrm{T}}.\quad \text{其中}\boldsymbol{Q}\text{可逆}”.$$

以上属一般生成特殊: (正定矩阵、可逆矩阵) 具有特殊与一般的关系; 而英国数学家 Cayley 于 1846 年发现的下述结论: “若 $\boldsymbol{S}$ 为反对称矩阵, 则 $(\boldsymbol{E}-\boldsymbol{S})(\boldsymbol{E}+\boldsymbol{S})^{-1}$ 是正交矩阵”, 则属于特殊生成特殊之例. 比较前两种皆充要条件的情形, 在此还可提出如下问题:

对任一正交矩阵 $\boldsymbol{A}$, 都存在一反对称矩阵 $\boldsymbol{S}_{\boldsymbol{A}}$, 使得 $\boldsymbol{A}=(\boldsymbol{E}-\boldsymbol{S}_{\boldsymbol{A}})(\boldsymbol{E}+\boldsymbol{S}_{\boldsymbol{A}})^{-1}$ 吗? 满足此式的 $\boldsymbol{S}_{\boldsymbol{A}}$ 是唯一确定的吗?

对此问题, 我们可作如下分析: 首先考虑唯一性. 如果

$$(\boldsymbol{E}-\boldsymbol{S}_1)(\boldsymbol{E}+\boldsymbol{S}_1)^{-1}=(\boldsymbol{E}-\boldsymbol{S}_2)(\boldsymbol{E}+\boldsymbol{S}_2)^{-1},$$

由于

$$(\boldsymbol{E}+\boldsymbol{S}_2)^{-1}(\boldsymbol{E}-\boldsymbol{S}_2)=(\boldsymbol{E}-\boldsymbol{S}_2)(\boldsymbol{E}+\boldsymbol{S}_2)^{-1},$$

所以

$$\begin{aligned}&(\boldsymbol{E}-\boldsymbol{S}_1)(\boldsymbol{E}+\boldsymbol{S}_1)^{-1}=(\boldsymbol{E}+\boldsymbol{S}_2)^{-1}(\boldsymbol{E}-\boldsymbol{S}_2)\\ \Rightarrow&(\boldsymbol{E}+\boldsymbol{S}_2)(\boldsymbol{E}-\boldsymbol{S}_1)=(\boldsymbol{E}-\boldsymbol{S}_2)(\boldsymbol{E}+\boldsymbol{S}_1)\Rightarrow\boldsymbol{S}_1=\boldsymbol{S}_2.\end{aligned}$$

其次分析存在性. 如果存在 $\boldsymbol{S}_{\boldsymbol{A}}$, 满足 $\boldsymbol{A}=(\boldsymbol{E}-\boldsymbol{S}_{\boldsymbol{A}})(\boldsymbol{E}+\boldsymbol{S}_{\boldsymbol{A}})^{-1}$, 则

$$\begin{aligned}\boldsymbol{A}(\boldsymbol{E}+\boldsymbol{S}_{\boldsymbol{A}})=&\boldsymbol{E}-\boldsymbol{S}_{\boldsymbol{A}}\Leftrightarrow(\boldsymbol{E}+\boldsymbol{A})\boldsymbol{S}_{\boldsymbol{A}}=\boldsymbol{E}-\boldsymbol{A}\\ &\xleftrightarrow[\boldsymbol{E}-\boldsymbol{A}=(\boldsymbol{\alpha}_1,\boldsymbol{\alpha}_2,\cdots,\boldsymbol{\alpha}_n)]{\boldsymbol{S}_{\boldsymbol{A}}=(\boldsymbol{\beta}_1,\boldsymbol{\beta}_2,\cdots,\boldsymbol{\beta}_n)}(\boldsymbol{E}+\boldsymbol{A})\boldsymbol{\beta}_k=\boldsymbol{\alpha}_k,\quad k=1,2,\cdots,n.\end{aligned}$$

根据唯一性分析及线性方程组解的理论, 可知, 此时必然 $|\boldsymbol{E}+\boldsymbol{A}|\neq 0$, 从而 $|-\boldsymbol{E}-\boldsymbol{A}|\neq 0$, 亦即: -1 不是 $\boldsymbol{A}$ 的特征值. 这样, 我们可很轻松地构造出不能写成 $(\boldsymbol{E}+\boldsymbol{S}_{\boldsymbol{A}})(\boldsymbol{E}+\boldsymbol{S}_{\boldsymbol{A}})^{-1}$ 形式的正交矩阵, 如

$$\begin{pmatrix}1/2&\sqrt{3}/2&0\\ \sqrt{3}/2&1/2&0\\ 0&0&-1\end{pmatrix}.$$

实际上, 对有关方面进行总结, 可有下述结论: ① 正交矩阵 $\boldsymbol{A}$ 可以写成 $(\boldsymbol{E}-\boldsymbol{S}_{\boldsymbol{A}})(\boldsymbol{E}+\boldsymbol{S}_{\boldsymbol{A}})^{-1}$ 的充要条件是: -1 不是 $\boldsymbol{A}$ 的特征值. ② 若正交矩阵 $\boldsymbol{A}$ 可以

写成 $(\boldsymbol{E}-\boldsymbol{S_A})(\boldsymbol{E}+\boldsymbol{S_A})^{-1}$ 的形式, 则 $\boldsymbol{S_A}$ 是唯一确定的反对称矩阵, 而且此时 $\boldsymbol{S_A}=(\boldsymbol{E}-\boldsymbol{A})(\boldsymbol{E}+\boldsymbol{A})^{-1}$. 亦即, 正交矩阵 $\boldsymbol{A}$ 和反对称矩阵 $\boldsymbol{S_A}$ 具有相同的相互表达式 —— 二者具有对称性.

"多想一步" 的一条重要思维路径, 是考虑 "反过来呢?" 的问题. 人们在考虑了一个方向的问题后, 不要忘记再考虑一下反方向的问题, 甚至其他角度、方向的问题. 这是全面考虑问题以利收益极大化的必然要求.

例 3 在线性代数基础课程里, 有这样一个结论: "在给定的向量空间里, 如果向量组

$$\{\boldsymbol{\alpha}_1,\boldsymbol{\alpha}_2,\cdots,\boldsymbol{\alpha}_s\}\text{和}\{\boldsymbol{\beta}_1,\boldsymbol{\beta}_2,\cdots,\boldsymbol{\beta}_t\}$$

满足:

(1) $\{\boldsymbol{\alpha}_1,\boldsymbol{\alpha}_2,\cdots,\boldsymbol{\alpha}_s\}$ 可由 $\{\boldsymbol{\beta}_1,\boldsymbol{\beta}_2,\cdots,\boldsymbol{\beta}_t\}$ 线性表出;

(2) $s>t$,

则 $\{\boldsymbol{\alpha}_1,\boldsymbol{\alpha}_2,\cdots,\boldsymbol{\alpha}_s\}$ 一定线性相关." 也就是说, 这里的两个条件是使得 $\{\boldsymbol{\alpha}_1,\boldsymbol{\alpha}_2,\cdots,\boldsymbol{\alpha}_s\}$ 线性相关的充分条件. 一般教科书上仅给出此结论, 而不谈反过来的问题: 这两个条件是否也是向量组线性相关的必要条件呢? 亦即, 考虑下述命题是否正确: "如果向量组 $\{\boldsymbol{\alpha}_1,\boldsymbol{\alpha}_2,\cdots,\boldsymbol{\alpha}_s\}$ 线性相关, 则必存在具有下述两个性质的向量组 $\{\boldsymbol{\beta}_1,\boldsymbol{\beta}_2,\cdots,\boldsymbol{\beta}_t\}$:

(1) $\{\boldsymbol{\alpha}_1,\boldsymbol{\alpha}_2,\cdots,\boldsymbol{\alpha}_s\}$ 可由 $\{\boldsymbol{\beta}_1,\boldsymbol{\beta}_2,\cdots,\boldsymbol{\beta}_t\}$ 线性表出; (2) $s>t$."

容易证明, 这一结论是正确的. 因为只要取 $\{\boldsymbol{\alpha}_1,\boldsymbol{\alpha}_2,\cdots,\boldsymbol{\alpha}_s\}$ 的一个极大线性无关组作为要找的 $\{\boldsymbol{\beta}_1,\boldsymbol{\beta}_2,\cdots,\boldsymbol{\beta}_t\}$ 即可. 这样, 通过这一 "反过来" 的多想一步的思考, 人们便加深了对已有结论的全面化理解.

收益的外源主要指自然、社会、思维中的现象与实践, 来自于《世界 1、2、3 的综合整体》这本大书. 从这本大书中发现的东西往往具有原创性 —— 这是很自然的, 因为头脑中原先没有的、通过对外界的观察思考而新生的东西, 相对于人头脑内的知识而言, 当然是原创的. 从书内走向书外 —— 或从人工之书走向天然之书, 是从学习走向发现、走向文化创造的一种飞跃.

关于大自然对数学的意义, 19 世纪法国数学家傅里叶 (Joseph Fourier, 1768—1830) 曾在其经典《热的解析理论》中说道: "对自然的深入研究是数学发现最丰富的源泉. "(文献 [107], P.6). 确实如此. 现代典型的成就, 例如:

(1) 受固体 (晶体) 的物理退火过程 ——"在物理上的退火过程中, 一个固体首先被熔化, 然后缓慢地冷却, 这个冷却的过程是在一个温度比较低的条件下进行的, 用比较长的时间来获得一个处于最下能量状态的完美的晶格结构" 的启发, 人们设计了将此物理过程转换为针对组合优化问题的局部搜索算法: 模拟退火算

法 (文献 [108], P.47).

(2) 至今只有近 20 年的蚁群优化是另一个典型例子. "蚁群优化是 Marco Dorigo 等学者在真实蚂蚁觅食行为的启发下提出的一种具高度创新性的元启发式算法". 有关细节, 可参见由这一理论的创始人 Marco Dorigo 和主要早期传播者 Thomas Stutzle 合著的相关权威文献《蚁群优化》(文献 [108]) 或 2011 年出版的文集《蚁群优化 —— 方法及应用》(Ant colony optimization –methods and applications)(文献 [290]).

(3) 受人脑生物神经元系统非线性、并行运算的启示, 从 20 个世纪 40 年代起, 人们开始了人工神经网络科学的研究, 建立了有特色的神经计算科学. 有关知识, 可参见 Fredric M.Ham Ivica Kostanic 著的《神经计算原理》(文献 [482]).

(4) 受 DNA 链的巨大并行性和 Watson-Crick 的互补结构的启示, 人们开始了 DNA 计算的研究, 并取得了大批结果. 例如, L.M.Adleman 1994 年发表在著名杂志 Science 中的先驱性文献 "组合问题解的分子计算"(文献 [483]). 有关 DNA 计算的基本系统知识, 可参见德国 G.Paun, G.Rozenberg, A.Salomaa 合著的这一领域的第一部学术专著《DNA 计算 —— 一种新的计算模式》(文献 [484]). 世界万物有很多方面强于人类, 如蜜蜂的几何本能、蚂蚁觅食的最短路程化的能力等. 过去一说到 "仿生学", 人们将重点是放在基于仿生的技术发明上, 上述 (2)—(4) 启示人们: 仿生要重视思想知识的仿生. 从技术仿生到思想仿生, 是仿生实践中的一个内向化新支流. 仿生要在技术和思想知识理论两方面同时跟进. 这符合人类行为收益极大化的精神.

将万物优点都转化为人类的思想、知识、文化、工具, 将世界的力量统摄、内化于人类自身, 是人类发展两大重要可行的途径之一; 另一途径, 在于人类自身内在境界的升华: 没有精神的升华, 人类不会有幸福感.

扩大了心智的视野, 心中会油然而生心明眼亮之感, 有一种精神的愉悦. 这时, 内在的生理激励系统在发挥作用了. 内在的愉悦源自类似吗啡的生理化学物质的释放 (文献 [76]). 人们常说, 享受成功的喜悦. 其实, 成功的喜悦来自成功前行为过程中内在欢乐物质的阻挡和积聚. 成功的一刻实即 "开闸放水" 的那一刻.

要让学生从教师的教学中获得较大的学习收益, 教师就应在知识的传授中, 尽量讲授带有较大普遍性的思想.

例 4　$\boldsymbol{A}=\begin{pmatrix} 3 & 1 & 2 \\ a+2 & a-3 & a \\ 8 & 1 & 5 \end{pmatrix}$, $\boldsymbol{B}$ 为 3 阶非零矩阵, 且 $\boldsymbol{AB}=\boldsymbol{O}$, 则 $a=$?

对此问题, 可沿以下两种思路进行求解.

(1) 方阵 $\boldsymbol{A}$ 有两种可能性: 可逆或不可逆. 如果可逆, 则

$$\boldsymbol{AB}=\boldsymbol{O}\Rightarrow \boldsymbol{A}^{-1}(\boldsymbol{AB})=\boldsymbol{O}\Rightarrow \boldsymbol{B}=\boldsymbol{O},$$

这与 $\boldsymbol{B}\neq\boldsymbol{O}$ 矛盾. 因此 $\boldsymbol{A}$ 不可逆, 从而 $|\boldsymbol{A}|=0\Rightarrow a=3$.

(2) 记 $\boldsymbol{B}$ 的三个列向量依次为 $\boldsymbol{B}_1, \boldsymbol{B}_2, \boldsymbol{B}_3$, 则

$$\boldsymbol{AB}=\boldsymbol{O}\Rightarrow \boldsymbol{A}(\boldsymbol{B}_1\boldsymbol{B}_2\boldsymbol{B}_3)=\boldsymbol{O}\Rightarrow \boldsymbol{AB}_1=\boldsymbol{O},\boldsymbol{AB}_2=\boldsymbol{O},\boldsymbol{AB}_3=\boldsymbol{O},$$

亦即, $\boldsymbol{B}_1, \boldsymbol{B}_2, \boldsymbol{B}_3$ 都是齐次线性方程组 $\boldsymbol{AX}=\boldsymbol{O}$ 的解. 由于 $\boldsymbol{B}\neq\boldsymbol{O}$, 所以 $\boldsymbol{AX}=\boldsymbol{O}$ 有非零解. 因此, $|\boldsymbol{A}|=0\Rightarrow a=3$.

相对于本题而言, 解法一是简单的. 但解法二具有较强的普遍性, 这一思路可轻松利用到 $\boldsymbol{A}$ 不是方阵的情形中. 例如, 若

$$\boldsymbol{A}=\begin{pmatrix}1 & -1 & 2\\ -1 & 1 & 1-a\\ 2 & -1 & 2+a\\ 1 & 0 & 3\end{pmatrix},$$

$\boldsymbol{B}$ 为 3×5 型非零矩阵, 且 $\boldsymbol{AB}=\boldsymbol{O}$, 则 $a=?$

显然, 解法一的推理在此失效, 而解法二仍可用: 记 $\boldsymbol{B}$ 的五个列向量依次为 $\boldsymbol{B}_i(i=1,\cdots,5)$, 则 $\boldsymbol{AB}=\boldsymbol{O}\Rightarrow \boldsymbol{A}(\boldsymbol{B}_1\boldsymbol{B}_2\boldsymbol{B}_3\boldsymbol{B}_4\boldsymbol{B}_5)=\boldsymbol{O}\Rightarrow \boldsymbol{AB}_i=\boldsymbol{O}, i=1,\cdots,5$. 亦即, $\boldsymbol{B}$ 的每个列向量都是齐次线性方程组 $\boldsymbol{AX}=\boldsymbol{O}$ 的解. 由于 $\boldsymbol{B}\neq\boldsymbol{O}$, 所以, $\boldsymbol{AX}=\boldsymbol{O}$ 有非零解. 因此, $\boldsymbol{A}$ 的秩 $r(\boldsymbol{A})$ 小于未知量的个数 3: $r(\boldsymbol{A})\leqslant 2$; 另外, $\boldsymbol{A}$ 的行阶梯化矩阵为

$$\begin{pmatrix}1 & -1 & 2\\ 0 & 1 & 1\\ 0 & 0 & a\\ 0 & 0 & 0\end{pmatrix},$$

告诉我们 $r(\boldsymbol{A})\geqslant 2$, 所以, $r(\boldsymbol{A})=2\Rightarrow a=0$.

如果课时允许, 教师应将不同的解法教给学生. 否则, 应该坚持普遍性解法优先的教学原则. “普遍性优先” 的教育思想是教学收益极大化原则的基本要求之一. 美国著名的数学家 Paul R.Halmos 在其《有限维向量空间》一书的前言中, 表达了这一思想的萌芽. 他说: “我原初打算, 一条定理要被包含在本书中, 当且仅当它的

某种无穷维一般化已经存在”(I originally intended this book to contain a theorem if and only if an infinite-dimensional generalization of it already exists)(文献 [160]).

收益不是一个静态的概念.

收益具有广度收益和深度收益两种基本类型. 随着学习进程的推进, 两种收益都在积累、扩展, 并在相互发生着作用. 收益度在不断发生着变化.

反映在深度收益上, 一种知识、思想被理解、吸收, 有一个过程 —— 有一个理解的深度、应用的熟练度不断提高的过程. 学习的收益在吸收、消化、应用的过程中不断提高, 而主动变知识为能力的意识在这一提高的过程中会起到一个重要的加速作用. 我们将这一动态收益概念, 称为收益的内展增长原理或收益发酵原理.

知识、学问是关于相关对象的知识、学问, 是认识者的意识与对象互动的产物, 这种产物随着认识的不断深入而变得内容更加丰富、形象更加 “丰满”“健壮”.

被认识的、能在意识中清晰表达出来的对象, 总是处于与意识相联合而成的综合整体中的对象. 认识对象的意识与对象在这一联合整体中相互作用而产生对对象认识的结果. 这种结果 (或称之为关于对象的知识形态) 是对象在意识中的相应反映、映照水平的显现或表示. 意识自身具有一种相对独立、相对稳定、能够自发反映对象的结构模式、“装备”(可将其类比想象成一种特殊类型的、有生产能力的容器), 对象于其中显现的结果是与这一结构相契合的. 也就是说, 对象从来不是以其自身赤裸的 “就是这个样子” 的 “刚性的、完成的形态” 给予、呈献给意识的. 在意识与对象的联合之前、联合整体之外, 并不存在什么 “认识对象”. 真正的认识对象不是定型的, 它是一种与意识自身的认知 “装备” 联结互动的、且随认识的进程而丰满化的产物. 这种思想表现的就是认知收益深度不断加大的具体路径 —— 提高对意向目标之 “已认识结果” 的、“当时整体” 的意识化程度.

用数学的语言讲, 认识对象是在 “认识迭代序列” 中逐渐丰满化的. 一个人 P 认识一个对象 A_0, 首先是其意识指向这一对象, 然后, 意识自身的自发感应结构功能 (“意识容器” 的功能) 被激发, 意识中便有了意向目标的初始内容. 这时我们说, 意向目标 A_0 这时在意识中激发出了一个有相应初始内容的 “认识对象” a_0; 之后, a_0 被纳入 A_0 的认识环境, 形成新的意向目标 ——a_0 与 A_0 的联合体 (A_0 是背景)—— 记之为 A_1; 重复上述过程, A_1 又在意识中激发出更加丰富、深刻的内容, 这时在意识中激发出的这一有相应内容的 “认识对象” a_1, 我们称之为原始意向目标 A_0 激发出的第二步 “认识对象”; 认知结果如此不断回代到对意识起激发作用的意向目标中, 便可得到相应步的 “认识对象”. 认识的不断深入, 其实就是认识对象迭代序列不断延伸的过程. 这一过程, 可笼统地看作为一个马尔可夫链

(Markov chain. Andrel Andreevich Markov, 1856—1922).

如此产生的认识对象序列, 在内容上具有逐步丰富的特点: 内容集合序列是个

$$C_0 \subseteq C_1 \subseteq C_2 \subseteq \cdots \subseteq C_n \subseteq \cdots$$

的序列. 显然, 不同的人, 其认识对象序列

$$a_0, a_1, \cdots, a_n, \cdots$$

往往是不同的. 因为认识序列不仅依赖于认识者意识的先天结构, 而且依赖于其后天对其他意向对象的认知经验及其结果.

借助于以上概念, 对意识化水平的比较, 在形式上, 可以给出较为准确的刻画: 所谓张三的意识化水平比李四高, 有两种不同的含义, 一是指整体逐段比较: 对同一意向对象而言, 如果二人的认识对象内容序列

$$C_0^{(1)} \subseteq C_1^{(1)} \subseteq \cdots \subseteq C_n^{(1)} \subseteq \cdots; C_0^{(2)} \subseteq C_1^{(2)} \subseteq \cdots \subseteq C_n^{(2)} \subseteq \cdots$$

满足: 对任意的非负整数 n, $C_n^{(1)} \supseteq C_n^{(2)}$ 总成立, 则说张三在整体上逐段的意识化水平比李四高; 二是单段比较: 指的是, 如果对确定的自然数 m, $C_m^{(1)} \supseteq C_m^{(2)}$, 则说张三在第 m 段的意识化水平比李四高.

当强调其中意识装备的重要性时, 上述思想便是德国哲学人类学家卡西尔的观点. 他将其看作批判哲学首要本质洞察之一, 是康德在思想上之 "哥白尼革命"(Kant's "Copernican revolution") 的基本原则 (文献 [184], P.29, 或参见康德《纯粹理性批判》第二版序文, 文献 [185], P.8–25).

我们在这里强调的是: 事物间的相互作用必有相应的有形或无形的产物. 认知行为也不例外. 正像男女结合可以生产后代一样, 意识与对象①的联合可以生产知识. 实际上, "认识"(know) 这个原创的希腊和希伯来单词也有 '建立性关系 (have sexual relations)' 的意思. …… 知识本身 …… 都起源于主观和客观两极之间的动态交会"(文献 [203], P.73). 在这点上, 笔者与美国存在心理学家罗洛 · 梅②(Rollo May, 1909—1994) 关于创造性的说法是一致的, "创造性就是由强烈意识的

① 这里谈的 "对象" 只是意识的一种指向目标、意向目标. 意识与其认知关系没有发生时, 人们并不能明确地说出它是什么. "对象" 是意识指向、是形式符号, "认识对象" 是不断在生成中的东西.

② 1942 年, 即其 33 岁时, 罗洛 · 梅得了当时的不治之症 —— 肺结核. 结合自己切身深刻的焦虑体验, 他仔细研读了弗洛伊德、克尔凯郭尔、叔本华、尼采等心理学家、哲学家的有关论焦虑的著作. 这一经历, 不仅对其健康的恢复是有利的, 而且为其康复后撰写有关《焦虑的意义》的博士论文具有核心价值. 1949 年, 他成为了美国哥伦比亚大学授予的第一个临床心理学博士 (1949 年). 他正视疾病的存在, 放松心情, 善于思考, 勤于劳作, 也曾使得 2000 年诺贝尔文学奖获得者高行健 (法裔华人, 1940—)、著名书

人与他或她的世界的交会”(文献 [203], P.42). 知识的发展, 由意识与对象在它们的联合整体中的互动来实现. 知识是一种与意识、对象有联系, 但又有相对独立性的新生事物.

人类的认知行为产生知识, 知识引导技术, 技术帮助人在与自然的关系场中获得更大的自由度. 自然中有关人的关系结构从此在不断发生着相应变化. 从这一角度来看, 人类智力行为是自然沿着人这一物种相关方向变化的一种力量. 茫茫宇宙之间, 自然变化的景象, 在智能生物、普通的无机物等各自的领域中, 可有不同的纷呈.

收益有潜在与显在之分. 潜在与显在有参照标准问题. 常用的、基本的参照对象有两个: 一是主观标准 —— 亦即收益者自身是否真实地意识到、感觉到了收益对自己的影响; 二是客观标准 —— 收益对收益者形成的客观影响、给其带来的客观改变: 他者 (客人身份 —— 包括其他的个人与各层次的团体、组织) 是否真实地意识到、感觉到了收益对收益者的影响. 如果我们以 s 表示参照标准 (集), 则 s 意识到的收益为相对于 s 视角的显在收益, 我们称之为 “s- 显收益”. 对此要说明的是, 在判断一个主体对象 a 的某种收益时, 如果 s 是个集合, 如 $s=\{$张三, 李四$\}$, 则 a 在学习知识 k 后, 这种知识成为 a 的 s- 显收益, 指的就是: 在张三和李四看来, k 对 a 的知识进步起到了实质性的作用. 一般而言, 不同的 s, 会有不同的判断: 既有潜显之分, 又有潜显的程度之分. 如果 “s_1 认为 k 对 a 的显在效用的大小” 大于 “s_2 认为 k 对 a 的显在效用的大小”, 则我们称 k 对 a 的 s_1- 显收益度大于 s_2- 显收益度. 在这里, 类似于定性概率的概念, “s- 显收益度” 的概念也是

画家范曾 (1938—) 大病重生, 而后成就卓著. 看到自身经历、遭遇的能正面可利用价值, 使其发挥进步的踏脚石的作用, 是快乐人生的积极态度. 这一态度, 有助于人生发展在各方面实现收益的最大化. 平时, 人们一般认为, 获得好的机遇, 如得到了读高一级学位的机会、得到了名流的提携、买彩票中了大奖等, 是自身进一步发展的重要资源, 而碰到所谓 “倒霉” 的事情, 如考试失利、工作中遭小人算计、生活中患病等, 则认为是遇到了进一步发展的阻力. 其实, 换种态度看遭遇, 换个角度看问题, 任何遭遇对遭遇者而言, 都或显或潜地具有某种类型和程度的正面价值, 都可成为遭遇者沿相应方向发展的动力资源. 中国古语所云 “塞翁失马, 焉知非福”, 启示的也是人对待各种遭遇的相应积极心态. 但我们这里要强调更多的东西: 不仅心态要积极, 而且要挖掘自身遭遇对自己发展的正能量, 并进一步充分利用好这种能量或资源, 真正实现相应遭遇驱动的发展. 笔者将包含有这三个阶段内涵的遭遇观, 称为 “遭遇正面化驱动发展观”, 简化口号为 “遭遇驱动发展”, “让自己的一切经历或遭遇都切实转化为前行的动力和资源”. 这种观点的基本要点, 简单说来就是: 任何遭遇都有助于发展的利用价值, 挖掘这种价值, 并进一步切实利用好这一价值. “存在、挖掘、利用” 是其三要素. 遭遇是客观存在, 其对于遭遇者发挥怎样的作用, 则依赖于遭遇者的心态. 显然, 与其负面承受, 不如积极面对并利用好它. 遭遇驱动发展, 有时是人不得已而为之, 例如, 人们常说的 “穷则思变” “困则思变”. 不如意的境遇迫使人努力摆脱困境. 我们这里强调的是, 不管是事关生存, 还是事关发展, 人们都应对自己的各种遭遇持正面、积极、主动努力的态度, 视遭遇为资源, 并在实践中高效地用好它.

个基于比较的定性概念.

对于收益者, 显然最重要的是要提高自身意识下的显收益度, 也就是主观显收益度. “行为者收益的相对显收益度 —— 或 s— 显收益度理论” 是个值得进一步深入定量研究、系统展开的复杂课题.

断想 9　实施激励教育, 教师要有自己一套明确的相关认识

施教者要明确自己可接受的激励教育的含义、激励教育的必要性、可行性及有效性.

激励措施的分类中要注意情节激励, 如数学史、数学家逸事、写作习惯对学习者的影响 (例如, 自然序). 古希腊数学家、思想家亚里士多德 (Aristotle, 384BC—322BC) 认为: “不真正了解事情的初始状态及其发展历程, 我们就不能对事情获得最好的洞察. 无论在何处, 都是如此. ”(见文献 [87] 致学生的前言).

断想 10　凡事都有前提, 揭示前提, 利于学生形成醒悟激励

在课程内容的编排上, 其顺序要让学生有一个逐渐醒悟、感觉精细化的心理感受, 以便在一个侧面, 体会数学家 Sylvester 的名言: “数学是一门精细的学问.” 例如, ① 在讲了行列式后, 通过对行列式作为一种对方阵的操作本质的分析, 可从中自然地剥离出逻辑上更加基本的矩阵的概念, 进而思维深入地过渡到对矩阵的考察. ② 从实数范围内的线性代数论题过渡到数域的相关论题, 是一个自然移植性知识拓展. 数域的引入放在课程结束之时, 学生很容易地就可将之前的整个课程的结论回顾 “翻转” 到数域上, 这种视野的立时开阔, 对学生的感受会有一个醒悟的冲击. 不断被有关信息 “敲醒”, 心理上自然会形成一种激励.

醒悟激励有两种基本类型: 奖励型激励: 它给醒悟者带来愉悦; 惩罚性激励: 它给醒悟者带来痛苦.

美的东西和奖励型激励往往互为因果.

例 1　如果实 $m \times n$ 型矩阵 $(a_{ij})_{m\times n}$ 的每一行都是 (从左到右) 递增的:

$$a_{k1} \leqslant a_{k2} \leqslant \cdots \leqslant a_{kn}, \quad k = 1, 2, \cdots, m.$$

现在将每一列中的元素都重排, 使得每一列都成为 (由上到下) 递增的, 则重排后的矩阵的每一行仍然是递增的.

证明　记重排后的矩阵为 $(b_{ij})_{m\times n}$. 假如存在 $b_{kh} > b_{k(h+1)}$, 则第 h 列中大于或等于 b_{kh} 的元素的个数 $\geqslant m-k+1$; 第 $h+1$ 列中大于或等于 b_{kh} 的元素的个数最多为 $m-k$, 小于 $m-k+1$. 而这是不可能的, 因为在重排前, $a_{ih} \leqslant a_{i(h+1)}$, $i = 1, 2, \cdots, m$, 所以, 第 h 列中大于或等于 b_{kh} 的元素的个数一定小于或等于第

$h+1$ 列中大于或等于 b_{kh} 的元素的个数. 这表明, 重排后矩阵的每一行确实仍然是递增的. 思路图示如下:

$$m-k+1\left\{\begin{array}{ccc} b_{kh} & > & b_{k(h+1)} \\ b_{(k+1)h} & & b_{(k+1)(h+1)} \\ \vdots & & \vdots \\ b_{mh} & & b_{m(h+1)} \end{array}\right.\left.\begin{array}{c} \\ \\ \\ \\ \end{array}\right\} m-k \quad .$$

以上例题的一个有趣解释是: 如果 mn 个士兵排成了一个 $m\times n$ 型矩阵, 使得每一行排的人都是依次由低到高排列的, 那么, 当军官将每一列也按由低到高的顺序将士兵重排后, 每一行仍然是由低到高的. 将身高换成体重、年龄或其他任何一个数量指标, 结论也是一样成立的. 结论的概括性体现着数学的模式性.

这种趣味化结论即给人以愉悦, 利于形成奖励型激励.

顺便我们要做两点说明: ①上述解题思想可解决很多类似的问题, 例如:

给定实 $m\times n$ 型矩阵

$$\begin{array}{cccc} a_{11} & a_{12} & \cdots & a_{1n} \\ a_{21} & a_{22} & \cdots & a_{2n} \\ \vdots & \vdots & & \vdots \\ a_{m1} & a_{m2} & \cdots & a_{mn} \end{array}$$

如果每一行的最大元与最小元之差都 $\leqslant d(d>0)$, 则将每一列由上到下递增重排后所得矩阵仍具有这一性质 (即 "行元素最大元与最小元之差 $\leqslant d(d>0)$" 是列元素递增重排变换的不变性). 这是瑞典 1986 年的一道数学竞赛题 [279]139. ② 矩阵的上述性质, 实际上表明: 行递增性是相关矩阵的一种变换 (这里的变换指的是将列进行由上到下递增的重排) 不变量. 从一般的意义上讲, 此类问题属于 "组态变换的不变量研究" 范畴. 在组合数学中, 传统的研究课题简单分为存在性、计数、构造及优化四类问题, 对组态变换的研究尚未明确倡议. 如果将数学看作关于变换不变量研究之学问, 那么, 组合数学的下一个研究大方向, 就必将是组态变换不变量研究的问题. 不论是数学整体、还是像组合数学之类的具体学科的发展, 都存在两大类要研究的问题: 静态问题和动态问题.

数学公理化思维是一种明确前提地位、整合知识的一种有效方式. 目前数学的前沿之一 —— 逆数学就是明确结论成立条件的数学行为: 由命题找前提.

凡事都有前提. 这句话揭示的是真理的相对性.

在线性代数中, 当讲排列中逆序的概念时, 我们要谈到自然序. 在给定的 n 个数 $1,2,\cdots,n$ 组成的一个排列 $j_1\cdots j_s\cdots j_t\cdots j_n(1\leqslant s<t\leqslant n)$ 里, 当选定的两个

数 j_s, j_t 满足 $j_s < j_t$ 时, 我们称其为顺序、正序, 而当 $j_s > j_t$ 时, 我们称二者构成一个逆序、反序; 称给定的数按由小到大顺序进行的排列 $12 \cdots n$ 具有自然序. 有的同学认为, 给出一个自然序的概念属于多余, 是废话. 这一现象反映出的不是这一概念多余, 而是持此观点者的无知. 他们之所以有此看法, 是因为他们下意识地认为, 从左到右的顺序当然是自然的, 他们不知道: 从左到右的书写其实是一种社会约定, 并非天然如此. 现在的书写规则 "行内 —— 从左到右, 换行 —— 从上到下" 与中国过去的书写规则是不一样的. 过去是 "列内 —— 从上到下, 换列 —— 从右到左". 用矩阵运算来讲, 现在的书写格式是过去的 "转置". 有些语言, 如阿拉伯文和希伯来文的书写是 "行内 —— 从右到左, 换行 —— 从上到下"(但阿拉伯文数字是从左向右书写的): 这种格式是中国目前书写法的一种 "镜像"; "古希腊语是 "左右行交互书写的", 从字面上来看就是 "像牛犁地式" 的书写: 一行从左写到右, 下一行则从右写到左 ······"(文献 [310], P.265); 而蒙古语的书写则是从上到下的竖写. 关于世界各种语言的基本知识, 有兴趣的读者可参阅支顺福先生编著的《世界语言博览》(文献 [229])— 随此书光盘上更是有大量有趣的信息.

教育的首要目标是你的思想能被学生所接受, 更进一步, 能快速、快乐的接受. 仅仅教会学生是不够的, 还要让他有速度: 有思维反应的速度, 有清晰书写的速度. 特别是反映在考试上, 如果一个人写得很慢, 即使他会做所有的题, 他的成绩也不会很理想. 不仅仅考试, 世上很多事情都是有时间约束的. 善于在有限的时间约束下做事、成事, 是教育应向学生传达的一种行为意识. 教师应该有 "激励速度" 的教育观念. 我们称以达成学生 "学得会、学得快、学得乐" 为目标的教育为 "会快乐的教育".

教育具有针对性. 对于大学一年级的学生, 教师要遵循 "先少新名词, 后多新名词" 的教育原则.

数学名词可按下述原则进行分级: 定义中没有数学专业名词的为一级名词; 定义中有一级不可消除的数学名词的为二级名词, ······, 定义中有 k 级不可消除名词的为 $k+1$ 级名词, 以此类推 (可不可消除是在一定规则的相对意义下而言的). 数学概念名词是对自然语言的概括与扩展.

在讲授一门新知识时, 新概念的引入应尽量后延 —— 能用自然语言讲通的就暂不引入新概念名词.

例 2 线性方程组的解的理论为典型一例: 不引入任何一个新名词, 都可以向高中生快速地讲清楚其精髓: 三个要点: 一是举例说明: 解线性方程组的过程就是对相应的增广矩阵 (此名词在讲解时可不说 —— 只说对应的系数的一种阵即可) 施行三种初等行变换的过程 (可形象地说倍法、换位、消法变换); 二是举例说明: 线性方程组有无解的判别法在于, 将相应的矩阵阶梯化后, 看最后一个非零行之首非零元的位置: 如果在最后一列, 则方程组无解; 否则有解; 三是举例说明: 在有解情况下, 对相应矩阵继续进行三种初等行变换, 以将其化成简化型阶梯形矩阵为止 (这里重点在于指出进一步化简的两个步骤: 将非零行首非零元所处列的其他非零元化为零 —— 化的顺序是从右到左; 将诸首非零元皆经倍法变换化为 1) 一这时将其对应的方程组写出来, 从中解出非零行之首非零元对应的未知量 (用剩下的未知量 —— 自由变元 —— 表示出来), 即可得到方程组的一般解; 而且从中易知, 自由变元的个数等于未知量的总个数减去阶梯化矩阵中非零行的行数 (当系数矩阵为方阵时, 自由变元的个数等于阶梯化矩阵零行的行数).

例 3 "思维导向的语言发展原则" 从特征值到相似对角化概念的引入. 数学的发展有外在应用驱动的发展 —— 外生发展, 更有内在逻辑展开的发展 —— 内生发展 —— 恰似由空间的基或生成元生成空间的发展过程一样. 新语言的引入宜遵循 "发生后的概括" 原则.

尽量少引入新概念, 为的是使学生较轻松地学到新知识. 一旦对新内容理解了, 接下来要做的, 就是要铸造几个新概念名词, 将用长长的自然语言叙述的东西概括起来, 以此来简明表述所学内容, 实现 "思想内容的进展由语言形式来体现"、进而利于在此基础上轻装前进的目的. 浓缩语句, 既包含浓缩自然语句提炼概念, 也包括引入适当的符号简记繁杂的数学语言表达式. 概念都有对其内涵的助记、指示功能 —— 内涵往往是表述复杂的, 但用来概括它们的概念名词是简单的. 定积分的概念和行列式的概念是这方面的两个典型代表.

先少新名词, 为的是与学生的基础实现自然衔接; 后多新名词, 为的是给学生的进一步发展打新基础. 诚如学数学出身的经济学大师马歇尔 (Alfred Mashall, 1842—1924) 所说, "专有名词 ······ 可使我们熟悉的知识具有稳定的简洁形式, 作为进一步研究的基础" (文献 [23], P.148). 新名词就是新概念. "概念使我们的知识标准化" (文献 [74], P.128). 概念能使人们对事物认识的未定形的方面确定下来, 使可能变动的认识不再变动. 总体上为的是实现教育的连续性原则, 建构学生平稳顺畅进步的局面. 需指出, 这里的多与少是相对而言, 多并不意味着谅解给出冗余的概念. 在这点上, 我们与分形几何的创始人、美籍法裔数学家 B. 曼德尔布洛特的观点是一致的 "数学是一种语言, 它不仅可以用于传递信息, 也可以用于引起人们的兴趣, 可是必须避免那些曾被 Henri Lebesgue 美妙地称作 "虽然的确有新意、但除了作为定义外毫无用处" 的概念" (文献 [48]).

关于数学的语言观, 有一个有关吉布斯 (J.W. Gibbs, 1839—1903) 的故事. 吉布斯既是美国授予的第一个工程学博士, 是向量分析的先驱人物, 又是欧文 · 费希

尔 (Irving Fisher, 1867—1947) 的导师：费希尔是“第一位接受了严格的数学训练，并把经济学研究作为毕生使命的美国人”(文献 [117], P.203). 在耶鲁大学的一次会上, 当大家就“是否应赋予更多的关注给学生的数学或 (古) 语言教学”时, 关注细节的吉布斯恼怒地说：“但数学也是一种语言” (文献 [65], P.164). 对将数学与语言用“或”并列地来谈, 他是不接受的. 他的这一观点 (Mathematics is a language), 后来被经济学大师萨缪尔森 (Paul A.Samuelson, 1915—2009) 在其经典《经济分析基础》扉页中加以口号式引用 (文献 [43]). 萨缪尔森的经济数学观与其有着紧密的联系 (Samuelson 还是 Gibbs 的徒孙, 他是 Gibbs 的弟子 E.B.Wilson 的学生①). 在《经济分析基础》第一章结束时, 萨缪尔森认为, 现代经济学的大部分内容可以用简单的数学概念加以描述, 而若换之用普通文字进行刻画, 则要冗长费力的多. 用文字替代数学语言, 不仅从科学进步的观点来讲是不合算的, 而且这样做还劳人心智, 是一种特别败坏的智力体操. 确实, 数学语言是一种经济合算的语言.

知识是思想内容与语言形式的统一体, 二者缺一不可. 这里强调的仅仅是：作为教学的艺术, 在新知识的传授过程中, 其思想内容与新的语言形式之间可有一个临时的先后延迟, 但最终二者还是要统一起来. 内容与形式的对立统一在这里成为了一门艺术.

写作格式影响知识表达的清晰简明度 —— 横写纵写. 依赖写作格式的数学与独立写作规范与看的角度的核心数学或自由数学 —— 独立于坐标系的内蕴几何为初步. 数学表达与数学思维的关系, 是数学发展中的核心问题之一. 自然数的进位制表示是一个典型例子. 数学对象符号的设置体现着数学行为艺术性的一个重要方面.

一切信息的传播, 最终都需借助于某种形式的语言. 是语言就有相应的文学. 数学也不例外. 从广义文学的角度学习、理解、表达、传播数学是有益于获得生动的收益的. 法国解构主义大师德里达 (Jacques Derrida, 1930—2004) 倡导从文学解读的角度看哲学, 我们这里强调, 从文学的角度看数学 —— 学习、研究“作为文学的数学”.

就思想传播的文本形态而言, 人与人的区别表现在两个基本的方面：一是文字集合 (字库) 的区别; 二是文字组合形态的区别. 大多数人之间的差别主要表现在第二个方面. 文字组合的优化度与 Poincare 所言“创造即在于思想原子组合的选择”之“思想组合的优化度”是既相关联又有区别的两件事情：前者属形式, 后

① 通过 Wilson, Samuelson 受到了 Gibbs 的极大影响. Gibbs 是热力化学的奠基者, 提出了热力均衡的概念; 与之相类比, Samuelson 在经济学中则建立了比较静力原则 (the principle of comparative statics)(文献 [273]).

者属内容. 但是, 从作品的产生程序来讲, 后者在先, 前者在后. 一个人的学术造诣, 落实到其作品上, 反映的主要是其 “文字驾驭力”.

断想 11 符号设置的经济精神

符号设置的经济性有两种类型：一是时下经济, 二是长远经济. 时下经济是说, 符号的设置在考虑问题的当时经济清楚, 有眼前的方便之处. 例如, 按照体现矩阵具体信息程度的降低次序, 矩阵可有四种记号：一是非常明确地将矩阵的每一个元素都列举出来. 例如, 二是写出一般元素 a_{ij} 和矩阵的型 $m \times n$：$(a_{ij})_{m\times n}$; 三是用一个右下标表示矩阵型的字母 $\boldsymbol{A}_{m\times n}$ 表示矩阵; 四是用一个抽象字母表示矩阵. 依次例如,

$$\begin{pmatrix} 1 & 2 & 3 \\ 5 & -6 & 8 \\ -9 & 1 & 0 \end{pmatrix}; \quad \left(2(i+j)^3\right)_{3\times 5}; \quad \boldsymbol{A}_{5\times 6}; \quad \boldsymbol{M}.$$

长远经济是说, 符号的设置当时并不一定直观简约, 但从整体上讲, 利于基于其上的进一步可持续发展, 有长远效益. 这种符号设置利于数学的发展. 其根本点在于：在其基础上易于进阶. 从发展的总效益上, 符合经济的收益最大化原则. 在微积分发展史上, 莱布尼茨的符号体系优于 Newton 的设置. 现在大学课程中所学的微积分符号, 基本是基于莱布尼茨的精神. Newton 的语言具有较强的物理直观意义, 但其进阶性 (进一步发展的衍生能力) 较差. Newton 的体系虽在了解其基本思想的容易度方面强于莱布尼茨的符号体系, 但其数学的发展潜力逊于后者. 历史已证明了这一点. 不是说一时易于理解的就是好的. 要看发展的总效益. 而要做到这一点, 首先要有发展的眼光. “做事不能太短视”. 这一 “面向进阶的原则” 是人行为效用极大化的普遍指导原则. 生活中如此, 知识发展如此, 教育也是如此 — 学生学习不能总是追求简单. 需指出, 在教育中要处理好科学追求简单与学习不能一味追求简单、容易的关系. 科学追求简单反映出的也是人类的惰性. 但此惰性成了科学发展的重要动力. “人类为追求简单、懒惰的理想而勤奋地工作” 与 “自身懒惰而不学习、上进” 是两幅图像.

数学语言在平面 (纸、黑板等) 上的合理布局, 益于提高知识的简明度、美感, 利于知识的快速传播.

例 1 如果将多项式乘多项式按普通的线性书写格式书写, 乘出来再合并同类项, 比较麻烦, 且易出错. 如果将多项式按一定顺序排好, 然后像整数列竖式作乘法一样进行, 就简明多了. 比如, 要计算 $(x^2-3y^3+xy)(2x-y)$, 我们可先排序:

将两个因式按 x 降幂顺序书写, 然后按列竖式的方式计算:

$$\begin{array}{rrrrrrr}
x^2 & + & xy & - & 3y^2 & & \\
2x & -y & & & & & \\
\hline
2x^3 & + & 2x^2y & - & 6xy^2 & & \\
 & - & x^2y & - & xy^2 & + & 3y^3 \\
\hline
2x^3 & + & x^2y & - & 7xy^2 & + & 3y^3
\end{array}$$

线形位置组合式的数学对象 (进位制数字、适当排序后的多项式为典型例子) 的一些二元运算都可尝试仿此进行. 顺便我们要特别指出, 若将上述多项式写成向量形式, 则形式

$$(1,1,-3)\otimes(2,-1)=(2,1,-7,3)$$

启示着 "任何两个向量 (可不同维) 都可做有意义的乘法" 的思想. 这种乘法不同于矩阵普通的乘法: 向量之积是升维的 —— 在这点上, 类似于英国数学家 Hamilton 当年考察三元数相乘变成四元数的情形. 我们可将这类乘法称为 "升维运算". 多项式除法的向量化, 给人以更新鲜的启示: 一个多项式除以另外一个多项式的结果由两部分 (一是商多项式, 二是余式) 组成我们可将二者拼成一个有两行的矩阵. 比如, $5x^3-x^2-14x+3$ 除以 x^2-2 的商是 $5x-1$, 余式为 $-4x-1$. 可约定其向量形式是

$$(5,-1,-14,3)\div(1,0,-2)=\begin{pmatrix}5 & -1\\ -4 & 1\end{pmatrix}$$

其中, 约定: 商矩阵的第一行对应着商多项式, 第二行对应着余式. 这样, 我们就发现了一种有实际意义的 "向量运算的结果是矩阵" 的例子. 更进一步, 人们并不难建立进位制数字、多项式的基于向量与矩阵的、系统的代数结构理论.

数字理论的发展有内容和形式两个角度. 在历史上, 单个数字的形式表示有了实质性进展后, 内容才有了实质性进展. 现在, 数字或多项式的运算有了个体表示上的向量新含义, 从此出发, 它将贡献给数学的发展以什么新的启示呢? 大家去尝试建构 "基于数字向量表示的新的数学理论" 吧!

数学概念名词本身本质上都是抽象的 —— 这里的 "抽象" 指的是难以把握, 指的是一种飘忽不定性、似灵魂性. 人们要真正把握一个概念名词、对其有感觉, 就要赋予其一种具体形态、让灵魂借尸现身. 这些具体形态就是数学概念名词的表示. 数学概念是抽象名词和具体表示的统一体. 拿中国文学名著《西游记》的家喻户晓的角色 "孙悟空" 来讲, "孙悟空" 有七十二般变化, 这七十二种变化形态就

是“孙悟空”的七十二种表示. 数学概念名词恰似“孙悟空”. 孙悟空连同其各种变化才构成人们对孙悟空的完整概念. 有效理解数学、发展数学的基本素养之一就是知道数学概念名词本身与其表示的区别与联系. 以“向量”的概念为例: 既有大小、又有方向的量, 就称为向量. 它有很多表示. 有向线段和坐标是其常见的两种形式.

数学学习、实践的收益最大化是建立在对数学适宜理解基础上的最大化. 方向跑偏了, 收益可能不合人意, 甚至可能是负的.

这是对本例在思想上的稍加一点的引申.

例 2　线性代数中有这样一个结论: “在给定的向量空间中, 如果向量组 $\{\boldsymbol{\alpha}_1,\boldsymbol{\alpha}_2,\cdots,\boldsymbol{\alpha}_s\}$ 可由向量组 $\{\boldsymbol{\beta}_1,\boldsymbol{\beta}_2,\cdots,\boldsymbol{\beta}_t\}$ 线性表出, 而且 $s>t$, 那么, $\boldsymbol{\alpha}_1$, $\boldsymbol{\alpha}_2,\cdots,\boldsymbol{\alpha}_s$ 一定是线性相关的”. 如何解决这一问题呢? 自然思维! 将要证的结论与条件的含义都写出来, 然后比对联系, 便有望解决问题. “$\boldsymbol{\alpha}_1,\boldsymbol{\alpha}_2,\cdots,\boldsymbol{\alpha}_s$ 线性相关”的含义是“方程 $x_1\boldsymbol{\alpha}_1+x_2\boldsymbol{\alpha}_2+\cdots+x_s\boldsymbol{\alpha}_s=\mathbf{0}$ 有非零解”, “向量组 $\{\boldsymbol{\alpha}_1,\boldsymbol{\alpha}_2,\cdots,\boldsymbol{\alpha}_s\}$ 可由向量组 $\{\boldsymbol{\beta}_1,\boldsymbol{\beta}_2,\cdots,\boldsymbol{\beta}_t\}$ 线性表出”是指“存在一组系数 $a_{ij}(i=1,\cdots,t,j=1,\cdots,s)$, 使得

$$
\left\{\begin{array}{c}
\boldsymbol{\alpha}_1=a_{11}\boldsymbol{\beta}_1+a_{21}\boldsymbol{\beta}_2+\cdots a_{t1}\boldsymbol{\beta}_t,\\
\boldsymbol{\alpha}_2=a_{12}\beta_1+a_{22}\beta_2+\cdots a_{t2}\beta_t,\\
\cdots\cdots\\
\boldsymbol{\alpha}_s=a_{1s}\boldsymbol{\beta}_1+a_{2s}\boldsymbol{\beta}_2+\cdots+a_{ts}\boldsymbol{\beta}_t
\end{array}\right.
$$

对表达式

$$
\begin{array}{ccccc}
x_1\boldsymbol{\alpha}_1 & = & a_{11}x_1\boldsymbol{\beta}_1 & + & a_{21}x_1\boldsymbol{\beta}_2+\cdots+a_{t1}x_1\boldsymbol{\beta}_t\\
+ & & & & +\\
x_2\boldsymbol{\alpha}_2 & = & a_{12}x_2\boldsymbol{\beta}_1 & + & a_{22}x_2\boldsymbol{\beta}_2+\cdots+a_{t2}x_2\boldsymbol{\beta}_t\\
+ & & & & +\\
\vdots & & & & \vdots\\
+ & & & & +\\
x_s\boldsymbol{\alpha}_s & = & a_{1s}x_s\boldsymbol{\beta}_1 & + & a_{2s}x_s\boldsymbol{\beta}_2+\cdots+a_{ts}x_s\boldsymbol{\beta}_t\\
\| & & & & \|\\
0 & & & & 0
\end{array}
$$

的右边先纵后横分组相加后得到 (I)

$$\begin{pmatrix} a_{11}x_1 \\ + \\ a_{12}x_2 \\ + \\ \vdots \\ + \\ a_{1s}x_s \end{pmatrix}\boldsymbol{\beta}_1 + \begin{pmatrix} a_{21}x_1 \\ + \\ a_{22}x_2 \\ + \\ \vdots \\ + \\ a_{2s}x_s \end{pmatrix}\boldsymbol{\beta}_2 + \cdots + \begin{pmatrix} a_{t1}x_1 \\ + \\ a_{t2}x_2 \\ + \\ \vdots \\ + \\ a_{ts}x_s \end{pmatrix}\boldsymbol{\beta}_t \; \underset{\displaystyle 0}{\Vert} .$$

显然, 只要 $\boldsymbol{\beta}_1, \boldsymbol{\beta}_2, \cdots, \boldsymbol{\beta}_t$ 的系数等于零构成的方程组 (II):

$$\begin{cases} a_{11}x_1 + a_{12}x_2 + \cdots + a_{1s}x_s = 0 \\ a_{21}x_1 + a_{22}x_2 + \cdots + a_{2s}x_s = 0 \\ \qquad \cdots\cdots \\ a_{t1}x_1 + a_{t2}x_2 + \cdots + a_{ts}x_s = 0 \end{cases}$$

有非零解, 则问题得证. 回看问题给定的其他条件: $s > t$. 它保证了上述方程组有非零解.

这一自然思维的模式是: "如果你想到达 $\boldsymbol{B}$, 并且知道, $\boldsymbol{A}$ 能产生 $\boldsymbol{B}$, 那么, 尝试着先到达 $\boldsymbol{A}$(比如, (II) 有非零解 $\Rightarrow$(I) 有非零解)". 这种回溯式前进的路线, 便是 "柯尔莫戈洛夫原则 (Kolmogorov's principle)"(文献 [299], P.191). 需指出, 它与美国耶鲁大学科学哲学家汉森 (Norwood Russell Hanson, 1924—1967)①在其《发现的模式》一书中谈到的物理创新思维中的 "逆推法" 是不同的. 逆推模式是这样的:

(1) 某一令人惊异的现象 P 被观察到.

(2) 若 H 是真的, 则 P 理所当然地可解释的.

(3) 因此有理由认为 H 是真的. (文献 [30])

断想 12　激励三段论, 研究型教学

从教学内容上讲, 提高学生的学习水平, 包括三方面的教育: 问题的提出; 问题的表达; 问题的解决 —— 如何提问题; 如何表达问题; 如何解决问题. 遍历原则要求我们, 在这三方面, 都要适当设置激励措施. 我们将此称为 "应用激励的三段

① 在学术和生活上都非常有个性的汉森, 被称为哲学界的小英雄, 因驾机失事而不幸去世.

论”. 激励的应用领域有此三段论, 任何一个激励措施本身也有一个三段论: 激励措施的提出; 激励措施的实施; 激励措施的检验 —— 效果的评估与改进. 我们将此称为 “激励三段论”. 相比较而言, 我们也可将应用激励三段论称为激励的 “外三段论”, 而将激励本身的三段论称为 “内三段论”.

教学型教学的概念: 从教学中找到研究课题. 矩阵的乘法不再逻辑地满足交换律, 也不再逻辑地满足零因子法则. 那么, 随机取两个矩阵, 它们的乘法满足交换律的概率有多大? 在同阶方阵范围内随机取两个矩阵, 它们的乘法满足交换律的概率是多大? 随机取出两个乘积为 0 的矩阵, 其中之一为零矩阵的概率是多大? 一般而言, 在一个小范围内成立的规则 (这里是以运算律为例), 在扩张后的大范围内往往就失效了. 一种规则在新范围内失效的程度如何? 随机取出一组对象, 在它们身上规则仍然有效的概率是多少?

为了将事情讲清楚, 有时需要引入新的思想, 典型例子, 如 n 重 Bernouli 独立实验结果事件的含义问题: 在随机实验 P 中, 事件 A 可能发生, 也可能不发生. 现在将 P 独立重复进行 n 次. n 重实验的结果可由乘积事件 $A_1A_2\cdots A_n$ 来表示. 其中

$$A_k=\begin{cases} A, & \text{如果在第}k\text{次实验中}A\text{发生};\\ \bar{A}, & \text{如果在第}k\text{次实验中}A\text{不发生}, \end{cases}\qquad k=1,2,\cdots,n.$$

你如何用自然语言念出 $A_1A_2\cdots A_n$ 这一表达式呢? 念 “$A_1,A_2,\cdots,A_n$ 同时发生” 吗? 诸 A_k 显然不是在普通时间意义上同时发生的. 这种现象引起人的思考, 进而自然扩展对时间, 特别是对同时性的理解. 笔者是以引入 “逻辑时间”“逻辑同时性” 等概念来解决这一问题的.

加法与乘法问题, 特别是乘法问题的一般化处理. 组合学中计数的乘法法则、微积分求导中的链式法则、概率中随机事件的乘积事件等.

自然 (生活) 语言在其不完备之处, 启示着人们引入新语言. 数学概念的引入是对自然语言在精确化方向上进行完善的一种措施, 它使得用自然语言说不清、或需大量自然语言才能说清的问题, 通过新语言的引入而能将其说清楚、或能简单地将其表述清楚. 自然语言与数学语言在人的思想语言发展的过程中是相互补充的.

荷兰思想家斯宾诺莎 (Baruch Spinoza, 1632—1677) 的《伦理学》①、中国思

---

① 此书的写作, 耗时长达 13 年 (1662—1675), 于斯宾诺莎去世后出版. “斯宾诺莎生前一共出版了两部著作, 一部是《笛卡儿哲学原理》, 一部是《神学政治论》, 前者是用他自己的名字发表, 后者由于种种政治原因匿名出版. ”(参见《笛卡儿哲学原理》中文译本 [190] 译序. 其中包含了有关斯宾诺莎的更多信息).

想家康有为的《实理公法全书》是在数学之外运用数学公理化方法①(模仿欧几里得几何学的方法) 写作的经典实例② 康有为认为数学的方法是最有效的发现真理的方法. "他写《春秋董氏学》, 提出了进化论的三世说, 自称用的是代数学的方法. "(文献 [85], P.272). 中国哲学家冯友兰称中国文化经典《易经》是一部 "宇宙代数学". 数学语言丰富了思想家的思维、表达工具库.

明确自然语言与数学语言的关系对搞好教学是十分必要的. 因为课堂上的教学语言基本是自然语言. 数学教学在相当大程度上是用自然语言来讲解数学语言.

---

① 公理化方法是对知识进行系统化整理的有效方法之一: 其初始要义在于, 在表面杂乱的知识中提炼出有关研究对象的几条属性 (命题) 作为逻辑演绎的基本依据, 然后凭借这些依据及逻辑推理法则演绎出多种命题, 形成一个相关的知识理论体系. 人们将那些初始承认的属性陈述称为公理, 而称从中演绎出的命题为定理. 在公理化方法发展的早期, 体系中的对象是有直观感觉基础的, 所谓的那些公理也是与相关感觉相一致的. 到现代时期, 情形发生了根本的变化. 公理化方法严格地说转变成了发展知识的 "公理方法", 而不再是 "化" 的方法. 在一般意义上讲, 公理方法是对选取的几个作为研究对象的不同名词给出几条属性陈述作为公理. 这时的名词所代表的对象是由这几条公理定义的, 也就是说, 满足这几条公理的就称为那个. 这时, 研究对象的内涵完全由那几条公理来规定. 这称为对象的隐定义 (隐定义的对象既可能有当时现实的对应物, 也可能没有). 然后从这些公理出发进行逻辑演绎, 而得到众多相应的定理. 这种通过给出公理而隐定义研究对象、通过逻辑推演而建立新知识的公理方法与早先的公理化方法的明显不同之处在于, 它是一种更加自由的发展新知识的方法, 是丰富 Popper 的世界 3 的一种方法. 而公理化方法起初主要是一种凝结、梳理已有知识的方法 (由于推理并不具有封闭性, 它自然也有进一步推演出新知识的功能). 现在人们一般认为, 具有 "公理 — 定理" 结构的数学领域是较为主流的体系分支. 有关这种知识结构的研究及其在各具体数学领域的应用的学问, 被称为 "公理学". 在不太严格的意义上, 现在人们倾向于将公理化方法与公理方法视为同义词. 笔者对此也认同. 公理方法不仅可以发展新知识、为人们提供很多的知识体系, 而且, 它还可以成为一种适于发展学生创造才能的教学方法. 对此, 美国密歇根大学的数学家、数学文化学家威尔德 (R. L. Wilder, 1896—1982) 在其《公理学与创造性才能的发展》(*Axiomatics and the development of creative talent*) 一文中, 结合美国数学家、数学教育家穆尔 (E. H. Moore, 1862—1932) 的相关工作, 作了较为详细的说明 (文献 [472], 474—488). 威尔德、穆尔考虑了公理化方法在教学中的有效应用. 这种 "化知识为教学方法" 或 "从知识中抽绎、提炼新的教学思想、设计切实可行的有效教学方法" 的做法, 值得每一位探讨教学改革的教师学习! 知识效用最大化, 体现在各个方面. 对教师而言, 知识的 "教育和教法" 效能是不可忘记的两个基本方面. 这是笔者在此要特别强调的.

② 一般的数学思想、语言之于哲学的意义是有共识的. "没有数学的帮助, 形而上学本身是毫无力量的. 这两个领域的界限已变得难于分辨了. 斯宾诺莎按照几何学的方法, 发展了一种伦理学体系. 莱布尼茨甚至更进了一步, 他毫不犹豫地将其《综合科学》(*Scientia Generalis*) 和《通用语言》(*Characteristica Universalis*) 里的一般原则应用于具体的和特殊的政治问题. 当向他征求关于波兰王位的竞争者中, 谁最有权利要求当选这个问题的意见时, 他写了一篇文章来试图论证自己的观点即选举莱提津斯基 (Stauislaus Letizinsk), 这篇文章用的是形式的论证. 莱布尼茨的弟子克里斯提安 · 沃尔夫 (Christian Wolff, 1679—1754) 仿效其老师的榜样, 第一个按照严格的数学方法写出了关于自然法的教科书. "(文献 [176. P.204]). 这一教科书, 就是于 1794 年出版的《民族法科学方法之详讨》. 关于数学与法律的关系, 有兴趣的读者, 还可参考何柏生所著《数学精神与法律文化》(文献 [196]). 北京大学哲学系张祥龙教授也持 "形而上学的'真身' 在数学" 的观点 (文献 [177]).

自然语言是大家交流的一个公共平台.

有丰富的自然语言知识和生活阅历, 对搞好严谨语言的教学是有益的. 学生对你讲的一种说法弄不明白, 你换个说法, 他们可能就明白了. 多用学生熟悉的情景与语言教学, 效果必然会好些. 我们称这种强调用贴近学生生活及时代的语言进行教学的原则为 "切近关联教育原则". 具体来讲, 教师强调学生规范用语是正确的, 但忽视现代风行的网络语言及其相关现象也是不足取的.

俄国数学家罗巴切夫斯基 (Nikolai Ivanovich Lobachevsky, 1792—1856) 也是出于几何教学讲解清晰性的需要, 才对欧几里得几何第五公设进行了深入的研究, 最终提出了对数学、天文学发展都具有重要意义的双曲几何的理论①(文献 [12]).

断想 13 鼓励学生保持个性与追求, 对人类发展是有积极作用的

教师不应一味强调自己课程的重要性. 要站在学生个性化发展的角度看问题. 一些部门以过去其不良成员后来的成绩为荣. 共产主义政治家列宁、大文豪托尔斯泰即为典型的例子. 国家主席胡锦涛在 2007 年 3 月 28 日访问喀山大学时, "喀山大学校长、物理学家萨拉霍夫在接受记者采访时说…… 该校培养出很多杰出人物, 列宁和列夫 · 托尔斯泰曾在此学习生活过". 其实, "列宁 1887 年考入喀山大学法律系, 因积极参加反对沙皇专制的政治活动而被开除学籍. 一年后, 列宁重返喀山参加了当地的马克思主义小组, 开始了寻求真理的探索", 并成就了其后来的革命业绩; 托尔斯泰的文学生涯也有类似之处. 胡锦涛在列宁当年学习的教室参观时, "长时间坐在列宁坐过的课桌前, 仿佛在想象和体会当年的情形. 沙米耶夫总统介绍说, 在这里学习过的还有文学巨匠列夫 · 托尔斯泰和高尔基, 并开玩笑说, '据我所知, 当初托尔斯泰没有拿到毕业证书, 原因是他的文学课没有合格', 善意的说笑引起了一片欢快的笑声. "(《胡锦涛访喀山大学看列宁手稿》②) 列宁和托尔斯泰在上学期间, 按照当时的学校评价标准, 它们都不是好学生.

个性与社会责任应该是联结在一起的. "教育的最高目标是要使人们能够达到自我实现和过负责任的生活. "(文献 [90], P.8). 1998 年 3 月 23 日, 哈佛大学校长陆登庭在北京大学的讲演中说: "最好的教育不仅帮助我们在自己的专业领域

---

① 西班牙的思想家、教育家、社会活动家奥尔特加 · 加塞特 (Jose Ortegay Gasset, 1883—1955) 如果对数学教育史有所了解, 特别是, 若其知道罗巴切夫斯基是 "教师型数学家", 他一定不会更改其在《大学的使命》一书中发表的言论, "…… 学习或教授一门学科与运用科学都不是科学研究 ……. …… 科学就是创造. 而教学只是旨在传播和吸收已创造的东西, 引导学习者去吸收已创造的东西"(文献 [236], P.74—75). 在倡导素质教育、能力教育、创新教育的今天, 其观念显然有待更新 —— 准确地说, 是读者不要为以往 "所谓经典" 中的言论所迷惑.

② http://www.southcn.com/today/hotpicnews/200703290012.htm.

更具生产力, 而且使我们更富有反思性、探询性和洞察力, 具有更完备和更高实现水平的人格. 它帮助科学家欣赏艺术, 帮助艺术家欣赏科学. 它使我们了解不通过教育就可能难以把握的所学不同领域之间的众多联系. 它使我们不论作为个人还是社会的一员都过一种更有趣、更有价值的生活. ”(文献 [100]).

断想 14　概念所用名词之含义的问题

概念所用名词 —— 比如, 卦限、矩阵、增广矩等 —— 的含义. 这里涉及一个学习方法的问题: 人做任何事情, 若想得到真传, 必须向开创者学习. 虽说误读可以引起创新, 但若想知晓所学对象的本质, 还是应向原作者 (群) 及其著作学习 —— 明确其文本含义 —— 例证意大利符号学家艾柯 (Umberto Eco, 1932—) 的有限解读思想. 由于我国大学工科数学三大公共基础课程 —— 高等数学、线性代数、概率论与数理统计的基本内容、概念、理论体系皆来自西方, 是对西方有关文化的翻译, 因此, 中国大学生所学的数学知识实际上是中西合璧的东西 —— 西方的文化和中国文化背景下的语言翻译. 中文名词承载着东西两种文化 —— 不仅数学内部名词如此, 其他领域翻译过来的概念也存在同样的现象, 如 “科学”“数学” 等名词. 更一般地, 任何两种语言的翻译, 在译文语言的塑造上都渗透着两种文化的相应内容. 学好数学, 要适当读原著, 以正清源. 顾名思义学习法. 运算就是操作 (operation). 我们课程中的运算, 实际上只是数学家具体思维中对数学对象施行的众多操作中的一部分 —— 具有相当普遍性的一部分. 偶尔出现的一些操作, 往往没有外在的形成概念. 我们称 “回到源头、向原创者学习” 的方法为 “本源学习法”.

断想 15　明事理激励, 数学是体育

一个人明一般事理, 亦即其心灵了解事物的意义或有适当的观念, 其思想就不会有阻碍, 因而也就不会有烦躁焦虑的情绪, 其心就静①、自由 (文献 [480], P.340). 心静是学好数学的重要条件, 而心自由是创新教育能够高效实施的基本保证. 若教师在向学生开始一般事理的基础上, 在进一步阐明数学之事理, 则学生自主学习以期获取极大收获的愿望就会自然增强.

本书所涉及的对数学认知之众多方面, 皆是有助于明事理激励教育得以有效实施的素材.

数学之事理有很多方面. 教师可根据实际情况选择相关事理予以开示. “数学学习中应注意的问题”“数学学习的效用” 是两个应首先、并多次、多角度、多

① “智明心静”“心静智明” 反映着 “智” 与 “情” 之关系的两个方面, 在教学中有重要的应用价值.

层次地予以说明的问题. 数学思维具有内在沉思①、内在观察、内在操作的特点; 保证取得好的学习效果的首要态度是不急躁 —— 能够静下心来沉思你的数学问题; 保证取得较大收获的重要路线是主动联系、并持续深入思考 —— 考虑所学对象之间, 以及与自己的生活经历、环境中的事件之间的各种联系, 持续逐步深入思考. 数学学习、研究的经历对自己在社会中的就业发展, 以及内在精神的愉悦、以致健康长寿都有很大的帮助.

英国数学家、哲学家罗素 (Bertrand Russell, 1872—1970) 在其回忆录中谈到了大学者的长寿现象, 他说: "学术人物的另一项特征即是长寿 (文献 [11], P.75)." 英国的罗素、法国的 Hadamard、德国的 Ledermann (Walter Ledermann, 1911—2009)、美国的波利亚, 四位同寿 98 岁, 可谓长寿数学家的代表②. 数学有助长寿, 是与其思维特点相关的. 人的任何一种行为对行为者的精神都有某种程度的凝结作用, 有一定的 "精神凝结度". 数学思维由于其宁静沉思的特点而使其具有较大的精神凝结度; 其追求清晰的逻辑秩序的特点使其表现为一种有序化智力活动, 而有序化智力活动 —— 笔者同意意大利第一位女医学博士、教育家蒙台梭利 (Maria Montessori, 1870—1952) 的观点, 可以提升人的 "神经能量 (nervous energy)" (文献 [433], P.354). 充足的神经能量使得人的神经系统的活动强劲而有力. 精神凝结、强劲有序的神经系统显然有助于人的健康与长生, 由此而使数学具有了体育的功能. 可以说, "数学是一种体育". 英国数学家西尔维斯特 (J.J.Sylvester, 1814—1897) 认为, "数学家长寿而且年轻; 其灵魂的翅膀不会早的垂落, 毛孔也不会被自俗世生活之尘土飞扬的高速路上吹来的尘粒所堵塞." (文献 [237], P.122). 规范适度的学术活动都有利于行为者的健康与长寿.

适宜的数学思维活动可以使人静心, 是一种精神休息方法, 而静心利于人的健康. 马克思在其夫人燕妮病危的日子里, "他不能再继续照常从事科学工作, 在这种沉痛的心情下, 他只有把自己沉浸在数学里才勉强得到些微的安宁." (文献 [45], PP.190—191). 作为 "逃避" 现实的一种方式, 数学不仅给人带来即时的安宁或沉静, 而且其创造性的行为所产生的数学成果还是认识世界和改造世界的重要工具. 可以说, 数学是通过逃避现实而改进现实的一种艺术活动. 基于数学的这种特点, 美国麻省理工学院的数学家、哲学家罗塔 (G.C.Rota, 1932—1999) 教授认为, 在逃避现实的所有已有方式中, 数学是最成功的 (文献 [403], P.19).

---

① 哲学思维也有此特点. 顶级的数学家一定是有思想的哲学家; 而哲学家往往在数学方面也具有很深的造诣. 在现代, 在数学和哲学两个领域皆有不凡成绩的, 国外有美国麻省理工学院的罗塔 (G. C. Rota, 1932—1999), 国内有大连理工大学的徐利治 (1920—) 教授.

② 荷兰数学家、数学史家 Dirk Jan Struik (1894—2000) 享高寿 106 岁; 而奥地利数学家 (拓扑学家) 斐吐瑞斯 (Leopold Vietoris, 1891—2002) 更是享高寿 111 岁 (文献 [382]).

数学既是一种世界观, 又是一种方法论, 还是人类长生快乐的一服良药.

选用"数学"一词作为"mathematics"中文统一译名, 是从 1939 年 8 月开始的 (文献 [239], P.64). Mathematics 拉丁文对应单词 mathematica 源自希腊词 mathematikos, 而此词基于 mathesis①— 此词在英文中意谓着"心智训练"(mental discipline)(文献 [240], P.132). 从词源上可以看出, 数学是人的一种内在心灵活动及其成果, 其涵盖的范围是非常广泛的. 在历史上, 不同的数学家、哲学家, 对数学含义的界定是有区别的. 例如, 美国实用主义先驱人物、逻辑学家皮尔斯 (Charles Sanders Peirce, 1839—1914) 在谈到数学的本质时谈到 (文献 [241], PP.190—191), ①一些考证认为: 毕达哥拉斯学派将数学看作对"how many?"和"how much?"的回答; ②在公元前 100 年的 Philo of Alexandria 所定义的数学的范围中, 既包含了数论、几何等领域, 又包含了大地测量学、力学、光学、音乐、天文学等领域; ③大哲学家柏拉图 (Plato, BC 429—347 BC) 则认为, 数学的本质特征在于其抽象的特有类型及其程度 —— 数学的抽象度是大于物理而小于哲学的.

宏观而言, 人们对数学的描述及认识经历了三个阶段②:

(1) 作为心智训练的数学: 动词、行为.

(2) 作为训练结果的知识体系的数学: 名词、行为结果. 此时对数学的描述是从研究对象 —— 心智训练内容、对象的特点着手的, 比如, 数学是研究数与形的学问; 数学是研究事物的数量关系和关系结构的学问; 数学是研究事物的模式结构的学问, 等等.

---

① 管震湖先生在《关于马特西斯》一文中谈到, "马特西斯 Mathesis, 常常附有形容词, 作 Vera Mathesis(真正马特西斯) 或 Mathesis Universalis(普遍马特西斯), 在笛卡儿词汇中用作某种包括数学在内而又有别于数学的通用性学科, 指导一般思维、尤其指导形象思维 (不是文艺的) 的概括性学科的名称". 关于 mathesis 在法国哲学家、数学家笛卡儿 (Rene Descartes, 1596—1650) 思想中的地位, 可参见《探求真理的指导原则》一书的相关内容 ([242], PP.108—111). 如果说, 从数学中汲取营养造就了过去的笛卡儿, 那么, 从现代数学 — 比如集合论、范畴论等领域中汲取营养, 则造就了法国现代思想家巴蒂欧 (Alain Badiou, 1937—). 对 Badio 有兴趣的读者, 可参见其*Being and event*、*Briefings on existence*等作品, 从中感受数学哲学的现代价值.

② 人们对哲学的认识与对数学的认识有相似之处: 古希腊的苏格拉底及更早的毕达哥拉斯是将哲学作为动词和形容词来看待的: 爱智慧、爱知识的; 近代德国哲学家黑格尔等人则是将其作为名词 —— 知识体系来刻画的. 现代人们一谈到哲学, 往往是从其研究对象和知识特点来讲的, 如研究存在、不存在、世界观、人生观、方法论等. 大致而言, 苏格拉底等强调人基于无知而渴望有知, 强调一种"思维的外向动势"; 而黑格尔等则内向地基于人们已探求的知识特点来发展相关认知: 或将已有智慧知识体系化, 或在对已有探索认知基础上进一步给出自己的见解. 对哲学认识的这一"外向 → 内向"或"基于无知 (外部) 而追求知 → 基于已知 (内部) 而发展知"的演变, 日本哲学家木田元 (1928—) 在其《反哲学入门》一书中有清楚地说明 (文献 [437], PP.24—28). 顺便指出, 将哲学与数学相类比, 人们也可以研究哲学的与现代认知神经科学相关的各种问题.

(3) 现代认知神经科学背景下的、作为心智训练及其结果的数学：动词 + 名词. 它既关注数学知识, 同时更加关注对数学思维、心理过程的分析. 这方面的代表著作当首推美国加州大学语言学教授莱考夫 (George Lakoff, 1941—) 和认知神经学家 Rafael E. Nunez 合著的《数学来自哪里》(*Where mathematics comes from*)(文献 [436]).

断想 16　数学行为的全方位系统激励

数学行为中的各个方面都设激励措施：有数学本身的因素 —— 思想智力因素、美学因素等, 也有受教育者人的因素 —— 有其心理情感因素：对课程、对老师的关系因素. 在老师的影响方面, 要强调客观的生活态度, 但从教师自身的努力来讲, 则应尽力通过自己的行为来正面感染学生喜欢你的课程. 前者在于降低 "教师魅力" 对 "课程吸引力" 的负面消极作用, 而后者在于提高教师魅力对课程吸引力的正面积极作用. 正确理解教师魅力与课程吸引力的关系、并将其付至教学实践是高品位教师的基本功之一.

断想 17　进化观下的应试教育之本性

在社会体系里, 考试原则：显示已知, 隐藏未知. 在自然环境里, 只应显示人类的主观能动性. 应试教育是社会结构评价人才的极致. 将社会看作自然进化到今天的一部分. 在社会体系中谋得一个职位, 是合算的. 后来的人是在延续这一观念. 创业者最伟大.

断想 18　"与时俱进的自然观" 是人类进步的一个重要概念

断想 19　知识的模式性

一种新的知识往往就是一种新的解决问题的模式. 建立知识的模式观对学生学好数学是重要的.

例　如果方程

$$\begin{vmatrix} x-2 & 5 & -6 & 3 \\ 2 & x+1 & -7 & 2 \\ -1 & 9 & x-3 & 0 \\ 2 & 3 & -4 & x-5 \end{vmatrix} = 0$$

的四个根为 x_1, x_2, x_3, x_4, 求 $x_1+x_2+x_3+x_4=?$

学了特征多项式之后, 如果大家看到上述方程就是矩阵

$$A = \begin{pmatrix} 2 & -5 & 6 & -3 \\ -2 & -1 & 7 & -2 \\ 1 & -9 & 3 & 0 \\ -2 & -3 & 4 & 5 \end{pmatrix}$$

的特征方程, 则马上知道, 特征值的和 $x_1+x_2+x_3+x_4$ 就是 $\mathrm{tr}\boldsymbol{A} = 2+(-1)+3+5 = 9$. 特征多项式或特征方程的知识在此起了一个模式的作用.

断想 20　激励教育的 "遍历原则"

激励教育贯穿于教学的每一个环节. 课堂日常教学、课下作业、考试等环节都不例外. 贯彻激励教育的 "遍历原则".

实施遍历原则的课程教学, 有三个基本环节: 上好第一堂课; 在平时的课堂教学中不断注意激励原则的实施、反馈与改进; 上好带总结性的最后一堂课. 每一环节的目标是: 第一堂课要抓住学生的心; 平时要稳住学生的心; 最后一堂课要放飞学生的心 —— 进一步展示课程的开放性, 从总体角度对所学内容、思想的精髓进行总结, 让学生看到由此展开的前景 —— 从此走向新知、走向未来.

三个环节都很重要.

常言道, 虽 "万事开头难", 但 "良好的开端是成功的一半". 上好课程第一课, 无疑是首要的. 第一课应向学生介绍课程的一个概貌: 介绍它的对象、内容、基本特点及其在当前科技体系以至于文化中的位置, 介绍它与学生专业 (如与计算机、经济等学科的关系) 的关系. 具体生动的例子是最抓人心的. 通过一些生动的例子来讲解以上内容, 会取得满意的效果. 笔者在线性代数教学中, 第一课谈其在奠定推理方法的基础、提供搜索引擎的知识支持, 以及政策制定的模型建议等方面的应用, 学生反映良好.

例 1　令

$$a_0, a_1, \cdots, a_n, \cdots,$$
$$b_0, b_1, \cdots, b_n, \cdots$$

是两个实数数列, 其中 $a_0 = b_0 = 1$, 则下述互反关系式成立:

$$a_n = \sum_{k=0}^{n} \binom{n}{k} b_k \Leftrightarrow b_n = \sum_{k=0}^{n} (-1)^{n-k} \binom{n}{k} a_k.$$

上式可简证如下: $\Rightarrow$ 情形 ($\Leftarrow$ 情形同理)

我们采取一种操作：先将下标提升到指数的位置上：

$$a_n=\sum_{k=0}^{n}\binom{n}{k}b_k$$

意味着

$$\begin{aligned}a^n&=\sum_{k=0}^{n}\binom{n}{k}b^k=(b+1)^n\\&\rightarrow a=b+1\rightarrow b=a-1\\&\rightarrow b^n=(a-1)^n=\sum_{k=0}^{n}(-1)^{n-k}\binom{n}{k}a^k;\end{aligned}$$

然后, 再将指数下降到下标的位置上：

$$b_n=\sum_{k=0}^{n}(-1)^{n-k}\binom{n}{k}a_k,$$

就得到了我们的结果. 对这种证法, 学生普遍认为难以接受. 对此我们指出, 这种似真推理其实是正确的. “想知道为什么吗? 学完线性代数课程后, 即可明确其合理性.”

这种推理方式, 在数学中称为 “影子演算”(umbral calculus)—— 下标可看成指数的影子, 也称为 “哑演算”—— 在我们的问题环境中, 并没有独立的对象 a, b, 它们其实是 “哑变量、哑符号”. 这种演算, 起源于英国牧师 John Blissard 于 1861 年发表的工作①. 起初称为 “表示性记号”(representative notation) 方法, 后经美国数学史学家 E.T.Bell(文献 [57]) 及组合学家 G.C.Rota(文献 [58、59]) 等的改造, 称为 umbral calculus. 将改造后的 umbral calculus 纳入 (研究生) 线性代数教材的第一人是美国的 S.Roman 教授, 他在 1992 年, 将 “The Umbral Calculus” 作为其著作《高等线性代数》的最后一章 (文献 [60]). “哑演算” 的中文译名可见徐利治教授的《计算组合数学》(文献 [61]), “影子演算” 的中文译名始于阴东升的博士

① 老牧师 Blissard 时年 58 岁. 有趣的是, 西班牙大作家塞万提斯的经典之作《唐吉诃德》的第一部也是在其 58 岁时出版的; 而英国思想家洛克的《人类理解论》(*An essay concerning human understanding*) 首版于 1689 年 —— 洛克时年 57 岁; 英国数学家 Charles Hutton(1737—1823) 的名作《数学与哲学词典》(*The Mathematical and Philosophical Dictionary*) 也出世于作者 58 岁之年. 在中国, 北宋书画家苏轼 (1037—1101, 号东坡居士), 58 岁时创作了书法作品《满庭芳》. 美国新罕布什尔大学数学家张益唐于 58 岁, 即 2013 年公布了其有关孪生素数猜想的革命性研究成果: 存在着无穷多对差小于 7000 万的素数对.

论文 (文献 [62]). 顺便指出, 无穷小演算是连续数学的一个方法性源头, 影子演算是离散数学的一个方法性源头.

上述互反公式推理的正确性可证明如下:

令 $P(R)$ 表示实系数多项式线性空间. P,Q 为线性泛函:

$$P:\ \begin{array}{c} P(R)\to R, \\ x^m\to a_m, \end{array} \qquad Q:\ \begin{array}{c} P(R)\to R, \\ x^m\to b_m, \end{array}$$

则

$$a_n=\sum_{k=0}^{n}\begin{pmatrix} n \\ k \end{pmatrix}b_k\to P(x^n)=\sum_{k=0}^{n}\begin{pmatrix} n \\ k \end{pmatrix}Q(x^k)$$

$$=Q((x+1)^n)\to P(p(x))=Q(p(x+1)),$$

其中 $p(x)$ 为任意实系数多项式. 特殊地, 取 $p(x)=(x-1)^n$, 则有

$$P((x-1)^n)=Q(x^n)\to P\left(\sum_{k=0}^{n}(-1)^{n-k}\begin{pmatrix} n \\ k \end{pmatrix}x^k\right)$$

$$=\sum_{k=0}^{n}(-1)^{n-k}\begin{pmatrix} n \\ k \end{pmatrix}a_k=b_n.$$

这一证明参见文献 [63].

例 2 搜索引擎要解决的一个问题是: 关于一个关键词的有关信息的排序问题 —— 哪条是搜索者见到的第一条, 哪条是第二条等. 显然, 最重要的先出现. 信息的重要性与信息来源的网站的重要性有关系. 网站的重要度如何确定呢? 我们令

$$x_1,x_2,\cdots,x_n$$

表示世界上各网站的重要度, 并引进符号

$$a_{ij}=\begin{cases} 1, & \text{第}i\text{个网站与第}j\text{个网站相连接}, \\ 0, & \text{其他}, \end{cases}$$

则存在 $k_i,\ i=1,2,\cdots,n$ 满足

$$\begin{cases} x_1=k_1(a_{11}x_1+a_{12}x_2+\cdots+a_{1n}x_n), \\ x_2=k_2(a_{21}x_1+a_{22}x_2+\cdots+a_{2n}x_n), \\ \cdots\cdots \\ x_n=k_n(a_{n1}x_1+a_{n2}x_2+\cdots+a_{nn}x_n). \end{cases} \tag{*}$$

在理想状态下, 若假设诸 k_i 等于同一个值 $k(\neq 0)$, 记 $\boldsymbol{X}=(x_1,x_2,\cdots,x_n)^{\mathrm{T}},\boldsymbol{A}=(a_{ij})_{n\times n}$, 则式 (*) 成为

$$\boldsymbol{X}=k\boldsymbol{A}\boldsymbol{X}\Rightarrow \boldsymbol{A}\boldsymbol{X}=\frac{1}{k}\boldsymbol{X}.$$

用线性代数的语言来讲, 明确诸网站的重要度, 实即求关联矩阵 $\boldsymbol{A}$ 的一个特征向量 $\boldsymbol{X}$. 著名的搜索引擎 Google 就是用这种思想的一个变种来对大量网站进行重要性的确定的 (此例取自美国宾夕法尼亚州立大学数学家 Herbert Wilf 主页链接的文章 "Searching the web with eigenvectors"①). 这一有技术背景的实例放在特征值特征向量部分讲, 有助于吸引学生的注意力. 按照英国思想家、教育家洛克 (John Locke, 1632–1704) 的观点, 引起并且保持学生的注意是教师最重要的技巧: "一旦教师拥有了这种技巧, 他就一定能够以学生力所能及的速度推进教学; 否则, 忙乱一通, 收效甚微, 或者毫无结果 (文献 [269], P.78)".

对搜索引擎排序有兴趣的读者, 可进一步参阅 Amy N. Langville 和 Carl D. Meyer 合著的、意在体现线性代数在现代技术中的应用价值的著作*Google's Page Rank and Beyond: The Science of Search Engine Rankings*(文献 [231]).

如果我们不作诸 k_i 相同的假设, 只是自然认为诸 $k_i\neq 0$, 则式 (*) 成为

$$\boldsymbol{A}\boldsymbol{X}=\begin{pmatrix}1/k_1 & & & \\ & 1/k_2 & & \\ & & \ddots & \\ & & & 1/k_n\end{pmatrix}\boldsymbol{X}.$$

它启示我们引入一种广义的特征值、特征向量的概念:

对给定的 n 阶方阵 $\boldsymbol{A}$ 以及数组 $(\lambda_1,\lambda_2,\cdots,\lambda_n)$ 而言, 如果存在非零向量

$$\boldsymbol{\alpha}=(a_1,a_2,\cdots,a_n)^{\mathrm{T}}$$

满足

$$\boldsymbol{A}\boldsymbol{\alpha}=\begin{pmatrix}\lambda_1 & & & \\ & \lambda_2 & & \\ & & \ddots & \\ & & & \lambda_n\end{pmatrix}\boldsymbol{\alpha},$$

① http://www.math.upenn.edu/%7Ewilf/website/KendallWei.pdf

则我们称 $(\lambda_1,\lambda_2,\cdots,\lambda_n)$ 为 $\boldsymbol{A}$ 的一个组特征值, 称 $\boldsymbol{\alpha}$ 为 $\boldsymbol{A}$ 的属于 $(\lambda_1,\lambda_2,\cdots,\lambda_n)$ 的特征向量. 当然, 将对角矩阵换为其他类型的矩阵, 人们还可进一步给出相应的特征值、特征向量的概念. 这一一般化的思维过程, 体现着对收益极大化的一种追求.

例 3 中国目前正在进行农村城镇化建设. 在城乡人口流动问题的思考中, 线性代数也是一个重要工具. 例如, 假定: ① 国家总人口 N 不变, 目前的状态为零状态, 城镇人口占总人口的比例为 t_0, 农村人口占总人口的比例为 c_0; ② 每年城镇人口流向农村的比例为 $p(>0)$, 农村人口流向城镇的比例为 $p(>0)$; ③ 一年后, 城镇人口占总人口的比例为 t_1, 农村人口占总人口的比例为 c_1. k 年后, 城镇人口占总人口的比例为 t_k, 农村人口占总人口的比例为 c_k. 在这些约定下, 易知

$$\left.\begin{aligned}t_kN=(1-p)t_{k-1}N+qc_{k-1}N\\ c_kN=pt_{k-1}N+(1-q)c_{k-1}N\end{aligned}\right\}\Rightarrow$$

$$\begin{pmatrix}t_k\\ c_k\end{pmatrix}=\begin{pmatrix}1-p & q\\ p & 1-q\end{pmatrix}\begin{pmatrix}t_{k-1}\\ c_{k-1}\end{pmatrix}=\begin{pmatrix}1-p & q\\ p & 1-q\end{pmatrix}^k\begin{pmatrix}t_0\\ c_0\end{pmatrix}.$$

令

$$\boldsymbol{A}=\begin{pmatrix}1-p & q\\ p & 1-q\end{pmatrix},$$

由于

$$|\lambda\boldsymbol{E}-\boldsymbol{A}|=\begin{vmatrix}(\lambda-1)+p & -q\\ -p & (\lambda-1)+q\end{vmatrix}=(\lambda-1)(\lambda-1+p+q),$$

所以 $\boldsymbol{A}$ 的特征值为 $\lambda_1=1,\lambda_2=1-p-q$. 其相应的一个特征向量分别为 $(q,p)^{\mathrm{T}},(-1,1)^{\mathrm{T}}$.

记

$$\boldsymbol{P}=\begin{pmatrix}q & -1\\ p & 1\end{pmatrix}\Rightarrow\boldsymbol{P}^{-1}=\frac{1}{|\boldsymbol{P}|}\boldsymbol{P}^*=\frac{1}{p+q}\begin{pmatrix}1 & 1\\ -p & q\end{pmatrix},$$

则

$$\boldsymbol{P}^{-1}\boldsymbol{A}\boldsymbol{P}=\begin{pmatrix}1 & 0\\ 0 & 1-p-q\end{pmatrix},\quad \text{记}r=1-p-q\Rightarrow$$

$$\boldsymbol{A}^k=P\begin{pmatrix}1 & 0\\ 0 & r\end{pmatrix}^k\boldsymbol{P}^{-1}=\frac{1}{p+q}\begin{pmatrix}q+pr^k & q-qr^k\\ p-pr^k & p+qr^k\end{pmatrix}.$$

因此

$$
\begin{pmatrix} t_k \\ c_k \end{pmatrix} = \frac{1}{p+q} \begin{pmatrix} q+pr^k & q-qr^k \\ p-pr^k & p+qr^k \end{pmatrix} \begin{pmatrix} t_0 \\ c_0 \end{pmatrix} \xrightarrow{k\to\infty}
$$

$$
\begin{pmatrix} t_\infty \\ c_\infty \end{pmatrix} = \frac{1}{p+q} \begin{pmatrix} q & q \\ p & p \end{pmatrix} \begin{pmatrix} t_0 \\ c_0 \end{pmatrix} \xrightarrow{t_0+c_0=N} \frac{t_\infty}{c_\infty} = \frac{q}{p}.
$$

这说明, 在极限状态, 城乡人口比例稳定在 $q:p$, 它不依赖于初始城乡人口比例, 只依赖于城乡流动比例. 当然, 在所作假定之下, 完全的城镇化是不能实现的. 事实上, 人口总数和城乡流动比例并不是定值, 它们也是在变化的.

例 4 用矩阵的方法可以解线性齐次常系数差分方程 (文献 [92], P.186). 比如, 给定数值 a_0, a_1, 解方程

$$
a_{n+2} - 5a_{n+1} + 6a_n = 0
$$

可如下进行:

$$
\begin{pmatrix} a_{n+2} \\ a_{n+1} \end{pmatrix} = \begin{pmatrix} 5 & -6 \\ 1 & 0 \end{pmatrix} \begin{pmatrix} a_{n+1} \\ a_n \end{pmatrix} \Rightarrow \begin{pmatrix} a_{n+2} \\ a_{n+1} \end{pmatrix} = \begin{pmatrix} 5 & -6 \\ 1 & 0 \end{pmatrix}^{n+1} \begin{pmatrix} a_1 \\ a_0 \end{pmatrix}.
$$

矩阵 $\begin{pmatrix} 5 & -6 \\ 1 & 0 \end{pmatrix}$ 有两个特征值 $2, 3$; $\begin{pmatrix} 2 \\ 1 \end{pmatrix}, \begin{pmatrix} 3 \\ 1 \end{pmatrix}$ 分别是它们的一个特征向量. 根据相似对角化的知识,

$$
\begin{pmatrix} 5 & -6 \\ 1 & 0 \end{pmatrix} = \begin{pmatrix} 2 & 3 \\ 1 & 1 \end{pmatrix} \begin{pmatrix} 2 & 0 \\ 0 & 3 \end{pmatrix} \begin{pmatrix} 2 & 3 \\ 1 & 1 \end{pmatrix}^{-1}.
$$

所以

$$
\begin{aligned}
\begin{pmatrix} a_{n+2} \\ a_{n+1} \end{pmatrix} &= \begin{pmatrix} 2 & 3 \\ 1 & 1 \end{pmatrix} \begin{pmatrix} 2 & 0 \\ 0 & 3 \end{pmatrix}^{n+1} \begin{pmatrix} 2 & 3 \\ 1 & 1 \end{pmatrix}^{-1} \begin{pmatrix} a_1 \\ a_0 \end{pmatrix} \\
&= \begin{pmatrix} 2 & 3 \\ 1 & 1 \end{pmatrix} \begin{pmatrix} 2^{n+1} & 0 \\ 0 & 3^{n+1} \end{pmatrix} \begin{pmatrix} -1 & 3 \\ 1 & -2 \end{pmatrix} \begin{pmatrix} a_1 \\ a_0 \end{pmatrix} \\
&= \begin{pmatrix} (3^{n+2} - 2^{n+2})a_1 + (3 \cdot 2^{n+2} - 2 \cdot 3^{n+2})a_0 \\ (3^{n+1} - 2^{n+1})a_1 + (3 \cdot 2^{n+1} - 2 \cdot 3^{n+1})a_0 \end{pmatrix} \\
&\Rightarrow a_{n+1} = (3^{n+1} - 2^{n+1})a_1 + (3 \cdot 2^{n+1} - 2 \cdot 3^{n+1})a_0.
\end{aligned}
$$

由此得到问题的解

$$
a_n = (3^n - 2^n)a_1 + (3 \cdot 2^n - 2 \cdot 3^n)a_0.
$$

最后一堂课, 除了对所学内容进行知识、思想、理论进行总结、对课程前景进行展望以外, 还要以回答 "所学课程是什么" 为例, 向同学展示回答 "…… 对象是什么" 的一般思维原则. 由具体、特殊到一般, 让学生获得尽可能大的思维收益.

以线性代数来说, 最后一堂课要回答 "什么是线性代数?" 或 "线性代数是什么?" 的问题. 下面是笔者对这一问题的一种回答方式: "线性代数" 有两种含义, 一是作为课程的线性代数, 一是作为数学分支的线性代数. 作为课程的线性代数, 其教学内容具有相对较大的稳定性、保守性 (一般受教学大纲的约束), 而作为研究、发展分支的线性代数则不然: 它追求创新性、开放性.

我们将知识对象看作一个整体. 整体的具体结构及展开方式, 可有多种解说. 如果我们 "将整体看成从选定的基本要素出发, 按一定的衍生方式建构的一种产物", 那么, 三维向量 (基本要素集 E, 衍生方式集 D, 衍生方式集 D 的运用强度) 就决定了整体的内涵. E 是整体被认知的出发点. 这时, 回答一个整体对象 O 是什么的问题, 便可沿下述模式进行: O 是关于 E 的学问 —— 对 "是关于 E 的哪些方面、这些方面多大深度的学问" 的不同回答, 决定着整体对象的形态. 其中, 谈论对象的各方面, 用的是 "分析" 的思维方式; 谈论深度, 涉及的往往是对逻辑推演、类比、一般化等手段在一定程度上的运用. 分析、逻辑推演、类比、一般化等手段构成着衍生方式集 D. 如果对衍生方式的运用强度有有界的限制, 那么所建构出的就是相对封闭的整体 —— 具有相对固定边界的对象 —— 我们称之为 "拟静态边界对象"; 否则, 衍生方式可任意运用, 建构过程便是个进行中的开放过程, 这时的整体对象是个开放建构中的 "动态边界对象". 作为课程的线性代数, 是拟静态边界对象; 作为数学分支的线性代数, 是动态边界对象.

根据 E 的不同选择, 线性代数可被称为: 关于行列式的学问; 关于矩阵的学问; 关于线性方程组的学问; 关于特殊多项式 —— 多重线性多项式的学问①; 关于线性替换的学问 (Harold M. Edwards 在其《线性代数》中的观点. 细节请参见文献 [36]); 关于线性空间及其线性变换的学问; 关于带结构的阿贝尔群的学问 (linear algebra (in its widest sense) may be described as the study of abelian groups with structure)(文献 [375], P.111), 等等.

回答一个对象 O_1 是什么, 也可以借助于它与另外对象 O_2 的关系以及 O_2 的

① 这一观点, 可从 B.L.van der Waerden 的经典名著《代数学》第 7 版第 1 卷第 4 章 "向量空间和张量空间" 引入行列式的路线 (文献 [152]) 得出. Paul R.Halmos 在其《*Finite-dimensional Vector Spaces*》中引入行列式的路线与 van der Waerden 的相同 —— 借助于多重线性型 (multilinear forms) 的理论来实现 (文献 [160] PP.98—102). 从多项式的具体角度, 结合泛函、算子的观点建立线性代数体系的代表作, 笔者向读者推荐以色列 Ben-Urion University of Negev 的 Paul A. Fuhrmann 教授的 *A polynomial approach to linear algebra* (文献 [164]).

内涵来说明. 就线性代数而言, 将其与射影几何联系起来, 揭示二者之间的逻辑等价关系, 是说明线性代数是什么的一种策略. 美国 Illinois 大学的 Reinhold Baer 于 1952 年在 Academic Press 初版的 *Linear algebra and projective geometry*(文献 [153]) 的宗旨, 就是要表明线性代数与射影几何之间的这种本质上的同一关系. K.W.Gruenberg 和 A.J.Weir 的《线性几何》(文献 [221]) 也在相当程度上支持着这一观点. 在更抽象一些的层面上, 人们也可以通过将线性代数与根系 (root systems) 联系起来而展示其处境画面. 世界著名数学家、2001 年沃尔夫奖获得者 V. I. Arnold(1937—2010; 生于乌克兰, 逝于法国) 即如此. 他指出, “线性代数本质上是特殊根系 A_k 的理论. 线性代数中的基本事实 (像特征值、Jordan 块理论等) 能够用根的术语重新改述, 这种表述对其他根系也是有意义的”. (文献 [301], P.404).

实际上, 从历史上来看, 线性代数的英文 ——linear algebra—— 的本意, 指的是 “线的代数”, 以别于 “数的或字母的传统代数”. Hussein Tevfik Pacha 于 1882 年在土耳其君士坦丁堡 (Constantinople) 出版的*Linear Algebra*(文献 [249]) 一书, 几乎完全就是有向线段的向量代数; 而意大利数学家佩亚诺 (Guiseppe Peano, 1858—1932) 在 1888 年出版的《几何演算》(Calcolo Geometrico) 的内容, 就是建立线性空间的基本理论 —— 几何演算. 这样一种演算系统类似于数的演算, 只是其中的运算对象不是数, 而是几何对象 (文献 [250]). 比这些更早, 德国数学家莱布尼茨 (Leibniz, Gottfried Wilhelm, 1646—1716) 和默比乌斯 (Mobius, August Ferdinand, 1790—1868) 甚至考虑过更一般的涉及线段、三角形、平行四边形等平面图形的运算 (文献 [251], PP.3—4,48—51); 1804 年, 捷克数学家波尔查诺 (Bernard Bolzano, 1781—1848) 也曾发表了其有关点、线、面的运算的成果 (文献 [376], P.viii); 美国数学史专家伊夫斯 (Howard Eves, 1911—2004) 在其著名的《数学史概论》中, 给出了一个平面中点的代数, 其加法是这样定义的: 平面上任意两点 P, Q 的和是点 R: P, Q, R 以逆时针方向构成一个等边三角形的顶点 (文献 [259], P.508); 而现代图论中关于图的乘法、竞赛图的合成等方面的研究 (例如文献 [252] 及其后附的相关文献), 则可看成这一 “考虑几何对象的运算” 之精神的延续. 从线段的代数出发, 经过各方向不同阶段的抽象演进 (从具体的 “线形” 到抽象的 “线性” 的转换), 形成了现代意义下的线性代数这一数学分支; 从理论上讲, 以此为类比的榜样, 人们完全可以发展出基于普通图的代数的、内容更加阔厚的数学领域, 我们不妨称之为 “图的代数学 (Graphical algebra)”. 需指出, 在数学史中, H.S.Hall 在其《图的代数短论》(文献 [253]*A short introduction to graphical algebra*) 中 Graphical algebra 的含义与这里的含义是不一样的.

顺便我们指出, 线性代数除了有几何直观形态以外, 还有组合意义下的直观形态 — 典型的英文版权威著作可参考著名组合学家 Richard A.Brualdi 和 Dragos Cvetkovic 的*A combinatorial approach to matrix theory and its applications*(文献 [222]) .

线性代数是数学的一部分. 数学是一种特殊的语言. 因此, 线性代数也是一种特殊的语言. 俄国数学家柯斯特利金 (Alexei I. Kostrikin, 1929—2000) 和曼宁 (Yuri Ivanovich Manin, 1937—) 在其合著的《线性代数和几何》一书的前言中, 即从语言的角度描述了线性代数: "线性的思想 (the idea of linearity) 是自然科学中最普遍的思想之一. 线性代数就是关于表达线性思想之数学语言的学问. "(文献 [341])

课前介绍所学课程是什么与课后总结性介绍其是什么是不同的. 课前听众还没有感性认识, 最好的介绍就是以线性代数为例, "线性代数就是本学期我们要学的东西". 这是荷兰数学家 N.G.De Bruijn 的介绍风格. 他在其著作《分析中的渐近方法》的引论中, 当谈到什么是渐近学 (asymptotics) 时, 他说, "最安全但并非最含糊的定义是这样的: 渐近学是分析学的这样一部分, 本书中所要处理的问题类型就是它所要考虑的内容"(文献 [248], P.1)①. 而当课程内容讲解结束时, 听众对所学课程已经有了相当的感性认识, 这时, 教师就可以、并应该给出一理性的总结性说明了.

对任意一个对象而言, 给出它外在文字定义的第一人, 实际在某种程度上都是在描述自己的某种内在心智感知 (感性及其建于其上的进一步理性认识的结果). 定义者心中有一幅对象存在形态的图像, 然后用自己可以驾驭的语言将其尽可能准确地表达出来. 学习者学习这一定义, 本质上就是要在自己的心中重新建构这副图像 —— 当然, 必然是与其自身神经系统运动形态相适应的存在图像. 学习者在自己先天认知结构、后天经验背景的基础上, 根据自己的理解赋予认知对象的内涵, 可能与原定义者的内涵有所差别. 比如, 历史上人们最初认为, 连续曲线即光滑曲线; 后来捷克数学家波尔查诺 (Bernard Bolzano, 1781—1848②)、德国数学家

---

① 无独有偶, Halder 和 Heise 在谈到什么是组合学时说, "组合学家做的事情就是组合学 (Combinatorics is what combinatorialists do)"(文献 [366], P.7).

② Bolzano 是个和平主义和社会主义者 (http://www-history.mcs.st-andrews.ac.uk/Biographies/Bolzano.html). 他去世之年是马克思和恩格斯之《共产党宣言》发表之年. 由于数学思维追求清晰性, 以及其与哲学的内在紧密联系, 当数学家考虑现实问题时, 往往会表现出一定的宗教、政治观点. 例如, 荷兰数学家、数学史家、科学社会学家 Struik(Dirk Struik, 1894–2000) 是一个著名的学者共产主义者. 他参加了共产党, 担任过美国马克思主义者研究所 (the American Institute for Marxist Studies) 的荣誉主席; 并于 1971 年编辑出版过一部内容丰富的《共产党宣言的诞生》([342]). 关于 Struik 的更多具体信息 — 包括其一个简单自传、出版物名单等内容, 有兴趣的读者, 可参见 1974 年在美国举行的庆祝其 80 寿诞的会议文集 (文献 [343]).

魏尔斯特拉斯 (Karl Weierstrass, 1815—1897), 以及荷兰数学家范德瓦尔登 (B.L. van der Waerden, 1903—1996) 等构造的一些 “处处连续但处处不可导 (不光滑) 的曲线”([336], PP.351—353; [337], PP.1—9; [338], PP.1402—1422; [339], PP.166—168) 彻底修正了前人的错觉①. 后来者的直觉变得更加精细. 对对象的学习过程实际是前人神经系统振动片段 (文本) 对后人神经系统激动 (激发、触动) 的过程. 如此传递下去, 其效果会被不断放大; 同时, 感知的内容也越来越丰富和清晰. 特别是当已有的语言的表现力已不足够准确地将这丰富而清晰的内在形态表达出来的时候, 新概念、新语言产生的必要性就出现了 —— 亦即, 语言体系要发生扩张了. 整体而言, 人们内在感知的传递、变化与语言的运用和发展是紧密连接在一起的.

从语言的角度看, 容易理解, 一个对象的定义为什么往往处于变化发展之中. 其所涉及的核心思想是 “概念包络” 的理论.

断想 21 考试设计的 “试后回望” 原则

考试设计的要让学生考后几天内仍在继续思考相关的问题, 以从考试中获得较大的收益. 最典型且可行的就是鼓励学生考后加深对题目本质及相关知识的理解: 明确题目的可解条件, 借助于推广、类比等手段变化出一些新题目.

例 在北京工业大学 2006 至 2007 学年第 2 学期期末线性代数课程考试中, 笔者出的最后一道题是: “设 $\boldsymbol{B}$ 是 3 阶非零矩阵, 它的每个行向量都是

$$\begin{cases} 3x_1 + 2x_2 + (k+1)x_3 = 0, \\ 2x_1 - x_2 + 8x_3 = 0, \\ x_1 + 3x_2 - 5x_3 = 0 \end{cases}$$

的解. 证明: $|\boldsymbol{B}|=0$”. 其中, 将解向量以 (x_1, x_2, x_3) 表示.

对此, 首先要说明: 满足条件的方程组是个相容的方程组 —— 即存在满足条件的 k: 因为给定的方程组有非零解, 所以系数矩阵的秩

$$R\left(\begin{pmatrix} 3 & 2 & k+1 \\ 2 & -1 & 8 \\ 1 & 3 & -5 \end{pmatrix}\right) < 3.$$

① “著名的法国数学家阿达马 (J.Hadamard, 1865—1963), 在阐明演绎的 (严密的) 证明的作用时说过, 数学严密性的目的就是肯定直觉的成果, 并使之有根据, 除此之外, 数学的严密性绝没有其他目的.”(文献 [340], P.149). 对此要辩证地看待. 严密的理性思维既可以肯定思考者本人的直觉, 也可以修正其本人或他人的直觉. 直觉与严密的理性思维是互动、共同推进人的心智发展的两股重要力量.

由初等行变换

$$\begin{pmatrix} 3 & 2 & k+1 \\ 2 & -1 & 8 \\ 1 & 3 & -5 \end{pmatrix} \rightarrow \begin{pmatrix} 1 & 3 & -5 \\ 0 & -7 & 18 \\ 0 & -7 & k+16 \end{pmatrix} \rightarrow \begin{pmatrix} 1 & 3 & -5 \\ 0 & -7 & 18 \\ 0 & 0 & k-2 \end{pmatrix},$$

所以, $k-2=0$, $k=2$. 从中可以看到, k 能解出来是问题有意义的关键. 如果阶梯化后, k 无解, 则问题本身无意义.

解决任何一个问题, 首先考虑的是 “这是不是一个有意义的问题”?

如果将上述题目中的的方程组改为

$$\begin{cases} 3x_1+2x_2+(1-k^2)x_3=0, \\ 2x_1-x_2+8x_3=0, \\ x_1+3x_2-5x_3=0, \end{cases}$$

则相应的问题在实数范围内就是个无意义的问题: 因为其系数矩阵阶梯化为

$$\begin{pmatrix} 3 & 2 & 1-k^2 \\ 2 & -1 & 8 \\ 1 & 3 & -5 \end{pmatrix} \rightarrow \begin{pmatrix} 1 & 3 & -5 \\ 0 & -7 & 18 \\ 0 & 0 & k^2+2 \end{pmatrix},$$

而 $k^2+2=0$ 无实数解.

简单分析不难发现, 上述考题, 实际上是在检查学生对下述一般知识的把握情况: 如果齐次线性方程组 $\boldsymbol{A}_{m\times n}\boldsymbol{X}=\boldsymbol{0}$ 有非零解, 则其任意 n 个解列 (或行) 向量 $\boldsymbol{\beta}_1,\boldsymbol{\beta}_2,\cdots,\boldsymbol{\beta}_n$ 线性相关, 因此由它们拼出的矩阵 $(\boldsymbol{\beta}_1\boldsymbol{\beta}_2\cdots\boldsymbol{\beta}_n)$(或 $(\boldsymbol{\beta}_1^{\mathrm{T}}\boldsymbol{\beta}_2^{\mathrm{T}}\cdots\boldsymbol{\beta}_n^{\mathrm{T}})^{\mathrm{T}}$) 都不是满秩的, 因此, 其行列式 $|(\boldsymbol{\beta}_1\boldsymbol{\beta}_2\cdots\boldsymbol{\beta}_n)|=0$(解的行向量形式下, $\left|\left(\boldsymbol{\beta}_1^{\mathrm{T}}\boldsymbol{\beta}_2^{\mathrm{T}}\cdots\boldsymbol{\beta}_n^{\mathrm{T}}\right)^{\mathrm{T}}\right|=0$). 将其中的 m, n 特殊化, 人们就可根据下述题型, 编出无穷个具体的类似题目了: 如果 n 阶非零实方阵 $\boldsymbol{B}$ 的列向量都是齐次线性方程组 $\boldsymbol{A}_{m\times n}\boldsymbol{X}=\boldsymbol{0}$ 的解, 而且 $R(\boldsymbol{A}_{m\times n})<n$, $m\geqslant 2, n\geqslant 2$, 则 $|\boldsymbol{B}|=0$.

断想 22　教材激励

激励教育中的教材建设居于重要的位置, 因在课下, 学生接触的是课本. 管理和培育出世界上最大的机器人研究所的卡内基 · 梅隆大学教授 Takeo Kanade(金山武雄) 在《像外行一样思考, 像专家一样实践 —— 科研成功之道》(文献 [86], P.93) 中说: “教科书的编写方法是教育的基础问题, 它跟培养解决问题的能力有很大的关系.” 教科书的内容结构应利于 “培养学生的思考能力”. 教材或著作激励是人类文化发展史上一代人激励下一代人的重要手段. 所谓经典名著都是由于在吸引、激励人们积极从事相关领域的工作发挥了重要作用才流芳百世、影响及远的. 一部作品触动人的感觉、激励人的行为的意义大于简单的知识传播的意义. 在数学发展史上, 欧几里得的《几何原本》、van der Waerden 的《代数学》; 经济领域中 Marshall 的《经济学原理》, 马克思的《资本论》, 等等, 都是有此功能的经典之作.

具有启发性、趣味性 —— 包括富有情感感染力的趣味和富有智力启迪、令人豁然开朗的趣味 —— 的作品, 往往会激动人心, 能够发挥良好的激励作用 —— 情感激动和智力激动都会令人心潮澎湃、跃跃欲试的. 在数学史上, 数学大师欧拉 (L.Euler. 1707—1783) 具有这种写作才能. 通过他的著作, 吸引了不少人来从事数学的研究与教学工作. 其中一个典型的例子, 是法国数学家Étienne Bézout(1730—1783). 他的祖父、父亲, 都是地方的官员, 因此都希望他也能够走上这条仕途之路. 但在 Bézout 读了欧拉的具有极大诱惑力的著作之后, 他做了一个重要的决定: 从此后, 终生致力于数学事业 ①. 英国数论大师 G.H.Hardy (1877—1947) 走上数学道路亦受益于一部经典的激励, 那就是法国数学家 Camile Jordan(1838—1922)②的分析教程 (Cours d'analyse). 在剑桥三一学院读书期间, 他认为学校的数学 Tripos 考试是浪费时间, 并尝试着从数学课程转向历史课程. 阅读 Jordan 的著作, 让他眼前一亮. 他从中第一次知道了: 数学真正意味着什么. 他写道, “从那时起, 我就踏上了成为一个具有坚定的数学雄心、对数学满怀真正激情的真正数学家的道路.”(文献 [305], P.135)

教材具有很多类型. 不同形式的教材, 受激励的人的类型也有相应的区别.

教材的水平如何, 应在 “教师、教法、教材、学生” 相互作用的体系中进行分析. 大致而言, 教法分为 “教师教导为主型”、“教学双方平衡型” 和 “学生自学为主型” 三个基本类型. 教材内容完整、具有较高程度自包含性 (自足性. 适于自

---

① 为了表示对 Béout 在用行列式解方程组方面工作的敬意, 英国数学大师 James Joseph Sylvester (1814—1897), 在 1853 年, 称方程组系数矩阵的行列式为 Béoutiant. 关于 Béout 的传记, 可以参见 http://www-history.mcs.st-andrews.ac.uk/Biographies/Bezout.html.

② 随着对数学严格性理解的加深, Jordan 认为, 一些貌似简单的事实也有必要给出证明. 今天人们说起 Jordan, 首先想到的往往就是著名的 “若尔当曲线定理 (Jordan curve theorem)”—— 一条简单的封闭曲线将平面恰恰分为两个区域 —— 这一直观上显然的事实. Jordan 给出了这一拓扑学命题的严格证明. 在生活中, 第一次世界大战给他带去了很大的痛苦: 他失去了 3 个儿子. 他的另 3 个儿子后来一个成了政府官员、一个成了历史学教授、一个成了工程师. 这或许给了他一些安慰. 有关 Jordan 的更多信息, 可参见网页 http://www-history.mcs.st-andrews.ac.uk/Biographies/Jordan.html.

学) 的教材, 适合于后两种教法; 而只有思想体系、概念定义、定理、公式, 但没有证明或仅有证明提示的教材, 则偏重于教师的指导工作, 适用于第一种教法. 在线性代数课程领域, 美国数学家 Ralph Abraham1966 年出版的《线性和多重线性代数》(文献 [284]) 一书是此类教材的代表. 本书正文只有 101 页: 只有思想的衔接、概念的定义、定理等, 没有证明, 但其涉及了一年课程的内容 (注: 当时美国的情况). 很明显, 这种教材对教师具有较高的要求.

不论教材的内容如何, 对有幸遇到了高水平教师的学生而言, 其学习笔记都应该成为其主要的教科书. 因为教师的真正讲义不是任何某一本教科书的再生产和注释, 他有其独到的综合、超越及创新之处. 法国数学家维依 (Andre Weil, 1906—1998) 在其 1954 年所作的题为《大学数学教学》(*Mathematical teaching in universities*) 的讲座中谈到了类似观点, 并进一步指出, "能够智慧地记下 (而不是听写下) 笔记、并回家仔细地将其具体内容整理出来, 应该被视为学生学习的一个基本工作. 经验证明, 这一工作相当重要"(文献 [404], P.119).

断想 23　教师如演员、医生

演员与演的戏的关系, 演技水平. 教学是一门表演艺术, 是一门既有形象魅力, 又有内涵魅力 —— 形式与内容兼顾的一门艺术. 教师魅力包括外在形象、教学仪态、教学情绪、教学语言的艺术性、教学内容的思想性及其组织的简明性等诸方面. 教师魅力与课堂魅力是两个不同的概念. 后者的内涵更加丰富, 它包含教师因素、教学技术 (如多媒体) 因素、教师驾驭教学手段的艺术因素、学生相互影响的因素、师生互动因等. 总之, 教学课堂的和谐与效率是课堂魅力的基本方面.

不需道具的表演显示演员的真功夫, 这时追求的是朴实无华. 在真正要给出作品了, 教师在课堂上要正式讲课了, 道具、技术装备还是需要的. 这时仅仅朴实无华就不够了, 要上水平、上视觉、听觉以致综合感觉的冲击力.

教师也恰如医生, 不需外在医疗设备的医术的确反映其内在水平, 但在给患者真正看病时, 适当运用当代先进的医疗设备是必需的. 从最终疗效角度讲, 它也是其医术的重要组成部分, 甚至是越来越重要的部分. 先进设备反映的是人类在相关领域的智慧之技术物化水平. "能够驾驭全人类的智慧成果为我所用, 将人类智慧链接或嵌入到自己的智慧体系中" 方为大家风范.

断想 24　教师教学语言的选择与组织对教学效果有很大影响

形象直观化、故事情节化是取得好效果的重要措施. 比如, 我们可以这样讲矩阵的乘法: $\boldsymbol{A}=(a_{ij})_{r\times n}, \boldsymbol{B}=(b_{ij})_{n\times s}$. 乘积 $\boldsymbol{AB}$ 是个 r 行的新矩阵: 它的第 k

行是 $\boldsymbol{A}$ 的第 k 行与 $\boldsymbol{B}$ 作用后的结果 (其中 $k=1,2,\cdots,r$). 具体作用方式是这样的: 将 $\boldsymbol{A}$ 的第 k 行竖起来, 将其看作一个机器或有黏性的杆; 然后将 B 的第一列输入, $\boldsymbol{A}$ 的第 k 行的元素依次对应将其 "吃掉"—— 对应相乘 —— 后 "捏合"(求和) 在一起, 成为乘积矩阵第 k 行的第一个元素; 将 $\boldsymbol{B}$ 的第二列输入, 同上操作后得到第二个元素; 最后将 $\boldsymbol{B}$ 的最后一列 (第 s 列) 输入, 同上操作后得到第 s 个元素. 如此便得到了乘积矩阵的第 k 行. 从形象上看, 乘积矩阵就是 $\boldsymbol{A}$ 的每一行吸收 $\boldsymbol{B}$ 后获得新生的组合产物. 经过与 $\boldsymbol{B}$"战斗" 的洗礼, $\boldsymbol{A}$ 获得了新生 —— 成为了 $\boldsymbol{AB}$. 借助于对矩阵乘法的这一直观看法, 再加上对封闭性的考虑, 人们容易解决下列问题:

考虑由 0, 1 组成的 n 阶方阵. 如果每一行、每一列中都只有一个 1, 其余是 0, 则我们暂时称之为单幺矩阵. 若 $\boldsymbol{A}$ 是任一给定的 n 阶单幺矩阵, 则必存在自然数 m, 使得 $\boldsymbol{A}^m$ 成为单位矩阵 $\boldsymbol{E}$.

首先, 若以 $M_n(1)$ 表示所有 n 阶单幺矩阵组成的集合, 则其关于矩阵的乘法是封闭的. 其次, 考虑单幺矩阵幂构成的形式无穷序列 $\boldsymbol{A}$, $\boldsymbol{A}^2,\cdots$. 由于 $M_n(1)$ 是包含 $n!$ 个元素的有限集合, 所以, 必存在两个不同的自然数 m_1, m_2(不妨假定 $m_1<m_2$), 使得

$$\boldsymbol{A}^{m_1}=\boldsymbol{A}^{m_2}\Rightarrow \boldsymbol{A}^{m_1}(\boldsymbol{A}^{m_2-m_1}-\boldsymbol{E})=\boldsymbol{0}$$

$$\xrightarrow[\boldsymbol{A}\text{可逆}]{}\boldsymbol{A}^{m_2-m_1}-\boldsymbol{E}=0\xrightarrow[\text{记}m=m_2-m_1]{}\boldsymbol{A}^m=\boldsymbol{E}.$$

本着收益极大化的精神, 在任何时候都不要忘记 "再多想一步"! 对上述思维过程进行简单分析可知, $\boldsymbol{A}^m=\boldsymbol{E}$ 的成立源自于 $\boldsymbol{A}^{m_1}=\boldsymbol{A}^{m_2}$, 源自于形式上的无穷序列包含在一个有限集合中, 这种包含源自于所研究矩阵关于乘法的封闭性, 而封闭性源自于其中元素关于乘法、部分加法的封闭性. 明确了这一根源, 我们便可给出下述更加一般的结论:

设 $(S;\cdot,1;+,0)$ 是一个满足下述 6 个条件的数学结构:

(1) S 是至少包含两个不同元素 1, 0 的有限集合;

(2) S 关于乘法 $\cdot$ 是封闭的;

(3) 乘法满足交换律;

(4) 1 是关于乘法的单位元;

(5) 若 s_1, s_2 是 S 中的任意两个元素, 则 $s_1s_2=0\Rightarrow s_1=0$ 或者 $s_2=0$;

(6) $s\in S\Rightarrow s+0=0+s=s$, $s\cdot 0=0$.

对任意选定的一个自然数 n, 仍以 $\boldsymbol{E}$ 表示主对角线上的元素为 1 的对角矩阵. 如果 n 阶方阵的每一行、每一列中只有一个元素是 S 中的非 0 元, 则我们称其为

一个单 $S/0$ 阵. 若 $\boldsymbol{A}$ 是一个单 $S/0$ 阵, 则必存在一个自然数 m, 使得 $\boldsymbol{A}^m=\boldsymbol{E}$ 成立.

在普通整数环中, 若选 $S=\{0,1\}$, 则这一一般结论就具体化成了前述结论; 若选 $S=\{0,1,-1\}, S=\{0,1,\alpha,\alpha^2,\cdots,\alpha^{h-1}\}$(其中, h 是正整数, α 是一 h 次本原根), 或选 S 是任一有限域, 则都可相应地具体构造出具体化的结论.

心灵图像思维与外在具体的语言表述是不同的两个概念. 后者是为了准确传达一种思维过程. 当仔细地建立了思维形象后, 就要忘记传达所用的语言 —— 中国传统文化中的 “得意忘形” 之意味. 否则, 思维将无效率. 拿上述例子来讲, 内在思维图像中, 运动的是对称、平移横扫、上升或下降, 而且每一次这种过程都运动到一个不同的位置 (不同列), 直至到主对角线上不动的稳定位置.

断想 25　有效的教学必须遵循 “师生同步原则”

师生同步指的是教师的教学思维不能超越学生跟随的能力, 双方要保持思维上的携手共进. 德国思想家尼采在其《人性, 太人性了》一书中, 提出了 “艺术家和他的追随者必须同步” 的思想: “从风格的一个等级向另一个等级前进应当循序渐进, 一边不但艺术家自己、而且听众和观众都一同前进, 并且确知发生了什么事情. 否则, 艺术家在玄妙高空创作其作品, 而公众不再能达到这高度, 终于又颓然坠落下来, 两者之间就出现了一条鸿沟. 因为, 艺术家如果不再提举他的公众, 公众就会飞快坠落, 而且天才把他们负得越高, 他们坠落的就越深越危险, 就像被苍鹰带上云霄又不幸从鹰足跌落的乌龟一样. ”(文献 [21]) 德国数学大师 D.Hilbert 在其 1900 年国际数学家大会上的著名讲演《数学问题》中也表达了类似的思想.

“小步稳步前进” 的教育策略是实现师生同步原则的道路之一. 英国思想家、教育家洛克 (John Locke, 1632—1704) 从学习者的角度明确指出了 “小步稳步前进” 对学习者的基本重要性. “对于学习的人, 在这种或者所有其他事例中, 最切实可靠的不是迈开大步、跳跃前进; 凡是他决心下一步学习的东西, 就下一步学习起来, 就是说, 尽量和他已经知道的东西连接起来. 要和他已知的东西有所区分, 但紧密连接; 如果是新的, 是他先前不知道的东西, 这样他的理解能力可以长进; 但是一次的分量要尽量得小, 这样他的理解能力的长进才可以清晰而确实. 他用这种方法前进一步, 就能站稳一步. 知识上的这种明显而逐步的生长是牢固而确实的. 生长中的知识在任何平易而有条理的联串之中每一步的进程都带着它自己的有助于理解的知识. 虽然这或许似乎是获得知识的很费时间的缓慢方法, 可是我敢于自信地肯定: 凡是愿意亲自尝试这种方法的人, 或者任何愿意教导别人尝试这种方法的人, 就会发现这种方法比他们花相同的时间采用他可能用过的任何其他方法必定要取得更大的进展”(文献 [269], P.75).

高品质的教师是教学艺术家.

断想 26　真正的教育之四个层面

真正的教育包含四个层面的内容：知识层面、逻辑层面、直觉层面、神经感觉以至生理基础层面.

在数学教育中, 逻辑教育与想象、直觉教育是两个基本的方面. 数学知识体系追求结论的严格、完备且富有吸引力的证明; 数学知识产生的过程, 以及数学得以发展的基本保证则是丰富的想象与直觉.

天才数学家能够不断给出新结论, 具有较高的创作生产率, 其秘密既在于其具有活跃的精神, 也在于能不断提出新问题、猜测能够揭示或通往有价值的结论与联系的新定理, 在于能够创造新观点、能为数学的发展设立新目标. 想象与直觉是数学能够不断前行的不竭动力; 而数学结论的严格的逻辑证明则是数学能够可持续、坚实发展的基石. 德国数学大师克莱因 (Felix Klein, 1849—1925) 在其数学史经典《19 世纪数学的发展》(*Development of mathematics in the 19th century*) 中谈到, 如果数学只追求严格的证明, 则其很快就会枯竭, 并使其发展处于停滞的状态. 在某种意义上可以说, 相比于严格逻辑证明能力, 数学进展在更大程度上依赖于在直觉力方面更加突出的人 (文献 [434], P.255).

对逻辑与直觉的适宜加权利用, 不仅对于数学家的思维生产率是重要的, 它对任何追求活跃、开放的创新思维品质和清晰心灵的人来讲, 也都是重要的. 对青年学生而言, 不仅有对逻辑、直觉能力的运用问题, 更先要有一个培养、增强、优化自身各种思维品质的问题. “有了、会用了、习惯用了” 才会使自身的学习、行为收益最大化：在当时, 在未来, 沿着时间轴, 良好的思维收益效用会不断地放大.

创造者重视生产率; 学习者关注收益率, 以及继之而后的生产率. 激励教育要让学生了解收益率与生产率的关系. 收获学习的同时, 也应有必要的创新、生产. 一味被动地吸收, 有害于及时消化、吸收及心智的稳健及成长.

任何事物对于相类事物而言都具有可比喻性. 数学工作者之知识、思想生产率的秘密对于社会生活、经济生产率也有相当的适用价值. 美国哥伦比亚大学经济学教授、2006 年诺贝尔经济学奖获得者菲尔普斯 (Edmund Phelps, 1933—) 在其倡导 “草根创新” 的近作《大繁荣》(*Mass Flourishing*) 一书的第一章中开篇引用克莱因关于生产率、严格证明与直觉的言论即例证着这一点 (文献 [435], P.19). 大师级的人物能看到 “似非而是”“貌离神合” 的功力, 启示着学习、思维收益最大化的一个借比喻拓展的方向, 以及相应的创新思维的类型：“洞察以至洞悉似非而是”! “洞悉似非而是”—— 明了不同事物的共同本质, 不仅因心境的明朗而令人愉悦、因化多为一而倍感轻松, 而且为创新思维中的有效类比提供了基础. 综合而言, “洞悉似非而是” 是实现化繁为简后的类比创新思维的基本功.

断想 27　激励与吸引力的关系

教师就是课堂中学生团体的学习领导. 在任何一个团队、组织中, 只有让自己的部下能够得到充分发展的领导才是好的领导. 在教学中, 只有能够让学生获得极大学习收益的教师才是好的教师. 为了让自己的学生在学习生活中得到充分的发展, 持续强化其学习兴趣、挖掘潜力、极大地激发其向上进步的欲望, 是十分必要的.

有关激励与领导力关系问题的一个以企业为背景的简明概要论述, 可以参见英国的、被称为世界上第一位领导学教授的约翰 · 阿代尔 (John Eric Adair, 1934—)的作品《领导力与激励》(文献 [67]). 对象虽不同, 但基本原则多有可借鉴之处.

断想 28　译文的成本问题

西方人的写作是按照其自身的语言习惯进行的. 其文化发展是沿着其自身内在轨道进行的. 中国人将西方的数学翻译过来, 就要为其概念取一符合中国文化氛围的名字. 其数学理论作为一件语言作品, 是中文与数学文字的一种新组合, 是投入中文文化大海中的一件激起新波澜的陨石. 吸收西方文化成为中国文化发展的动力, 在吸收期是要付出代价的. 扰动了中文文化体系, 西方人在自身平静的文化氛围中顺利发展而在相当长时间内领先于中国是正常的. 但从长远来讲, 由于中国人综合了东西方国家的知识及思维特点, 一旦时机成熟, 中国便会超越西方国家而蒸蒸日上. 中国留学生往往在国外干得很出色, 除了环境、智力等因素外, 去掉学习译文成本障碍后的能量释放, 也是一个非常重要的内在因素 —— 而对此, 人们过去是忽略了的.

断想 29　作品的可读性直接影响其渗透力和影响力的施展

欧美等发达国家在论著发表的要求上, 处于第一位的是写作的可读性, 然后是内容上的原创性. 国际上有名的 Science, Nature 及数学领域中的 Advances in Mathematics(特别是 G.-C.Rota 在世作编辑时) 皆如此. 这两点保证了创新思想的快速传播, 进而保证了其社会的快速发展. 在这两方面中国都有一定的欠缺.

断想 30 “F- 情商”的概念

意大利符号学家艾柯 (Umberto Eco, 1932—) 提出了“作品意图”的概念 (文献 [5]), 我们这里提出“作品的情商与智商”的概念. 实际上, 对任何一个概念, 我们都可将其按照作用范围进行相对化推广. 拿情商概念来讲, 我们可有运动情商、商业情商、学习情商、学术情等. 一般而言, 如果我们以 F 代表相对范围, 可有 F- 情商的概念. 当然, 人们对给定的概念, 也可沿着其他不同于范围的参照系进行相对化推广. 关于推广的理论, 可参见笔者的《数学中的特殊化与一般化》(文献 [15]).

情商在某种程度上决定智商. 情商教育是收益极大化激励教育的重要内容. 如何实行这一教育? 实行的效果如何? 取决于教师的学识与能力.

断想 31 推广的思想有助于教学收益极大化原则的实现

例 大学线性代数基础课程中涉及方阵的三种对角化: 初等变换对角化、相似对角化和对称矩阵的同余对角化 (等价说法是: 二次型的标准型化). 后两者属前者特例. 将

$$\boldsymbol{A}\to\boldsymbol{PAQ};\quad \boldsymbol{A}\to\boldsymbol{P}^{-1}\boldsymbol{AP};\quad \boldsymbol{A}\to\boldsymbol{C}^{\mathrm{T}}\boldsymbol{AC}$$

看作从方阵到方阵的变换, 则可提出一般性的问题: 设 $M_n(\mathbf{R})$ 是所有 n 阶实矩阵的集合. 对给定的变换

$$T: M_n(\mathbf{R})\to M_n(\mathbf{R})$$

而言, 如果对角矩阵类 $\boldsymbol{D}\in T(M_n(\mathbf{R}))$, 那么, $T^{-1}(\mathbf{D})$ 中矩阵的本质特征是什么? 比如, 可以考虑借助于伴随矩阵实现的 $\boldsymbol{C}^*\boldsymbol{AC}$ 对角化问题. 进一步, 我们还可换对角矩阵类 $\boldsymbol{D}$ 为映像中的一个一般子集 $\boldsymbol{S}\subseteq T(M_n(R))$ 来提类似的问题: $T^{-1}(S)$ 中矩阵的本质特征是什么; 或等价地说: 一个矩阵 $\boldsymbol{A}\in T^{-1}(S)$ 的充要条件是什么? 等等.

这里提问题的方法是个方便、自然、有效的一般化方法: 将对象用语言表达出来, 保留表述语言中的概念, 去掉原具体对象, 便可提炼出一般化的问题. 上述表述是“将

$$\boldsymbol{A}\to\boldsymbol{PAQ};\quad \boldsymbol{A}\to\boldsymbol{P}^{-1}\boldsymbol{AP};\quad \boldsymbol{A}\to\boldsymbol{C}^{\mathrm{T}}\boldsymbol{AC}$$

看成从方阵到方阵的变换”. 保留其中的“从方阵到方阵的变换”, 忽视其中三个具体的变换, 便引出了上面的一般化问题. 表述一个对象或事件的概念语言一般化于对象语言本身. 人们总是在用一种范畴化的语言来描述具体的对象, 总是用属描述种, 因此, 上述借助语言替换达成一般化的方法是自然可行的. 当你说出某件

事时, 本质上已经说出了更多的东西、说出了视野更广阔的东西. 我们将这种借助语言表述实现一般化的方法, 称为 "说出你的一般话 (化)" 原则.

顺便我们指出, 数学史上很多著名猜想的解决走的都是这样一个路子: ① 证明一个更加一般的结论, 如 Fermat 大定理的解决; ② 或给出一套普遍性很强的技术, 如 Poincare 猜想的解决, 即得益于英国数学家 Hamilton 给出的 Ricci 流的思想.

断想 32　数学教育中的 "三才教育"

收益极大化的实现有赖于全面的数学教育 ——"三才教育": 一般化的普遍思想教育 + 对象本身知识的教育 + 特殊化具体实例教育. 三才教育是中国传统文化中天、人、地三才思想在教育中的一种应用. 也可谓之 "顶天立地的教育". 教一种知识时, 要善于引导学生走向普遍的思想. 方法论中的特征概括化原则 (文献 [12]) 是引入一般化概念的具体上升路线之一; 奥卡姆剃刀下的形式化方法是引导人们看到一般结论的常用方法. 前者如从分析初等变换前后矩阵的关系性质, 抽取出其自反性、对称性、传递性而介绍等价关系的概念; 除了关系的例子, 还有 Abel 群、向量空间、环等结构概念的提取. 普遍的概念往往反复出现 (比如线性运算的概念: 行列式是行或列线性运算、矩阵的转置是线性运算, 相比较而言, 矩阵的伴随运算与求逆运算皆不是线性运算. 矩阵的初等变换可引出等价关系, 向量组的相互线性表出也是等价关系, 矩阵的相似、合同都是等价关系), 这时, 我们要抓住机会, 顺势强化这些思想, 以为最终学生能形成一个普遍思想层 (天) 打基础.

断想 33　应用激励

一门课程的激励价值在于其内在魅力与外在应用的吸引力. 在大众教育的时代, 多数人重视应用. 我们称以应用实例激励学生学习的策略为 "应用激励".

应用激励在知识教育、思维教育、世界认知教育三大领域 ①皆有突出表现. 例如,

(1) 施奈德 (Hans Schneider) 和巴克尔 (George Phillip Barker) 在他们合著的《矩阵与线性代数》中称 "我们在威斯康星大学教授这门课程 (线性代数) 时, 承诺: 我们所教的这门课, 可以应用到微分方程上, 这强烈地激发了学生的学习欲望"(文献 [9], P.viii).

---

① 三大领域大致对应着奥地利裔英国思想家波普尔 (Karl Raimund Popper, 1902—1994) 的三个世界的理论中的世界 3、世界 2、世界 1(文献 [83], [88]).

微积分是概率、统计的基础课程, 而后者的应用领域广泛; 线性代数是拟阵 (matroid) 理论的重要具体背景, 后者对优化理论至关重要 —— 一些重要的算法 (比如贪婪算法) 都与它、或类似的数学结构 (如 antimatroid、polymatroid、以至 greedoid) 具有内在关系 (文献 [288]), 而优化理论的应用领域极其广泛, 甚至如美国马里兰大学 (University of Maryland)Osman Güler 教授在其《优化基础》(*Foundations of optimization*) 一书前言所说, "优化到处存在. 在所有可得到的 (方案) 中寻找最好的 (方案) 是人的天性. (而且) 大自然也似乎被优化 (原则) 所指导 ······"(Optimization is everywhere. It is human nature to seek the best option among all that are available. Nature, too, seems to be guided by optimization ······)(文献 [289]).

(2) 前面谈到的, 借助线性代数的知识, 可以明确似真推理 "影子演算" 的合理性.

(3) 在对自然更深层的量子世界的探索中, 很多规律借由线性代数的语言而得到表达 (或者说, 线性代数的概念往往具有量子力学的解释). 诚如前苏联数学家柯斯特利金 (Alexei I. Kostrikin, 1929—2000) 和曼宁 (Yuri Ivanovich Manin, 1937—) 在其合著的《线性代数与几何》一书中介绍线性代数时所说, "任何量子系统的状态空间都是复数域上的一个线性空间. 由此导致的结果是, 几乎所有的复线性代数的构造都变成了表述大自然基本规律的工具: 线性对偶理论解释了波尔 ①的量子互补性原理; 而表示论则是门捷列夫 ②表、基本粒子族、甚至时空结构的背后基础支撑"(文献 [341], P.vii). 线性代数是认识、表达自然规律的重要方法和工具.

世界除了自然, 还有社会 —— 社会制度、技术、经济等. 当今社会, 大学生关注就业, 关注易于就业的技术的学习. 如果他们能够切实感受到某种技术立足于线性代数的知识, 那么, 显然他们会有学习相关知识的欲望: 学习因此受到应用需求的激励. 美国可汗学院的创始人可汗 (Salman Khan, 1976—) 指出, 专业实习有助于学生对相关知识加深认识以致掌握; 可以激发他们自主学习的热情. "比如在皮克斯动画工作室 (pixar) 和美国艺电公司 (electronic Arts) 做计算机绘图实习生时, 学生会更积极地学习有关线性代数的知识"(文献 [473], P.181), 因为线性代数是掌握、开发有关技术的重要工具.

对一门课程不仅要整体上尽可能向学生明确其显在和潜在的应用价值, 而且对讲授到的每一部分具体知识, 也要如此. 通过让同学几乎处处、时时体验到应

---

① 波尔 (Niels Henrik David Bohr, 1885—1962), 丹麦物理学家, 1922 年诺贝尔物理学奖获得者.
② 门捷列夫 (Dmitri Ivanovich Mendeleev, 1834—1907), 苏联化学家, 元素周期表的创建者.

用价值存在的措施, 来实现对其学习的激励. 实际上, 课程的每一种应用, 都是其某一部分具体知识的应用. 不存在虚无缥缈的整体性应用. 在线性代数的讲授中, 当讲到线性相关 (无关) 知识版块时, 要强调这部分内容对锻炼人的逻辑思维能力的重要性. 笔者每每强调: 中学平面 (立体) 几何对锻炼、提升一个人的直观想象、逻辑推理能力非常重要 ①; 大学线性代数线性相关 (无关) 部分之内容的学习是又一次类似的重要机会, 切不应忽视. 年轻时的锻炼比成年后的活动经验给人智力的发展以更大的影响.

"年轻时学习的时间价值大于后来具有相同知识内容的时间价值" 的一个重要表现, 就是不同时期的思维实践对心智的发展具有不同类型、程度的效用.

课程性质与人性的关系 —— 数学中不同学科人性兴趣度排序 —— 学科兴趣与社会职业构成的关系? 目前教育中, 是不谈这些事情的. 应用数学学科中的排序工作, 到目前还没人做. 目前社会上有各类大学不同类型的排名, 但没人作理论上的各类学科排序. 其实, 理论上的发展建议对人类总体上的发更有建设意义. 应该建立 "科技整体理论评价系统与现状反馈系统". 这一工程, 对人类社会发展具有明显的意义.

西方人学术作品与中国学术作品比较起来, 西方人作品情商明显高于中国作品情商. 这表现在两个方面: 一是作品的前言或绪论, 二是内容表述的细致上.

对传播顺畅性的要求, 源于市场经济的要求. 文化部门要生存, 就要考虑社会需求、考虑文化产品的贴近大众化, 就要按市场规律办事.

断想 34　激励具有相对性

激励是有相对性的: 激励学生的什么行为. 这与我们要培养什么人有着重要的关系.

教育的针对性原则. 教育具有针对性、依赖性: 针对人; 依赖于具体的教育环境.

教育的成果如何, 既依赖于教师, 又依赖于学生. 既要考虑谁在说, 又要考虑

---

① 在讲这一观点时, 我们会谈到线性规划中单纯形方法的创始人、美国数学家 George Dantzig (1914—2005) 的典型经历. 在谈到他父亲 Tobias Dantzig(1884—1956;《数, 科学的语言》一书的作者) 对他的影响时, 他说, 在中学时, "父亲给了我许多 (thousands of) 几何题用来锻炼心智. 这是他给我的伟大礼物. 在中学的日子里 —— 我的大脑正在成长的时期 —— 解答这大量的问题, 对我分析能力的发展起到了比其他任何事情都要大的作用" (http://www-history.mcs.st-andrews.ac.uk/Biographies/Dantzig_George.html). 逻辑能力不仅对学生重要, 对专业数学家可以说更加的重要. 诚如大数学家外尔 (Hermann Weyl, 1885—1955) 所说, "逻辑是数学家为保持其思想健康和强壮而实践的卫生保健学 (Logic is the hygiene that the mathematician practices to keep his ideas healthy and strong)" (文献 [413], P.viii).

谁在听.

在大学里, 不同年级的学生, 具有不同的见识水平与成熟度. 教师的讲授内容与方式因而应有所不同. 一年级第一学期的课如何上、第二学期如何上, 二、三年级的课如何上, 四年级毕业班特别是最后一学期的课, 如毕业设计 —— 如何上, 这其中有很大的区别和学问. 以线性代数为例, 第一学期讲, 就不能讲与微积分有关的例子 —— 比如前述的线性方程组的符号解问题. 大学四年的课程, 越排在后面的课程越应讲出相应强度的综合性. 随着学生年级的提高, 其对科学的整体性的理解也应越深刻. 显然, 要达到这一目标, 对教师的科学素养就提出了相应的要求.

课堂内容涉及知识点、知识衍生的机制、知识的生产者, 如数学中的人与事等诸方面, 增强内容的丰满性, 以让学生对课程有多方面的立体感受, 使得有各种知识层次能力及需求的人都有所收获. 在大课堂不能因材施教的情况下, “丰满化教学” 是必然的选择.

对于丰满化, 具有不同知识结构背景的教师有不同的理解, 进而丰满的具体状态也各有不同. 笔者在具体的教学中, 课堂内容主要沿以下十个方面进行丰满: 知识点、知识结构、知识衍生机制、解题思路、思想方法、数学美学、发展史 — 概念演进史 (包括 “作为思想” 的概念与 “作为符号设置语言” 的概念两个基本方面)+ 知识体系演进史 + 思想方法演进史、知识行为的生理基础、生活启示、知识的生产者 —— 数学家漫谈.

我国著名的文艺理论家朱光潜先生 (1897—1986) 在其翻译的莱辛 ①《拉奥孔》最后写的附记中说: “过去西方的一般理论著作在写作方式上可分两种. 一种是总结研究成果, 主要是要作出一些结论, 得出结论后, 便 ‘过河拆桥’, 不让人看出得到结论所必经历的摸索和矛盾发展过程. 这种结论只是盛在盘里的一些已成熟的果子. 另一种则把探索和解决矛盾的发展过程和盘托出, 也作出结论, 但结论却是长在树上的有根有叶的鲜果. 前一种让读者看到的只是已成形的多少已固定化的思想, 后一种则让读者看到正在进行的活生生的思想. ”(文献 [167], P.232)

丰满化教学, 对于有了一定训练, 具备相当信息处理能力的受众而言, 是适宜可取的. 对于大学一年级的学生是否就不可取了呢? 不是这样的. 大学一年级, 作为大学的起点, 对其以后的发展至关重要. 起点的种子最具备后续升值品质. 人之一生, 小孩子的教育是重要的, 儿童的品质在 “三岁看老” 的民间俗语中就有了体现; 同样地, 对一个人的知识生活而言, 大学一年级的基础教育至关重要. 人的智

① 德国大哲学家、符号哲学的先驱人物卡西尔 (Ernst Cassirer, 1874—1945) 在其《启蒙哲学》中, 高度评价莱辛的成就, 认为: “他一个人就能取得高特谢德、瑞士批判家们、沃尔夫、狄德罗、莎夫茨伯利及其追随者所无法达到的成就. ”(文献 [168], P.338)

力发展起初是自然居主导地位阶段, 人类有了自我发展意识以后, 人的主观能动性开始居主导地位. 教育, 实际上就是人类寻求自我加速整体发展的一条道路, 是有意识进化的一种策略. 自然进化是万物的基本进化阶段, "有意识进化" 是智能生物的高一级进化阶段. 多信息、高密度的丰满化教育, 是受众接受能力得到尽可能大的满足教育模式, 利于人之智力的尽快发展.

对不同课堂对象, 采用不同内容的激励. 我们称此原则为 "面向对象的激励原则". 这是一种针对性激励原则.

例如, 对基础较差的课程重修班同学, 教师应实行像针对初学者一样的授课方式 —— 纵向教学程序: 这是一种将知识按由浅入深、循序渐进的程序; 而在耐心方面, 对教师的要求也比教初学者的高, 因为重修生之前应试失败的经历对其心理往往已经造成了一定的负面影响. 这些学生非常需要鼓励来消除心理上的阴暗面. 让他们的心理阳光、明亮起来, 让其思维能够轻装前进, 这是教师的职责之一. 在这方面, 让其了解以下思想是非常必要的:

(1) "信念的生物学 (the biology of belief)" 的研究已经表明, 为了使得生命成长、生活进步, 一定要努力使自己的心态达到拿得起、放得下. 长期的压力不仅会影响学习效果, 而且会影响健康 (文献 [445], PP.140—141). 学习是为了明事理, 为以后的生活、工作打下一个良好的基础. 如果自己不明智的学习、精神状态损害了健康, 那就得不偿失了.

(2) "创造性活动起源于人类对限制他们的事物的抗争"①(文献 [203], P.100). 不同的人, 往往具有不同的感觉状态、思维状态. 对于一门课程来讲, 如果你觉着轻松, 这说明这种学习行为在你的能力范围之内. 这种学习, 除了在知识总量方面有益于你之外, 对你的智慧觉受系统的扩张没有实质的好处; 而如果你学着有难度, 这说明, 在此你的觉受系统遇到了 "窄路"—— 而这正是你的福音! 因为这时是你锻炼智慧、发挥自身学习创造力的重要机会. 只要你经过适宜的努力过了这一

---

① 德国存在主义哲学家海德格尔 (Martin Heidegger, 1889—1976) 认为, "真正的创造只发生在有阻力的东西那里"(文献 [204. P.30]). 具有相近观点的, 还有法国哲学家、文学家伏尔泰 (Voltaire, 1694—1778). 他认为, "人生最有力的推动力来自 ··· 我们的短处"(文献 [168. P.137]). 而相关概括力较强的说法, 来自北京大学的张祥龙教授. 他认为, "边缘形式" 激发智慧 (文献 [177]). 哲学就是爱智慧. 如果我们将智慧与哲学联系起来, 则有相近说法的人更多. 比如, 英国大哲学家、数学家罗素 (Bertrand Russell, 1972—1970). 他在其《哲学问题》开篇即说, "在我们了解到要找一个直接可靠的答案会遭遇到障碍的时候, 我们就算是完全卷入了哲学的研究"([198], 英文版 P.9; 中文版 P.1). 美国实用主义哲学家、教育家杜威 (John Dewey, 1859—1952) 在其《哲学的改造》中说, "哲学发源于对人生困难的某种深刻的广大的反应"(文献 [205], P.34). 学习有困难的学生, 未必进行一般系统的哲学思考, 但其努力克服困难的行动会为其之后的思想、精神发展提供一片沃土.

关, 你的知觉系统空间就会有一个真正的变化与提高 ①. 这时, 你的收益要大于学习轻松者的收益. 困难、阻力为你体现了更大的价值. 困难、阻力是一个人获得真正成长的必要条件. 在前行的道路上如果没有任何摩擦力、阻力, 那就没有令前行者思考、心智运动的触动者, 进而, 处于相应静态条件下的心智、精神自然也就不会有什么变化和发展. 借用大哲学家维特根斯坦 (Ludwig Wittgenstein, 1889—1951) 的话可以说, 人若站在理想的光滑的冰面上, 他将不能行走. "我们要行走: 因此我们需要摩擦. 回到粗糙的地面吧! (We want to walk: so we need friction. Back to the rough ground!)"(文献 [409], P.118. 条目 107). 境太顺, 则人难成长. 此理有助于建立、强化人们积极面对困难和挫折的心态, 具有正面激励的作用.

(3) 美国未来学家库兹韦尔 (Ray Kurzweil, 1948—) 和长生医学专家格罗斯曼 (Terry Grossman, 1951—) 在他们合著的《神奇旅行 —— 长生至永远》一书中谈到, "我们的观点是, 正确的思想能够克服任何问题、能够征服任何挑战"(文献 [460], P.ix).

个人基于短处的整体提高有两种基本类型: 一是提高短处; 二是避免短处, 强化长处. 有短必有长. 长短联合, 取长补短, 甚至 "由短延长 —— 或短之弱强长之强". 在数学或统计学发展史上, 后者典型例子不少. 比如, 英国统计学大师费希尔 (Ronald Aylmer Fisher, 1890—1962) 从小就视力不好 (近视), 医生劝诫他不要借助人工灯光进行阅读. 在其就读哈罗公学 (Hallow) 期间, "他的数学指导老师为了避免电灯光对其视力的伤害, 晚上上课时, 避免使用铅笔、纸及其他可视辅助品. 这样做的结果是, 费希尔发展了一种深深的几何感觉. 在其未来事业的发展之路上, 他的这一不同寻常的几何洞察力, 使他能够解决数学和统计学中的许多困难的问题. 其洞察到的东西对其非常显然, 以至于显然到他经常不能向其他人成功解释事情为什么会是那样的. 他宣称显然的事情, 可能需要其他数学家要花费几个月甚至数年的时间去证明. "②(文献 [389], PP.34—35). 可以说, 在某种程度上, 费希尔外在视力的短处造就了其内在智慧之目视力 ①的长处. 基于 "一种短处可

① 克服困难的行为所导致的神经觉受系统整体变化的变化规律, 目前还是一个未知量. 其解决, 尚有待于神经科学家进一步相关的研究工作.

② 纵观数学统计学史, "Fisher 工作在数学上的可理解化" 为之后的数学家、统计学家提供了不少课题. 比如, 瑞典斯德哥尔摩大学 (University of Stockholm) 数学统计系的数学统计学家克拉美 (Harald Cramer, 1893—1985) 于 1946 年在美国出版了《统计的数学方法》(*Mathematical methods of statistics*)(文献 [391]), 对费希尔的一些工作给出了正式的数学证明; 20 世纪 70 年代, 美国耶鲁大学统计学家萨维奇 (Leonard Jimmie Savage, 1917—1971) 回归费希尔的原始论文, 从中也受益良多 (文献 [389], P.39).

① 古希腊哲学家苏格拉底 (Socrates, BC.470—399) 曾谈到 "灵魂的灵性之眼" "灵魂本身就有视力" 等问题 (文献 [396], P.166), 并认为, 教学的目标是引导灵魂之看的目光转向正确的方向, 看向正确的

以成就一种长处” 的激励思想, 可称之为 “以短强长原理”. 显然, 这是一种化劣势为积极的正能量, 以此成就某种优势的观念, 展现的是一种势能转换模式: (劣) 势 →(正) 能 (量)→(优) 势.

学习收益既包含知识内容、思维方法、创新机制方面的收益, 更包含感受心理体验的收益. 收益是行为过程与结果的综合事物.

在一般的意义上, 让学生明确有关人生过程中焦虑的积极作用, 对实现学生学习感受、体验收益极大化是非常有帮助的. 为实现这一目标, 教师应当具有相关的知识思想储备. 笔者比较欣赏的文献是美国心理学家罗洛 · 梅 (Rollo May, 1909—1994) 的《焦虑的意义》(*The meaning of anxiety*)(文献 [211]).

对基础较好、且有明显上进心的考研提高班的同学, 教师应实行横向授课方式: 这是一种将整个课程内容的纵向顺序打乱、按类别重新分类梳理的程序. 拿线性代数来讲, 普通的 “向量代数与空间解析几何初步 → 行列式 → 矩阵 → 线性方程组 → 向量空间 → 内积空间 → 特征值与特征向量 → 矩阵的相似对角化 → 二次型” 的顺序基本上是一种进阶型的纵向结构, 而将 “行列式的基本理论 —— 行列式的三种刻画方式 —— 透明的莱布尼茨公式型定义 + 半透明的 Laplace 按行或列展开式 + 不透明的 Weierstrass 映射性质公理化刻画; 矩阵与其伴随矩阵的关系 $\boldsymbol{A}\boldsymbol{A}^* = \boldsymbol{A}^*\boldsymbol{A} = |\boldsymbol{A}|\boldsymbol{E}$; 矩阵的秩 —— 行列式的秩; 矩阵的特征多项式 $|\lambda\boldsymbol{E} - \boldsymbol{A}|$; 正定矩阵的顺序主子式判别法” 诸内容放在一起讲解, 就是一种横向梳理: 它将课程中与行列式有关的知识点都放在了一起. 横向授课方式是一种相对的授课方式, 其良好的授课效果, 以学生的纵向知识基础为依托. 对没有基础的同学, 这种方式的效果往往较差. 从本质上讲, 横向划分是对纵向知识体系的一种 “再划分”. 纵向结构具有进阶性, 横向结构具有综合性.

对于基础较差的同学, 应从两个基本的方面进行引导. 一是讲解人类认识、学习的一些必然特点, 由此启示其消除学习中的心理障碍; 二是开其心智、输其知识.

上述所谓的横向对纵向的依赖性, 在相当程度上与学习者能否知难而上、积极接受挑战有关. 预备知识是重要的, 但更重要的是人的心理. 从本质上讲, 人在任何阶段对前行的基础都不是完全清楚的, 其中都有一些东西是被信仰式地暂时接受的. 如果对遇到的 a_0, 问其原因, 人们在一定程度上可以得到一时的答案 a_1, 但对此再问原因, 又有 $a_2, \cdots$, 如此回溯下去, 永无止境, 前行便因此而不可能. 此

区域 (文献 [397], P.230); 荷兰哲学家斯宾诺莎 (Baruch de Spinoza, 1632—1677) 曾谈到 “灵魂之眼” 或 “心灵的眼睛”(文献 [396], P.85 或文献 [398], P.255), 并认为, “推论就是心灵的眼睛, 凭借这种眼镜, 心灵就可以看见事物和观察事物”(文献 [398], P.255).

类一个古老的传说是有关人类起源之谜的 (文献 [68]): 人们喜欢追溯他们先祖的谱系. 古希腊哲学家阿那克西曼德认为, "第一群人是被动物养育的 …… 但我们的这些动物祖先是从哪里来的呢? …… 他推测, 这些生物有其无生命的先祖. 那么这些先祖的祖先又是什么东西呢? 无论我们将这个系谱追溯得有多远, 我们总可以问, 在此之前又是什么呢?" 这样, 一方面从理论上讲, 没有开端, 历史将不可能 —— 现实的人类将不可能沿着时间被走到; 另一方面从现实来讲, 现在的人类确实存在着. 这样似乎就出现了矛盾.

实际上, 到处都是起点! 为何你非要将其归结为其他的东西不可呢? 事物是有联系的, 但同时不同的事物也是具有相对独立性的. 人们在思维上关注联系为多, 对事物的独立性则多有忽略. 人类心智的开化, 并不是一个线性的过程, 它是在瞻前顾后的整体前后相互扯动中实现的. 人类心灵明了了一些事情的感觉, 也是建立在事物间相对关系之上的, 是建立在整体感知神经系统的一种以相应方面为重点的振动模式之上的. 任何一种事物的突出, 都是由背景衬托出来的. 否则就不会有 "突出" 的概念. 我们将这一观念称为 "相对突出原理".

大家可以想一想, 对小学算术你很清楚吗? 你能马上讲清分数除法的颠倒相乘算法的原理吗? 事实表明, 相当多的大学生回答不上来. 停止回溯, 承认一些东西 (给整体一个切口), 然后在此基础上前行. 这就是数学中公理化演绎的基本思想. 它既是一种知识体系化的方法, 更是一种学习态度和方法: 对暂时不会的东西, 先承认它, 背下它, 将其看作你进一步知识建构的基本材料, 到一定程度后再回头考察它、理解它. 世上没有绝对的理解, 只有知识体系中的相对理解. 你可以设想: 假设世界中所有的知识都被揭示出来了. 在所有知识的集合里, 你要都走一遍, 你首先要选择一起点. 犹犹豫豫, 起点都定不下来, 显然勿妄谈你的知识之旅. 从逻辑上讲, 从任何一个起点出发, 你都能走遍知识之球 (文献 [16]). 当然, 从现实来讲, 在现实残缺的、尚处于生成阶段的知识体中, 起点的选择会影响人们知识之旅的效率. 运用这种迎难而上的精神成就自己的例子很多. 德国大数学家 Hermann Weyl(1885—1955) 就是典型一例, 他对老师 David Hilbert 非常的尊崇, 在哥廷根 (Gottingen) 大学听了 Hilbert 的课后, 他完全被其思想及个人魅力俘虏了. 他说 "我决定学习这个人所写的一切". 在一年级结束后, Weyl 带着 Hilbert 的《数论报告》(*Zahlbericht*) 回家. 在没有任何初等数论和 Galois 理论预备知识的情况下, 他钻研了一个暑假, 学到了大师的相关精髓, 极大地提升了其数学修养. 他认为, 这是他人生中最幸福的几个月. 这段经历, 一直在抚慰着其心灵 ①. 另一个生动的例子是匈牙利语言学家洛姆布学外语的经历 (文献 [69]), 她用二十五年时

① http://www-history.mcs.st-andrews.ac.uk/Biographies/Weyl.html.

间学习了十六种语言,“十种达到能说的程度,另外六种达到能翻译专业书刊,阅读和欣赏文艺作品的程度”. 她学波兰语的经历体现着勇于迎接挑战的精神:“在登记参加学习班时,我耍了一个花招:从超过我的实际知识的水平学起. 我诚心地向学习外语的同行们推荐这个办法. 当时有初级班、中级班和提高班,我选择了提高班……. 我连一个波兰语单词也不认识. 为什么要参加程度最高的班——提高班呢?因为一无所知的人就应该特别刻苦学习.”刻苦努力地追求上进,显然是取得成就的重要条件.

在教育史上,强调先背诵、后理解的典型例子,是对中国传统文化(如四书五经[②])学习的“素读”法:它不强调直接、当下的理解,而强调纯粹地“读”、反复地读,以致最终全部背诵下来[③]. 这种方法对开发人右脑的长久有益的影响力,已在日本右脑开发专家七田真博士的《超右脑照相记忆法》(文献[201])中得到了较为系统而有趣的说明.

人们的化归倾向与相对突出原理并不矛盾. 它代表的是一种特殊的相对突出,也就是基于历史的、熟悉的知识上的对新知识的突出. 从开阔人的智力视角来讲,

---

② 四书:《大学》《论语》《孟子》《中庸》. 五经:《诗经》《书经》《礼经》《易经》《春秋》.

③ 意义的显现有一个过程. 记忆是理解的必要前提. 同时,相同的对象(如一页书)在不同人的头脑中被立时记忆的程度、内涵类型,以及显现的速度往往也都是有区别的.

对一个对象的理解有两个基本层次:一是生理官能(眼睛、耳朵等)对对象的感触(比如,瞥一眼书、听一曲音乐等)后的意识化;二是有意识记住对象后的内在心智层面的理解. 第一层面只是对所触对象的全面印象有了觉知;第二层面才是深层含义的理解阶段. 背诵书之后的理解指的主要是第二层面;而对一页书看过一眼后,能够完整地将其清晰回忆出来,则属于第一类型. 一般人在第一层面上具有较弱的清晰化能力. 有这种能力的人也分为两种类型:过目不忘的“立时型”和渐渐清晰的“历时型”. 普通人与认知对象接触一遍往往是既记不住,也回忆不起来. 立时型的人接触对象时,或者本能地直观对其印象(法国数学家 Poincare 由此本事(文献[305], PP.122—123)),或者具有较高的意识化清醒水平,能快速、甚至照相似地将对象印入脑中;而历时型的人在接触对象后的时间里,其潜意识能将分辨后的清晰印象呈现到显意识层面. 这一呈现过程甚至有可能是在梦中实现的. 俄裔英籍数学家 Borovik 曾讲过他妻子安娜 10 岁时的一个有关经历. 一天晚上,安娜在读书. 在将要读完时,她的父母要她不要再读了,要早点上床睡觉. 她有些恋恋不舍,在匆忙扫视了一下剩下的两页(没读其中的一个文字)后,便休息了. 在睡梦中,她读完了那两页书. 早晨起来,她检查书后发现,她睡眠中读的是正确的,甚至连当时她对生词意义的猜测都是正确的.(文献[229], P.106).

“意识”的本意是“识意”——识别意谓、意义. 从感官接触对象到将其某些意识别出、识到(识到的意还有类型、层次的区别. 比如,有字面的表意、浅意,还有各类深意等),有三个基本阶段(可以以用眼睛的看为例进行理解):首先是生理眼睛的看. 看后瞬间(“瞬间”长短因人而异)的意识态,我们称之为“意识前”. 其次是潜意识、显意识以某种综合方式进行的“意识中”. 然后是酝酿、识意结果的一个在显意识层面的意义集中清晰呈现. 这一阶段,我们称之为“意识到”(其中包括“识深意”). “意识前 → 意识中 → 意识到”以致“意识后”(对上述意识过程的高一层面的反省阶段)的“3+1 意识”模式是探究意识相关问题的一个思维框架.

我们这里强调的是知识在逻辑上的地位同等性, 作背景的并不一定非要是已往的知识不可; 强调在整体关系中理解事物间的关系 (理解系统中每一元素的本质) 表现在关系中的本质. 当然, 作为一种思维习惯, 人们是倾向于沿着时间顺序理解、接受新生事物的. 对于思维成熟度不够的学生来讲, 首先要遵循传统习惯, 然后再启迪在逻辑时空中换个视角考虑问题. 对新的、理解起来有困难的抽象度较高的知识, 以具体的实例加以说明是人们的常用做法. 诚如美国的 Werner J. Severn 与 James W. Tankard, Jr 所著的著名的传播学教科书《传播理论 —— 起源、方法与应用》所言: “普通语义学认为, 有效的传播应该包括所有各种层次上的抽象. 一则有效的消息既有高抽象层次的概括, 又有底抽象层次的细节. 为达此目的, 很多有教学经验的老师会采取一种行之有效的技巧 —— 举大量的例子. ”(文献 [136], PP.94—95)

断想 35　激励措施的有效执行问题

激励的有效性问题. 激励措施有效的前提, 是学生必须与你能够配合: 你说的话他 (她) 能听进去, 你的建议他 (她) 能去执行 —— 能去积极地执行. 能不能做到这一点? 教师的话要有艺术性、鼓动性. 学生上课说话, 不能生硬地制止. 比如, 有一次, 我讲了学校职工歌咏比赛训练中, 指挥讲的一句话: 你们不要大声唱, 轻声唱得协调, 传到前面指挥台的指挥耳朵里, 声音就很大. 在当时的课堂上起到了较好效果. 教师说话的一个原则是: 不能让学生感到你们之间有距离. 要让他 (她) 感到, 你们就好像是同学在聊天一样.

抓住机会, 顺势表扬. 重修班同学提出

$$(\boldsymbol{A}+(-\boldsymbol{A}))^* \neq \boldsymbol{A}^* + (-\boldsymbol{A})^*$$

的现象. 容易证明: 当 n 阶矩阵 $\boldsymbol{A}$ 的秩 $r(\boldsymbol{A}) \geqslant n-1$, 而且 n 是奇数时, 上式一定成立.

在讲解了行列式

$$\begin{pmatrix} 2 & 1 & 0 & 0 & \cdots & 0 & 0 \\ 1 & 2 & 1 & 0 & \cdots & 0 & 0 \\ 0 & 1 & 2 & 1 & \cdots & 0 & 0 \\ \vdots & \vdots & \vdots & \vdots & & \vdots & \vdots \\ 0 & 0 & 0 & 0 & \cdots & 2 & 1 \\ 0 & 0 & 0 & 0 & \cdots & 1 & 2 \end{pmatrix}$$

的递归关系式的解法后, 让学生自己编一个习题. 实验班的一位同学将其中的每个元素都乘上任意数 a, 实现了问题的推广. 虽说做法有些平凡, 但其思维的意义却是不平凡的, 因其有了拓广的意识. 为此, 我们在课堂上对其进行表扬, 并引导学生看到其中更加一般的思想: 首先, 要推广一个行列式, 只要选定其中的若干行(或列), 给其中元素都乘上 a 即可. 这位同学选的是所有行. 进一步, 给选定的行乘的数也可以是不一样的: 比如, 第一行元素乘 a_1, 第二行元素乘 a_2, 等等.

没经过有针对性训练的同学的抽象能力一般都比较弱 (不是差), 他们有时能提出一些种子性的问题, 但自己没有意识或不会展开. 对同学凭感觉 (天分) 提出的这类问题, 老师要凭自己的敏感性发现其中带有普遍性的东西. 教师水平不够, 直接影响理论上有效的激励措施的深度执行. 学生得到了怎样的教育, 直接依赖于教师的洞察力水平. 教师对新思想的敏感性、洞察力来自于哪里? 来自于教师的科研训练. 教研相长是必然规律.

钉子钉得越深, 露在外面的部分越能承受重载. 这与常言的 "要给学生一碗水, 教师需有一桶水" 有相近之处.

顺势表扬的做法最自然, 效果最好. 能为同学巧妙设计有关机会, 是教师贯彻激励教育的基本功之一.

当学生在某一方面或某一点 (如一道题的解法) 做得很好, 特别是出乎教师的预料时, 教师应在课堂上公开表扬这位同学 "某某同学在这方面已经超过了我 ……". 这种语言对学生的正面意义非常明显. 当然, 这需要教师具有相应的胸怀. 教师仅有博学的知识与思想是不够的. 具有爱心与胸怀, 对取得良好的教育效果作用更大.

笔者在多年的求学生涯中, 就遇到了三位具有如此胸怀的老师, 第一位是我初中阶段的数学老师杜龙泉先生, 第二位是我初中的校长庄同江先生, 第三位是我的硕士论文导师徐本顺教授. 笔者初中阶段的平面几何学得不错, 常与杜老师一起做题, 甚至讨论问题到深夜. 有些难题我做出的比杜老师快. 有一次上课时, 杜老师说: "阴东升已经超过了我. 以后他可以不听课, 可以自己看些课外书." 这对我是个极大的心灵触动, 激励我认真学习数学到现在. 如果说之前的学习是凭天分, 那么之后的学习便是自觉的了; 庄同江先生在我初中学校作校长时, 有一次到我家与我父亲讨论问题, 见到了我在自学数学归纳法及平面几何中有关平行四边形的知识. 在其后一次全校大会上, 庄校长说: "…… 阴东升课余已自学完了初中数学课程 ……". 虽然有些夸奖我, 但对我后来持续不断的自学确实起到了实质性的作用; 在硕士研究生阶段, 我与徐本顺教授交流很多. 他对我的数学方法论水平有深入的了解. 在毕业工作后, 对我的发展, 他赋予了极大的关注, 两次将出版社对他的约稿推荐给了我. 1995 年由陕西人民教育出版社出版的《科学巨星(2)》(文献 [12]) 即为其一. 在同年给湖南教育出版社的信中, 他推荐我写一部数学哲学的著作, 并说 "他的水平已经超过了我". 后来出版社编辑与我联系时, 我知道了这一点. 是自己的水平真的超过了老师吗? 不是. 这是老师对学生的一种富有爱心与胸怀的鼓励和期望. 每一位负责任的老师、教育管理工作者都应该向杜老师、庄校长和徐老师学习: 学习他们的爱心, 学习他们的教育设计艺术和胸怀.

顺势表扬的语言激励, 对表扬对象可以产生正面的驱动作用. 这时, 语言表现为一种力量. 表扬, 体现的是教师对学生行为的一种评价. 积极的评价可以产生积极的效果. 评价与行为之间是协变互动的关系.

"评价与人的行为" 在各种管理行业中都是一个重要的课题. 在教育界也不例外. 对此问题进行深入的研究, 是教师提高自身激励水平的必要理论条件.

英国领导学教授约翰 · 阿代尔 (John Eric Adair, 1934—) 在其《领导力与激励》一书中给出了激励的 "50/50 法则" (文献 [67] P.42): "一个人的激励有 50%是内在形成的, 还有 50%来自于他的环境, 尤其是他所遇到的领导. " 这里所涉及的数字不具有精确的数学意义, 只具有指示意义, 它是说: "激励有相当大的一部分是内在的, 还有相当大的一部分可以说是外在的或者无法控制的. " 对于学生来讲, 其思想精神发展的领导就是教师; 教师是其激励的外在因素.

教师激励学生的效果 —— 激励水平的表现, 依赖于双方互动关联结构的相容状态. 存在着激励相对显著度的概念. 对一定的老师而言, 其激励的效果依赖于受激励者, 不同的学生往往有不同的受激励反应; 对偶地, 对确定的学生而言, 其受激励的程度、效果也依赖于激励者 —— 不同的激励者往往有不同的激发策略及水平. 跳出师生系统, 站在第三方的立场进行客观说明, 如果我们以 M, T, S, t, e 分别表示激励水平、激励者、受激励者、时间、激励环境, 则 M 是四个相对要素 T, S, t, e 的函数 $M = f(T, S; t, e)$. 我们称之为 "相对激励水平函数". 由此关系可知, 平常人们所谓 "没有不好的学生, 只有不好的教师", 只是要求教师从自身挖掘潜力、极大程度地激发学生而已, 并不实在意味着对一定状态下的教师而言, 真的没有相对不好的学生. "教师 — 学生" 是个关联体, 孤立地谈论教师或学生好与不好是没有意义的. 对确定的学生而言, 以其角度看问题, 则既有好教师, 也有不好的教师; 而且评价还是可因时因境而发生变化的. 对教师也是如此.

断想 36 激励实施的机会设计

信心激励 ("相对进步原则") 适当设计一些老师错而让学生指出错误的情景以及时表扬学生式可取的 (纠师错误激励措施)、愿景激励 (时效激励与后效激励). 精细化思维是此类情形之一. 培养学生的精细化思维能力, 要做到以下两个基本的方面: 一是引导学生发现教材中的不足, 二是教师在教学中留些瑕疵, 让学生指出来, 以提高其严格精细思维的能力.

第一种情形的例子：在工科线性代数课程中, 讲了三种与矩阵有关的等价关系 —— 等价、相似、合同. “等价关系” 是数学中的一个概括力很强的概念：对象间的关系只要具有自反性、对称性、传递性, 那它就是一个等价关系. 矩阵间的上述三种等价关系之一 ——“等价” 的含义指的是 “如果矩阵 $\boldsymbol{A}$ 经过有限次的初等变换变成矩阵 $\boldsymbol{B}$, 则称 $\boldsymbol{B}$ 与 $\boldsymbol{A}$ 等价”. “等价” 这一名词在这里的外延已经缩小了. 严格来讲, 应将这一概念名词换成其他名词, 否则, 教师如果不加以强调区分一般的 “等价关系” 中的 “等价” 与这里初等变换意义下的 “等价” 的不同, 极易给学生造成混乱. 比如, “如果 $\boldsymbol{A}$ 与 $\boldsymbol{B}$ 相似 (合同), 那么二者是否一定等价”？如果不加以注释 “等价” 的具体含义, 则对此问题的考虑方向将会有不同：人们可以在一般意义下检验自反性、对称性和传递性, 也可以考虑初等变换意义下的关系. 尽管矩阵等价与相似、合同的数学符号语言表示

$$\boldsymbol{A}=\boldsymbol{Q}_1\boldsymbol{B}\boldsymbol{Q}_2;\quad \boldsymbol{A}=\boldsymbol{P}^{-1}\boldsymbol{B}\boldsymbol{P};\quad \boldsymbol{A}=\boldsymbol{C}^{\mathrm{T}}\boldsymbol{B}\boldsymbol{C}$$

告诉人们, 即使在初等变换狭义的等价意义下, 相似、合同也是一种特殊的等价, 但这并不意味着, 初等变换意义下的等价与一般意义下的等价概念是一回事. 人们在验证等价关系时, 心目中想的是一般等价关系的三条性质. 教师注意到课本中内容、语言的问题, 然后引导学生自己去发现类似的问题. 比如, “两个向量组如果可以相互线性表出, 则称二者等价”. 从数学精细、准确的要求考虑, 这一 “等价” 名词也应改为其他名词. 不论是初等变换的意义也好、相互线性表出也好, 它们只不过都具有等价关系的三条性质而已, 只是一些特殊的等价关系. 这时将它们称为等价 —— 将 “等价” 这一名词固定地冠在其头上是不合适的.

等价关系的本质在于 “某方面的同一性”. 因为在对象类 $S=\{a,b,\cdots\}$ 中, 如果 $\approx$ 是其中的一个等价关系, 且 $a\approx b$, 则存在对象 $c\in S$(比如, 可平凡地选 $c=a$), 使得

$$a\approx c,\quad b\approx c$$

都成立. 也就是说, a,b 具有同一个性质 “与 c 等价”. 换言之, 若记性质类

$$S(\approx\supseteq=)=\{p|a\approx b\Rightarrow(p(a)=1)\wedge(p(b)=1)\},$$

其中 $p(x=1)$ 表示对象 x 具有性质 p, 则 $S(\approx\supseteq=)\neq\varnothing$. 外在具体的等价实即内在抽象的相等. 我们称此结论为 “等价的相等本质定理” 或 “等价内含相等定理”. 并称其中的 $S(\approx\supseteq=)$ 为等价关系 $\approx$ 的相等属性类.

明确 $S(\approx\supseteq=)$ 的具体内涵, 特别是找出不平凡的同一性, 显然是一项具体而带有普遍性的数学研究课题. 我们称此类研究为 "等价关系的相等属性类研究".

数学概念的命名不能偷懒, 必须遵循 "种属有别" 的命名原则 —— 在名词上体现出种概念与属概念的不同.

没有逻辑错误是迄今数学的基本特点.

数学思维要准确, 语言表述更是如此, 否则会对数学知识的传播带来负面影响. 一个人的思维有模糊之处, 影响的是他自己; 而用于教育的知识表述若有问题, 影响的将是他人, 而且往往很可能是很多人.

第二种情形的例子: 实对称矩阵的特征值是实数, 实反对称矩阵的特征值应该是零或纯虚数. 教师可说是纯虚数, 给学生纠正的机会.

教师设置一些错误或布置有瑕疵的作业题, 如果学生没有反应, 教师一定要及时地引导学生注意到这些错误 —— 启蒙其独立思考的意识.

例 1　在讲了 (实) 正交矩阵后, 让学生做课本 (王中良. 线性代数与解析几何. 北京: 科学出版社, 2005)P.180 的第 26 题的第一小题: "试证: (1) 若 λ_0 是正交矩阵 $\boldsymbol{A}$ 的特征值, 则 λ_0 是 1 或 -1" 作业中, 没有同学提出问题. 其实这是一道错误题. 考虑正交矩阵

$$\begin{pmatrix} \dfrac{1}{2} & -\dfrac{\sqrt{3}}{2} \\ \dfrac{\sqrt{3}}{2} & \dfrac{1}{2} \end{pmatrix}.$$

它的特征值是$\dfrac{1}{2}\pm\dfrac{\sqrt{3}}{2}\mathrm{i}$, 而不是 1 或 -1. 正确的说法应该是 "正交矩阵的特征值的模是 1. 实特征值是 1 或 -1". 其可简证如下: 设 λ 是正交矩阵 $\boldsymbol{A}$ 的特征值, $\boldsymbol{\alpha}$ 是属于 λ 的一个特征向量, 则

$$\left.\begin{array}{cr} \boldsymbol{A\alpha}=\lambda\boldsymbol{\alpha} & (1) \\ \Downarrow & \\ \boldsymbol{A}\overline{\boldsymbol{\alpha}}=\overline{\boldsymbol{A}}\overline{\boldsymbol{\alpha}}=\overline{\boldsymbol{A\alpha}}=\overline{\boldsymbol{\lambda\alpha}}=\overline{\boldsymbol{\lambda}}\overline{\boldsymbol{\alpha}} & \\ \Downarrow & \\ \overline{\boldsymbol{\alpha}}^{\mathrm{T}}\boldsymbol{A}^{\mathrm{T}}=\overline{\boldsymbol{\lambda}}\overline{\boldsymbol{\alpha}}^{\mathrm{T}} & (2) \end{array}\right\}$$

$$\xrightarrow[\boldsymbol{A}^{\mathrm{T}}\boldsymbol{A}=\boldsymbol{E}]{(2)\text{乘}(1)}\overline{\boldsymbol{\alpha}}^{\mathrm{T}}\boldsymbol{\alpha}=\overline{\boldsymbol{\lambda}}\boldsymbol{\lambda}(\overline{\boldsymbol{\alpha}}^{\mathrm{T}}\boldsymbol{\alpha})\xrightarrow{\boldsymbol{\alpha}\neq 0\to\boldsymbol{\alpha}^{\mathrm{T}}\boldsymbol{\alpha}\neq\boldsymbol{0}}\boldsymbol{\lambda}\overline{\boldsymbol{\lambda}}=1.$$

从而实正交矩阵的特征值的模是 1. 实特征值的绝对值是 1, 即实特征值是 1 或 -1.

例 2 举出国外作品中的错误或不严谨的例子, 对树立学生独立判断的意识更加有益. 比如, 可举美国 David A. Harville 的 “Matrix algebra: exercises and solutions (矩阵代数：练习与解)” 一书第 231 页的练习 1：“证明, $n \times n$ 型反对称矩阵 $\boldsymbol{A}$ 没有非零特征值 (Show that an $n \times n$ skew-symmetric matrix $\boldsymbol{A}$ has no nonzero eigenvalues)”. 其证明 (译文) 是这样的 (其中的 $\boldsymbol{A}'$ 表示 $\boldsymbol{A}$ 的转置矩阵)：

“令 λ 表示 $\boldsymbol{A}$ 的任意一个特征值、$\boldsymbol{X}$ 表示属于 λ 的一个特征向量. 则

$$-\boldsymbol{A}'\boldsymbol{X} = \boldsymbol{A}\boldsymbol{X} = \lambda\boldsymbol{X},$$

它蕴涵着

$$-\boldsymbol{A}'\boldsymbol{A}\boldsymbol{X} = -\boldsymbol{A}'(\lambda\boldsymbol{X}) = \lambda(-\boldsymbol{A}'\boldsymbol{X}) = \lambda(\lambda\boldsymbol{X}) = \lambda^2\boldsymbol{X}.$$

因此,

$$-\boldsymbol{X}'\boldsymbol{A}'\boldsymbol{A}\boldsymbol{X} = \lambda^2\boldsymbol{X}'\boldsymbol{X}.$$

考虑到 $\boldsymbol{X} \neq \boldsymbol{0}$, 以及 $\boldsymbol{A}'\boldsymbol{A}$ 是非负定的, 我们发现

$$0 \leqslant \lambda^2 = -\boldsymbol{X}'\boldsymbol{A}'\boldsymbol{A}\boldsymbol{X}/\boldsymbol{X}'\boldsymbol{X} \leqslant 0$$

导致 $\lambda^2 = 0$, 或等价地, $\lambda = 0$. ”(文献 [364], P.231)

显然, $\boldsymbol{A} = \begin{pmatrix} 0 & -1 \\ 1 & 0 \end{pmatrix}$ 的特征值是$\pm\mathrm{i}$, 而非零. 这表明, Harville 的题目是错的. 其证明中默认了 λ 是实数, 同时默认了 $\boldsymbol{X}$ 是实向量.

全面精细化思维是实现收益极大化的重要途径. 所谓全面精细化思维, 指的是尽可能地考虑问题的各种细节. 以上述 26 题的第二、三小题 “(2) 若 $\boldsymbol{A}$ 是奇数阶正交矩阵, 且 $|\boldsymbol{A}| = 1$, 则 1 是 $|\boldsymbol{A}|$ 的一个特征值; (3) 若 $|\boldsymbol{A}|$ 是 n 阶正交矩阵, 且 $|\boldsymbol{A}| = -1$, 则 -1 是 $\boldsymbol{A}$ 的一个特征值. ” 为例, 在做完题以后, 应进一步考虑: 在各自情形下, 有可能还有别的特征值吗? 答案是肯定的. 以下即为各自一例:

$$\text{矩阵}\begin{pmatrix} 0 & 0 & 1 \\ 0 & -1 & 0 \\ 1 & 0 & 0 \end{pmatrix}\text{的特征值为}1, -1, -1,$$

$$\text{矩阵}\begin{pmatrix} 0 & 0 & -1 \\ 0 & -1 & 0 \\ 1 & 0 & 0 \end{pmatrix}\text{的特征值为} -1, \mathrm{i}, -\mathrm{i}.$$

例 3　如果 3 阶方阵 $\boldsymbol{A}$ 满足

$$(\boldsymbol{A}-\boldsymbol{E})(\boldsymbol{A}-2\boldsymbol{E})(\boldsymbol{A}-3\boldsymbol{E})=\boldsymbol{0},$$

则 $\boldsymbol{A}$ 是否一定可以相似对角化？为了锻炼学生发现漏洞、精细思维的意识，我们可先这样讲解这一问题：若 λ 是 $\boldsymbol{A}$ 的特征值，则根据"λ 是 $\boldsymbol{A}$ 的特征值 $\Rightarrow f(\lambda)$ 是 $f(\boldsymbol{A})$ 的特征值"(其中 $f(\lambda)$ 是多项式) 得知，$(\lambda-1)(\lambda-2)(\lambda-3)$ 是 $(\boldsymbol{A}-\boldsymbol{E})(\boldsymbol{A}-2\boldsymbol{E})(\boldsymbol{A}-3\boldsymbol{E})$ 即零矩阵的特征值，从而

$$(\lambda-1)(\lambda-2)(\lambda-3)=0\Rightarrow\lambda=1,2,3,$$

亦即 3 阶方阵 $\boldsymbol{A}$ 有 3 个不同的特征值，所以，$\boldsymbol{A}$ 一定可以相似对角化.

这一讲解的漏洞在于：$\boldsymbol{A}$ 的特征值 λ 满足 $(\lambda-1)(\lambda-2)(\lambda-3)=0$，只能说 $\boldsymbol{A}$ 的特征值属于集合 $\{1,2,3\}$ 一并不能保证 A 有三个不同的特征值. 比如，矩阵 diag(1,1,2) 满足给定的条件，但其只有两个不同的特征值 1，2. 是否存在满足条件的不能相似对角化的矩阵呢？逻辑思考后会发现，不存在！下面是一个证明：

如果 3 阶方阵 $\boldsymbol{A}$ 满足

$$(\boldsymbol{A}-\boldsymbol{E})(\boldsymbol{A}-2\boldsymbol{E})(\boldsymbol{A}-3\boldsymbol{E})=\boldsymbol{0},$$

λ 是 $\boldsymbol{A}$ 的特征值，则

$$(\lambda-1)(\lambda-2)(\lambda-3)=0.$$

此时有两种可能：(1) 1，2，3 都是 $\boldsymbol{A}$ 的特征值. 这时，$\boldsymbol{A}$ 一定可以相似对角化. (2) 1，2，3，至少之一不是 $\boldsymbol{A}$ 的特征值. 考虑到在此问题中 1，2，3 的对称性，我们不妨假设 3 不是 $\boldsymbol{A}$ 的特征值，即 $|\boldsymbol{A}-3\boldsymbol{E}|\neq 0$，这时 $\boldsymbol{A}-3\boldsymbol{E}$ 是可逆的，因此

$$(\boldsymbol{A}-\boldsymbol{E})(\boldsymbol{A}-2\boldsymbol{E})(\boldsymbol{A}-3\boldsymbol{E})=0\Rightarrow(\boldsymbol{A}-\boldsymbol{E})(\boldsymbol{A}-2\boldsymbol{E})=0.$$

这时又有两种可能性：① 1，2 中只有一个是特征值. 比如，1 是而 2 不是，这时，仿上推理可知 $\boldsymbol{A}-2\boldsymbol{E}$ 可逆，因此 $\boldsymbol{A}-\boldsymbol{E}=0$，$\boldsymbol{A}=\boldsymbol{E}$，这时，$\boldsymbol{A}$ 已经是一个对角矩阵. ② 1，2 全是特征值. 此时，若令

$$\boldsymbol{\alpha}_1,\boldsymbol{\alpha}_2,\cdots,\boldsymbol{\alpha}_r$$

是 $(\boldsymbol{A}-2\boldsymbol{E})\boldsymbol{X}=\boldsymbol{0}$ 的一个基础解系，即属于 2 的一组线性无关的特征向量，则

$$r=3-R(\boldsymbol{A}-2\boldsymbol{E}).$$

由于 $(\boldsymbol{A}-\boldsymbol{E})(\boldsymbol{A}-2\boldsymbol{E})=0$ 意味着 $\boldsymbol{A}-2\boldsymbol{E}$ 的非零列向量都是 $(\boldsymbol{A}-\boldsymbol{E})\boldsymbol{X}=0$ 的非零解，即属于 1 的特征向量，所以，属于 1 的线性无关的特征向量的个数至少是 $R(\boldsymbol{A}-2\boldsymbol{E})$. 令

$$\boldsymbol{\beta}_1, \boldsymbol{\beta}_2, \cdots, \boldsymbol{\beta}_{R(\boldsymbol{A}-2\boldsymbol{E})}$$

是 $\boldsymbol{A}-2\boldsymbol{E}$ 列向量组的一个极大线性无关组, 考虑到属于不同特征值的线性无关特征向量组还是线性无关的, 所以, 当将上述 $\boldsymbol{\alpha}_1, \boldsymbol{\alpha}_2, \cdots, \boldsymbol{\alpha}_r$ 和 $\boldsymbol{\beta}_1, \boldsymbol{\beta}_2, \cdots, \boldsymbol{\beta}_{R(A-2E)}$ 放到一起后, 可知,

$$\boldsymbol{\alpha}_1, \boldsymbol{\alpha}_2, \cdots, \alpha_r, \boldsymbol{\beta}_1, \boldsymbol{\beta}_2, \cdots, \boldsymbol{\beta}_{R(\boldsymbol{A}-2\boldsymbol{E})}$$

是 $\boldsymbol{A}$ 的包含有

$$r + R(\boldsymbol{A} - 2\boldsymbol{E}) = 3$$

个特征向量的线性无关组. 因此, $\boldsymbol{A}$ 一定可以相似对角化.

综上可知, 满足给定条件的 $\boldsymbol{A}$ 一定可以相似对角化.

按照同样的思路, 可以证明: 满足 $\boldsymbol{A}^2 = \boldsymbol{A}$ 的方阵 $\boldsymbol{A}$、满足 $\boldsymbol{A}^2 = \boldsymbol{E}$ 的方阵 $\boldsymbol{A}$, 都是可以相似对角化的.

在某种意义上, 一个更加一般的结论是: 若 n 阶矩阵 $\boldsymbol{A}$ 满足

$$(\boldsymbol{A} - a\boldsymbol{E})(\boldsymbol{A} - b\boldsymbol{E}) = \boldsymbol{0}, \quad a \neq b,$$

则 $\boldsymbol{A}$ 一定可以相似对角化 (尤承业. 2008 新东方考研数学培训教材卷 II— 线性代数. 北京: 群言出版社, 2007: 119).

提高精细思维. 大数学家 Sylvester 认为 "数学是一门精细的学问". 明确知识的各种内在联系, 建立多种形态的逻辑体系, 是体现学生思维精细化能力的一个方面.

俗语所谓 "内行看门道, 外行看热闹" 即反映着内、外行人对同一件事感受的精细化差别.

精细化思维 ①是数学学习者能够在数学的学习、训练中获得的重要品质.

算法化是精细化思维的一种具体形式.

例 4　若 $\boldsymbol{A}$ 是一个可逆矩阵, 则其逆 $\boldsymbol{A}^{-1}$ 亦然, 且其可写成若干个初等矩阵乘积的形式

$$\boldsymbol{A}^{-1} = \boldsymbol{P}_m \boldsymbol{P}_{m-1} \cdots \boldsymbol{P}_2 \boldsymbol{P}_1.$$

---

① 法裔美籍高产数学家朗 (Serge Lang, 1927—2005) 在精确思维的日常应用方面是一典型代表. 他对不精确的推理、证据不足而下结论的行为非常不满. 他将貌似缜密的论证看作 "伪数学论证 (pseudo-mathematical argument)". 一个有代表性的事件是: 哈佛政治科学家 Samuel P Huntington(1927—) 在 1968 年出版了《变化社会中的政治秩序》(*Political order in changing societies*). 其中, 他给出了 20 世纪 60 年代的南非是一个 "令人满意的社会"(satisfied society) 的论证. Lang 认为, 这是一个错误的伪数学论证, 其论证的方法论是不合理的. 随后, 自 1986 年起, Huntington 两次被提名成为国家科学院成员, 两次都得到了 Lang 的成功阻止. 更多相关信息可参见: http://www-history.mcs.st-andrews.ac.uk/Biographies/Lang.html.

$$A^{-1}A=(P_mP_{m-1}\cdots P_2P_1)A=E \tag{1}$$

告诉人们, A 可经过一系列初等行变换变化为单位矩阵 E. 至此并没什么新意. 但当联立考虑

$$A^{-}E=(P_mP_{m-1}\cdots P_2P_1)E=A^{-1} \tag{2}$$

时, 就可引出新东西了：式 (2) 的含义是说, 当将对 A 施行的那一系列初等行变换施行到 E 上以后, 便可得到 A 的逆矩阵. 这样, 联合式 (1), 遵循经济有效的原则, 容易想到将那一系列初等行变换合二为一地施行到由 A 和 E 拼出的 $n\times(2n)$ 矩阵 $(A\quad E)$ 上：

$$A^{-1}(A\quad E)=\left(E\quad A^{-1}\right)\Rightarrow(A\quad E)\xrightarrow{\text{一系列初等行变换}}\left(E\quad A^{-1}\right).$$

这就给出了求逆矩阵的一种算法：①组合出 $(A\quad E)$; ②对 $(A\quad E)$ 进行初等行变换：当将其中的块 A 变为 E 时, 块 E 变出来的就是逆矩阵 A^{-1}. 这一有力算法的得出, 得益于在背景 (1) 下看到平凡事实 (2) 的不平凡价值或意义. 看到平凡中的不平凡, 这需要一定的精细化洞察力.

例 5 一般线性代数基础课程中, 都会讲到利用行初等变换将矩阵化成阶梯形矩阵的知识; 但如果不加以强调, 在课堂上能够作出下述题目的同学并不多：求 3×2 型矩阵 A、2×3 型矩阵 B, 使得

$$AB=\begin{pmatrix}8&2&-2\\2&5&4\\-2&4&5\end{pmatrix}.$$

其实, 对阶梯化过程稍加留心, 即可发现问题的解法：首先, 对上式从右向左看, 可知, 这是一个矩阵分解的问题; 其次, 进行阶梯化,

$$\begin{pmatrix}8&2&-2\\2&5&4\\-2&4&5\end{pmatrix}\xrightarrow{P(1,2)}\begin{pmatrix}2&5&4\\8&2&-2\\-2&4&5\end{pmatrix}\xrightarrow{P(2,1(-4))}\begin{pmatrix}2&5&4\\0&-18&-18\\-2&4&5\end{pmatrix}$$

$$\xrightarrow{P(3,1(1))}\begin{pmatrix}2&5&4\\0&-18&-18\\0&9&9\end{pmatrix}\xrightarrow{P\left(2\left(-\frac{1}{18}\right)\right)}\begin{pmatrix}2&5&4\\0&1&1\\0&9&9\end{pmatrix}$$

$$\xrightarrow{P(3,2(-9))}\begin{pmatrix}2&5&4\\0&1&1\\0&0&0\end{pmatrix};$$

从而得到

$$\boldsymbol{P}(3,2(-9))\boldsymbol{P}\left(2\left(-\frac{1}{18}\right)\right)\boldsymbol{P}(3,1(1))\boldsymbol{P}(2,1(-4))\boldsymbol{P}(1,2)\begin{pmatrix}8&2&-2\\2&5&4\\-2&4&5\end{pmatrix}$$

$$=\begin{pmatrix}2&5&4\\0&1&1\\0&0&0\end{pmatrix}\Rightarrow\begin{pmatrix}8&2&-2\\2&5&4\\-2&4&5\end{pmatrix}$$

$$=\left\{\boldsymbol{P}(3,2(-9))\boldsymbol{P}\left(2\left(-\frac{1}{18}\right)\right)\boldsymbol{P}(3,1(1))\boldsymbol{P}(2,1(-4))\boldsymbol{P}(1,2)\right\}^{-1}\begin{pmatrix}2&5&4\\0&1&1\\0&0&0\end{pmatrix}$$

$$=\boldsymbol{P}(1,2)\boldsymbol{P}(2,1(4))\boldsymbol{P}(3,1(-1))\boldsymbol{P}(2(-18))\boldsymbol{P}(3,2(9))\begin{pmatrix}2&5&4\\0&1&1\\0&0&0\end{pmatrix}$$

$$=\begin{pmatrix}4&-18&0\\1&0&0\\-1&9&1\end{pmatrix}\begin{pmatrix}2&5&4\\0&1&1\\0&0&0\end{pmatrix}=\begin{pmatrix}4&-18\\1&0\\-1&9\end{pmatrix}\begin{pmatrix}2&5&4\\0&1&1\end{pmatrix}.$$

最后, 选

$$\boldsymbol{A}=\begin{pmatrix}4&-18\\1&0\\-1&9\end{pmatrix},\quad \boldsymbol{B}=\begin{pmatrix}2&5&4\\0&1&1\end{pmatrix}$$

即为问题的一个答案. 其中, 符号 $\boldsymbol{P}(i,j)$ 表示相应于 “i,j 两行换位” 的初等矩阵; $(\boldsymbol{P}(i(k)))$ 表示相应于 “第 i 行的 k 倍” 的初等矩阵; $\boldsymbol{P}(i,j(k))$ 表示相应于 “第 j 行的 k 倍加到第 i 行” 的初等矩阵. 需指出, 由于阶梯化出的阶梯形矩阵并不唯一, 因此这种分解 —— 矩阵的秩分解也不唯一. 比如,

$$\boldsymbol{A}=\begin{pmatrix}-4&18\\-1&9\\1&0\end{pmatrix},\quad \boldsymbol{B}=\begin{pmatrix}-2&4&5\\0&1&1\end{pmatrix};$$

$$\boldsymbol{A}=\begin{pmatrix}-4&2\\-1&5\\1&4\end{pmatrix},\quad \boldsymbol{B}=\begin{pmatrix}-2&0&1\\0&1&1\end{pmatrix}$$

也都是问题的解.

在初等数学中也有对等式从右向左看、采取分解的思想解决问题的典型例子. 比如, 苏联 B. A. 奥加涅相等编著的《中小学数学教学法》中给出了下述题目: “如果

$$xyz + xy + yz + xz + x + y + z = 1975,$$

试求出自然数 x, y, z”(文献 [365], P.147). 原等式等价于

$$xyz + xy + yz + xz + x + y + z + 1 = 1976, \quad 即 (x+1)(y+1)(z+1) = 1976.$$

从右向左看, 即要对 1976 进行三因子分解. 基于此思路, 考虑到 1976 的因子皆大于 1 的相关分解 $8\times13\times19, 4\times26\times19, 4\times13\times38, 2\times52\times19, 2\times13\times76, 2\times26\times38$ 及问题中 x, y, z 的对称性, 便不难得到问题的 36 组解了 (即 $x=7, y=12, z=18$ 等):

$$\begin{aligned}
&(x,y,z) \in \{(7,12,18),(3,25,18),(3,12,37),(1,51,18),(1,12,75),(1,25,37)\};\\
&(x,z,y) \in \{(7,12,18),(3,25,18),(3,12,37),(1,51,18),(1,12,75),(1,25,37)\};\\
&(y,x,z) \in \{(7,12,18),(3,25,18),(3,12,37),(1,51,18),(1,12,75),(1,25,37)\};\\
&(y,z,x) \in \{(7,12,18),(3,25,18),(3,12,37),(1,51,18),(1,12,75),(1,25,37)\};\\
&(z,x,y) \in \{(7,12,18),(3,25,18),(3,12,37),(1,51,18),(1,12,75),(1,25,37)\};\\
&(z,y,x) \in \{(7,12,18),(3,25,18),(3,12,37),(1,51,18),(1,12,75),(1,25,37)\}.
\end{aligned}$$

显然, 人们自己可编出无穷多个 $m(m>1)$ 个因子分解的类似的题目.

顺便我们指出, 联想是利于实现收益极大化的重要手段. 联想到借助于初等变换可解某些矩阵方程、可一举求出

$$\boldsymbol{C}^{\mathrm{T}}\boldsymbol{A}\boldsymbol{C} = \mathrm{diag}\{b_1, b_2, \cdots, b_n\}$$

中的可逆矩阵 $\boldsymbol{C}$ 和对角矩阵 $\mathrm{diag}\{b_1, b_2, \cdots, b_n\}$, 人们便可考虑: 是否存在初等变换法, 使得将 $\boldsymbol{P}^{-1}\boldsymbol{A}\boldsymbol{P} = \mathrm{diag}\{\lambda_1, \lambda_2, \cdots, \lambda_n\}$ 中的 $\boldsymbol{P}$ 和对角矩阵 $\mathrm{diag}\{\lambda_1, \lambda_2, \cdots, \lambda_n\}$ 一同求出? 更进一步, 人们可以考虑 “多未知量的初等变换同时求解法” 这一值得系统研究的问题.

速算是人们感兴趣的一个古老的领域. 有人有速算天才, 如德国大数学家 Carl Friedrich Gauss 和英国数学家 Alexander Aitken. Aitken 自己宣称, 计算在其心里是自动进行的: “假如我散步时一辆车牌号为 731 的机动车在旁边经过, 我马上会意识到它是 17×43. ”(文献 [103], P.163). 对作为科学的数学来讲, 重点关注的不

是速算的神秘方面, 而是要研究其可教育的算法基础. 破解相关的生理机制谜团是脑神经科学研究的课题.

好的算法可以提高计算速度. 比如, 用 40^2-4 计算 38×42 就快于普通乘法. 具有对好算法的选择能力, 是体现一个人思维效率水平的一个重要方面.

一种算法, 就是一种解决问题的思路设计. 所谓设计, 按照设计界知名人士 John Heskett 的说法, 其本质 "可以定义为是人类的基本能力, 人类制造以前生活中不存在的东西, 来满足人们的需要, 赋予生活新的意义"(文献 [158], P.53). 显然, 一个人设计感的强弱, 反映着其创新能力的强弱. 设计, 不仅存在于日常生活中, 而且也存在于思维领域, 存在于人类的思维行为中. 好的思路形态的设计, 可以提高其实践者思维的规范性、可传播性 (进而可普及性) 在人类整体上提高思维效用, 获得有关方面的极大收益.

断想 37　意义的发现与意识化水平

有关 "意义的发现" 的问题. 提高人的意识化水平和对相关事情的兴趣, 具有激励作用.

所谓意识化水平, 指的是一个人意识状态的清醒水平. 大家可能都有这样的体会, 当你在找一个人时, 你往前看, 你要找的人就在你的视域里, 但你却没看到他 (她). 当对方喊你时, 你才看到他 (她). 这时, 你的意识对你的视域中的对象, 就没有都保持清醒状态. 同样, 在读书时, 一行一行的字、词、语句, 其含义往往并没有完全被读者意识到. 虽然眼睛看过了, 但有些并未在心里、在头脑中有什么印象, 只是外表上目光扫过了而已, 心智的目光并没有看到它们. 这时, 意识处于相对 "盲目" 的状态, 心智的目光在移动中有盲点 ①. 这可看成对 1974 年 Fields 奖获得者、美国布朗大学 (Brown University) 数学家 Mumford(David Mumford, 1937–) 所谓的 "世界是连续的, 但心灵是离散的 (The world is continuous, but the mind is discrete)" (文献 [280], Preface) 之说法 ②的一种解读. 其实, 不仅内在心智之目有离散运动的性质, 外在生理的眼睛也如此 ③. 比如, 在读书时, "我们的目光并不是连续地在书页上移动. 恰恰相反, 目光总是一小步一小步地移动, 我们称之为眼跳 (Saccade)"(文献 [310], P.3). 内在心智之目眼跳的 "步幅" 是反映一个

① 心智之目的暂时之盲现象 (只是一时未觉, 并非一直不觉) 与神经科学中的病态 "盲视 (blind sight)" 是不同的. 盲视是脑主视区 (primary visual area)17 受损伤后的一种症状: 病人对视野中一定区域的视觉遗失. 比如, 在其盲视区域 (blind field) 置一光闪, 然后要求他 (或她) 的眼睛转向这一目标区域, 或让其手指指向光闪方向, 他 (或她) 可以按要求做, 但他 (或她) 会否定看到了光闪. (文献 [318], P.82).

② 此说法来自于 Mumford 于 2002 年在北京国际数学家大会上的讲演.

③ 内在心智之目与外在生理之目运动规律的平行类比性, 是益于思维研究的重要方法论原则之一.

人意识化水平的重要指标：步幅越小，意识化水平越高. 人这种主体的行为具有离散性，其他主体 —— 特别极端地，大自然的行为是否也如此呢？关于这一问题，德国大数学家、哲学家莱布尼茨 (Gottfried Leibniz, 1646—1716) 认为，“自然从来不飞跃”，他是坚持连续性原则的 (文献 [346], P.50).

需指出，科学研究虽明确了意识的离散性，但这并不意味着人自身在思维过程中时时真正意识到了这一点，相反，很多情况下，人们意识到的是感觉、印象上的连续性，而这种连续体的感觉又给数学家带来了太多的创造助力；离散与连续其实是客观自在对象在人之大脑中的两种不同主观反映、影像. 双方互为立足点 (背景、往往处于无意识态) 和受视点 (目标、被有意识关注者)：基于连续看离散，背靠离散见连续. 整体哲学分析而言，二者是一件事情的两个方面：自身都能代表整体，但同时都有背影. 重视哪一方面，则因人而异，因时有别. 比如，

(1) 数学家西尔维斯特不仅将连续或连续法则看成其精神隐藏于整个数学世界的中心概念、数学苍穹围之转动的北极星 (文献 [237], PP.124—125). 甚至就当时数学的存在方面而言，定义 “数学是连续性的科学 (Mathematics under its existent aspect might be defined as the Science of Continuity)”(文献 [237], Preface, P.15).

(2) 相比较而言，分析数学的标准微积分发展阶段重连续、非标准分析阶段重离散. 匈牙利著名数学家罗阀子 (Laszlo Lovász, 1948—) 曾对数学中离散与连续的关系做过内容丰富、且具有启发性的论述《离散和连续：同一件事情的两个方面》(*Discrete and continuous: two sides of the same*)(文献 [321]). 有兴趣的读者，可参见其细节.

观察者看到的形象与外在或内在的视觉对象的客观存在是两码事. 关于 “视错觉” 和视觉盲点现象的内容丰富的论述，可参见 Bruno Breitmeyer 的著作 *Blindpots The many ways we cnnot see*(文献 [282]).

盲点少的人意识化水平高、意识昏昏的时候少 —— 其意识之网比较密致.

意识化水平是时间、境遇的函数. 它随着时间的进程、训练的积累、境遇的变化而发生相应的变化.

对于读书来讲，意识化水平表现在两个基本的方面：一是表面上盲点的多少 (意识的密致度)；二是纵向深入的洞察感受力的大小 (意识的厚度). 人之间的区别，反映在课堂上、读书上，主要就是意识到的东西不一样，思想上的收获有别.

意识化水平高的人，往往具有做事精力集中的特点. 读书时能够专心致志.

需指出，我们这里谈到的 “表面上眼睛看过了，但对其没有意识性反应” 的现象，与认知神经心理学里所说的 “视觉失认” 现象是不同的. 后者是一个与 “视觉

物体认知”(visual object recognition) 有关的现象. 视觉物体认知 “指的是人们通过视觉通路对于物体的意义、以往与这些物体的联系, 以及它们的用途的认知.” 视觉失认症患者可以 “看” 物体, 也可以对对象进行描绘与临摹, 但他们不知道这些物体是什么, 无法认定这些物体是不是原先熟悉的, 或者有什么用处. 他们看到的物体对于他们失去了意义 (文献 [189]). 当然, 与外在生理眼睛视觉失认相类比, 我们可以将意识化水平概念中涉及的意识盲点现象, 称为 “内在心智之目的视觉失认”.

从统一的角度讲, 我们也可以将视觉失认的概念内涵加以扩展, 将外在生理之目的失认与内在心智之目的失认, 统称为 “广义视觉失认”, 简称 “视觉失认”. 内外两个层面上视觉失认程度的大小, 表现着一个人意识敏感度、健壮度或稳定性的大小.

从创新教育的角度讲, 引导学生在学习中意识到自身思维的一些闪光点, 鼓励将它们提炼成一种方法, 对提高其意识化水平、激励其进一步的创新尝试是有益的.

例 1 学生在学了行列式的运算性质后, 让他们将下述行列式进行上三角化 (其中 $a_{11} \neq 0$)

$$\begin{vmatrix} a_{11} & a_{12} & a_{13} & \cdots & a_{1j} & \cdots & a_{1n} \\ a_{21} & a_{22} & a_{23} & \cdots & a_{2j} & \cdots & a_{2n} \\ a_{31} & a_{32} & a_{33} & \cdots & a_{3j} & \cdots & a_{3n} \\ \vdots & \vdots & \vdots & & \vdots & & \vdots \\ a_{i1} & a_{i2} & a_{i3} & \cdots & a_{ij} & \cdots & a_{in} \\ \vdots & \vdots & \vdots & & \vdots & & \vdots \\ a_{n1} & a_{n2} & a_{n3} & \cdots & a_{nj} & \cdots & a_{nn} \end{vmatrix},$$

第一步是要将第一列 a_{11} 下方的元素全变为 0:

$$\begin{vmatrix} a_{11} & a_{12} & a_{13} & \cdots & a_{1j} & \cdots & a_{1n} \\ 0 & a_{22}-a_{12}\dfrac{a_{21}}{a_{11}} & a_{23}-a_{13}\dfrac{a_{21}}{a_{11}} & \cdots & a_{2j}-a_{1j}\dfrac{a_{21}}{a_{11}} & \cdots & a_{2n}-a_{1n}\dfrac{a_{21}}{a_{11}} \\ 0 & a_{32}-a_{12}\dfrac{a_{31}}{a_{11}} & a_{33}-a_{13}\dfrac{a_{31}}{a_{11}} & \cdots & a_{3j}-a_{1j}\dfrac{a_{31}}{a_{11}} & \cdots & a_{3n}-a_{1n}\dfrac{a_{31}}{a_{11}} \\ \vdots & \vdots & \vdots & \ddots & \vdots & \ddots & \vdots \\ 0 & a_{i2}-a_{12}\dfrac{a_{i1}}{a_{11}} & a_{i3}-a_{13}\dfrac{a_{i1}}{a_{11}} & \cdots & a_{ij}-a_{1j}\dfrac{a_{i1}}{a_{11}} & \cdots & a_{in}-a_{1n}\dfrac{a_{i1}}{a_{11}} \\ \vdots & \vdots & \vdots & \ddots & \vdots & \ddots & \vdots \\ 0 & a_{n2}-a_{12}\dfrac{a_{n1}}{a_{11}} & a_{n3}-a_{13}\dfrac{a_{n1}}{a_{11}} & \cdots & a_{nj}-a_{1j}\dfrac{a_{n1}}{a_{11}} & \cdots & a_{nn}-a_{1n}\dfrac{a_{n1}}{a_{11}} \end{vmatrix}$$

$$
=\frac{1}{a_{11}^{n-1}}
\begin{vmatrix}
a_{11} & a_{12} & a_{13} & \cdots & a_{1j} & \cdots & a_{1n} \\
0 & a_{11}a_{22}-a_{12}a_{21} & a_{11}a_{23}-a_{13}a_{21} & \cdots & a_{11}a_{2j}-a_{1j}a_{21} & \cdots & a_{11}a_{2n}-a_{1n}a_{21} \\
0 & a_{11}a_{32}-a_{12}a_{31} & a_{11}a_{33}-a_{13}a_{31} & \cdots & a_{11}a_{3j}-a_{1j}a_{31} & \cdots & a_{11}a_{3n}-a_{1n}a_{31} \\
\vdots & \vdots & \vdots & \ddots & \vdots & \ddots & \vdots \\
0 & a_{11}a_{i2}-a_{12}a_{i1} & a_{11}a_{i3}-a_{13}a_{i1} & \cdots & a_{11}a_{ij}-a_{1j}a_{i1} & \cdots & a_{11}a_{in}-a_{1n}a_{i1} \\
\vdots & \vdots & \vdots & \ddots & \vdots & \ddots & \vdots \\
0 & a_{11}a_{n2}-a_{12}a_{n1} & a_{11}a_{n3}-a_{13}a_{n1} & \cdots & a_{11}a_{nj}-a_{1j}a_{n1} & \cdots & a_{11}a_{nn}-a_{1n}a_{n1}
\end{vmatrix}.
$$

只关注这第一步, 在提醒二阶行列式的定义后, 学生会将上式变为

$$
=\frac{1}{a_{11}^{n-1}}
\begin{vmatrix}
a_{11} & a_{12} & a_{13} & \cdots & a_{1j} & \cdots & a_{1n} \\
0 & \begin{vmatrix} a_{11} & a_{12} \\ a_{21} & a_{22} \end{vmatrix} & \begin{vmatrix} a_{11} & a_{13} \\ a_{21} & a_{23} \end{vmatrix} & \cdots & \begin{vmatrix} a_{11} & a_{1j} \\ a_{21} & a_{2j} \end{vmatrix} & \cdots & \begin{vmatrix} a_{11} & a_{1n} \\ a_{21} & a_{2n} \end{vmatrix} \\
0 & \begin{vmatrix} a_{11} & a_{12} \\ a_{31} & a_{32} \end{vmatrix} & \begin{vmatrix} a_{11} & a_{13} \\ a_{31} & a_{33} \end{vmatrix} & \cdots & \begin{vmatrix} a_{11} & a_{1j} \\ a_{31} & a_{3j} \end{vmatrix} & \cdots & \begin{vmatrix} a_{11} & a_{1n} \\ a_{31} & a_{3n} \end{vmatrix} \\
\vdots & \vdots & \vdots & \ddots & \vdots & \ddots & \vdots \\
0 & \begin{vmatrix} a_{11} & a_{12} \\ a_{i1} & a_{i2} \end{vmatrix} & \begin{vmatrix} a_{11} & a_{13} \\ a_{i1} & a_{i3} \end{vmatrix} & \cdots & \begin{vmatrix} a_{11} & a_{1j} \\ a_{i1} & a_{ij} \end{vmatrix} & \cdots & \begin{vmatrix} a_{11} & a_{1n} \\ a_{i1} & a_{in} \end{vmatrix} \\
\vdots & \vdots & \vdots & \ddots & \vdots & \ddots & \vdots \\
0 & \begin{vmatrix} a_{11} & a_{12} \\ a_{n1} & a_{n2} \end{vmatrix} & \begin{vmatrix} a_{11} & a_{13} \\ a_{n1} & a_{n3} \end{vmatrix} & \cdots & \begin{vmatrix} a_{11} & a_{1j} \\ a_{n1} & a_{nj} \end{vmatrix} & \cdots & \begin{vmatrix} a_{11} & a_{1n} \\ a_{n1} & a_{nn} \end{vmatrix}
\end{vmatrix}
$$

$$
=\frac{1}{a_{11}^{n-2}}
\begin{vmatrix}
\begin{vmatrix} a_{11} & a_{12} \\ a_{21} & a_{22} \end{vmatrix} & \begin{vmatrix} a_{11} & a_{13} \\ a_{21} & a_{23} \end{vmatrix} & \cdots & \begin{vmatrix} a_{11} & a_{1j} \\ a_{21} & a_{2j} \end{vmatrix} & \cdots & \begin{vmatrix} a_{11} & a_{1n} \\ a_{21} & a_{2n} \end{vmatrix} \\
\begin{vmatrix} a_{11} & a_{12} \\ a_{31} & a_{32} \end{vmatrix} & \begin{vmatrix} a_{11} & a_{13} \\ a_{31} & a_{33} \end{vmatrix} & \cdots & \begin{vmatrix} a_{11} & a_{1j} \\ a_{31} & a_{3j} \end{vmatrix} & \cdots & \begin{vmatrix} a_{11} & a_{1n} \\ a_{31} & a_{3n} \end{vmatrix} \\
\vdots & \vdots & \ddots & \vdots & \ddots & \vdots \\
\begin{vmatrix} a_{11} & a_{12} \\ a_{i1} & a_{i2} \end{vmatrix} & \begin{vmatrix} a_{11} & a_{13} \\ a_{i1} & a_{i3} \end{vmatrix} & \cdots & \begin{vmatrix} a_{11} & a_{1j} \\ a_{i1} & a_{ij} \end{vmatrix} & \cdots & \begin{vmatrix} a_{11} & a_{1n} \\ a_{i1} & a_{in} \end{vmatrix} \\
\vdots & \vdots & \ddots & \vdots & \ddots & \vdots \\
\begin{vmatrix} a_{11} & a_{12} \\ a_{n1} & a_{n2} \end{vmatrix} & \begin{vmatrix} a_{11} & a_{13} \\ a_{n1} & a_{n3} \end{vmatrix} & \cdots & \begin{vmatrix} a_{11} & a_{1j} \\ a_{n1} & a_{nj} \end{vmatrix} & \cdots & \begin{vmatrix} a_{11} & a_{1n} \\ a_{n1} & a_{nn} \end{vmatrix}
\end{vmatrix}.
$$

这就是用于行列式计算的著名的 Chiò的中枢凝结法 (Chiò' pivotal condensation

method), 也称为 Chiò的中枢凝结过程 (Chiò' pivotal condensation process). 此方法的思想首由 C.Hermite 于 1849 年的一篇论文中给出, 明确的方法则由 Felice Chiò①于 1853 年的一篇论文中给出 (文献 [126], PP.129—131)②. 这一结论, 也曾在 1977 年前苏联的人民友谊大学的数学竞赛题中出现过, 比如, 苏联的 B.A. 萨多夫尼契和 A.C. 波德科尔津合编的《大学生数学竞赛题解汇集》一书第 53 页第 343 题 (文献 [485]). 据以色列海法大学 Jonathan S. Golan 教授在其《一年级研究生应知道的线性代数》(文献 [151]) 中所言, Charles Lutwidge Dodgson(1832—1898)③也是这一方法的先驱人物 (1866 年发表了 *Condensation of Determinants*④).

凝结一段思维, 往往有望提炼出一种方法或命题. 数学大师 Euler 认为, 命题就是一段推理的浓缩 (记得 20 世纪 80 年代读大学期间, 笔者曾在一部作品中学到了这一点. 可惜, 现在已记不起是谁写的哪部作品了), 是只留起始条件和结尾结论而去掉中间过程的产物, 是常言 "掐头去尾要中间" 的 "逆事件"—— 有点 "过河拆桥" 的味道.

例 2 (1) 对集合 $[n] = \{1, 2, \cdots, n\}$, 考虑其中包含 k 个元素的等差数列 —— 亦即 k- 等差数列

$$a, a+d, a+2d, \cdots, a+(k-1)d$$

的个数 N. 首先, 在 $[n]$ 中, 由右向左看, 易知, 首项 a 满足

$$1 \leqslant a \leqslant n-k+1;$$

其次, 公差 d 满足

$$a+(k-1)d \leqslant n \Rightarrow d \leqslant \left\lfloor \frac{n-a}{k-1} \right\rfloor.$$

其中 $\lfloor x \rfloor$ 表示不超过 x 的最大整数. 所以

---

① Felice Chiò是 19 世纪意大利数学家和物理学家.

② 另一说法来自英国数学家 A.C.Aitken. 他在其经典《行列式与矩阵》中说, 德国大数学家 Gauss 比 Chiò早 40 多年就在对称行列式的计算中利用了这一方法 (文献 [163],P.46).

③ 英国童话作家, 牛津大学数学讲师. 他的童话作品用笔名刘易斯 · 卡洛尔 (Lewis Carroll) 发表, 但其数学著作用真名道奇森 (Charles Lutwidge Dodgson) 发表. 卡洛尔的经典之作包括 *Alice's Adventures in Wonderland* (1865) 和 *Through the Looking Glass* (1872). 这两部童话都很受读者欢迎. *Alice's Adventures in Wonderland* 刚出版时, 甚至连当时的维多利亚女王都对其产生了浓厚兴趣, 并下令, 以后凡有卡洛尔的新书出版, 都要立即呈上, 以让王室成员先睹为快. 不料, 此后接连呈上的新书都是道奇森的数学著作, 女王一点也看不懂. 卡洛尔的两部经典均有多种中文译本, 比如,《爱丽丝漫游奇境》《镜中世界》.

④ http://www-history.mcs.st-andrews.ac.uk/Biographies/Dodgson.html.

$$N=\sum_{a=1}^{n-k+1}\left\lfloor\frac{n-a}{k-1}\right\rfloor\leqslant\sum_{a=1}^{n-k+1}\frac{n-a}{k-1}<\frac{1}{k-1}\sum_{a=1}^{n-1}(n-a)<\frac{1}{k-1}\frac{n^2}{2}.$$

(2) 用两种颜色给 $[n]$ 中的元素着色. 如果其中一个 k-等差数列中的元素都是同一种颜色, 则称之为单色的. 现在计算单色 k-等差数列的总个数. 可以先给 N 个 k-等差数列排序. 然后根据数数的基本精神, 自然地给每一个 k-等差数列关联上一个随机变量 X_k:

$$X_k=\begin{cases}1, & 第k个等差数列是单色的,\\ 0 & 否则.\end{cases}$$

这样, 单色 k-等差数列的总个数

$$X=X_1+X_2+\cdots+X_k+\cdots+X_N.$$

由于 X_k 都是同分布的, 它们共同的概率分布表是

X_k	0	1
P	$1-p$	p

其中,

$$p=P(X_k=1)=\frac{2\times 2^{n-k}}{2^n}=2^{1-k}.$$

(3) 计算数学期望

$$EX=E(X_1+X_2+\cdots+X_k+\cdots+X_N)=N\times 2^{1-k}.$$

(4) 综合推论. 由 (1) 和 (3) 可知,

$$EX<\frac{1}{k-1}\frac{n^2}{2}\times 2^{1-k}=\frac{n^2}{2^k(k-1)}.$$

因此, 如果 $\dfrac{n^2}{2^k(k-1)}<1$, 亦即 $n<\sqrt{2^k(k-1)}$, 则 $EX<1$. 这时, 考虑到 X 取非负整数, 可知, 一定存在 $[n]$ 的一种两种颜色的染法, 使得 $X=0$, 亦即, $X_k=0(k=1,2,\cdots,N)$. 这意味着, 在相应着色下, $[n]$ 中所有的 k-等差数列都不是单色的.

(5) 凝结成一个结论. 将上述推理的条件和结论抽出来, 便可凝结成下述结论: "如果自然数 n,k 满足 $1<k\leqslant n<\sqrt{2^k(k-1)}$, 则当用两种颜色给 $[n]$ 中元素染色时, 一定存在一种染法, 使得没有一种 k-等差数列是单色的". 这一结论, 是在国际奥林匹克数学竞赛中以不同形式多次出现的一道考题 (文献 [129], P.150). 它的上述得出过程, 典型地体现着 "先推理, 后凝结" 的数学创作思想.

显然, 持续进行推演, 同时保持关注前后联系之意义的思维敏感性, 是及时发现有趣命题的基本前提. 能够 “适时” 中止推演进程, 凝结提炼结论, 是思考者有效运用 “先推演, 后凝结” 模式有所发现、有所思考收益的重要素质.

为了有效进行数学创新思维实践, 思维需要适时中止. 我们将这一思想, 称为 “适时中止原则”.

“先猜后证”[①]与 “先推演, 后凝结” 是数学命题得以产生的两条基本路线.

顺便指出, 例 1 证明一种数学现象存在的方法, 在组合数学中, 被称为概率的方法. 它是由匈牙利数学大师 Erdos(Paul Erdos, 1913—1996)[②]首倡的一种具有强大证明力的非构造性证明方法 [③]. 对有关知识, 有兴趣的读者可参考 Paul Erdos 和 Joel Spencer 合著的经典名著《组合学中的概率方法》(文献 [486]).

用概率的方法不仅可以证明一些对象 (现象) 的存在, 而且还可以建立一些等式和不等式.

例 3 设 a, b 是任意的两个正实数. 记 $p = \dfrac{a}{a+b}$, 则 $0 < p < 1$. 设想将单位区间 $[0, 1)0, 1$ 对接地缠在玩具陀螺的水平外围圆周上. 将放在平面上的陀螺抽一次看成一次随机试验. 陀螺停止转动后, 其与平面的触点数值代表试验的结果. 根据几何概型, 触点落在 $[0, p)$ 内的概率值 $= p$. 现在将抽陀螺试验独立重复进行 n 次, 则由 Bernoulli 概型可知, 有 k 次触点落在 $[0, p)$ 内的概率值是

$$\binom{n}{k} p^k (1-p)^{n-k}, \quad k = 0, 1, \cdots, n$$

---

① 法国数学家庞加莱 (Henri Poincare, 1854—1912) 认为: “我们通过直觉来创新, 通过逻辑来证明 (It is by logic we prove, it is by intuition that we invent)”; “如果没有直觉的滋润, 逻辑将会处于贫瘠的状态 (Logic, therefore, remains barren unless fertilised by intuition)”. 关于庞加莱的更多信息, 可参见如下网页: http://www-history.mcs.st-andrews.ac.uk/Biographies/Poincare.html.

② Erdos 一生发表了近 1500 件作品, 是迄今发表论文数量最多的数学家. 在数学之外的领域中, 学术生产力能与之比肩、达到了相同数量级的人物包括西班牙剧作家维迦 (Lopez de Vega, 1562—1635)(文献 [360], P.069), 瑞典心理学家、教育家胡森 (Torsten Husen, 1916—2009)(文献 [399], PP.442—448), 等.

③ 这里用词 “首倡” 赋予 Erdos, 是就其相关工作引起了后继广泛反响意义而言的, 而并非指他是用概率方法的第一人. 其实, 按照组合学家 Bela Bollobas 在其《随机图论》一书前沿中的历史说明, 至少 Paley (Raymond Paley, 1907—1933. 在加拿大滑雪时遭遇雪崩身亡) 和 Zygmund (Antoni Zygmund, 1900—1992) 在 1930 年就已用了这一方法 (文献 [262]). 人们一谈到某概念的创始人时, 往往是在三个不同方面、两个层次上讲的. 三个不同方面是: 概念、方法和理论. 对应地有: 概念的提出者、应用概念解决问题的应用者、基于概念建立相应理论的主要贡献者 (文献 [263]); 两个层次是: 初步提出者, 产生影响者. Erdos 是在概率方法方面产生影响者.

若令 X 表示 n 次试验中触点落在 $[0,p)$ 内的次数, 则

$$(X=0)+(X=1)+\cdots+(X=n)$$

是必然事件, 因此

$$1=P\left\{\sum\nolimits_{k=0}^{n}(X=k)\right\}=\sum\nolimits_{k=0}^{n}P(X=k)=\sum\nolimits_{k=0}^{n}\begin{pmatrix}n\\k\end{pmatrix}p^k(1-p)^{n-k}$$

$$\Rightarrow\sum\nolimits_{k=0}^{n}\begin{pmatrix}n\\k\end{pmatrix}\left(\frac{a}{a+b}\right)^k\left(\frac{b}{a+b}\right)^{n-k}=1\Rightarrow\sum\nolimits_{k=0}^{n}\begin{pmatrix}n\\k\end{pmatrix}a^kb^{n-k}=(a+b)^n.$$

这便是著名的二项式定理.

例 4 集合 $S=\{s_1,s_2,\cdots,s_n\}$ 中包含元素的个数 $n\geqslant 3$. 如果 S 的真子集族

$$\underline{A}=\{A_1,A_2,\cdots,A_m\}$$

满足条件:"S 的任何两个元素恰属于其中的一个子集", 则 $m\geqslant n$.

此问题取自 (文献 [113]; P.216). 借助概率的思考, 我们可给其证明如下: 用反证法, 假设 $m<n$. 记 n_s 为 $\underline{A}$ 中包含 s 的子集的个数. 若 $s\notin A_j$, 则必然 $n_s\geqslant|A_j|$, 因为 A_j 中的每一个元素都与 s 产生一个包含 s 的 $\underline{A}$ 中子集. 这样一来,

$$\left.\begin{matrix}n_s\geqslant|A_j|\\n>m\end{matrix}\right\}\Rightarrow\frac{1}{n(m-n_s)}\geqslant\frac{1}{m(n-|A_j|)}.\tag{1}$$

记

$$Q=\{(s,A)|s\in S,A\in\underline{A},s\notin A\}.$$

从中随机抽取一元素 (s,A), 则概率 $P(s\notin A)=1$. 接下来, 给出 $P(s\notin A)$ 的另外两个表达式. $P(s\notin A)$ 显然等于 Q 中众具体事件 $s_i\notin A_j$ 的概率之和. 对此和, 有两种算法: 一是对每一 s_i, 算出相应众 $s_i\notin A_j$ 的概率之和 (这时, s_i 固定, A_j 有多种选择), 然后再对 s_i 求和, 这时,

$$P(s\notin A)=\sum_{s_i\in S}\sum_{A_j:s_i\notin A_j}\left(\frac{1}{n}\frac{1}{m-n_{s_i}}\right);\tag{2}$$

二是对每一 A_j, 算出相应的 $s_i\notin A_j$ 的概率之和 (这时, A_j 固定, s_i 有多种选择), 然后再对 A_j 求和, 这时,

$$P(s\notin A)=\sum_{A_j\in A}\sum_{s_i:s_i\notin A_j}\left(\frac{1}{m}\frac{1}{n-|A_j|}\right).\tag{3}$$

将 (2)、(3) 联结起来, 得到

$$\sum_{s_i\in S}\sum_{A_j:s_i\notin A_j}\left(\frac{1}{n}\frac{1}{m-n_{s_i}}\right)=\sum_{A_j\in A}\sum_{s_i:s_i\notin A_j}\left(\frac{1}{m}\frac{1}{n-|A_j|}\right);$$

另外, (1) 又告诉我们

$$\sum_{s_i\in S}\sum_{A_j:s_i\notin A_j}\left(\frac{1}{n}\frac{1}{m-n_{s_i}}\right)>\sum_{A_j\in A}\sum_{s_i:s_i\notin A_j}\left(\frac{1}{m}\frac{1}{n-|A_j|}\right).$$

这样就出现了矛盾. 因此, $m\geqslant n$.

例 4 也是借助原型双视联结法的思路解决问题的一个典型实例. 它的一个具体特例为: 给定平面上不在同一条直线上的 $n(\geqslant 3)$ 个点, 则, 这些点所决定的直线的条数至少是 n.

借助于概率思维解决问题, 已经成了一个重要的思维方法 ①, 在各领域都有重要应用. 下面是另一个典型的例子.

例 5 数学分析中著名的 "用多项式逼近连续函数" 的 Weierstrass 定理, 由 Bernoulli 概型的大数定律, 借助伯恩斯坦多项式 ②, 可给出一个 "简单而雅致的证明". 下面的证明便是对 (文献 [170], P.53) 和 (文献 [171], PP.341—342) 相关内容的一个综合简明改述.

设 $f(p)$ 是 $[0,1]$ 上的连续函数. 引进伯恩斯坦多项式

$$B_n(p)=\sum_{k=0}^{n}f\left(\frac{k}{n}\right)\binom{n}{k}p^k(1-p)^{n-k},\quad 0\leqslant p\leqslant 1, n\geqslant 0.$$

令 $\xi_1,\xi_2,\cdots,\xi_n$ 是独立的 Bernoulli 随机变量序列, 满足

$$P\{\xi_i=1\}=p,\quad P\{\xi_i=0\}=q=1-p,$$

① 概率思考 (thinks probabilistically) 被看作概率论的两手之一: 一手是严格的基础研究工作; 另一手是将问题转化为博弈、粒子运动等模型而应用概率具体知识解决问题的、灵活的应用性工作. 有关有趣的说明及实例可参见文献 [169]

② Sergei Natanovich Bernstein (1880—1968), 苏联 (乌克兰) 数学家, 因在 Hilbert 第 19 问题、第 20 问题方面的工作, 前后获得了两个数学博士学位: 第一个学位于 1904 年在法国的索邦 (Sorbonne) 获得. 回国后不被承认. 又奋斗了 9 年, 于 1913 年在哈尔科夫 (Kharkov) 获得了他的第二个博士学位. 1911 年他给出了 Weierstrass 逼近定理 (1885 年提出) 的一个构造性证明. 其中构造的多项式就是现在人们称谓的伯恩斯坦多项式. 有关伯恩斯坦多项式的知识, 可参见美国 Texas 大学 (Austin)G.G.Lorentz 教授的专著*Bernstein polynomials*(文献 [278]); 关于伯恩斯坦的更多传记内容, 则可参见网页 http://www-history.mcs.st-andrews.ac.uk/Biographies/Bernstein_Sergi.html.

记 $S_n = \xi_1 + \xi_2 + \cdots + \xi_n$, 则根据函数型随机变量的数学期望计算公式可知

$$Ef\left(S_n/n\right) = B_n(p).$$

由于 $f(p)$ 是 $[0,1]$ 上的连续函数, 所以,

(1) $f(p)$ 在 [0,1] 上有界, 即存在正数 M, 使得, $|f(p)| \leqslant M$;

(2) $f(p)$ 在 [0, 1] 上一致连续, 即

$$\forall \varepsilon > 0, \exists \delta > 0, \text{使得} \, |x-y| \leqslant \delta \Rightarrow |f(x)-f(y)| \leqslant \varepsilon.$$

因此, 根据著名的切比雪夫不等式可知

$$\begin{aligned}
|f(p)-B_n(p)| &= \left|\sum_{k=0}^{n}\left[f(p)-f\left(\frac{k}{n}\right)\right]\binom{n}{k}p^k q^{n-k}\right| \\
&\leqslant \sum_{\{k:\frac{k}{n}-p\leqslant\delta\}}\left|f(p)-f\left(\frac{k}{n}\right)\right|\binom{n}{k}p^k q^{n-k} \\
&\quad + \sum_{\{k:\frac{k}{n}-p>\delta\}}\left|f(p)-f\left(\frac{k}{n}\right)\right|\binom{n}{k}p^k q^{n-k} \\
&\leqslant \varepsilon + 2M \sum_{\{k:\frac{k}{n}-p>\delta\}}\binom{n}{k}p^k q^{n-k} \\
&\leqslant \varepsilon + 2M \sum_{\{k:\frac{k}{n}-p\geqslant\delta\}}\binom{n}{k}p^k q^{n-k} \\
&= \varepsilon + 2MP\left\{\left|\frac{S_n}{n}-p\right| \geqslant \delta\right\} \leqslant \varepsilon + 2M\frac{D\left(\frac{S_n}{n}\right)}{\delta^2} \\
&= \varepsilon + 2M\frac{pq}{n\delta^2} \leqslant \varepsilon + 2M\frac{1}{4n\delta^2} = \varepsilon + \frac{M}{2n\delta^2} \\
&\Rightarrow \lim_{n\to\infty}\max_{0\leqslant p\leqslant 1}|f(p)-B_n(p)| = 0.
\end{aligned}$$

这便是 [0,1] 区间上的 Weierstrass 一致逼近定理.

令 $p = \dfrac{x-a}{b-a}$(其中 $x \in [a,b]$), 则 $p \in [0,1]$. 若 $B_n(p)$ 为 $g(p) = f(a+(b-a)p)$ 在 $[0,1]$ 上的一致逼近多项式, 则$B_n\left(\dfrac{x-a}{b-a}\right)$ 为 $f(x)$ 在 $[a,b]$ 上的一致逼近多项

式. 亦即, 闭区间上的实连续函数总可以由多项式序列加以一致逼近. 这便是一般情形的 Weierstrass 一致逼近定理.

信心激励是激励教育中阶段目标之一. 一些后进生信心不足, 总觉着自己学不好数学. 对此, 向学生在不同场合、以不同形式, 反复从理论和实践实效上顺势讲解 "数学不论从思维、还是语言上, 都是人的一种本能. 有的人展示、开发得早, 有的人开发得晚. 只要科学有效地付出努力, 人的数学能力都可以在相当程度上开发出来, 大家要有信心". 关于语言的本能观, 可参见美国麻省理工学院认知神经科学研究中心主任 Steven Pinker 教授从生物机制看语言的有趣而思想深刻的著作《语言本能》(文献 [26]); 关于数学本能观的一些论述, 可参见英国伦敦大学学院神经心理学家巴特沃思的《数学脑》(文献 [27]), 以及从数学领域转向神经科学领域的法国神经科学家 Stanislas Dehaene (1965—) 的 *The number sense*(文献 [103]).

法国数学家傅里叶将数学能力看成 "弥补生命之缺憾、感官之不足的人类心智的能力"(文献 [107], P.7), 因为 "如果物质像空气和光那样, 因其极稀薄而不为我们所注意, 如果物体在无限空间中处于远离我们的地方, 如果人类想知道在以许多世纪所划分的逐个时期的太空状况, 如果在地球内部, 在人类永远不可企及的深度上发生重力作用和热作用, 那么, 数学分析仍然可以把握这些现象的规律. 它使得它们显现和可测 ……"(文献 [107], P.7).

人类的数学能力有一个发展的过程 ①, 具体个人的数学能力的开发也有一个

---

① 人类之数学能力的出现及其发展与两大因素有关: 一是在人类进化过程的某个阶段, 大脑结构具有了感触数学世界的功能; 二是对数学世界的不断深入而扩展地接触的经验带给了人内心的愉悦. 人类在进化的过程中, 对事物的感知能力在不断发生着变化. 一种感知对应着一种存在 —— 被感知的对象的存在. 触觉、视觉对应着普通物理对象的存在, 听觉对应着声音的存在, 嗅觉对应着气味的存在, 味觉对应着味道的存在. 这普通的外在五感对应的是物质的存在. 除了外在的感觉能力, 人还有内在的感觉能力, 比如内在的直觉、逻辑推理能力, 以及普通的思维能力等. 扩展感知对象范围的方式有两种基本类型: 一是借助外在工具, 如望远镜让人看到更远的事物、显微镜让人看到更微观的事物. 如果说这些技术并未扩张感知事物的类型, 那么电磁波技术让人感知到的电磁波则超越了普通感觉对象的范围. 二是人类演化出了新的感知功能, 换句话说, 人类进入了新阶段. 人的数学感知功能的出现即如此! 人类发展到某个阶段, 与外在环境的交互作用 (如日常劳动) 的经验积累达到了引发大脑结构功能质变的程度, 数学感知发生了: 人有了触及数学世界、理念世界的通道. 我们不妨称人的这种知觉为 "数学触觉" 或 "数学感觉" 或 "数学知觉". 起初的数学能力体现在有实际效用的简单的算术、初等几何思想的探索方面; 在与数学对象有了适度接触后, "智力的愉悦"(追求精神、心理的满足感 satisfaction) 作为数学探索不断深入的重要因素开始登上数学能力发展的舞台 (文献 [467], PP.31—32). 英国物理学家、神学家铂金霍恩 (John Polkinghorne, 1930—) 在其《探索实在》(*Exploring Reality*) 中谈到, "一旦智力通行已经开始, 它不会仅局限于这些初等的事情. 我们的祖先被迷惑了, 开始了对理念华美富矿进一步探索的持续旅程, 一路走来, 硕果累累"(文献 [468], P55). 这一路的探索, 伴随着数学之 "地理疆域" 的逐渐清晰展现, 人类的数学能力得到了不断

类似的发展过程. 实际上, 受教育的过程, 在一定程度上就是、或应该是通过学习前人的数学知识、思维方法, 重走一遍人类相关意识、思想的历程, 以此来揭示自身的数学潜能和发展能力. 法国数学大师庞加莱 (Jules Henri Poincare, 1854—1912) 谈到, “教育者的任务就是使孩子的精神重走先辈们走过的路, 快速通过必需的各阶段 (The task of the educator is to make the child's spirit pass again where its forefathers have gone, moving rapidly through certain stages but suppressing none

---

的锻炼和发展.

人之数学感知能力的出现与发展, 代表着人类进化到了一个新的水平和高度; 数学能力反映着一种新人性; 数学家是人类在这一新阶段的代表! 充分发展每个人的数学才能是人类发展的一个重要内容. 良好的数学教育对于人这一物种的发展因此而具有重要的特殊意义!

人生活于其中的实在世界不仅有普通感觉所感知的物质世界的一面, 同时还有数学感知能力所感知的数学理念世界的一面.

人类的科技进步以及人类自身的演化将会进一步不断扩展人所能感知世界的范围和层面. 实际上, 铂金霍恩已经指出, 相对于人性而言的 “实在” 是多维度的实在, 它不仅具有普通物质和数学的一个维度, 而且还具有伦理的一个维度、美感的一个维度等 (文献 [468], P.56).

顺便指出, 若将铂金霍恩的 “多维实在论” 与英国杰出的数学家、物理学家彭罗斯 (Roger Penrose, 1931—) 的 “物理世界 (*Physical world*)、心智世界 (*Mental world*)、柏拉图的数学世界 (*Platonic mathematical world*)” 之三个世界的理论 (可参见 (文献 [467], PP.41—45); 或 (文献 [469], PP.17—21, 1028—1030. 中译本 PP.12—15, 733—736)) 结合起来, 定将获得对实在世界的更加深入、同时相对更加全面的认知.

数学感知涉及感知器官 (已具有数学感知功能的大脑. 抑或还结合身体其他部位?) 和感知对象 (数学世界) 两个基本要素. 奥地利裔美籍著名数学家哥德尔 (Kurt Godel, 1906—1978) 关注到了数学感官存在的问题. 他猜想, “为了有可能把握 (与感觉印象相对立的) 抽象印象, 某种肉体器官是必不可少的 ……, 这样一个知觉器官必定与掌握语言的神经中枢密切相关”. 哥德尔的传记作家、华裔美籍逻辑学家王浩 (Wang, H 1921—1995) 随后希望人们明确, 从哥德尔的这一猜想中是否可以提炼出一些神经生理学的研究课题? 能够提炼出哪些可行的课题? (文献 [470], P.190; 中译本, P.263). “承认数学世界是客观存在的” 数学家在数学哲学界被称为柏拉图主义者. 彭罗斯、哥德尔, 以及法国数学家、1982 年菲尔兹奖得主孔涅 (Alain Connes, 1947—) 可谓之三个代表人物. 孔涅在与法国著名神经科学家尚热 (Jean-Pierre Changeux, 1936—) 有关心灵 (Mind)、物质 (Matters) 与数学 (Mathematics) 的 3M 谈话中, 曾明确指出, 数学对象是独立于人之心灵的一种客观存在, 是不能被局限定位于物理时空的一种有别于普通物理存在的一种存在; 大脑是与之接触的工具; 随着接触的深入与持久, 数学家获得了一种有别于对普通自然现象直觉的数学直觉; 就像认识自然现象的知识在不断演进一样, 认识数学世界的知识也在不断演进, 等等 (文献 [471], PP.26—39,89). 在中国大陆, 著名数学家、数学哲学家、数学教育家徐利治 (1920—) 先生 “把自己定义为一个修正的现代数学柏拉图主义者”. 他认为, 数学对象不仅 “被发现”, 而且有的是 “被发明”(文献 [239], P.206). 需指出, 笔者认为, 徐先生和孔涅只是在对数学活动、知识分类方面有差异, 各有各自的数学行为图景, 并无本质上的矛盾之处. 读者在了解两位大师的思想时, 可自行分辨.

of them)"①(文献 [384], P.vii). "教育" 艺术地遵循着 "重演律"(德国著名生物学家海克尔 (1834—1919) 的 "生物发生基本律")"个体发生就是种系发生的短暂而迅速的重演"(文献 [110], P.76). 我们这里强调的是思想、能力的重演, 是精神而非生理层面. 这里有三点需作说明: ① 之所以说 "艺术地", 是因为教学的过程并不是机械地重复前人思维的历程 —— 如果那样, 人类由于学习时间的不足, 必然会一代不如一代 —— 前人的很多工作都被做了凝炼化结晶的理论处理. ② 遵循重演律, 在教育中是被人为设计的 — 这是一条经济之路, 但不是唯一的有效的人类精神发展的道路. Lipman Bers、George Polya、Max Schiffer、Morris Kline、H.S.M. Coxeter 等几十位美国、加拿大数学家 1962 年曾联名在《美国数学月刊》发表文章说, "指导个人心智发展的最好路线是让其重走其族群心智发展之路 —— 当然, (这里指的是) 重走宏观路线, 而不是 (重复) 众多细节的错误 (The best way to guide the mental development of the individual is to let him retrace the mental development of the race——retrace its great lines, of course, and not the thousand errors of detail)"(文献 [385], PP.v-vi; 文献 [386]). 并称基于这一路线 ("重走前人路") 的教学法为发生式方法 (genetic method). ③ 上面谈到的 "以此来揭示自身的数学潜能和发展能力" 中的 "发展能力", 指的是 "外生能力": 有的人可能通过学习获得的能力是先天不具备的 (但是可演化出来的)——"后天学习可以在某种程度上改变其先天生理状态". 诚如法国神经科学家迪昂 (Stanislas Dehaene, 1965—) 在其*Reading in the brain — The new science of how we read*(《脑的阅读 —— 关于我们如何阅读的新科学》) 中所指出, "事实上, 在我们的思想和脑中相应神经元群体的放电模式之间, 存在着直接的一一对应关系 —— 思维的状态就是脑物质的状态 (In reality, a direct one-to-one relation exists between each of our thoughts and the discharge patterns of given groups of neurous in our brains — states of mind *are* states of brain matter.). …… 脑是一个 "具有可塑性" 的器官, 它在不断地

① 笔者查对了庞加莱相关著作的权威英译本 —— 英国大数学家 Sylvester 在美国 Johns Hopkins University 的第一个博士生、美国数学家豪斯泰德 George Bruce Halsted, 1853—1922.) 译的《科学基础》(庞加莱三部作品 —— 科学和假设, 科学的价值, 科学与方法 —— 的合集: The foundations of science) 中的有关部分. 其整个段落的陈述是这样的: Zoologists maintain that the embryonic development of an animal recapitulates in brief the whole history of its ancestors throughout geologic time. It seems it is the same in the development of minds. The teacher should make the child go over the path his fathers trod; more rapidly, but without skipping stations. For this reason, the history of science should be our first guide.(动物学家断言, 一个个体动物胚胎的发展, 简短地重复其祖先整个的地理时间上的发展历程. 心智的发展似乎也遵循同样的路线. 教师应该让孩子们快速但不甩站地重走先辈之路. 因此, 科学史应该成为我们的第一向导)(文献 [425], P.437).

改变和重建自身, 并且, 对其 (具体状态) 而言, 基因和经验享有同等重要性 (The brain is a "plastic" organ, which constantly changes and rebuilds itself and for which genes and experience share equal importance). …… 每一个新的学习经历都会修改我们的基因表达模式并改变我们的神经回路, 因此而 (为人们) 提供 (一个) 克服阅读障碍和其他发展缺陷的机会 (Each new learning episode modifies our gene expression patterns and alters our neuronal circuits, thus providing the opportunity to overcome dyslexia and other developmental deficits). …… 大量研究已经表明, 脑可塑性可以通过 (具有相当) 强度的训练与睡眠交替而达到最大 (A great many studies have shown that brain plasticity is maximized by intense training alternating with sleep). "(文献 [310], PP.257—258). 虽说迪昂当时主要是针对儿童的发展讲这些观点的, 但它对青春期及其后的成年人也是具有积极意义的. 可以说, 教育是"作为生物的人类" 之进化的一种重要手段.

适宜的数学行为强劲人的心智、神经系统, 发挥着体育的 —— 一种内在的体育功能. 它不仅仅是传统意义下 "智力的体操", 它实实在在地影响着人的神经系统的进化. "数学是体育" 是一个科学的定理.

数学不仅影响其实践者的内在精神、生理层面, 而且在社会文明的发展中地位显赫. 诚如英国数学家、哲学家怀特海在其《数学与善》中所说: "考虑到它的对象广大, 数学, 甚至现代代数学, [尚] 是处在幼儿时期的科学. 如果文明继续进步, 在今后两千年人类思想中占压倒优势的新奇的东西将是数学地理解 [事物] 占统治地位. "(文献 [111], P.259. 译文稍有改变. 原文可参见文献 [444], P.678).

断想 38　愿景激励需要了解学生的专业或志向

讲一些你的课程与其走向相关的东西, 他是感兴趣的. 如果你能说明你的课程对其发展有利, 他自然会感兴趣. 这体现的仍是 "相关激励" 的原则. 以线性代数课程来讲, 如果教师对其学生讲了向量、矩阵、四元数在游戏开发中的作用 (比如达到了文献 [18]、[19] 的水平), 讲了这些领域的知识在计算机图形学中的应用, 讲了计算机图形学对电子产品开发的意义, 讲了线性代数对计量经济学的价值 (文献 [116]), 学生学习线性代数的热情必定高涨.

愿景对人起一个引导作用, 它使得人们的行为具有积极主动性. 诚如法国作家和飞行员 Antoni de Saint Exupery ①(1900—1944) 所说, "假如你要造一条船, 不用鼓动人们去搜罗木材, 也不用指派任务和工作, 而要设法让他们产生对大海无边广阔的渴望"(文献 [265], 名言引语页).

① 因飞行失事去世.

相关激励除了直接与受激励者本身相关联, 还有与其生活环境及时代的关联问题. 其中之一即为教育内容与方式的与时俱进.

与时俱进有两方面的含义: 新时代赋予新形式, 新时代增添新内容. 线性代数课程体系以往强调的是其几何方面与代数方面; 在强调算法的计算机时代, 则强调的是其理论与算法方面. 这种划分有着深刻的思想内涵: 理论代表理想、逻辑基础, 算法代表可行的构造; 可行又分为理论可行与现实快速可行 —— 比如, 对于高阶线性方程组, 用优美的 Cramer 法则求解远不如用初等行变换方法快; 对高阶矩阵求逆而言, 用伴随矩阵的方法也远不如用初等行变换的方法快. 将一门课程如此划分, 实即代表着 "向上的精神提升" 与 "向下的落到实处" 两种行为因素的统一. 对于人类事业的发展来讲, 理想化与现实化都是不可缺少的. 强调算法的线性代数著作可参考 (文献 [36]), 强调代数、几何、软件统一的可视化的著作可参考 (文献 [37]).

与时俱进的做法, 与人们追求时尚的心理相合拍. 与时俱进的课程形态容易引起学习者的共鸣、进而产生好的教育效果. 在此需要指出, 与时俱进是一种追求协调大众趣味的艺术手段, 而不是媚俗.

断想 39 "心理优势培植教育" 是释放学生积极主动创造力的必要前提

激励的目的在于建立和强壮每个人的自信心理. 这首先需要学生明白一件事: 每个人在世界上的存在都是唯一的, 每个人能做的只有一个目标 —— 那就是做最好的自己. 主观上明白了这一道理, 并不等于人们在现实中能在心理上客观地正确对待人与人的区别. 人是社会的人, 心里优势来自群体中个体间的比较. 将学习有困难的同学放到一起, 相对好的会冒出来. 将好的拿走, 余下的同学中好的又会冒出来. 不断进行下去, 大家会有长足的进步. 一个群体中的优势者的精神强壮速度, 快于其在优势人群中以劣势成员存在成长的速度 —— 在很多情况下, 相对差距太大时, 往往还使其在相当程度上丧失自信心. 优势都是比较优势, 它的实现依赖于环境. 比较优势是一定环境中的比较优势. 我们将 "把学生科学地分班, 以利大家优势互动" 的做法称为 "环境激励". 生物学中植物的生长有顶尖优势现象, 在一定的环境中, 人才成长的 "顶尖优势" 往往也是明显的. 当然, 如果不能对同学进行科学的适时引导, 有时骄傲自满的现象也会发生.

美国 MIT 的应用数学与哲学双料教授罗塔 (G.C.Rota, 1932—1999) 在其《非离散的思想》一书中说: "一名好的教师不教事实, 他 (她) 教热情、开放的心灵和价值观. 年轻人需要鼓励. 任由他们自己做事情, 他们可能不知道如何决定什么是值得做的. 他们可能会认为别人一定已经想到了自己想到的东西而丢掉一个原创性的思想. 学生需要教师教给他们自信, 而不是放弃. ”(文献 [159], P.209). 显然, 教师肯定是在教具体知识、事实的过程中, 贯穿 “热情、开放的心灵和价值观” 教育的. 在此, 罗塔只是在强调 “热情、开放的心灵和价值观” 教育的重要性而已, 而不是说, 教育是没有知识主体的教育. 美国教育思想家杜威 (John Dewey, 1859—1952) 在谈到讲课的作用时, 也首先强调了 “热情教育” 的地位. 他认为, 讲课一般要达到是三个目的: “①讲课要刺激学生理智的热情, 唤醒他们对于理智活动和知识以及爱好学习的强烈愿望 —— 这些主要是指情绪态度上的特征; ②如果学生具有这种兴趣和感情, 并且相应地受到鼓舞, 那么. 讲课就会引导他们进入完成理智工作的轨道, 就像把一条潜力很大的河流, 导入一条专门的路线, 以便用来磨碎谷物, 或使水利转变为电能; ③讲课要有助于组织理智已经取得的成就, 验证它的质和量, 特别要验证现有的态度和习惯, 从而保证它们将来的更大的效果”(文献 [74], P.214). 需指出的是: “热情 (enthusiasm) 这个词来自希腊语的 en 和 theos, 意思是 ‘受到了激励’ ”(文献 [66], P.15).

自信教育是素质和创新教育实施过程中处于第一位的教育. 学生受到激励, 对学习产生热情以至激情 (passion), 其才能才会展示、不断良性激荡、放大、发展出来. 美国存在心理学之父罗洛 · 梅 (Rollo May, 1909—1994) 认为, “当有情绪在场时, 理性才能更好地发挥作用. ”(文献 [203], P.38); 法国神经科学家 Stanislas Dehaene (1965—) 则谈到了进一步的关系, “激情养育才能 (Passion breeds talent)”.(文献 [103], P.8). 受到激励的学生有了学习的欲望, 或强化了其学习的欲望, 则不仅会提高学习效果, 而且对其身心健康也是直接有益的. 意大利文艺复兴时期的艺术大师达 · 芬奇 (Leonardo Da Vinci, 1452—1519) 认为, “没有胃口而吃的东西使健康受损, 没有欲望而学的知识使记忆变坏”(文献 [358], P.141).

“激情养育才能” 在认知发展中的原理可这样理解: 人对某种对象 (比如事物间某种内在的关系秩序) 怀有好奇心、负有一探究竟的心情与渴望, 当适宜的探索过程让其获得了真知时, 其渴望的情绪便得到了平复 ①, 并因此而有一种轻松愉悦感. 在适度的心灵休息、调整后, 这种愉悦的感觉会诱使其寻找新的探索猎物, 进行新一轮的探索, 以期享受之前激情得以释放的滋味. 如此周期性地不断重复, 激情会不断得到强化, 知识会不断扩展, 不断的实践、经验的积累会使其探索的能力越发加强. 激情的强化激荡了才能的提升!

各种才能、智力都有其发展的情感环境做支撑, 因此, 要培养情、智全面发展的人, 激发、培植、巩固、提升学生的各种有利于其发展的情绪、热情就显得至关重要. 可以说, 有效的 “情绪激发、引导教育” 是激励教育成功实施的基础工程.

① 科学家、艺术家探索的好奇心及其能力的发展都成就于 “探索平复激情” 的道路 ([476]P.37-38).

一个人的成长, 除了生理的成长、智力的成长, 还有重要的 "情感的成长". 一个充满热情活力、智慧而健壮的生命才是健康的生命. "培养健康的生命" 应该是教育所希望达成的一个重要目标.

断想 40 "不唯书, 不唯师, 只唯自己的独立判断力"

"梁启超写了《自由书》和《新民说》, 提出破 "心奴" 的学说. 他认为西方近代培根、笛卡儿等的方法的共同点在于破除 "心中之奴隶". 他强调思想的自由是真理之源, 理性一旦获得自由, 真理就如泉水般的源源不绝而来. 他说 "我有耳目, 我物我格, 我有心思, 我理我穷". 认为我有感官、有理性, 要把一切旧有的学说放到理性的审判台前来审判, 我 "坐在堂上而判其曲直, 可者取之, 否者弃之, 斯非丈夫第一快事邪?" 这是近代启蒙学者的理性主义精神. 这使人想起黑格尔说的 "世界到了用头立地的时代", 即用理性评判一切的时代. "(文献 [85], P.273). 社会发展过程中, 大众破 "心奴" 是必要的, 在学校教育中, 学生在知识的学习过程中建立、巩固独立思考的意识是教育的目标 —— 为社会培养具有创新精神和能力的人才 —— 所要求的.

意大利著名绘画大师达 · 芬奇 (Leonardo Da Vinci, 1452—1519) 在其《画论》中说: "谁也不该抄袭他人的风格, 否则他在艺术上只配当自然的徒孙, 不配作自然的儿子. 自然事物无穷无尽, 我们应当依靠自然, 而不应该抄袭那些也是向自然学习的画家 …… 不能超过师傅的徒弟是可怜的. "(文献 [89], P.165)

A good teacher protects his pupils from his own influence. It is easy to teach one to be skillful, but it is difficult to teach him his own attitude (文献 [192], P.90).

在数学史上, 19 世纪下半叶、20 世纪初的美国数学家、解释数学的高手、数学经典教材*Introduction to higher algebra*的作者 Maxime Bôcher(1867—1918) 在独立判断方面是一个典型代表. 他不相信任何流行的看法 —— 不管是在大众中广为流传的通俗观念、还是有关一些学术问题的专家看法. 对他而言, 它所要寻求的是事实, 而不是别人谁的观点. 他自己心智的理解才具有最终的权威 (*his own intellect was the final arbiter*)①.

倡导思维独立, 并不是一开始就对接触的事物进行排斥. 学习首先要虚心. 虚心就是虚其心, 悬置自己对事情固有的先见, 使得自己的心空如镜, 接受新生事物没有阻挡. 虚心首先在于尽可能准确地了解别人的东西, 之后再做批判性的工作 —— 从辨析到改进: 一种推陈出新. 例如, 从用行列式定义证明

① http://www-history.mcs.st-andrews.ac.uk/Biographies/Bocher.html.

$$\begin{vmatrix} a_{11} & a_{12} & a_{13} & a_{14} & a_{15} \\ a_{21} & a_{22} & a_{23} & a_{24} & a_{25} \\ a_{31} & a_{32} & 0 & 0 & 0 \\ a_{41} & a_{42} & 0 & 0 & 0 \\ a_{51} & a_{52} & 0 & 0 & 0 \end{vmatrix} = 0$$

到

$$\begin{vmatrix} \boldsymbol{A} & \boldsymbol{0} \\ \boldsymbol{C} & \boldsymbol{B} \end{vmatrix} = |\boldsymbol{A}||\boldsymbol{B}| = \begin{vmatrix} \boldsymbol{A} & \boldsymbol{C} \\ \boldsymbol{0} & \boldsymbol{B} \end{vmatrix}$$

的定义证明. 清晰了特例的结构, 一般情形也就不难处理了.

心理学已经证明, 绝对洛克白板似的心灵是不存在的, 人既具有先天的感知结构, 正如英国天才心理学家克雷克 (Kenneth Craik, 1914—1945) 在其经典《解释的本质》(文献 [147]) 中所说, 在后天认识事物的过程中, 也在不断生成着新的心智模式 (mental model).

一个人心智的发展是需要外力的助推和营养的. 独立性是一种大的、总的自我管控的原则. 如果在学习的过程中, 不首先尽量适应学习对象的思维方式, 则对方的思维特点不会被你所吸收、整合. 只有你吸收了, 才能有进一步的与你本身已有特点的整合, 才能有由此而产生的能力的提升. 有的人的思维方式可能与你较为接近, 这时, 你们容易融合. 但这种融合对你进步的质的变化可能影响不大; 相反地, 如果一个人的思维方式、对事物的感知方式与你反差很大, 你的适应就会很不容易. 但如果你适应了, 你从中获得的异质性收获就会很明显; 你的进一步整合获得的变化就会很突出. 在此笔者要特别指出的是, 我们在此谈到的是整合后的 “变化”, 并没说是 “进步”. 变化可能是正面的, 比如, 法国数学大师庞加莱 (Henri Poincare, 1854—1912) 和阿达马都从其导师埃尔米特 (Charles Hermite, 1822—1901) 富有神秘直觉型色彩的思维方式中受益良多; 变化也可能是负面的. 一种新的思维感知方式对你已有的思维感知方式也可能造成不良的影响. 有人的思维感知方式非常独特, 常人可能难以学到手. 比如, 英国数理逻辑学家、哲学家维特根斯坦 (Ludwig Wittgenstein, 1889—1951) 就自认为, 从整体上讲, 他作为一名教师, 对其学生独立心灵的发展的影响是有害的. 他在剑桥的一名学生莱特 (G. H. von Wright) 指出, 维特根斯坦思维的深度和原创性导致其思想难以理解, 要想将其整合进你自己的思维方式中是很困难的 ①. 维特根斯坦尽管在哲学上造诣非凡、贡献卓越, 但其并没有形成一个自己的学派, 这与其特有的思维方式和鲜明的

① http://www-history.mcs.st-andrews.ac.uk/Biographies/Wittgenstein.html.

个性是密切相关的.

已有的东西, 有时会起副作用, 这时, 人能做到的, 就是对新学习、接触到、而且实际上并不了解的东西, 尽可能摒除可能产生的偏见. 只有这样, 在进一步的分析、综合中, 学习者才能获得较大的收获. 对本质上不了解的东西, 一开始就采取拒绝或部分拒绝的态度, 了解显然不能深入. 同时我们也要指出, 在此认识的基础上, 千万不要认为, 人类头脑固有的东西对事情的了解都有负面作用. 就人的一种认识行为而言, 其头脑、心灵中有些东西会起副作用, 有些基本的品质和能力则是必需的. 诚如奥地利经济学大师米塞斯所言: "思考中的人用以看世界的头脑, 并不是洛克式的白纸 (Lockian paper), 任由现实在其上书写自己的故事. 他头脑的这张纸有一种特殊的性质, 能使人将感觉到的原材料转换为知觉, 将知觉到的数据转换为有关现实的图像. 正是这种特殊的性质或人的智力, 即人的头脑的逻辑结构, 使得人有能力比非人类的生命形态对这个世界看得更多. "(文献 [139], P.53)

虚心、顺势而为, 是扩大自己的视野、扩展自我的基本道路. 著名哲学家、数学家罗素在其哲学经典名著*The problems of philosophy*的最后一章 —— 第十五章 "哲学的价值" 中, 对此有清晰而深刻的论述. "在求知欲单独起作用的时候, 不要预先期望研究对象具有这样或那样的性质, 而是要使自我适合于在对象中所发现的性质; 只有通过这样的研究, 才能达到自我扩张. "(文献 [198]. 英文原版 P.245, 中译本 P.131)

断想 41　对知识不仅要掌握, 而且要颠覆

要力争把已有的东西搞得面目全非. 做到了这一点, 能够与知识共舞, 才叫真正 "学透" 了. 我们将此面向创新的教育观念称为 "颠覆教育的观念". 西班牙绘画、雕塑大师毕加索 ①(Pable Picasso, 1881—1973) 说, "每一种创造活动首先是一种破坏活动"(文献 [203], P.47).

法国数学家 Laurent Schwartz (1915—2002) 认为: 一个人要想在数学中有所发现, 首先要在心态上克服自己的羞怯心理, 要勇于表明自己的观点, 善于克服传统的不足. 如果你不具有颠覆性, 你就会裹足不前 (To discover something in mathematics is to overcome an inhibition and a tradition. You cannot move forward if you are not subversive)②. 多复变函数论的发展即经历了一个语言更新的过程. 日本数学家冈洁 (Oka Kiyoshi, 1901—1978) 是多复变函数论的先驱人物之一. 他

---

① 法国共产党党员. 与很多穷困潦倒一生的艺术家不同, 毕加索一生辉煌. 他是第一个活着看到自己的作品被卢浮宫收藏的画家.

② http://www-history.mcs.st-andrews.ac.uk/Biographies/Schwartz.html.

的工作在经过法国数学家嘉当①(H.Cartan, 1904–2008) 于 1951—1952 领导的讨论班用新语言重述整合后, 冈洁自己都有些难以看懂了 (文献 [114]). 需指出, 嘉当讨论班的观点比冈洁的更易于让人理解. 新概念反映新视角、带给人新视野, 为数学发展展示新道路. 这是数学发展过程中的普遍现象.

当然, 新语言有时会让习惯于旧语言的人有些不适应、产生些不愉快情绪.

---

① H.Cartan 享寿 104 岁, 而其父亲 — 数学家 Elie Joseph Cartan (1869—1951) 享寿 82 岁. 之间相差了 22 年. 无独有偶, 美国数学家 Garrett Birkhoff (1911—1996) 比其父亲 — 数学家 George David Birkhoff (1884—1944) 更是长寿了 25 年. 当然也有比上一辈短寿的. 比如, 日本数学家、1954 年菲尔兹奖获得者小平邦彦 (Kodaira Kunihiko, 1915—1997) 享寿 82 岁, 而其父亲小平權一 (Kodaira Gonichi, 1884—1976) 享寿 92 岁, 其母亲 Ichi(1894—1993) 更是享高寿 99 岁 (文献 [353]). 在同辈间也有时存在明显的寿命差异. 比如, 奥地利数学家米塞斯 (Richard von Mises, 1883—1953) 享寿 70 岁, 而其哥哥、著名经济学家米塞斯 (Ludwig Edler von Mises, 1881—1973) 则享长寿 92 岁 —— 像前面 Cartan 父子的情形一样, 差异高达 22 岁! 内在先天遗传基因和外在生活、工作环境等因素怎样的综合, 造成了这种现象的发生; 寿命具有怎样的遗传度? 这些问题都值得寿命研究者关注. 除此之外, 在寿命问题上, 在学者之间, 存在的一种一定程度上的 "生命共振"(因而有关寿命接近) 现象, 更是值得探究. 它说的是 "后天一定时间跨度内, (思维) 行为的相近导致寿命的相近" 的现象. 这涉及了 "后天行为习惯的相近程度与强度 (相同行为习惯的时间长度) 对寿命相近化的影响" 问题. 笔者是在了解数学家传记的过程中意识到这一现象的, 并称之为 "生命共振" 现象: 当一位数学家在较长时间内基于另一数学家 (科学家) 的工作前行时, 前者的思维会受到后者的影响 —— 他们的思维神经振动模式有趋同、共振的现象. 当事人其他的活动越少 —— 学术活动越单纯 —— 因而受的干扰越少时, 思维神经活动模式趋同的越平稳、越好. 神经振动模式的趋同, 意味着相关神经系统和谐状态的趋同. 在生命初始能量相近的情况下, 由于生命运动模式的相近而导致寿命接近化的倾向, 这显然是正常的事情. 这种 "生命轨迹被牵引" 的现象, 很类似于两人唱歌时, 一人的调跟另一人的调跑了的现象. 下面是几个典型的例子.

1. 苏格兰数学家 John Playfair(1748—1819) 在其朋友、苏格兰化学家、地质学家 James Hutton(1726—1797) 去世之后, 便开始重新阐述、发展后者的地质学理论. 从 1797 到 1802 年, Playfair 历时 5 年, 完成了雄辩的地质学著作《Hutton 地球理论例证》*Illustrations of the Huttonian Theory of the Earth*. 这一心智历程, 一定程度上协整了二人的思维神经运动模式. 二人同寿 71 岁.

2. 法国科学史学家、数学哲学家 Pierre Boutroux(1880—1922) 对法国天才数学家帕斯卡 (Blaise Pascal, 1623—1662) 的作品进行了自己观点下的编辑整理, 并自 1908 年起开始出版这一 Boutroux 版本. Boutroux 的思维神经系统工作状态受到了 Pascal 的影响. Blaise Pascal 享寿 39, Pierre Boutroux 享寿 42 岁.

3. 著名现代数学家、数学哲学家、数学教育家徐利治 (1920—) 先生早在青年时代就对波利亚和薛戈 (Gábor Szegö, 1895—1985) 合著的《分析中的问题与定理》(*Problems and theorems in analysis*) 进行了研读, 并在自己研究、整合的基础上, 于 1955 年在上海商务印书馆出版了自己的风格与之相近的著作《数学分析的方法及例题选讲》(文献 [307]). 此书后经徐利治、王兴华修订, 于 1983 年在高等教育出版社出版了修订版, 并不断印刷, 对中国大学数学分析的教学影响深远. 波利亚享寿 98, 薛戈享寿 90 岁. 共同的合作活动, 对他们的生命产生了某种接近化的影响 (波利亚和薛戈同年离世, 相差恰好一个月). 不仅徐先生的书像波利亚的一样, 成为了名著、经典, 而且其生命长度也在向着波利亚的长度延伸. 他的健康状况很好. 学生在此祝他健康永驻、永葆生命的活力!

波利亚享寿 98, 薛戈享寿 90 岁. 共同的合作活动, 对他们的生命产生了某种接近化的影响 (波利亚和薛戈同年离世, 且相差恰好一个月).

4. 美籍华裔数学家 (概率学家) 钟开莱 (Kai-Lai Chung, 1917—2009) 与其博士生导师 Harald Cramér(1893—1985, 瑞典数学家、精算师、统计学家) 同寿 92 岁.

在寿命比较研究领域, 有必要指出英国经济学家凯恩斯父子的例子. 英国概率学家、著名经济学家凯恩斯 (John Maynard Keynes, 1883–1946. 与数学相关地, 著有《论概率》(*A treatise on probability*)(文献 [422]) 一书享寿 63 岁, 其父 —— 经济学家、社会学家内维尔 · 凯恩斯 (John Nevill Keynes, 1852—1949. 著有《政治经济学的范围与方法》[423] 一书) 享寿 97 岁, 寿差约 34 年! 而他们皆为学数学出身的著名经济学家马歇尔 (Alfred Marshall, 1842—1924) 的学生!

除了可从一定强度的追随、效仿行为来推断寿命的接近外, 我们还可从接近的思想发现现象中反推发现者神经系统状态的接近、甚至寿命的接近. 例如,

(1) 比利时数学家布桑 (Charles De la Vallée Poussin, 1866—1962) 和法国数学家阿达马同在 1896 年证明了素数定理: 若以 $\pi(x)$ 表示不超过正实数 x 的素数的个数, 则,

$$\lim_{x\to\infty}\frac{\pi(x)}{x_{\ln x}}=1$$

前者比后者晚出生一年, 早去世一年, 享寿 96 岁; 后者享受 98 岁. 很接近.

(2) 瑞士数学家克莱姆 (Gabriel Cramer, 1704—1752) 和苏格兰数学家麦克劳林 (Colin Maclaurin, 1698—1746) 都发现了现在大家熟知的解线性方程组的 "Cramer 法则"; 二者同寿 48 岁!

当然, 大家可能认为这些纯属巧合; 但笔者认为, 其中定有深层的生理神经运动状态的关系之原因, 而并非完全的偶然巧合 — 即, 非 "纯" 巧合. 我们将 "行为、以致成就相似, 正面地支持着寿命相近" 的思想称为 "行似寿近原理". 如果我们将寿命看作行为之函数 —— 不妨称之为 "寿命函数", 这等于说, 这一函数针对思维方式、神经振动状态具有一定意义下的连续性 (寿命是个复杂现象, 依赖很多因素 — 既有内在思想, 也有外在环境 —— 自然环境、社会环境等因素. 这里只是说针对有关方面因素的连续性 — 或者说是 "偏连续性", 而非说对任何要素或变量都是连续的. 同时, 这里的连续目前也仅是借用一下笼统含义, 还没提到严格的数学函数连续性的水平上).

容易理解, 生命谐振现象不仅在数学行为领域存在, 在其他领域也如此. 只是在数学领域比较突出而已. 法国数学物理学家吕埃勒 (David Ruelle, 1935—, 生于比利时) 在其《数学家的脑》(*The mathematician's brain*) 一书中指出, 紧张而抽象的活动可能会最终对数学家的健康和个性产生影响, 是数学家有别于其他人的一个重要方面 (文献 [354], P.80).

在生活当中, 和谐的夫妻同寿、甚至同日离世的例子也不少见. 比如,

(1) 中国杰出的共产党领导人邓小平 (1904—1997) 与其妻子卓琳 (原名浦琼英, 1916—2009) 就同寿 93 岁.

(2) 澳大利亚经济史专家、系统理论学家格雷姆 · 唐纳德 · 斯诺克斯 (Graeme Donald Snooks, 1944—) 的外祖父母阿尔弗雷德 · 查尔斯 · 威廉姆斯 (Alfred Charles Williams, 1896—1992) 和瓦奥莱特 · 希尔达 · 威廉姆斯 (Violet Hilda Williams, 1899—1995) 同寿 96 岁 (文献 [406]).

(3) 皆出生于匈牙利布达佩斯的澳大利亚数学家 George Szekeres(1911—2005) 与其妻子 —— 数学家 Esther Klein Szekeres(1910—2005) 在 2005 年 8 月 28 日一个小时之内相继享高寿去世 (http://www-history.mcs.st-andrews.ac.uk/Biographies/Szekeres.html).

二者代表着神经系统的两种谐振类型: ①生命强度、振动模式之 "位移型" 的接近化. ②生命强度、振动模式之 "同时型" 的接近化. 不论其哪一种, 都赋予着人们一种和谐、幸福、美满的生活.

作为局部的、一个人的学术生命运行轨迹 (相关的脑行为轨迹为其核心) 对其整体的、生理生命运行轨迹自然有一定的影响.

若使生命共振现象切实服务于人类具体生命质量的随人意愿的改变, 相关科研工作的首要任务就是研制生命类型分类系统, 并在每一类中给出历史人物的代表, 以让后人学习、尝试受其生命的牵引. 我们将有关的系统理论研究与实践称为 "学术养生的理论与工程实践". "年轻人选天才开悟, 中年人觅健将强身, 老年人惠寿星牵引". 学术行为催绽绚丽多彩的生命之花, 体现自身不同以往的新功能. 在此背景之下, 研究生命轨迹的历史学家、传记作家的地位将显著提高. 人类文化各学科领域在人们关注的视野中的地位状态将发生一些相应的变化. 作为个人来讲, 成为一位后人追随的 "生命牵引者", 将是一件对提高人类生命质量有所贡献的令人骄傲的事情. "人类中的生命牵引者" 或 "生命导师" 是后人对其整个生命轨迹质量的一个至高评价, 不同于其在世时获得的任何荣誉. 它是发展人类荣誉文化的一个新维度.

生命导师的有效选择, 依赖于选择者自身神经系统的类型与状态. 并非一个人想成为像 Galois 那样的天才, 选 Galois 做导师, 就可以如愿. 师徒神经系统类型具有较高的匹配度方能达到较好的效果. "神经系统配型" 的实践, 犹如血型、骨髓配型等医学事件一样, 是一个可以发展到诊所业务地步的服务性工作. 及时将神经科学、意识研究中成熟的研究结果应用到诊所: 从认知到诊所, 是 2010 年 5 月巴黎会议研讨的一个主题 (文献 [319]). 可以展望, 学术养生的研究与实践定是一个会对社会职业结构产生重要影响的事件.

学术的生命引导现象, 早在 19 世纪下半叶就由英国大数学家西尔维斯特意识到了 (文献 [237], PP.120—122). 他在不列颠科学进展协会数学与物理部主席就职演讲中 (1869 年 8 月) 指出, 教育有刻板的教育, 也有真正心灵对心灵的思想交流与影响, 有真正 "活的心智" 的合作. 这类交流与合作形成了思想的学校、智力发展的中心. 在这类人群中, 大师带徒弟是精神传承的基本方式. 一代大师带学生; 与大师心灵碰撞提升自己而成为新一代大师者, 又带自己的学生. 如此代代心灵激荡, 形成一个整体上没有断裂的大思想家链条. 在这种心灵激动 (激发致动) 的过程中, 学习者心灵各方面的能力不断得到调整、协调. 传承链条中的心灵越来越和谐、神志越来越清醒. 多代的发展, 将后来者的心智体提升到了一个更加清明、健壮的状态. 强健的心智 (用现在的话讲, 灵明、和谐、强健的神经系统) 有助长生, 是必然的结果. 不仅学生在这种心灵激荡中受益, 教师也是如此.

需指出, 仅有内在思想活动的行为, 不能使养生锻炼的收益极大化; 思维之外的身体运动及社会经历与之相结合, 方有助于取得理想效果. 因为 "身–脑–社会环境" 是紧密联系在一起的. 诚如美国南加州大学神经科学家达马西奥 (A. Damasio, 1944— ; 生于葡萄牙首都里斯本) 教授在其《关于脑和意识的思考》(*Thinking about brain and consciouseness*) 一文中所说, "身体信号是有意识心灵的一个基础. 身体功能中最稳定的那些方面表示在了脑中. …… 脑的原始自我结构 (protoself structure)…… 与身体不可分离地关联在一起. 身体各部分不断给大脑传递信号, 大脑也在相应地不断反馈. 我认为, 这种安排形成了一个永久的共鸣回路 (perpetual resonant loop)……"(文献 [319], P.48). 不仅狭义的生理身体运动与脑相关, 而且综合的社会网络中的社会行为、经历也与脑、意识、心灵根本相连. 按照达马西奥的分析, 人有三阶段自我: "原初本我 (protoself)" 与 "核心自我 (the core self)" 和与自身发展史有关的 "自传自我 (autobiographical self)". (文献 [319], PP.48—49). 关于身体与脑的关系的另一论述, 可参见达马西奥的专著《笛卡儿的错误》(*Descartes' error*)(第 10 章 "身心之脑 (The body-minded brain)" 等章节). (文献 [322])

数学思维实践成为一种养生手段, 属于体验数学 —— 而非普通的学习数学的阶段. 人类的一种行为与生命的变化融为一体、成为后者的一部分, 在很多领域都有发生. 在中国文化的领域内, 书法可谓典型一例. 比如, 著名数学家熊庆来 (1893—1969) 之子、法籍华人艺术家熊秉明 (1922–2002) 先生谈到, 70 岁以后, 他意识到了 "书法与一个完整的生命个体的关系"; 从此, "他从一位观察者转化为体验者"; 并在生命的层面上, 给出了自己对 "新" 的独到理解, "当代前卫的艺术家已把 "新" 当作唯一的创作标准. 什么是新的呢? 只要是见所未见、闻所未闻的就是新的, 也就是前卫的. 于是丑陋、疯狂、污秽、污染、暴力 ……, 都成为追求的目标. 这趋向对许多年轻人仍然继续有吸引力. 老年人不再这么想. 老年所需要的

"新" 是他自己的生命的新. 这新是属于他的". 其实, 不仅书法, 中国传统的美学、哲学, "都以个体的体验为基础, 缺乏深刻的体验, 永远无法进入问题的核心. "(文献 [328], PP197–198). 以往人们强调的是: 以体验来深化对问题的理解; 我们这里强调的, 则是事情的另一方面: 探究各种文化体验活动对生命的影响, 并希望对生命发展有积极正向作用的体验能够被人们所实践. 其目的, 在于提升人们的生命生活质量.

有必要指出, 对学术 (或作品创作、学习) 养生 (不要仅仅狭义地理解为追求绝对数值上的长生) 一些具体问题的探讨, 以各种语言散见在各类文献中. 比如, 现代书法家邱振中教授认为, 通过临摹杰作, 可以感知作品的 "可感而不可说" 的 "神"(文献 [328], PP203—216). 感觉了 "神", 可以较快提高自己的艺术创作水平. 这同数学中 "向大师学习" 的口号是一致的. 它们所实现的, 其实都是学习者与作品创作者的精神之间的高效沟通. 杰作是对人有较强触动力的一类作品. "精生人, 神生文". 神通而影响生理神经系统是自然之事. 精与神实际是同一事情的两个不可分割的方面.

临摹可以感受 "神" 的现象意味着什么? 它与人们交流中感受 "只可意会、不可言传" 的含义的现象有相通之处. 它们说明, 人的感知系统不是单纯的一个通道、一个单一系统, 而是并存多条感受通道、是一个多重系统的复合. 美国神经科学家葛詹尼加 (Michael S. Gazzaniga, 1939—) 认为, "人脑有一个模块组织结构. 所谓模块性, 我指的是, 大脑组织中具有多个功能相对独立的单位 (或单元) 在并行", 从整个组织内部来看, "心灵并不是一个不可分的, 以单一路线解决所有问题的整体; 而是有许多特定的不同的心智单位、系统在处理它们接收的信息. 进入大脑的大量丰富的信息被分成若干部分, 心智的多重系统马上对各自信息部分进行相应的操作"(文献 [332], P.4). 人脑 "多种心智系统共存" 的结构可形象地称之为 "联邦结构"(文献 [332], P.6). 其中的感知模块感知的结果具有不同的存在性态: 一种是人们熟悉的、感知的结果可以用文字表达出来的有意识态 (言传层次); 还有一种就是当时不能用文字加以明确传意、但自己心里明确感受到了某种东西存在的有意识态 (与英国曼彻斯特大学著名科学哲学家波兰尼 (Michael Polanyi, 1891—1976; 出生于匈牙利的布达佩斯) 的默会知识理论 ([333]~[335]) 有重要的内在关系). 当模块 $\boldsymbol{M}_1$ 感知的东西由于某些机缘传达、转换为另一模块 $\boldsymbol{M}_2$ 的感知性态时, 后一系统便有了 "灵感". 特别当 $\boldsymbol{M}_2$ 就是有意识态 (至少包含刚才所言的两种有意识系统) 模块感知系统时, 这时其灵感就是普通意义下的灵感.

进入生命导师牵引状态, 为的是在一定程度上使得自己的生命运行轨迹发生相应变化 —— 实现某种变轨. 对于提升生命长度、品质来讲, 人们追求的自然是积极的正向变轨 —— 符合人们意愿的某种变轨. 这当中存在着很多需要实验和深入理论思考的问题. 比如, 进入导师牵引状态的时间长度、质量与生命神经系统的强化度之间是怎样的关系? 浸入多久再跳出来对一个人的生命质量的发展是有益的? 书画界对待传统的 "以最大的功力打进去, 以最大的勇气打出来"(文献 [328], P.149) 的态度对实践者的生命神经系统会产生怎样的影响? 等等.

模仿一个人的行为, 往往会使模仿者在相关方面的发展轨迹趋同于被模仿者的轨迹. 法国数学家范德蒙德 (Alexandre-Theophile Vandermonde, 1735—1796) 与其进入数学研究的引导者方泰涅 (Alexis Fontaine, 1704—1771) 的发展相似性便是一典型例子. 方泰涅 28 岁开始在巴黎研究数学, 第二年被选入科学院 (http://www-history.mcs.st-andrews.ac.uk/Biographies/Fontaine_des_Bertins.html); 音乐家范德蒙德 (http://www-history.mcs.st-andrews.ac.uk/Biographies/Vandermonde.html)35 岁时受到对数学充满热情的方泰涅的影响而转向数学的学习与研究, 也是于第二年被选入了科学院. 当然, 造成这一现象的原因并非仅有模仿一个方面 —— 模仿只是使得二者思维和行为方式, 以及兴趣点诸方面相近的原因, 而真正达成相近的生活结果, 还有赖于外在的环境、社会资本等方面的共同作用.

一个有力的生命导师会对追随者的生活轨迹产生重要的影响. 寿命接近或生活、工作轨迹接近 —— "近朱者赤, 近墨者黑"—— 只是一类明显的现象. 由于生命初始自然遗传条件和后天生活环境的差异, 生命导师的影响有些是需要分析判断的. 在美国数学、数学教育发展史上, 鲍迪奇 (Nathaniel Bowditch,

1773—1838) 和法国数学家拉普拉斯 (Pierre-Simon Laplace, 1749—1827) 的关系值得一提. 他后半生业余时间主要用在了翻译拉普拉斯五卷名著 "天体力学" 的前四卷上 (文献 [286], P.230). 其译本的内容 (包含了他自己的大量注释) 曾被皮尔斯 (Benjamin Peirce, 1809—1880) 用于在哈佛大学的课堂教学 (文献 [286], P.232), 这对美国现代数学的建立和发展起了一定的开创性作用. 笔者认为, 鲍迪奇长时间满怀热情的思虑投入, 对其神经系统的变化、以致其享寿 65 岁的结果是有影响的. 虽然这低于拉普拉斯的 78 岁, 但其比家中兄弟姐妹多长寿近 30 年的事实 (文献 [357], P.v), 已是一件非凡的事情. 拉普拉斯可谓鲍迪奇的生命导师之一. 之所以说是 "之一", 是因为他还有一个早期的生命导师莫尔 (John Hamilton Moore, 1738—1807). 苏格兰航海教师莫尔 1772 年在伦敦出版了《航海实用指南》. 鲍迪奇发现其中有许多错误, 于是对其进行了修正和扩充. 马萨诸塞州海港城市 Newburyport 出版商 Blunt 于 1799 年出版了其修订改进版. 此版并未署鲍迪奇的名, 只是说, "一位娴熟的数学家和航海者对其进行了修订, 并添加了一些新的图表"(文献 [286], P.108). 鲍迪奇在莫尔的书中发现了八千多个错误, 其中有些是严重的 (文献 [286], P.109). 后经全面修订和增加大量自己的航海知识后, 以航海者易于理解的方式, 在 Blunt 的建议下, 自己署名, 写作出版了《新美国航海实用指南》(*The new American practical navigator*). 他一生中对此书亲自进行了十版的修订改进. 后人对其不断进行与时俱进的改进, 至今仍在出版被用, 在航海界可谓影响深远. 2002 年, 美国政府出版了其 200 周年纪念版 (文献 [357]). 多年与莫尔作品的心交神, 使得莫尔的神经振动模式对鲍迪奇产生了鲜活的影响. 二者的寿命较为接近: 莫尔 69 岁, 鲍迪奇 65 岁. 鲍迪奇两位生命导师的影响情形提示我们: 在影响时间长度接近的情况下, 生命早期的影响力可能更大一些. 笔者称之为 "影响力的早期优势现象"; 并称导致这一现象的基础背景理论为 "影响力的早期优势理论". 体现这一思想的现代前沿典型例子之一是美国马里兰大学计算机科学家 Ben Shneiderman (1947—) 教授对学习以色列特拉维夫大学 Alfred Inselberg (1936—) 平行坐标理论的观点, "在一个人的一生中, 较早学习平行坐标可能更容易看高维空间"(文献 [367], Foreword).

早期优势除了 "受影响者早期亦受影响" 的含义外, 还对偶地有 "授影响者 — 施加影响者适度早期的作品具有较大的影响力" 的含义. 这有两个基本原因: 一是, 适度早期的神经系统强壮, 情绪高昂, 文字及其结构的运用往往相对生命后期有力; 二是, 有些成名后的大师级人物 —— 特别再是公众人物, 由于自身内在思想丰富或外在事务繁忙的原因, 其后来的很多作品都不是直接出自其本人之手, 而是秘书等代笔的产物. 这种作品的影响力及类型, 与大师自己的作品自然不可同日而语. 英国数学家、逻辑学家、哲学家、社会活动家罗素 (Bertrand Russell, 1872—1970. 1950 年因其《婚姻与道德》而获得诺贝尔文学奖) 在其自传中为自己辩护的言论表明代笔现象的并非不普遍的存在:

"…… 另一种指责是说, 以我的名义发表的演说词、文章或声明都不是出自我的手笔. 奇怪, 大家都知道几乎所有的政府官员和大公司经理的公开讲话稿, 都是秘书或同僚写的, 而这被认为是无可非议. 为什么换成一个普通俗人, 就该被认为十恶不赦? 更何况事实上, 以我的名义发表的东西通常都是出自我的手笔. 即便有的不是出自我的手笔, 它也仍然代表我的看法和思想. 我从不在我没有讨论、阅读过并认可的东西 (书信或比较正式的文件) 上签字"(文献 [417], P.235; 文献 [418], PP.638—639).

理论上讲, 任何一个人都可对另一个人产生影响 —— 或正或负、或大或小的影响. 借助现代神经科学不断进步的仪器、实验分析技术等工具, 有希望逐步建立 "影响力的测量、分析与应用" 的理论.

对人的疾病进行思想治疗的观念, 早在古罗马时期, 就由斯多亚派三大哲学家之一 —— 塞涅卡 (Lucius Annaeus Seneca, 约公元前 4— 公元 65 年) 提出了 (见《哲学的治疗》[362]). 无独有偶, 在中国传统文化的养生思想中, "三理养生"(生理、心理、哲理养生) 对哲理养生也赋予了很高的地位. 正如北京大学哲学系楼宇烈 (1934—) 教授在其《中国的品格》一书中所云, "哲理养生是更高层次的养生, 涉及每个人的人生观、世界观. 简单说来, 就是你悟透了人生的道理, 悟透了世界的道理"(文献 [412], PP.215—217). 借助于现代神经科学技术, 现代人有责任将先人的工作沿着科学的道路进一步加以推进.

比如, 2004 年阿贝尔 (Abel) 奖获得者之一、美国麻省理工学院 (MIT) 数学家辛格 (Isadore Singer, 1924—) 在与一起获奖的英国爱丁堡大学 (University of Edinburgh) 数学家阿蒂亚 (Michael Francis Atiyah, 1929—) 接受 Martin Raussen(丹麦) 和 Christian Skau(挪威) 的采访时说, "年轻的数学家用新的语言将吸收的大量已知的知识进行简化和重新组织. 他们新的概念框架比我的表达方式能简明地囊括更多的内容. 尽管我承认这是一种进步, 但同时也有些不耐烦, 因为要理解他们真正说了些什么, 要花费我较多的时间"(文献 [302], P.229). 而 1978 年沃尔夫奖 (Wolf Prize) 获得者、德国数学家西格尔 (Carl Ludwig Siegel, 1896–1981) 对自己的遭遇的看法就不这么客气了. 针对其研究领域被布尔巴基 (Bourbaki) 学派的语言所改述的情况, 他说, "我对这种 (表述方式很) 反感, 它已将我对本领域的贡献丑陋化了, 而且变得难以理解. (这种语言的表述之) 整个风格与简单性、诚实直率性的感觉相抵触. 而简单性、诚实直率性是诸如拉格朗日 (Lagrange)、高斯 (Gauss) 或小些级别的, 如哈代 (Hardy)、兰道 (Landau) 等大师的作品所呈现的令我们赞赏、羡慕的品质. 我看到一头猪闯进了美丽的花园, 它将其中所有的花儿与树木连根一起刨掉. "([383], P.301). 西格尔的传记网页 http://www-history.mcs.st-andrews.ac.uk/Biographies/Siegel.html 提供的信息表明, 他是在评论朗 (Serge Lang, 1927—2005)1962 年出版的《丢番图几何》(*Diophantine Geometry*) 一书时, 说这番话的.

读者可能已经意识到了, 法国的确盛产发展数学新语言、建立数学新体系的大师. 嘉当、布尔巴基、格罗滕迪克 (Alexander Grothendieck, 1928—) 可谓三个典型代表.

数学是思想, 也是一种开放的语言. 借助语言更新, 实现思维更新, 不仅对数学是重要的, 对于哲学、文学、艺术甚至更具有基本的重要性. 例如, "在一些伟大的诗人的生命里, 似乎都会不约而同地出现一些时刻, 在这些时刻里, 诗人会产生一种强烈的欲求与冲动去把语言擦新 ······"(文献 [178], P.185).

颠覆教育得以实施的关键, 在于看到：我们当前所面对的知识只是很多可能性知识之一. 展示出这众多可能性中的一部分, 也就实现了创新. 一种知识是一种选择或可理解为一种选择的产物. 庞加莱 (Poincaré) 认为, 创造就是选择. "打破唯一性""揭示事物产生的偶然性" 等思想都是利于创新的重要指导原则.

例如, 矩阵的初等变换意义下的等价只是等价关系的一种, 人们还可给出其他的等价定义. 比如, 我们可以定义：对给定的方阵 $\boldsymbol{A}$ 施行一次初等行变换 (比如, 将第一行与第二行换位) 后就跟随再施行一次同类的初等列变换 (将第一列与第二列换位), 我们将相继进行的两个变换称为对 $\boldsymbol{A}$ 施行的一次整变换. 如果方

阵 $\boldsymbol{B}$ 可由 $\boldsymbol{A}$ 经过有限次的整变换得到, 则我们称 $\boldsymbol{A}$, $\boldsymbol{B}$ 具有整变换关系. 容易验证, 整变换关系也是一种等价关系. 让学生尝试给出自己的等价关系, 并对其进行与课程中的等价知识平行的初步研究. 通过建构新知识, 使学生体验到发现、创造的乐趣. 这样, 在消除学生对科学发现、创造的神秘感、增强自己创新的信心的同时, "我能行" 的激励教育理念也就自然实现了. 真正富有创造力的教育就是要让学生看到正在演进的活知识的一片天, 而不是让其成为被死知识一叶障目的受害者.

例 1　考虑实 n 元二次型.

(1) 如果 $\boldsymbol{X}^{\mathrm{T}}\boldsymbol{A}\boldsymbol{X}=\boldsymbol{X}^{\mathrm{T}}\boldsymbol{B}\boldsymbol{X}$, 则称 $\boldsymbol{A}$, $\boldsymbol{B}$ 次型等效, 简称等效, 并记作 $\boldsymbol{A}\overset{\triangle}{=}\boldsymbol{B}$. 易知, 等效是一个等价关系.

$$(a_{ij})_n=\boldsymbol{A}\overset{\triangle}{=}\boldsymbol{B}=(b_{ij})_n\Leftrightarrow a_{ij}+a_{ji}=b_{ij}+b_{ji}.$$

(2) 记

$$Q_n=\{(\boldsymbol{A},\boldsymbol{B})|\boldsymbol{A}\overset{\triangle}{=}\boldsymbol{B};\boldsymbol{A},\boldsymbol{B}\text{为}n\text{阶实方阵}\},$$

并于其中定义

$$\begin{aligned}&(A_1,B_1)+(A_2,B_2)=(A_1+A_2,B_1+B_2);\\&\lambda(A,B)=(\lambda A,\lambda B),\quad\text{其中}\lambda\text{是实数};\\&(A_1,B_1)*(A_2,B_2)=(A_1A_2,B_1B_2).\end{aligned}$$

易知, Q_n 关于此处的加法、数乘运算构成一个实向量空间; Q_n 关于上述乘法不封闭, 例如:

$$\begin{pmatrix}1&2\\0&1\end{pmatrix}\begin{pmatrix}1&1\\1&1\end{pmatrix}=\begin{pmatrix}3&3\\1&1\end{pmatrix},\quad\begin{pmatrix}1&1\\1&1\end{pmatrix}\begin{pmatrix}1&2\\0&1\end{pmatrix}=\begin{pmatrix}1&3\\1&3\end{pmatrix},$$

由于 $\begin{pmatrix}3&3\\1&1\end{pmatrix}$ 与 $\begin{pmatrix}1&3\\1&3\end{pmatrix}$ 主对角线相应位置上的元素不同, 因此, 二者不等效, 亦即乘积

$$\begin{pmatrix}1&2\\0&1\end{pmatrix}\begin{pmatrix}1&1\\1&1\end{pmatrix}\quad\text{与}\quad\begin{pmatrix}1&1\\1&1\end{pmatrix}\begin{pmatrix}1&2\\0&1\end{pmatrix}$$

不等效. 这说明, Q_2 关于乘法不封闭. 此例可推广到任意 $Q_n(n\geqslant 2)$ 中: 比较

$$\begin{pmatrix}1&2&\cdots&2\\0&1&\cdots&2\\\vdots&\vdots&\ddots&\vdots\\0&0&\cdots&1\end{pmatrix}\begin{pmatrix}1&1&\cdots&1\\1&1&\cdots&1\\\vdots&\vdots&\ddots&\vdots\\1&1&\cdots&1\end{pmatrix}$$

$$
= \begin{pmatrix} 1+2(n-1) & 1+2(n-1) & \cdots & 1+2(n-1) \\ 1+2(n-2) & 1+2(n-2) & \cdots & 1+2(n-2) \\ \vdots & \vdots & \ddots & \vdots \\ 1 & 1 & \cdots & 1 \end{pmatrix}
$$

与

$$
\begin{pmatrix} 1 & 1 & \cdots & 1 \\ 1 & 1 & \cdots & 1 \\ \vdots & \vdots & \ddots & \vdots \\ 1 & 1 & \cdots & 1 \end{pmatrix} \begin{pmatrix} 1 & 2 & \cdots & 2 \\ 0 & 1 & \cdots & 2 \\ \vdots & \vdots & \ddots & \vdots \\ 0 & 0 & \cdots & 1 \end{pmatrix} = \begin{pmatrix} 1 & & & \\ & & & \\ & & & \\ & & & \end{pmatrix}
$$

主对角线上第一个元素即知, 乘积不等效. 因此 $Q_n(n \geqslant 2)$ 关于乘法总是不封闭.

$\boldsymbol{A}, \boldsymbol{B}$ 等效, 指的是 $\forall 1 \leqslant i, j \leqslant n, a_{ij} + a_{ji} = b_{ij} + b_{ji}$. 人们还可尝试沿着下述各情形进行拓广, 研究相应的矩阵之间的关系:

(1) $a_{ij} + a_{f_1(j)g_1(i)} = b_{ij} + b_{f_2(j)g_2(i)}$;

(2) $h(a_{ij}, a_{ji}) = h(b_{ij}, b_{ji})$;

(3) $h_1(a_{ij}, a_{f(j)g(i)}) = h_2(b_{ij}, b_{f(j)g(i)})$;

(4) $h_1(a_{ij}, a_{f_1(j)g_1(i)}) = h_2(b_{ij}, b_{f_2(j)g_2(i)})$。

选择不同的函数 $f, g, h, f_1, g_1, f_2, g_2, h_1, h_2$, 便可有相应的关系. 从中人们可知, 理论上能研究的对象是无限的. 这就给学生呈现了一个开放、广阔的思维空间. 这一无限空间的得出, 源自于二次型等效关系的提出 (而这一关系的提出, 其思维方式在于回到已有知识) 二次型的 $\boldsymbol{X}^{\mathrm{T}}\boldsymbol{A}\boldsymbol{X}$ 表示的源头、背景, 重新发现珍宝. 这也可看做文献 [15] 中所提出的 “背景回归抽象法” 的应用之一例.

例 2 在讲了二次型的概念及其矩阵以后, 让学生将

$$
x_1^2 - 4x_1x_2 + x_3^2
$$

写成 $\boldsymbol{X}^{\mathrm{T}}\boldsymbol{A}\boldsymbol{X}$ 的形式. 对此, 大多数同学写成

$$
x_1^2 - 4x_1x_2 + x_3^2 = (x_1, x_2, x_3) \begin{pmatrix} 1 & -2 & 0 \\ -2 & 0 & 0 \\ 0 & 0 & 1 \end{pmatrix} \begin{pmatrix} x_1 \\ x_2 \\ x_3 \end{pmatrix}.
$$

从中表现出学生的两种思维约束：一是自发的约束：自发地在可见边界内考虑问题的约束 —— 看到的最大下标是 3, 便认为这是一个三元二次型. 我们将此类约

束称为 “可视边界内约束”. 这是一种人们常表现出来的认识局限性. 其实, 在没有特别说明的情况下, 可将给定的二次型多项式看作 m 元二次型 $(m \geqslant 3)$: 这其中蕴涵了无穷多种可能性. 比如,

$$x_1^2 - 4x_1x_2 + x_3^2 = (x_1, x_2, x_3, x_4)\begin{pmatrix} 1 & -2 & 0 & 0 \\ -2 & 0 & 0 & 0 \\ 0 & 0 & 1 & 0 \\ 0 & 0 & 0 & 0 \end{pmatrix}\begin{pmatrix} x_1 \\ x_2 \\ x_3 \\ x_4 \end{pmatrix}.$$

二是自觉的约束: 自觉地按老师说过的 “二次型的矩阵是对称矩阵” 做事所形成的约束: 二次型的矩阵被规定为能产生它的无穷多个矩阵中的那个对称矩阵, 并不意味着已经要求你在将二次型多项式写成 $\boldsymbol{X}^{\mathrm{T}}\boldsymbol{A}\boldsymbol{X}$ 的形式时, 其中的 $\boldsymbol{A}$ 一定要是对称矩阵. 学生在做这件事情时, 自我下意识地给自己做了约束.

创新思维要求开放的心灵, 其要点之一就是要尽量避免各种自我约束: 没人要求你那么狭隘地做事, 而你却偏要自己限制自己. 其实, 从本质上讲, 不是人们要自己限制自己, 而是这是一种自然现象 —— 它体现的恰恰是人类行为的经济性 —— 能少做, 绝不多做 (Polya 的经济原则含义, 见文献 [115]).

如果我们要求将

$$x_1^2 + 2x_1x_2 - x_4^2$$

写成 $\boldsymbol{X}^{\mathrm{T}}\boldsymbol{A}\boldsymbol{X}$ 的形式, 还会出现新的现象. 以下为两种典型形式

$$(x_1, x_2, x_3, x_4)\begin{pmatrix} 1 & 1 & 0 & 0 \\ 1 & 0 & 0 & 0 \\ 0 & 0 & 0 & 0 \\ 0 & 0 & 0 & -1 \end{pmatrix}\begin{pmatrix} x_1 \\ x_2 \\ x_3 \\ x_4 \end{pmatrix}; \quad (x_1, x_2, x_4)\begin{pmatrix} 1 & 1 & 0 \\ 1 & 0 & 0 \\ 0 & 0 & -1 \end{pmatrix}\begin{pmatrix} x_1 \\ x_2 \\ x_4 \end{pmatrix}.$$

从正确性来讲, 两种表述都没问题, 但相对于人们的习惯而言, 前一种似乎自然些 —— 这与带下标符号的暗示性有关. 如果我们将 $x_1^2 + 2x_1x_2 - x_4^2$ 改为 $x^2 + 2xy - z^2$, 则人们会认为

$$x^2 + 2xy - z^2 = (x, y, z)\begin{pmatrix} 1 & 1 & 0 \\ 1 & 0 & 0 \\ 0 & 0 & -1 \end{pmatrix}\begin{pmatrix} x \\ y \\ z \end{pmatrix}$$

更自然些. 不同符号的使用, 直接影响着人们的思维状态. 我们称之为 “符号影响思维” 原则, 它是 “形式影响感觉” 原则的一个特例.

例 3　矩阵的乘积也不是只有一种：普通矩阵的乘积

$$(a_{ij})_{m\times n}(b_{jk})_{n\times l}=(c_{il})_{m\times l},\quad c_{il}=\sum\nolimits_{j=1}^{n}a_{ij}b_{jk}.$$

在历史上被称为 Cayley 乘积 (Cayley product. Arthur Cayley, 1821–1895); 若 $\boldsymbol{A}$, $\boldsymbol{B}$ 是两个同阶方阵, 则下述两种乘积分别被称为 Jordan 乘积和 Lie 乘积:

$$\boldsymbol{A}*\boldsymbol{B}=\frac{1}{2}(\boldsymbol{AB}+\boldsymbol{BA}),\quad \boldsymbol{A}\times\boldsymbol{B}=\boldsymbol{AB}-\boldsymbol{BA}.$$

二者都是借助于 Cayley 乘积建构的新乘法 —— 我们称之为衍生乘法. 这里的 Jordan 指的是物理学家 Pascual Jordan—— 现代量子力学的奠基人之一; Lie 指的是挪威数学家、连续群论研究的先驱人物 Marius Sophus Lie(1842—1899)(文献 [126]. P.54,305).

显然, 知道了新运算的衍生法, 人们便可借此尝试建构新的乘法. 当然, 人们也可根据不同的思考, 建构新的、具有相对独立性的原创新乘法, 如, 著名的 Hadamard 乘积 (Jacques Hadamard, 1865–1963)

$$(a_{ij})_{m\times n}(b_{ij})_{m\times n}=(c_{ij})_{m\times n},\quad c_{ij}=a_{ij}b_{ij}$$

就不是 Cayley 乘积的衍生物.

从类比的角度, 相对而言, "衍生" 对应于向量空间中借助于向量的线性组合来产生新向量的方法, "原创" 则对应于扩张空间的基. 一个是内生, 一个是外生.

衍生和原创的思路, 打开了人们在理论上建构矩阵乘积的无限可能性 —— 无限的视野在人们面前展现了出来.

例 4　行列式定义

$$\begin{vmatrix} a_{11} & a_{12} & \cdots & a_{1n} \\ a_{21} & a_{22} & \cdots & a_{nn} \\ \vdots & \vdots & \ddots & \vdots \\ a_{n1} & a_{n2} & \cdots & a_{nn} \end{vmatrix}=\sum_{j_1j_2\cdots j_n}(-1)^{\tau(j_1j_2\cdots j_n)}a_{1j_1}a_{2j_2}\dots a_{nj_n}$$

中的符号 $(-1)^{\tau(j_1j_2\cdots j_n)}$ 还可有其他的解释. 比如, 首先规定, 称任何一个矩阵 $(b_{ij})_{m\times n}$ 左上角的元素为此矩阵的首元 (the leading element), 称从首元到元素 b_{ij} 的水平步数 $j-1$ 与垂直步数 $i-1$ 之和 $(j-1)+(i-1)$ 为从首元到 b_{ij} 的步数. 对上述行列式, 记 (a_{ij}) 之首元到 a_{1j_1} 的步数为 α_1; 然后将 a_{1j_1} 所处的行与列删去, 这样得到一个少一行、少一列的子矩阵. 在此矩阵中, 记其首元到 a_{2j_2} 的步数

为 α_2; 然后将 a_{2j_2} 所在的行与列再删去, 又得到一个子矩阵. 在此矩阵中, 记其首元到 a_{3j_3} 的步数为 $\alpha_3\cdots\cdots$ 如此进行下去. 不难理解,

$$(-1)^{\tau(j_1j_2\cdots j_n)}=(-1)^{\alpha_1+\alpha_2+\alpha_3+\cdots}.$$

实际上, 打乱 $a_{1j_1}a_{2j_2}\cdots a_{nj_n}$ 中元素的乘积顺序, 按上述步骤: 先算出选定顺序的乘积中左边第一个元素到首元的步数 β_1; 然后删掉第一个元素所处的行与列, 得到一个子矩阵. 在此子矩阵中, 再算出其首元到原乘积中左数第二个元素的步数 $\beta_2\cdots\cdots$ 依此进行下去, 便可得到一个和 $\beta_1+\beta_2+\beta_3+\cdots$. 我们将符号 $(-1)^{\beta_1+\beta_2+\beta_3+\cdots}$ 称为相应乘积的步数符号, 它满足

$$(-1)^{\tau(j_1j_2\cdots j_n)}=(-1)^{\alpha_1+\alpha_2+\alpha_3+\cdots}=(-1)^{\beta_1+\beta_2+\beta_3+\cdots}.$$

有了对符号的这一理解, 行列式的概念便可很轻松地被扩展到一般 (长方形) 矩阵上: 对给定的矩阵 $(c_{ij})_{m\times n}$, 称 $\min(m,n)$ 为其效度 (efficiency); 如果取自矩阵中元素的个数为效度, 而且这些元素中任两个都不在同一行, 任两个都不在同一列, 则称这些元素的乘积为矩阵的一个完备导出积 (complete derived product). 与前述行列式的定义相平行, 人们可以给 $(c_{ij})_{m\times n}$ 的所有带步数符号的完备导出积的和取一个名字, 这便是印度数学家 C.E.Cullis 于 1909—1910 学年冬季在加尔各答大学的课程讲义中给出的行列式胚 (determinoid) 的概念 (文献 [141]. PP.12–21).

有了横纵之和步数符号的启示, 人们自然可以在理论上尝试通过赋予乘积以新含义的步数符号规则, 来建立新的 “似行列式胚” 的概念. 甚至人们还可将这种有图的组合意义的符号设置的基本思想, 用来考虑圆形阵或其他形状阵的似行列式胚的概念与理论, 并探讨各自的应用价值. 考虑了二维形状的阵的问题, 还可进一步考虑高维表示的阵地类似问题. 由此看来, 即使沿着符号规则的变化放眼望去, 行列式概念的推广已经展示了无限的可能性. 这些可能性, 充分展示着传统矩阵行列式理论与当今组合数学 —— 特别是路径计数组合学的重要关系.

在每一个方向上展现无限视野, 是实现收益极大化的开放路线. 我们将此路线称为 “视野无限化” 路线.

很多 “强调事情的某个方面” 具有方法论的意义. 在行为上以方法为主. 世上没有绝对真理, 只有满足一定目的的建构行为. 在这种认识中, 利于目标实现的方法居于主导核心地位. 以方法为基本出发点来看待世界及人类行为的精神, 我们称之为方法主义精神. 激励的宗旨与方法主义精神是一致的.

断想 42　对知识有内向理解与外向理解之别

线性替换是线性代数的基础概念之一, Edwards M. Harold 甚至将线性代数建

立在线性替换的基础之上 (文献 [36]). 对线性替换就有内向与外向看法之分. 简单地说, 如果将 $x=a+8b-5c$ 看作一个自足的环境, 那么 x 是 a,b,c 的函数, 先有 a,b,c, 后有 x 是在 a, b, c 的基础上生成出的. 这是一种内向地理解. 此时我们将 $x=a+8b-5c$ 称为从 a, b, c 到 x 的变换是自然的; 如果将 $x=a+8b-5c$ 看成一个包含 x 的大环境的一种变量 (或未定元) 替换式 (比如 x 的函数), 则在大环境中, 先有 x, 后有 a, b, c—— 将 x 代换后, 原先关于 x 的式子, 成为关于 a, b, c 的式子. 这是一种外向地理解. 此时, 我们将 $x=a+8b-c$ 称为从 x 到 a, b, c 的替换式是自然的. 对于学过函数概念的学生来讲, 分清内外两种理解是必要的. 数学中的概念是内容与名词形式的统一. 教师教学中要向学生充分展示这一点. 英国逻辑学家 De Morgan 在其经典 [39] 论述学生在接受负数的困难时, 巧妙地利用了外向理解的策略. 比如, 将 $3-8$ 首先理解成形式的存在 $+3-8$, 其次考虑其在与其他数做加法时的表现:

$$56+3-8=56+3-(3+5)=56+3-3-5=56-5,$$

也就是说, 在与其他数关联时, $+3-8$ 与 -5 相一致, 故, $3-8=-5$. 对对象的外向理解, 就是考虑它在与其他对象作用中的功能表现, 是一种 “功能性理解”. De Morgan 的做法是自然的, 因为数学也是一种语言. 一个数学概念首先表现为语词, 而语词的意义 —— 诚如奥地利分析哲学家维特根斯坦 (Ludwig Wittgenstein, 1889—1951) 所言 —— 在于它在语言中的使用 (文献 [32]. P.18). 事物的本质在与其他物的联系中表现出来. 事物就是其各种关系的总和、是各种角色的总和. 马克思曾就人的本性做过类似的说明: 人就是各种社会关系的总和.

对数学知识从内在和外在联系两个方面进行理解, 有助于学习者加深对相关对象的认识. 来看概率统计中一个典型的例子: 随机变量 X, Y 的相关系数

$$\rho_{X,Y}=\frac{E(X-EX)(Y-EY)}{\sqrt{E(X-EX)^2}\sqrt{E(Y-EY)^2}}$$

满足 $|\rho_{X,Y}|\leqslant 1$.

从统计直观意义上讲, 数学期望就是平均值. 做 n 次试验, 得到 (X,Y) 的 n 组观测值

$$(x_1,y_1),(x_2,y_2),\cdots,(x_n,y_n).$$

在此背景下, 若令 $\bar{x}=\frac{1}{n}\sum_{k=1}^{n}x_k, \bar{y}=\frac{1}{n}\sum_{k=1}^{n}y_k$, 则有

$$E(X-EX)(Y-EY)=\frac{1}{n}\sum_{k=1}^{n}(x_k-\bar{x})(y_k-\bar{y}),$$

$$\sqrt{E(X-EX)^2}\sqrt{E(Y-EY)^2}=\frac{1}{n}\sqrt{\sum\nolimits_{k=1}^{n}(x_k-\bar{x})^2}\sqrt{\sum\nolimits_{k=1}^{n}(y_k-\bar{y})^2},$$

$$\rho_{X,Y}=\frac{\sum\nolimits_{k=1}^{n}(x_k-\bar{x})(y_k-\bar{y})}{\sqrt{\sum\nolimits_{k=1}^{n}(x_k-\bar{x})^2}\sqrt{\sum\nolimits_{k=1}^{n}(y_k-\bar{y})^2}}.$$

需指出, 严格地讲, 这里的等式皆为近似式. 在 n 维空间中, 若令

$$\alpha=(x_1-\bar{x},x_2-\bar{x},\cdots,x_n-\bar{x}),\quad \beta=(y_1-\bar{y},y_2-\bar{y},\cdots,y_n-\bar{y}),$$

则$\rho_{X,Y}=\dfrac{(\alpha,\beta)}{|\alpha|\,|\beta|}=\cos\angle(\alpha,\beta)$. 由此易知: $|\rho_{X,Y}|=|\cos\angle(\alpha,\beta)|\leqslant 1$. 对 $|\rho_{X,Y}|\leqslant 1$. 的这种理解, 即是在统计实验背景下的一种内在直观理解 (一种解释).

随机变量的方差与协方差有下述关系

$$D(\xi\pm\eta)=D\xi+D\eta\pm\operatorname{cov}(\xi,\eta).$$

对标准化随机变量 ξ^*,η^*, 它变成

$$D(\xi^*\pm\eta^*)=2\pm 2\rho_{\xi^*,\eta^*}=2\pm 2\rho_{\xi,\eta}.$$

将其用到 X, Y 上, 得到

$$\begin{aligned}&D(X^*,Y^*)=2\pm 2\rho_{X,Y}\\&D(X^*,Y^*)\geqslant 0\Rightarrow 2\pm 2\rho_{X,Y}\geqslant 0\Rightarrow|\rho_{X,Y}|\leqslant 1.\end{aligned}$$

在相关系数与方差的关系中, 借助于方差的性质, 我们获得了对 $|\rho_{X,Y}|\leqslant 1$ 的一种外向理解.

本着收益极大化的精神, 思考至此, 不应结束, 要发挥 “再进一步” 持续思维的精神. 百尺竿头, 更进一步:

$$|\rho_{\xi\eta}|\leqslant 1\Rightarrow|\operatorname{Cov}(\xi,\eta)|\leqslant\sqrt{\operatorname{Var}\xi}\sqrt{\operatorname{Var}\eta}\Rightarrow\operatorname{Cov}(\xi,\eta)^2\leqslant(\operatorname{Var}\xi)(\operatorname{Var}\eta),$$

即

$$\{E(\xi-E\xi)(\eta-E\eta)\}^2\leqslant E(\xi-E\xi)^2E(\eta-E\eta)^2.$$

若令

$$\xi-E\xi=X,\quad \eta-E\eta=Y,$$

则上式成为

$$\{E(XY)\}^2\leqslant EX^2EY^2.$$

若

$$(x_1, y_1), (x_2, y_2), \cdots, (x_n, y_n)$$

是关于随机向量 (X, Y) 的一组实验数据, 根据数学期望反映在实验数据中就是平均值的直观特点, 上式可翻译为

$$\left\{\frac{1}{n}\sum\nolimits_{k=1}^{n}(x_k y_k)\right\}^2 \leqslant \left\{\frac{1}{n}\sum\nolimits_{k=1}^{n}x_k^2\right\}\left\{\frac{1}{n}\sum\nolimits_{k=1}^{n}y_k^2\right\},$$

$$\left\{\sum\nolimits_{k=1}^{n}(x_k y_k)\right\}^2 \leqslant \left\{\sum\nolimits_{k=1}^{n}x_k^2\right\}\left\{\sum\nolimits_{k=1}^{n}y_k^2\right\}.$$

这就是著名的 Cauchy-Schwarz 不等式.

内向理解与外向理解也代表着人们在日常生活中的两种行为方式: 对一个人、一件事的了解, 既可以通过直接接触、参与进行, 也可以通过其外围、通过与之有关联的网络间接进行. 一般的行为模式存在于人类的各种事务中, 具有遍历性.

对于给定的知识范围 K, 如果其中的问题 P 由 K 中知识所解决, 则称此解法为内生解; 如果一种解法用到 K 外面的知识, 则称此解法为外生解. 内生解、外生解是相对的概念. 可用知识范围变化了, 解的性质也可相应发生变化如范围大了以后, 原先的外生解会成为内生解. 不易找到内生解的问题往往是有一定难度的题, 因一般情况下, 人们缺乏到外面找解题工具的意识, 即使有, 大多数人也没有快速找到适宜工具的方向感. 在线性代数中, 一般不包含代数学基本定理. 用此定理解线性代数中的一些问题, 是外生解的典型例子.

例 本例涉及的矩阵皆为 n 阶方阵. $(\boldsymbol{AB})^{-1} = \boldsymbol{B}^{-1}\boldsymbol{A}^{-1}$, $(\boldsymbol{AB})^{\mathrm{T}} = \boldsymbol{B}^{\mathrm{T}}\boldsymbol{A}^{\mathrm{T}}$. 这种性质对伴随矩阵也成立: $(\boldsymbol{AB})^* = \boldsymbol{B}^*\boldsymbol{A}^*$. 如何证明这一点呢? 由于

$$\left.\begin{array}{r}(\boldsymbol{AB})(\boldsymbol{AB})^* = |\boldsymbol{AB}|\,\boldsymbol{E}\\(\boldsymbol{AB})(\boldsymbol{B}^*\boldsymbol{A}^*) = |\boldsymbol{A}|\,|\boldsymbol{B}|\,\boldsymbol{E} = |\boldsymbol{AB}|\,\boldsymbol{E}\end{array}\right\} \Rightarrow (\boldsymbol{AB})(\boldsymbol{AB})^* = (\boldsymbol{AB})(\boldsymbol{B}^*\boldsymbol{A}^*),$$

所以, 当 $\boldsymbol{AB}$ 可逆时, $(\boldsymbol{AB})^* = \boldsymbol{B}^*\boldsymbol{A}^*$; 但若 $\boldsymbol{AB}$ 不可逆呢? 这时, 考虑 $(\boldsymbol{A} - t\boldsymbol{E})(\boldsymbol{B} - t\boldsymbol{E})$. $|\boldsymbol{A} - t\boldsymbol{E}|$ 和 $|\boldsymbol{B} - t\boldsymbol{E}|$ 是 t 的 n 次多项式. 代数学基本定理告诉我们, 在复数范围内, 二者均有 n 个根. 若这些根的最大模为 r, 则 $\forall t > r$, 有 $|\boldsymbol{A} - t\boldsymbol{E}| \neq 0, |\boldsymbol{B} - t\boldsymbol{E}| \neq 0$. 亦即, $t > r$ 时, $(\boldsymbol{A} - t\boldsymbol{E})$ 和 $(\boldsymbol{B} - t\boldsymbol{E})$ 都是可逆的, 因此, $((\boldsymbol{A} - t\boldsymbol{E})(\boldsymbol{B} - t\boldsymbol{E}))^* = (\boldsymbol{B} - t\boldsymbol{E})^*(\boldsymbol{A} - t\boldsymbol{E})^*$, 从而两边矩阵 ij 位置上的元素相等: $\{((\boldsymbol{A} - t\boldsymbol{E})(\boldsymbol{B} - t\boldsymbol{E}))^*\}_{ij} = \{(\boldsymbol{B} - t\boldsymbol{E})^*(\boldsymbol{A} - t\boldsymbol{E})^*\}_{ij}$, 即

$$\{((\boldsymbol{A} - t\boldsymbol{E})(\boldsymbol{B} - t\boldsymbol{E}))^*\}_{ij} - \{(\boldsymbol{B} - t\boldsymbol{E})^*(\boldsymbol{A} - t\boldsymbol{E})^*\}_{ij} = 0.$$

也就是说, 左边关于 t 的 $2(n-1)$ 多项式有无穷多个根. 代数学基本定理告诉我们, 这只有在多项式系数全为零的情况下才能发生. 而这就意味着, 对 t 的任意取值

$$\{((\boldsymbol{A}-t\boldsymbol{E})(\boldsymbol{B}-t\boldsymbol{E}))^*\}_{ij}=\{(\boldsymbol{B}-t\boldsymbol{E})^*(\boldsymbol{A}-t\boldsymbol{E})^*\}_{ij}.$$

因此, 对 t 任意取值

$$((\boldsymbol{A}-t\boldsymbol{E})(\boldsymbol{B}-t\boldsymbol{E}))^*=(\boldsymbol{B}-t\boldsymbol{E})^*(\boldsymbol{A}-t\boldsymbol{E})^*.$$

特别地, 令 $t=0$, 则有 $(\boldsymbol{AB})^*=\boldsymbol{B}^*\boldsymbol{A}^*$. 综上可知, $(\boldsymbol{AB})^*=\boldsymbol{B}^*\boldsymbol{A}^*$ 总成立.

利用 $\boldsymbol{A}\to\boldsymbol{A}-t\boldsymbol{E}$ 的技巧, 以代数学基本定理为工具, 人们还可证明: ① $\boldsymbol{AB}$ 和 $\boldsymbol{BA}$ 具有相同的特征多项式 (文献 [64], P.200]). ② 任何一个复矩阵都可写成两个可逆矩阵之和: 因为, 如果 λ 不是 $\left|\boldsymbol{A}^2-\lambda^2\boldsymbol{E}\right|=0$ 的根, 则下述分解符合要求:

$$\boldsymbol{A}=\frac{1}{2}(\boldsymbol{A}+\lambda\boldsymbol{E})+\frac{1}{2}(\boldsymbol{A}-\lambda\boldsymbol{E}).$$

断想 43 智慧体力

“智慧体力” 这一概念首先由世界知名的机器人专家金山武雄在其《像外行一样思考, 像专家一样实践 —— 科研成功之道》中提出: “指的是长时间连续思考同一个问题, 或是从各个方面来思考同一个问题而怎么都不厌烦的能力 (文献 [86], PP.34—38).” 在本书中, 我们将此概念的内涵稍加扩展, 指的是不知疲倦的能力、持续进行脑力工作的能力、心智劳作的能力.

“提升自身的意识化水平, 强化自身的智慧体力” 是心智工作者 —— 学生、教师、研究人员、思想者等脑力工作者 —— 提升自身工作能力的两个基本要素. 具有较强智慧体力的人, 除了这一概念的提出者 —— 日本的金山武雄外, 哲学人类学的先驱人物之一 —— 德国哲学家卡西尔 (Ernst Cassirer, 1874—1945) 也是一个杰出的榜样. 美国《在世哲学家文库》在 1949 年出版了长达近千页[①]的《卡西尔的哲学》. 其中, Dimitry Gawronsky 在为其写的传记 “*Ernst Cassirer: His life and his work*” 中谈到, 在卡西尔早年, 由于喜爱音乐, 经常去听音乐会, 以致用来学习的时间很少; 后来, 受其姥爷的哲学爱好的影响, 他的内在智力生命被唤醒, 从此沉浸于大量的文学、历史等方面书籍 (特别是莎士比亚的作品)[②]的研读. 13 岁左右,

① 1973 年版本的正文有 936 页.
② 大量的书来自卡西尔父亲的藏书.

他具备了“持续集中精力工作”的能力 (capacity for concentrated and persistent work). 这一品质直接导致了其后一生的哲学成就 (文献 [174], PP.3—37).

不难理解, 没有明晰的心境和坚持不懈的毅力, 无论什么人, 都是难成大事的. 需指出的是, 智慧体力与毅力是两个概念. 盲目地坚持往往会有损健康. 毅力只是有助于提升智慧体力的一个重要因素而已.

转移青春期的逆反心理、不服输的精神到学习内容上 —— 建立批判性思维的意识. 童心的好奇心、青春期的一些心理品质用对了地方, 都有益无害. 任何事情都有用场 —— 保持人各阶段的天性, 在不同时期将其用到适宜的地方, 对人的发展大有好处. 社会中的人, 其天性集合的有用场是时间的函数, 而且, 如果在不同时期发挥得好, 还可以壮大相应天性 —— 天性得以成长. 不论如何, 人的天性系统是随着时间的流逝而不断发生变化的: 有的变得利于载体的生存和发展, 有的则不然. “优化天性系统”原则.

断想 44 开阔学生的智力视野是提高其思维效率的重要方面

教师课堂教学合理设计 (所用语言在于诱导学生沿着自己的导向前进) 教师的智谋远大于学生才能不让学生识破 (魔术师对教师有可借鉴之处).

断想 45 激励教育首先要调动起学生的心气

激励性的语言首先是大气 —— 有时甚至是显得有些狂妄的语言. 教育首先要调动起学生的心气. 要让其有学习、发挥进而在相应过程中提高其智力水平的冲动. 将学生带入冲动而理性的学习状态, 是激励教育的情感目标. 在教学的过程中自然讲解一些大师的“豪言壮语”是有益于这一目标的实现的. 科学、艺术、哲学、文学等领域中的“狂人”—— 比如, 数学领域中的法国人 Galois、艺术领域中的意大利全才达 · 芬奇 (Leonardo Da Vinci, 1452—1519)、哲学领域中的德国人尼采、文学领域中的英国人萧伯纳、奥地利著名诗人里尔克的一些经典言论常具有调动人情绪的功能. 用人类中高精神能量的人的言行来激发、提高普通人的精神状态是一种自然有效的措施. 而要有效地实行这一思想, 就要求教师具有相应渊博的见识. 为了提高学生的水平, 教师首先要不断提高自己. “教学相长”不仅是一个教学要求, 对负责任的教师而言, 它更是一种必然现象.

任何事情本身都是中性的, 相对于人而言都有正反或积极与消极两个方面的作用. 看到事情的积极因素, 以利自身发展, 就是积极的人生. 教师用积极、阳光的一面引导学生就是一种正面激励.

反面激励 (如自尊心激励). 指桑骂槐式讲一些道理 (比如, 前面的 “消费者” 观点), 让学生知耻而奋进.

断想 46 激励措施因人而异

对不同心理类型的人, 要采用与之相适应的激励措施. 在倾向于满足受激励者的需求的基础上的引导性激发措施, 才有可能产生实质性的激励效果. 激励者与被激励者在激励的内容上应该是一致、和谐而不应是对抗、冲突的. 我们称此观念为 “和谐激励原则”.

断想 47 障碍激励

设置学习障碍, 是激励富有斗志的学生的一种重要措施. “勇于面对困难、积极接受挑战” 的精神, 是一个人能够有所作为的重要品质.

障碍就是人要解决的问题. 在问题解决中树立积极正面的态度是十分必要的. 加州大学 (洛杉矶) 的 Moshe F.Rubinstein 在 (文献 [77], P.28) 中, 对此有一很好的表述: “问题解决中积极 (positive) 的态度将一个问题看作一个挑战、思维工具库的一种丰富、一个学习经历. 对具有积极态度的人而言, 认证一个解的受挫的努力, 会被发现一个新解后的兴奋或从问题解决的失败中获得的经验教训所补偿. 创新型的人对问题解决具有这样一种积极的态度. 他们将 (逾越) 问题情境中的一个障碍看作一种智力和情感上的冒险. 创新型的人能够容忍复杂性、不确定性、冲突与不协调性. 他们从新的经历中获得快乐, 且更富有主动性, 并具有产生结果的能力. 他们是作者. 他们在问题解决中似乎具有控制力并显示出自信. 所有这些态度, 与积极的态度 —— 各领域中创新型人才对问题及问题解决所具有的态度 —— 是一致的. ” 对富有积极心态、不轻易服输的人, 困难更加激发其斗志.

明确提高逆境商数的概念 (文献 [245]), 明确 “态度决定一切” 的基本思想 (文献 [246]), 有助于实施有效的激励.

断想 48 激励发展的两个动力

数学的发展来自于两个动力: 一是内在的兴趣, 二是外在的工具性需要. 善于诱导学生学习的数学大师很多, 否则数学事业不会这么蒸蒸日上. 著名者如德国的希尔伯特 (David Hilbert, 1862—1943)、魏尔斯特拉斯 (Karl Weierstrass, 1815—1897)、法国的方泰涅 (Alexis Fontaine, 1704—1771) 等. 德国数学大师克莱因 (Felix Klein, 1849—1925) 认为, 教师必须是个理解学生心理的外交家 (文献 [17], PP.3—4). 受数学诱惑而学数学的例子, 比如, 魏尔斯特拉斯受希尔伯特讲座的诱惑深入到数学的研究事业; 很多人听了魏尔斯特拉斯的课后去学数学, 起初学化学①的施瓦兹 (Hermann Schwarz, 1843—1921) 即为一例; 范德蒙德 (Alexandre-Theophile Vandermonde, 1735—1796) 在听了方泰涅富有激情的数学课后改学数学, 并于一年后成功进入巴黎科学院.

断想 49　写思想日记 —— 记录精神生命的成长历程

尼采在其《悲剧的诞生》(文献 [21], P.185) 中表达了自己关于普通人写作方面的成功观: "做一个出色小说家的方子是很容易开出的, 但要实行就必须具备某些素质, 当一个人说 '我没有足够的才能' 时, 他往往忽略了这些素质. 不妨写出成

---

① 先学化学后做数学的数学家还有:

a. 代数学家阿丁 (Emil Artin , 1898—1962), 他在中学阶段对化学有着浓厚的兴趣 (http://www-history.mcs.st-andrews.ac.uk/Biographies/Artin.html).

b. 一代数学大师 John von Neumann (1903—1957) 入大学学的是化学工程专业, 并于 1926 年同一年获得化学工程学位和数学博士学位 (http://www-history.mcs.st-andrews.ac.uk/Biographies/Von_Neumann.html).

c. 1994 年 Nobel 经济学奖获得者纳什 (John F.Nash, 1928—) 入大学起初是被录取进化学工程的学位项目, 但在参加了张量演算和相对论课程后, 他转到了数学专业 (http://www-history.mcs.st-andrews.ac.uk/Biographies/Nash.html).

d. 现在加拿大 Waterloo 大学组合与优化系任教、《代数图论》一书的作者 Chris Godsil 大学期间学的是生物化学, 后转攻图论.

e. 美国统计学家塔基 (John Wilder Tukey, 1915—2000) 在布朗大学 (Brown University) 获得化学专业的学士、硕士学位, 但由于他被抽象数学所吸引, 之后便到普林斯顿大学 (Princeton University) 攻读并获得数学博士学位 (拓扑学), 随后转入统计学 (文献 [389], PP.230—236. 或参见 http://www-history.mcs.st-andrews.ac.uk/Biographies/Tukey.html).

f. 瑞典数学家、统计学家克拉美 (Harald Cramer, 1893—1985) 先化学、后数学. 其最早的 5 篇论文即是关于化学的. 他于 1917 年获得数学博士学位 (http://www-history.mcs.st-andrews.ac.uk/Biographies/Cramer_Harald.html).

g. 法国的 Marcel Paul Schutzenberger(1920—1996) 于 1948 年获得医药 (Medicine) 博士学位. 其后半生投入数学领域 (http://www-history.mcs.standrews.ac.uk/Biographies/Schutzenberger.html).

h. 出生于匈牙利的澳大利亚数学家 George Szekeres(1911—2005)1933 年毕业于化学工程专业, 随后作了 6 年分析化学家 (http://www-history.mcs.st-andrews.ac.uk/Biographies/Szekeres.html).

i. 美国数学家琼斯 (Floyd Burton Jones, 1910—1999)1932 年获得化学本科学位, 1935 年获得数学博士学位. 他受数学家、数学教育家莫尔 (Robert Lee Moore, 1882—1974) 的影响很深, 也成了一名数学教学高手 (http://www-history.mcs.st-andrews.ac.uk/Biographies/Jones_Burton.html).

j. 美国加州理工学院 (California Institute of Technology. 简称 Caltech) 数学系解析数论学家阿波斯托尔 (Tom Mike Apostol, 1923—) 在华盛顿大学获得化学工程学士学位和数学硕士学位, 后在加州大学伯克利 (University of California, Berkeley) 获得数学博士学位, 以至成为职业数学家.

基于以上数学家的经历, 有兴趣的读者可去撰写名如《(10 位) 学化学出身的数学家》之类的作品.

百篇以上小说稿, 每篇不超过两页, 但要写得十分简洁, 使其中每个字都是必要的; 每天记下趣闻轶事, 直到善于发现其最言简意赅、最有感染力的形式; 不懈地搜集和描绘人的典型和性格; 首先抓住一切机会向人叙述, 也听人叙述, 注意观察、倾听在场者的反应; 像一位风景画家和时装画家那样去旅游; 从各种学科中摘录那些若加生动描写便能产生艺术效果的东西; 最后, 沉思人类行为的动机, 不摒弃这方面的每种教诲提示, 白天黑夜都做此类事情的搜集者. 不妨在这方面的练习中度过几十年, 然后, 在这工场里造出的东西就可以公之于世了. ” 中国唐朝诗人李贺的写作方式, 也在于灵感随记后的整理 (通过网络, 大家可找到很多有关的描述).

俄国数学家斯捷克洛夫 (Vladimir Steklov, 1864—1926) 保持了大约 20 年的日记经历. 记录从每天上午 10 点的天气状况开始：温度、气压、云的覆盖程度、是否有雨和雪等, 晚上结束一天的日记. 记录的内容包括收发信件的细节、出访和到访人员的细节, 以及下午 3:30 的天气状况 (细节模式如同上午 10 点)①.

“马克思在青年时代就已养成就所读的书作提要, 并且随时写下感想的习惯, 在他所举的经过这样下工夫的几部著作之中, 首先就是《拉奥孔》. ”(马克思 1837 年 11 月 10 日给父亲的信. (文献 [167], P.229))

英国功利主义哲学家、经济学家边沁 (Jeremy Bentham, 1748—1832) 说, “无论到什么地方, 黑海 (Black Sea) 边亦好, 斗室里亦好, 皇家方场上亦好, 每天总是写得很多. 他把写成的文稿小心地放在鸽笼式的木架里面 ······” (文献 [415], P.43). 法国作家、1947 年诺贝尔文学奖获得者纪德 (Andre Paul Guillaume Gide, 1869—1951) 的终生习惯之一即是, “记事本不离身, 把思想倾注于纸上”(文献 [415],
P.83).

断想 50 激励就是通过承认其显露出的才能, 来激发其潜能的一种行为 —— 让才能的潜水艇浮出水面

对这里的 “潜能” 要做广义地理解：它既包含生长发展能力、由潜到显破土而出的能力, 也包含才能、精神变化速度的能力. “激发潜在, 优化显在” 是激励教育的两大基本任务. 其中的优化包含方向确认、强化优势、加快速度等三个方面. 在竞争环境里, 既有大鱼吃小鱼, 又有快鱼吃慢鱼的规律.

① http://www-history.mcs.st-andrews.ac.uk/Biographies/Steklov.ht . 斯捷克洛夫数学研究所是世界上有名的数学研究机构.

断想 51　能行与快行[①] 是能量激发的两个基本方面

对这里的"快行"要做辨证地理解：这里的速度是指受教育者自身本事生长的速度，而不是对外在书本翻页的速度. 很多人看书不能进入状态，常常往后下意识地翻页. 除了第一次看书要了解一下全书的基本情况外，在大多数情况下，这种翻页的行为是一个弱点. 外在的书本、讲座等作品，对于学习者而言，应重在起一个刺激物、驱动力的作用：它只要驱动了自己大脑运转等主动行为，在这行为进行的过程中，它便可暂时休息了. 一个概念、一句话、一节、一章、一本书，它引起的主动思考行为持续的单周期时间越长，其对思考行为者的效用越大. 明白了一个知识点 (一个概念、一个定理等) 的语义后，就将书本放下，自己脑子里对其多方面、有联系地进行尽可能广泛、细致、深入地思考：比如考虑它的一些细节、一些特例、一些类比、一些移植、一些可能的推广、它历史上来自于哪、它逻辑上可来自于谁、它逻辑上有何推论、现实生活中有何类似的形象、有什么可能的应用、在整个理论体系中它是不可或缺的吗？等等. 当你考虑来考虑去到一定时间后，你会发现，你思考过的东西又再次出现了，思维出现了反复. 这就意味着你独立思考的第一个周期基本完成了，再思考下去，基本上是周而复始，做些无用功. 至此，在学习者当时的情况下，思考前阅读的知识点的效用已经发挥殆尽了. 这时候，学习的目光应再次转向外在动力源 —— 课本等材料 —— 去吸收下一部分养料. 这种外内转换的周期化学习原则，我们称其为"单周期转换原则". 这种原则的不断实行，可有效提高学习者的独立思考能力、持续思维能力和研究能力，增强其对思维和理念世界的深刻体验. 好的棋手和研究人员在持续思维能力方面都有着较强的功力. 高段位围棋选手在比赛中走一步要花很长时间，即为典型一例.

当然，为了自己以后可持续发展有个宽实的知识基础，在受教育阶段，持续思维能力强的同学在独立思考和知识吸收之间取得一种平衡是必要的.

---

① 具有较快的行动速度是一种竞争优势. 不仅学生时代学习上如此、学术研究上如此 —— 具有较快的思维反应速度是天才数学家 — 如诺伊曼 (John von Neumann, 1903—1957)、杨 (Alfred Young, 1873—1940) 等 —— 成就不凡事业的重要因素，走入社会，在事业发展上也是如此. 马来西亚华商领袖、亚洲糖王郭鹤年先生 (1923—) 成功的秘诀之一，即在于行动快 —— "英语好，胆子大，行动快" 是其在国际商业舞台上成功的三大要素：较好的语言能力利于交流、沟通，胆子大可避免错失良机，行动快则利于抢占先机. 美国未来学家、奇点大学校长库兹韦尔 (Ray Kurzweil, 1948—) 甚至认为，快行能力是智力的一个非常核心的方面："智力可被定义为利用有限的资源解决问题的能力，在这些有限的资源中，时间是至关重要的一种因素. 因此，就像寻找食物或躲避捕食者一样，如果你越能迅速地解决问题，就证明你的智力越高." (文献 [459], P.263)

断想 52　思维姿势、思维气势、思维场景问题

学习中不仅有思维方式问题, 还有被人们忽视的思维姿势、思维气势、思维场景问题.

断想 53　学习方法、程度以及教育的进化功能

潜能之所以能被激发, 是由于学习者通过相应的努力可以获得好处, 因而他愿意付出努力. 主动的努力可以释放自身相应的能量、展示相应的才华.

展示自己的才能要懂得 "六会学习":

(1) 会想. 锻炼多步 "持续思维能力". 现在很多考试基本是 "一步试卷"(一个步骤就能解决), 至多是 "少步试卷". 在这方面, "直观简明化" 训练与 "逻辑复杂化" 训练都是必要的. 后者可锻炼联系融通能力.

(2) 会说.

(3) 会写. 大学生的数学写作一般在中学之前没过关. 传说中赋予人类书写能力的古埃及黑头白鹮 (Ibis-Headed) 神修斯 (Theuth) 认为, 写作 "这一发明 ……; 对记忆和智慧都是一付特效药 (This invention……; it is a specific both for the memory and for the wit)". 四千年后的今天, 相关心理学的研究支持了这一观点 (文献 [310], P.209—210). 法国解构主义大师德里达 (Jacques Derrida, 1930—2004) 的作品告诉人们: 写作引领思想①(文献 [430], 文献 [431]). 美国现代作家莫斯利 (Walter Mosley, 1952—) 亦认为, 写作可让人深入自身心灵深处 —— 写作过程本身不仅有助于揭示深刻的思想、深层的感情, 而且还可自动锻炼、提高用词表达式能力 (文献 [372], P.8).

(4) 会做.

(5) 会用.

(6) 会反思. 学好数学要走良性增强自信心的道路: 静下来、钻进去、建形象、善观察、多联系、会操作、勤回忆、讲出来、写明白、要连续.

学好数学的第一心态在于不着急, 深入地研透所学知识的本质, 在心里将其看得很清楚, 至关重要. "戒骄戒躁" 是做好任何一件事情的基本态度. 毛泽东在长沙第一师范求学时, 曾改写过学者胡居仁的一副楹联, 旨在勉励自己在学业方面要持之以恒, 逐渐积累. 改后的楹联 "贵有恒, 何必三更起五更睡; 最无益, 只怕一日曝十日寒" 体现着对待学习的科学态度和方法. 而毛泽东赠其堂妹毛泽建的楹

---

① 美国长寿医学专家格罗斯曼 (Terry Grossman, 1951—) 认为, "写作" 这项活动是综合锻炼人的左脑 (智力) 和右脑 (艺术能力) 的杰出手段 (文献 [460], P.258). Mark Levy 的一部书强调的就是 "用写作产生你最好的思想和洞察 ……"(文献 [487]).

联“绳锯木断; 水滴石穿”, 体现的仍是对毅力的强调. 这两副对联可见文献王泽敏的《中华楹联大全》(文献 [102]).

宏观而言, 相对于数学的传统追求 —— 概念清晰、表述严格 —— 而言, 学生学习的障碍主要表现在两个方面: 一是心里不明白; 二是表达不清楚. 后者反映的是学生对数学语言的驾驭能力. 做作业的目的除了常言的 —— 检查自己对所学知识的理解状况 —— 以外, 还有一个重要的方面, 那就是由此锻炼自己的数学写作水平. 对这一点, 人们重视的还不够. 通过实实在在地“写”作业, 学生既可以提高自己运用数学语言的能力, 又可以提高自己的做题速度.

讲课时, 教师的任务之一, 就是要用生动的自然语言揭示教材中数学语言的内涵. 考试时要检查学生对数学语言的识别力, 看其是否学到了教师做的那一套 —— 从数学语言到自然语言. 对题目“$\boldsymbol{A}=\begin{pmatrix}1&-1&2\\2&-3&5\\3&-4&a\end{pmatrix}$. 若 $\boldsymbol{AX}=\boldsymbol{0}$ 有非零解, 则 $a=$?” 加以如下改造

“如果 3 阶矩阵 $\boldsymbol{A}=\begin{pmatrix}1&-1&2\\2&-3&5\\3&-4&a\end{pmatrix}$ 满足两个条件:

(1) $\begin{pmatrix}1&-1&2\\2&-3&5\\3&-4&a\end{pmatrix}\begin{pmatrix}b\\c\\d\end{pmatrix}=\begin{pmatrix}0\\0\\0\end{pmatrix}$;

(2) $|b|+|c|+|d|\neq 0$, 则 $a=$?”.

改造后的题目数学语言化程度得到了提高, 但实质没变.

提高试题的数学语言化程度, 目的就在于, 在检验学生对“作为思想的数学”学习的程度的同时, 检验学生对“作为语言的数学”学习的程度.

多与数学语言接触, 善于将自己心里之所想用简洁的语言准确地表达出来, 是学好数学的一个重要特征. 学生学习中往往习惯于看具体的例子, 看具体数字的例子, 而对一般的符号对象, 则感觉理解困难. 出现这一现象的一个重要原因, 不是所学对象真难, 而是学生有心理问题. 守旧思维、回归意识在起作用, “向新意识”不够. 学生应建立“现实是前行的起点”的自然意识. 纠缠于回溯之中, 则别的事情将无所成. 其实, 在大家小的时候, 数字也是符号, 只是人们与其接触久了,

便降低了陌生感. 由算术到代数. 重演历史发展过程. 打破重演律的条件. 学生学习中, 对特殊具体对象易接受, 对一般性较强的对象, 接受和表述起来有些困难. 例如, 让学生写出向量组

$$\{\boldsymbol{\alpha}_1, \boldsymbol{\alpha}_2, \cdots, \boldsymbol{\alpha}_m\}$$

的一个极大线性无关组, 写出

$$\{\boldsymbol{\alpha}_{i_1}, \boldsymbol{\alpha}_{i_2}, \cdots, \boldsymbol{\alpha}_{i_h}\}$$

这种一般形式者少.

学好数学的程度, 依赖于对所学对象的熟悉度 —— 在于学习者与所学对象的“交往”“深入”“亲密”程度.

熟能透识, 熟能生巧.

熟悉度的增加, 根基于工夫的增加. 你下了多大工夫, 就会有相应多大的收获. 这里的“相应”指的是: 收获对学习者基础的依赖性. 基础包含先天心智灵性基础和后天学识基础两个基本方面. 在基础相当的情况下, 收获与工夫成正比. 由于先天因素是后天短时难以改变的, 我们能够做到、自己能够控制的, 就是自己后天的努力. 通过后天的努力, 来提高自己. 正因如此, 才有“笨鸟先飞”的说法. 在此, 我们要说明两点:

(1)“笨鸟先飞”有两层意思, 一是指, “笨鸟要先飞”: 基础条件相对较差的人, 为了在竞争中不落伍, 就要提前行动, 比别人付出更多的时间, 作出更大的努力 —— 付出更大的努力成本. 亦即练得早, 练得勤, 练得苦. 不论体育竞赛、智育竞赛、还是德育竞赛, 皆如此. 二是指, 明事理而又践行的“笨鸟必先飞”: 明白笨鸟要先飞的道理, 并付诸行动的人, 一定会尽早获得成功, 实现自己事业上的先行起飞. “先发动, 先起飞”. 不仅先起飞, 而且往往飞行的稳且远 —— 这主要是由其扎实的基础所决定的. 在数学发展史上, 德国哥廷根数学学派的代表人物希尔伯特就是这方面的一个典型代表. 他在上大学之初, 并未显示出特殊的数学天赋. 但他善于向天赋好的同学, 如 Minkowski(Hermann Minkowski, 1864—1909) 学习. “博采众家之长, 强劲中的之矢”. 勤奋有效的努力, 终于造就了一代大师. 仅他在 1900 年国际数学家大会上作的讲演《数学问题》, 就影响了数学整整至少一个世纪的发展.

“笨鸟先飞, 造就晚成大器”在人才发展史上, 已成了一种常见现象. 当然, 使得这一现象出现的前提, 并不仅仅是练得早, 练得勤, 练得苦. 傻练是不会出满意成果的. 练得巧, 练得久, 并善于抓住机会, 才会造就成就的实现.

需指出, 这里我们谈 “笨鸟必先飞” 中的 “必” 字, 并不具有逻辑上的真实意义. 它是一种用于对基础较差者话语的激励型语言. 在与人的交流中, 一味追求严密而忽略心理、精神上的启发作用, 效果会适得其反. 真正的教师家懂得: 话语要与对方的心智和情感水平相适应. 教育, 首先在于激励, 在于激发他们的学习冲动、行为冲动; 然后, 随着其水平的提高再不断提高话语的精细度. 我们将这一原则, 称为 “语言精度与受众感受水平相和谐原则”. 若强调语言与感觉的相互关系, 而非单向作用关系, 则可简称其为 “语言与感受联动原则”. 它反映了语言与感觉相互作用的动态关系, 包含着更为丰富的内容.

(2) 先天基础就人之出生时的神经系统状况而言, 它是确定的. 但就后天演化而言, 它是可以而且实际上一直是在不断发生着程度或大或小的变化的. 只不过有的人是被动、自然地演化着, 有人是借助于有意的措施主动、自觉地演化着. 教育实际上就是人类有意识进化的一种手段. “教育的全部要点显然就是训练生活可能需要的那些大脑回路 —— 而不是给心智塞满事实”. 英国的生命科学家、作家 Matt Ridley 在其 *Nature via nurture* 中如此说 (文献 [195], P.150).

进化过程不仅发生在较长时间段上, 而且也发生在诸如思维、情感等瞬时过程中. 美国华盛顿大学的神经生物学家 William H.Calvin 在其 *How Brains Think: Evolving Intelligence, Then and Now* 中, 讨论了思维的瞬间达尔文过程 (见杨雄里院士的中译本《大脑如何思维》[154]), 指出, 进化即使在人的一生中, 也是在不断地在进行着的. 后天是先天进化之整个过程的一部分.

断想 54 “知识 + 知识衍生机制 + 知识写作 + 知识欣赏与评价 + 应用” 的教育观念

在知识教育中, 既要讲事情的逻辑、计算的方面, 又要讲其历史的方面 —— 讲历史上相关的人与事. 比如, 谈到线性空间时, 我们要讲其与经济学的关系: n 维向量空间起源是很早的, 根据史树中 (1940—2008) 教授在其《金融学中的数学》(文献 [40]) 中的说法, 早在 1888 年, 意大利数学家佩亚诺 (G.Peano, 1858—1932) 就给出了严格的有限维线性空间的定义. 不过, 这一数学概念的思想的广为人知归功于大数学家外尔在其《空间 — 时间 — 物质》一书中给出的仿射几何 (affine geometry) 的概念 —— 虽然名词不同, 但其本质上是在重复 Peano 的公理 (文献 [247], PP.16—18); 而向量空间这一概念的普及, 则肇始于 20 个世纪 50 年代. 诺贝尔经济学奖获得者、美国经济学家阿罗 (K.J.Arrow, 1921—) 和德布鲁 (G.Debreu, 1921—2004) 在 50 年代建立的一般经济均衡理论的数学出发点就是商品空间 —— 一种有限维向量空间 (有关原始文献, 可见文献 [41]). 德布鲁在 1983

年的获奖演说中指出：“商品空间有实向量空间结构这一事实使经济学数学化成功的基本原因”(见文献 [40] 或诺贝尔奖官方网站 — http://nobelprize.org — 上的相关材料). 向量空间概念在经济学上的成功运用, 不仅提升了经济学的理论水平, 而且反过来促进了向量空间概念在科学、教育界的传播与普及. 数学与经济学形成了互惠互利的格局. 顺便指出,《金融学中的数学》是反映向量空间在金融证券的研究与实践中之作用的典型文献.

数学欣赏教育重在培养学生对知识结构美的感受力. ① 新概念的引入刷新、增强数学的表达力. ② 语言的扩张, 导致表达范围的扩张：某种无关组的扩张导致其所生成空间的扩张. 引入了行列式的概念, 就有了优美的 Cramer 法则; 矩阵的行秩、列秩、行列式秩的同一性给人以必然的触动：一些元素排成的阵竟然在行和列上有这样内在的数字同一性! 这确是一件很奇妙的事情. ③ 数学的核心特质之一在于：你若说什么什么是对的, 你必须对其给出严格的逻辑证明. 证明是数学工作的重要内涵. 数学家不仅给出证明, 而且追求证明的优雅. 何为证明的优雅? 按照英国数学家李特尔伍德 (D. E. Littlewood, 1903—1979)[①]的说法, 初始假设和证明过程的严格经济性、直接性、纯净性 (没有多余的不相关的东西, 不拖泥带水) 构成了优雅证明的品质 (文献 [428], P.12).

强化了学生对数学的感受力和欣赏力, 也就增强了数学的吸引力、增强了学生对数学学习的向往力.

应用教育包括两个基本的方面：知识应用与研究方式的应用 —— 应用研究的成果与应用研究的模式.

知识应用是指将学到的知识应用于解决具体的问题. 这里有两层含义：一是应用具体的知识; 二是应用知识的精神. 下面来看相应的两个例子.

例 1 商家考虑一种商品的生产量 x 时, 首先考虑的是此商品在市场上的价格 p. 商品的市场供应量是价格的函数 $S(p)$, 同时价格也是消费者相应嗜好 (taste) α 的函数; 另外, 市场对同一商品的需求量是价格和嗜好的函数 $D(p,\alpha)$. 供需达到均衡时, 有下述方程组成立

$$
\begin{cases}
S(p) - x = 0 \\
D(p,\alpha) - x = 0.
\end{cases}
$$

为了明确均衡点 (p_α, x_α) 的特点, 我们在上述方程的两边同时对 α 求导, 得到

---

① 此李特尔伍德在剑桥三一学院本科阶段的指导老师是大数学家李特尔伍德 (J. E. Littlewood, 1885—1977).

$$\begin{cases} \dfrac{\partial S}{\partial p}\dfrac{\partial p}{\partial \alpha}-\dfrac{\partial x}{\partial \alpha}=0 \\ \dfrac{\partial D}{\partial p}\dfrac{\partial p}{\partial \alpha}+\dfrac{\partial D}{\partial \alpha}-\dfrac{\partial x}{\partial \alpha}=0 \end{cases} \Rightarrow \begin{cases} \dfrac{\partial S}{\partial p}\dfrac{\partial p}{\partial \alpha}-\dfrac{\partial x}{\partial \alpha}=0 \\ \dfrac{\partial D}{\partial p}\dfrac{\partial p}{\partial \alpha}-\dfrac{\partial x}{\partial \alpha}=-\dfrac{\partial D}{\partial \alpha}. \end{cases}$$

写成矩阵形式, 即

$$\begin{pmatrix} \dfrac{\partial S}{\partial p} & -1 \\ \dfrac{\partial D}{\partial p} & -1 \end{pmatrix} \begin{pmatrix} \dfrac{\partial p}{\partial \alpha} \\ \dfrac{\partial x}{\partial \alpha} \end{pmatrix} = \begin{pmatrix} 0 \\ -\dfrac{\partial D}{\partial \alpha} \end{pmatrix}.$$

根据简单的经济学原则易知: S (即 $S(p)$) 是 p 的增函数, D (即 $D(p,\alpha)$) 是 p 的减函数、是 α 的增函数, 亦即

$$\frac{\partial S}{\partial p}>0, \quad \frac{\partial D}{\partial p}<0, \quad \frac{\partial D}{\partial \alpha}>0.$$

上述矩阵方程因此具有下述符号形式

$$\begin{pmatrix} + & - \\ - & - \end{pmatrix} \begin{pmatrix} \dfrac{\partial p}{\partial \alpha} \\ \dfrac{\partial x}{\partial \alpha} \end{pmatrix} = \begin{pmatrix} 0 \\ - \end{pmatrix}.$$

根据求解线性方程组的 Cramer 法则

$$\frac{\partial p}{\partial \alpha}\text{的符号}=\frac{\begin{vmatrix} 0 & - \\ - & - \end{vmatrix}}{\begin{vmatrix} + & - \\ - & - \end{vmatrix}}=\frac{-}{-}=+, \quad \frac{\partial x}{\partial \alpha}\text{的符号}=\frac{\begin{vmatrix} + & 0 \\ - & - \end{vmatrix}}{\begin{vmatrix} + & - \\ - & - \end{vmatrix}}=\frac{-}{-}=+.$$

换句话说, 均衡点的坐标 p_α, x_α 都是 α 的增函数: 一种商品的价格与数量随着消费者嗜好的升降而升降. 这样, 我们利用精确求解方程组的解的 Cramer 法则, 就得到了经济学中的一个定性的结论.

数学家解决了一个问题后还会进一步进行持续思维, 看能否从中得到更多的东西. 顺手可得的效益是不会被轻易忽视的. “工作效用的极大化原则” 在高品质数学家身上体现得非常完美. 从这点来讲, 数学家是典型的实践型的经济学家. 数学家在上述问题的求解中就看到了有价值的研究课题: 方程组的符号解问题 ——

由未知量系数的符号来决定未知量的符号. 关于这类问题的系统研究, 现在已经形成了一个活跃的前沿性数学分支 —— 符号可解线性系统 (线性方程组) 的理论. 美国组合学家 Richard A. Brualdi 和 Bryan L. Shader 的著作*Matrices of sign-solvable linear systems* (文献 [44]) 是这方面的代表性文献. 上述例子即取自此书.

顺便指出, 关注符号的问题最早由萨缪尔森 (Paul A.Samuelson, 1915—2009) 在其名作《经济分析基础》中所考虑. 他的这一工作, 在经济学领域催生了定性经济学的研究, 在数学领域则催生了方程组的符号可解性的研究.

例 2 在已知圆周长公式是 $2\pi r$ 的情况下, 我们可这样直观地建立圆面积计算公式: 将圆心角 $360°2n$ 等分, 整个圆盘因此被等分为 $2n$ 个小扇形. 然后, 将这些扇形一个弧向上一个弧向下的拼起来 (相邻扇形的半径重合). 当 n 很大时, 新拼出来的图形近似于一个边长为 $r, \pi r$ (半周长) 的矩形. 当 n 趋向无穷时, 圆的面积就是此矩形的面积 $(\pi r)r = \pi r^2$. 这里解题的过程 “(将圆) 分解 → 组合 → 近似 → 极限” 就是 “积分” 的过程, 运用的是积分的步骤, 而不是严格的积分定义. 如果称知识的第一种应用为硬应用的话, 则可称第二种为 “软应用”. 一个人的素质在很大程度上表现为对知识的软应用水平. 知识的软应用强调的是对知识的 “活学活用”.

“源理” 与具体的应用领域无关, 它们是各领域共同的东西. 许成刚在文献 [96]. (PP.69—80) 中谈了经济学的五条 “不相关性原理”①作为经济学本质的原理. 英国数学家西尔维斯特 (J.J.Sylvester, 1814—1897) 不论在数学 (重视几何背景, 特别是空间)、还是在诗的翻译及韵律研究中 (关注声音的连续性、心理印象的连续性), 都强调连续性法则 (Law of continuity) 的重要性. 并称之为自己在诗的翻译②、韵律研究、数学研究诸方面贯彻始终的指引明星 (guiding star)(文献 [237], PP.14—15). 我们在这里则要强调人类思维的同源原理 —— 人类内在的思维方式在总体上与具体领域的无关原理. 人类思维在各领域都有具体知识的体现, 其应用都是相应知识的软应用. 关于同源原理, 德国历史哲学家斯宾格勒在其经典

① 经济学最重要的关于制度的内容有如下五个基准: (1) 阿罗–德布鲁的一般均衡模型; (2) 默迪格利安尼–米勒定理 (MM 定理); (3) 科斯定理; (4) 卢卡斯关于货币中性的理论; (5) 贝克尔–施蒂格勒关于司法制度最优阻吓的理论. 许成刚认为, 把这五个基准弄懂之后, 经济学的精华大体就把握住了. 这五个基准的共同点是 “不相关性”(irrelevant), 即每一个都是关于某种制度的不相关性.

② 西尔维斯特英译了贺拉斯 (Quintus Horatius Flaccus, 英文名 Horace, 65BC–8BC, 古罗马抒情诗人)、席勒 (Johann Cristoph Friedrich Schiller, 1759—1805, 德国诗人、美学家)、歌德 (Johann Wolfgang von Goethe, 1749—1832, 德国诗人、哲学家) 等著名诗人的一些诗, 并认为自己的译作在忠于原著、具有优美的韵律等方面达到了很高的水平, 堪与弥尔顿 (John Milton, 1608—1674, 英国诗人, 著有《失乐园》等) 等的相关译作媲美 (文献 [237], P.14).

文献《西方的没落》(文献 [97. P.110]) 中说:"一种文化的内在结构与其他所有文化的内在结构是严格地对应的; 凡是在某一文化中所记录的具有深刻的观相重要性的现象, 无一不可以在其他每一文化的记录中找到其对等物." 强调不同学科中共同的思想方法的教育, 就是一种 "源理" 教育. 当一门学科没能典型地体现某一一般思想时, 只是表明它暂时还没发展到那一步. 从发展的角度看问题, 这恰恰说明, 体现给定的思想是相应学科发展的一个方向. 不同领域的同构化追求, 领导着人类众文化的共同进步.

同源有两方面的基本内涵: 一是思维同源, 一是对象同源. 相应地, "数学是一门内在的学问" 之 "内", 既包含有 "人之内在思维、心理过程" 之 "内"—— 数学行为者方面的主观之 "内", 也包含 "揭示世界的内在本质规律" 之 "内"—— 研究对象方面的客观之 "内". 在此我们要顺便指出, 数学的内向性还有第三个认识过程的方面, 那就是数学研究的内容由外在直观到内在抽象化、精细化、深入化、清晰化的过程. 人们的认识越来越深入事物的内部, 外在的表象不断被层层剥开.

研究方式的应用是指将一个领域的研究模式移植到新的领域. 诺贝尔经济学奖获得者、美国的经济学大师萨缪尔森 (Paul A.Samuelson, 1915—2009) 在经济分析基础方面的工作就是一个典型的例子. 在数学中, 当数学家发现一些理论的中心特征具有相似性时, 他们就会尝试寻找或建构这些特殊理论背后相关的一般的统一理论. Samuelson 认识到了这一点, 并尝试将数学家这种通过抽象来实现一般化的研究思路运用到经济学的研究上. 这一尝试产生了为其学术生涯带来巨大效用的*Foundations of economic analysis* (文献 [43]) — 现在, 它已成为数理经济学的经典之作. 在一定意义上讲, 萨缪尔森的《经济分析基础》在经济学中的地位, 如同 Euclid 的《几何原本》在数学中的地位. 他们做的都是系统化已有零散知识的工作 —— 属于知识管理的范畴. 数学方法的系统引进, 使得经济学具有了进阶发展的机制、步入了可持续发展的轨道.

除了思维主体确定前提下的不同领域的同源问题外, 还有不同思维主体之间的思维行为之同源问题. 此时, 思维同源, 源自思维者具有共同或在发展中可趋同的生理 "脑 —— 身" 神经系统. 这有两方面的含义: 一是在短时期内, 大家有大致相同、相近的思维生理基础; 二是在长期、发展的意义上, 大家的言语、文字等形式的交流使得生理神经系统发生谐振、共振而趋同于一个完善的神经系统. 而对象同源, 源自思维者面对的是同一个世界, 具有相同的外在物质和内在心智、精神的、相同或可趋同的对象世界 (这里的趋同是指, 在承认人之精神世界在确定时刻的差异的同时, 认为这种差异在发展中可以不断减小).

真正的教育不仅是知识、创造及其应用的教育 (它首先应是知识管理的教育)

是与时代和谐的时代教育. 脱离了时代的教育不会有真正的激励教育. 激励教育具有时代特征.

人类在追求进步. 进步就是要超越前人. 超越有三种基本的表现形式: 一是理论、思想上的超越; 二是前人知识存在形态的改变; 三是前人思想的技术化实现. 提出前人没有的一种原创性思想、推广前人的思想等, 属于一; 引入新的概念、方法, 重新整理以前的工作, 属于二; 将前人的工作转化为现实生活中的一种技术、产品等, 属于三. 在数学发展史上, 法国数学家 Galois 提出的群, 以及用结构扩张的思想解决代数方程根式解问题的工作为情形一的范例 (它实现了经典数学向现代数学的转变; 用新的概念体系重述已有数学工作). 比如著名的 Bourbaki 用代数结构、序结构、拓扑结构三种母结构重建数学体系的工作为情形二的范例. 在现代信息社会, 传统文献的电子化, 更是情形二的重要范例; 线性代数中特征值、特征向量的知识, 以及随机过程中 Markov 链的知识在信息技术中支撑起搜索引擎信息排序的技术, 则是情形三的典型实例.

人类追求进步是为了使自己过得更好. 过得好的判据之一就是能够轻装前进. 如果日子过得越来越累, 那绝不是好日子. 人是历史的人 —— 它承载着以往的文化积淀. 积淀的承载越轻, 人越有快乐幸福感. 减轻人思想负担的自然办法之一就是避免重复 —— 在历史上, 同一个问题不断重复地被人们讨论是常见想象 —— 在人文领域尤其如此. 为了做到这一点, 将有关知识逻辑地组织起来是人的一大发明. 而在这方面, 数学知识的整理与组织做得最好. 有了逻辑结构, 以后人们就可在此体系中, 比较容易地检查自己做的工作是否与前人有重复. 将知识按逻辑结构组织起来, 这属于知识管理问题.

断想 55 数学化具有经济性

保尔 · 拉法格在 1890 年为《新时代》写的《忆马克思》一文中, 谈到了马克思对科学与数学关系的一个方面的理解: "一种科学只有在成功地运用数学时, 才算达到了真正完善的地步"(文献 [45], P.191). 早在 1786 年, 大哲学家康德就在其《自然科学的形而上学基本原理》中谈到: "我断定, 在所有关于自然的特定理论中, 我们能够发现多少数学, 才能发现多少真正的科学. …… 一门关于确定自然现象的纯粹物理理论, 只有通过数学才成为可能, 而且 …… 因此, 任何有关自然的理论, 能够允许数学有多大的适用性, 才能包含多大的真正科学的成分. "(文献 [166], P.84).

数学具有进阶性. 将其他学科纳入数学以实现其进阶, 是最经济的做法. 因而也就有了物理学的数学化、化学的数学化、经济学的数学化、伦理学的数学化、哲学的数学化[1]等等数学化潮流. 马克思的思路也如此. 但形式进阶不是目的, 目的在于避免创新工作的重复 —— 避免人类整体精力无谓的消耗. 如果人类找到了避免重复工作的检验法, 则人类的工作结构也可相应地有所变化. 人与人类整体总是不可分割的.

德育有新内涵与形式.

在计算机发明之前, 知识管理依赖于理论化逻辑结构; 在计算机发明以后, 有效的知识管理就非理论一条道了. 基于感觉全面性或完整逻辑划分的教育是教育的根本原则. 案例分析型的教育是现代教育方式之一. 知识的 casebook 存在形态的价值与远景是分形几何创始人 Mandelbrot 在其经典 [47] 中所谈到的. MBA 教育采用的主要就是案例教育.

需指出, 案例教育必须与知识结构的完整性相协调、平衡. 在有了较完整知识结构的基础上, 进行案例研究, 可显著提升学生对有关知识的感觉. 否则, 零散的知识带给人的感觉将可能是茫乱. 为了消除这一负面现象, 在学生没有整体知识结构背景的前提下, 初次教育实行案例教学法时, 在案例的选择上, 应注意其在逻辑上的内在衔接性. 有效的案例拼接, 也会达到好的结果的. 其实, 任何一种教育方式, 能否取得良好的效果, 最终还取决于具体的执行措施, 并不像 MIT 的 Robert G. *Discrete stochastic processes* (文献 [133]) 的前言中所说, 案例学习的方法 ("case study"method) 对具有丰富和高度关联数学结构的领域是不适用的.

在现代, 对马克思的科学与数学的关系观要辩证地理解.

断想 56 数学家是体现经济学思想的典型代表; 数学是体现经济学思想的艺术作品之一

我们这里要强调的是 "之一" 而不是 "唯一". "唯一" 永远是可打破的 —— 这是世界动进的基础之一.

断想 57 好的教育重在提升时间价值

用的时间越短的教育是对学生发展好的教育[2] —— 它节省了学生的时间: 为

---

① 当然, 从不同的看问题的角度出发, 也会有其他的声音. 比如, 加拿大麦吉尔大学 (McGill University) 哲学系 Emily Carson 教授指出, 认识到哲学与数学中 "定义 (definition)" 之性质和角色的不同, "康德认为, 对哲学而言, 没有什么东西比模仿数学方法对其更加有害了 (Kant thinks that nothing has been more damaging to philosophy than the imitation of the mathematical method)". (文献 [283], P.10)

② 按照国学大师梁漱溟对杜威《民本主义与教育》第二章 "教育有社会的作用" (文献 [275], PP.12—27) 的演绎, "学校教育有三个作用. 第一是简易作用; 第二是鉴别作用; 第三是开通作用" (文献 [276],

学生的发展提供了相应广阔的时空, 在相对的意义上, 有助于提升学生的时间价值 —— 人类的所有行为, 最终都表现在时间价值上. 时间价值具有基本的重要性. 加拿大传媒大师麦克卢汉认为: "老师的职责是节省学生的时间"(文献 [13]). 笔者在 1995 年提出的 "简明教学" 的思想即为体现经济原则的一种类似观念: "数学教育的直接目标之一, 即将一定量的知识在尽可能短的时间内, 清晰而记忆久远地传授给学生. 要做到这一点, 对教材进行直观简明地处理是必不可少的. "(文献 [99]) 直观简明的程度是相对于学习者的感觉状态而言的. 对具有一定知识储备、一定思维能力背景的学习者来说, 难度越接近此背景的知识, 学生接受起来越容易、感觉其越 "初等". 一般而言, 对教学内容进行 "初等化" 处理, 是实现简明教学的必经之路. 理论上讲, 初等化总是可以实现的. 或者更加准确地说, 提升教学内容存在形态的初等化水平总是可以做到的. "每一高等的科目都有其初等的一面. 正是通过这一面, 人们可以刺破相关知识体而进入其核心领域"(文献 [218], Introduction, P.vii). 初等化是实现 "知识的普遍传授可行性"③的一条具体路线. 基于对数学教学的这一认识, 19 世纪英国的 W.J.Wright 在其关于行列式的著作中, 明确提出, 赋予教学内容以新的、生动的初等化形态, 是实现学习与激励良性互动的重要手段.

结合时代发展的水平, 对有关教学材料进行浓缩, 给出简明的知识教学新体系, 是实现教学收益极大化的基本要求. 这其中, 往往涉及思想内容的简明处理及其表现语言、符号的更新 (内容与形式) 两个方面的工作. "简明浓缩" 为的是降低时间成本, 提高学生学习的时间价值. 理论上讲, 每个时代都有其简明的教学体系、最优知识结构. 教师实施收益最大化的教学, 所必做的预备功课之一就是要尽力寻找、甚至建立这种体系. 一般而言, 有目标的教学, 都有一个服务于这一目标实现的幕后功课要做. 真正的教学不是一个单纯的传授已有知识体系的活动, 而是与时俱进, 还有个寻找、建立与时代环境状况相适应的新知识简明体系的、更基本的研究任务. 好的教学背后一定有相关高品质的研究在作支撑. 就历史发展总体而言, 教师 "教学的简明度" 是时代知识状况、教育者的水平, 以及学生学习能力等因素的一个多元函数.

简明教学的目标能够有效实现的一个重要环节, 就是要尽早让学生接触、掌

PP.232—233). 简易作用在于, 学校教给学生的是前人社会直接实践经验的 (理性) 浓缩凝练形态, 如书中的知识形态, 这可节省学生的大量时间. 学校的这一功能, 追求的即是经济 —— 最有效用、最不费事之意.

③ 美国心理学家布鲁纳 (Jerome Bruner, 1915—) 认为, "任何学科的基本思想都能以某种恰当的方式教给任何年龄的任何一个人". 有关知识普遍可传授性之不同视角的观点、具体含义等方面的一些论述, 可参见《数学教学理论是一门科学》一书的相关章节 (文献 [233], PP.2,8,44).

握课程内容的那些核心的基本原理, 以便在此基础上尽快衍生出课程的所有内容. 法国数学家丢多图 (Jean Dieudonné, 1906—1992) 在其《线性代数与几何》(*Linear Algebra and Geometry*) 的引论中, 明确提出了 "年轻学生尽早接触一门数学分支的基本原理 (essential principles) 将获得很大优势" 的观点 (文献 [348], P.11).

对内容的简明处理是缩短时间成本的一种做法; 还有一种对偶的做法, 就是在一定时间内, 尽可能多的增加信息容量 —— 当然, 所有这一切都应在学生接受力的范围之内进行 —— 一切教学措施都应服务于受教育者的知识、思维、素质、以致人格的提高.

在满足时间约束的前提下, 增加信息量的一个有效做法, 就是尽量选取自身结构清晰、与其他对象联系密切的内容进行教学. 自身结构清晰是体现直观性的基本方面. 追求直观是教学达成良好效果的必然要求 —— 诚如德国大哲学家康德所言: "概念无直观是空的"(文献 [137]. P.12). 概念、知识本身的内涵无直观背景则其是空的、是伪知识; 概念、知识在被传播时, 教师未呈现其直观的本质, 则受众的感觉将是模糊的、近似于空的, 是低收益的.

例 在线性代数二次型标准化部分, 明确 Lagrange 配方法与顺序主子式的下述关系:

"实二次型

$$\begin{aligned}f(x_1,x_2,\cdots,x_n)&=a_{11}x_1^2+2a_{12}x_1x_2+\cdots+2a_{1n}x_1x_n\\&\quad+a_{22}x_2^2+2a_{23}x_2x_3+\cdots+a_{nn}x_n^2,\end{aligned}$$

在 $a_{11}\neq 0$ 时, 可写成如下标准型

$$\begin{aligned}f(x_1,x_2,\cdots,x_n)&=d_1(x_1+b_{12}x_2+\cdots+b_{1n}x_n)^2+\cdots\\&\quad+d_k(x_k+b_{k,k+1}x_{k+1}+\cdots+b_{k,n}x_n)^2\\&=d_1y_1^2+\cdots+d_ky_k^2.\end{aligned}$$

其中,

$$d_j={}^{m_j}/_{m_{j-1}}\cdot m_0=1;\quad j=1,2,\cdots,k.$$

m_j 是二次型矩阵 $(a_{ij})_{n\times n}$ 的 j 阶顺序主子式." (文献 [138], P.167) 可以使得学生在以下两个方面获得收益: ① 对用 Lagrange 配方法得到的标准型获得一个构造性的或公式性的了解. ② 借助于这种关系, 很容易理解正定二次型的 "顺序主子式 >0" 的判别法. 前者是有关对象的 "自在性" 之特点的收益 —— 内向型收

益, 后者是有关对象的 "利他性" "工具性" 之价值的收益 —— 外向型收益. 对任何事物的认识, 人们都应在两个基本方面获得相应的收益.

如果线性代数课程安排在高等数学中偏导数概念讲过之后进行, 那么, 将上述结论的下述证明讲给学生, 对提高其对数学中思维方法的关联性的认识、数学整体性的认识, 是极其有好处的 (此证明是文献 ([138], PP.167—168) 的一个简单清晰化改写).

考虑到 $y_j = x_j + b_{j,j+1}x_j + \cdots + b_{j,n}x_n$ 的特点, 用二次型的两种存在形式

$$
\begin{aligned}
f(x_1,x_2,\cdots,x_n) &= a_{11}x_1^2 + 2a_{12}x_1x_2 + \cdots + 2a_{1n}x_1x_n \\
&\quad + a_{22}x_2^2 + 2a_{23}x_2x_3 + \cdots + a_{nn}x_n^2 \\
&= d_1y_1^2 + \cdots + d_ky_k^2
\end{aligned}
$$

对变量求偏导, 得到

$$
\frac{\partial f}{\partial x_i} = \begin{cases} 2(a_{i1}x_1 + \cdots + a_{in}x_n), \\ 2\left(d_1y_1\dfrac{\partial y_1}{\partial x_i} + \cdots + d_i\dfrac{\partial y_i}{\partial x_i}\right), \end{cases}
$$

$$
\Rightarrow d_1y_1\frac{\partial y_1}{\partial x_i} + \cdots + d_i\frac{\partial y_i}{\partial x_i} = a_{i1}x_1 + \cdots + a_{in}x_n, \quad 1 \leqslant i \leqslant n.
$$

对任意选定的 $j(1 \leqslant j \leqslant k)$, 首先在

$$
d_1y_1\frac{\partial y_1}{\partial x_j} + \cdots + d_i\frac{\partial y_j}{\partial x_j} = a_{j1}x_1 + \cdots + a_{jn}x_n \tag{*}
$$

中令 $x_{j+1} = \cdots = x_n = 0$, 此时, $y_j = x_j, \dfrac{\partial y_j}{\partial x_j} = 1$; 然后, 选取适当的 $x_1, \cdots, x_{j-1}$, 使得 $y_1 = \cdots = y_{j-1} = 0$. 这是可以做到的: 因为 $y_1 = \cdots = y_{j-1} = 0$ 实际是下述方程组

$$
\begin{cases}
x_1 + \quad b_{1,2}x_2 + \cdots \quad + b_{1,j}x_j = 0, \\
\qquad x_2 + b_{2,3}x_3 + \cdots \quad + b_{2,j}x_j = 0, \\
\qquad \cdots\cdots \\
\qquad\qquad x_{j-1} + b_{j-1,j}x_j = 0,
\end{cases}
$$

亦即

$$
\begin{cases}
x_1 + \quad b_{1,2}x_2 + \cdots \quad + b_{1,j-1}x_{j-1} = -b_{1,j}x_j, \\
\qquad x_2 + b_{2,3}x_3 + \cdots \quad + b_{2,j-1}x_{j-1} = -b_{2,j}x_j, \\
\qquad \cdots\cdots \\
\qquad\qquad x_{j-1} = -b_{j-1,j}x_j.
\end{cases}
$$

显然, 从下到上求解, 可以将 $x_1,\cdots,x_{j-1}$ 唯一表达为 x_j 的表达式. 将这样选取的诸 x_i 代入式 (*), 便得到有关 $x_1,\cdots,x_{j-1},x_j$ 的一组等式

$$\begin{cases} a_{11}x_1+\cdots+a_{1j}x_j=0, \\ \qquad\cdots\cdots \\ a_{j-1,1}x_1+\cdots+a_{j-1,j}x_j=0, \\ a_{j,1}x_1+\cdots+a_{j,j}x_j=d_jx_j. \end{cases} \Rightarrow \begin{cases} a_{11}x_1+\cdots+a_{1j}x_j=0, \\ \qquad\cdots\cdots \\ a_{j-1,1}x_1+\cdots+a_{j-1,j}x_j=0, \\ a_{j,1}x_1+\cdots+(a_{j,j}-d_j)x_j=0. \end{cases}$$

由于 x_j 是可任意取值的自由变量, 当 $x_j\neq 0$, 如 $x_j=1$ 时, 上述等式组告诉我们, 齐次线性方程组

$$\begin{cases} a_{11}u_1+\cdots+a_{1j}u_j=0, \\ \qquad\cdots\cdots \\ a_{j-1,1}u_1+\cdots+a_{j-1,j}u_j=0, \\ a_{j,1}u_1+\cdots+(a_{j,j}-d_j)u_j=0 \end{cases}$$

是有非零解的, 因此, 其系数行列式

$$\begin{vmatrix} a_{11} & a_{12} & \cdots & a_{1j} \\ \vdots & \vdots & & \vdots \\ a_{j-1,1} & a_{j-1,2} & \cdots & a_{j-1,j} \\ a_{j,1} & a_{j,2} & \cdots & a_{j,j}-d_j \end{vmatrix}=0.$$

将此行列式按最后一列展开, 以 $c_{h,j}(1\leqslant h\leqslant j)$ 表示 hj 位置的代数余子式, 则得到

$$\begin{aligned} & a_{1,j}c_{1,j}+\cdots+a_{j-1,j}c_{j-1,j}+(a_{j,j}-d_j)c_{j,j}=0 \\ & \Rightarrow (a_{1,j}c_{1,j}+\cdots+a_{j-1,j}c_{j-1,j}+a_{j,j}c_{j,j})-d_jc_{j,j}=0 \\ & \xrightarrow{c_{j,j}=m_{j-1}} m_j-d_jm_{j-1}=0 \Rightarrow d_j={}^{m_j}\!/_{m_{j-1}}. \end{aligned}$$

很显然, 上述证明过程运用了原型双视联结法和特殊化的思想方法.

断想 58　“种子知识教育的观念”—— 体现数学中生成元或基的思想

断想 59　知识的方法化教育

人之思维的发展是在走一个 “具体知识框架化为思维模式、方法” 的路线. 显意识的潜意识化的过程就是本能化、后天行为能力化 —— 产生后代获得性遗

传 ——“今日后天后天先”(中国古老思想 “后天返先天” 的一种含义) 的过程. 教育就是什么都忘记后遗留下来的东西. 遗留下来的就是模式, “数学就是关于模式”的学问有多重解读.

英国数学家、哲学家怀特海 (Alfred Whitehead, 1861—1947) 在其题为《教育的韵律》(*The rhythm of education*) 的讲演 (文献 [439]) 中谈到, 具体的感性知识、精确的形式知识、普遍的原理与精神是受教育者在学习、成长过程中不断周期性接触、升华的三类知识和能力. 普遍化的精神, 追求带有一般性的认知、行为原理, 应该成为大学教育的主导, 而具体的事实与知识的学习则服务于普遍性知识之本质和范围的例证与示明. 真正有用的学习与训练会让人们理解到一些能够应用于多种具体场合的一般原则. 一个大学的功能就是让你有能力从细节性知识中看到具有原理性的东西, 提升你的洞察力和概括力. 一个完全与你融为一体的原理, 会对你的心智习惯形成影响. 大学的理想追求的不是以太多的知识作为力量. 从受教育者一生的成长来说, 它的业务是将一个男孩的知识转化为一个男人的力量.

我们赞同我国哲学家冯契 (1915—1995) 的 “化理论为方法” “化理论为德行”(文献 [79]) 的观点, 甚至认为, 应将其改为 “化知识为方法、化知识为德行”. 在这点上, 英国数学家、哲学家罗素 (Bertrand Russell, 1872—1970) 可谓先驱. 他在《数学的学习①》(*The study of mathematics*) 一文中谈到, “数学中最好的东西不仅值得作为一种任务来学习; 而且还要使其被日常思想所吸收、同化, 成为日常思想的一部分; 并常常伴随不断更新的心灵鼓励者的角色出现在心灵面前”(文献 [420], P.210). 数学是人类思维的重要养料, 是日常实践的重要工具, 是心灵的重要激励因素.

对事物的认识首先表现为知识, 之后逆用他于其他环境, 它便成为了方法. 反思的经验成为方法.

例 1 给定一个在原点邻域内无穷可导的函数 $f(x)$, 可有其幂级数展开

$$f(x)=f(0)+f'(0)x+\frac{f''(0)}{2!}x^2+\frac{f'''(0)}{3!}x^3+\cdots+\frac{f^{(n)}}{n!}x^n+\cdots.$$

也就是说, 由函数 $f(x)$ 衍生了一个数列

$$f(0),f'(0),\frac{f''(0)}{2!},\frac{f'''(0)}{3!},\cdots,\frac{f^{(n)}(0)}{n!},\cdots.$$

反过来, 对给定的一个数列

$$a_0,a_1,a_2,\cdots,a_n,\cdots,$$

① 这里将 study 译作 “学习”, 而不像温锡增先生的译本 (文献 [421], P.193) 将其译为 “研究”. 原因在于强调: 对数学不仅要 “学”, 而且要 “习”、要实践、要将数学转化为日常实践的思维要素.

我们也可构造一个幂级数

$$a_0 + a_1x + a_2x^2 + \cdots + a_nx^n + \cdots .$$

这便是应用面极广的发生函数的概念, 它是解决数列问题的一个有力方法. 比如, 欲求著名的 Fibonacci 数列

$$F_0 = F_1 = 1, \quad F_n = F_{n-1} + F_{n-2}(n \geqslant 2)$$

的通项 F_n, 可先求出发生函数

$$F_0 + F_1x + F_2x^2 + \cdots + F_nx^n + \cdots = F(x),$$

然后将 $F(x)$ 展开, 求出其 x^n 的系数即可

$$\begin{aligned}
F_{n+1} = F_n + F_{n-1} &\Rightarrow F_{n+1}x^{n+1} = F_nx^{n+1} + F_{n-1}x^{n+1} \\
&\Rightarrow \sum\nolimits_{n=1}^{\infty} F_{n+1}x^{n+1} = x\sum\nolimits_{n=1}^{\infty} F_nx^n + x^2\sum\nolimits_{n=1}^{\infty} F_{n-1}x^{n-1} \\
&\Rightarrow F(x) - x - 1 = x(F(x) - 1) + x^2F(x) \\
&\Rightarrow F(x) = -\frac{1}{x^2 + x - 1}.
\end{aligned}$$

若记

$$r_1 = \frac{-1 + \sqrt{5}}{2}, \quad r_2 = \frac{-1 - \sqrt{5}}{2},$$

则

$$\begin{aligned}
F(x) &= \frac{1}{r_2 - r_1}\left(\frac{1}{x - r_1} - \frac{1}{x - r_2}\right) = \frac{1}{\sqrt{5}}\left(\frac{1}{r_1}\frac{1}{1 - {}^{x}\!/_{r_1}} - \frac{1}{r_2}\frac{1}{1 - {}^{x}\!/_{r_2}}\right) \\
&= \frac{1}{\sqrt{5}}\sum\nolimits_{n=0}^{\infty}\left(\frac{1}{r_1^{n+1}} - \frac{1}{r_2^{n+1}}\right)x^n = \frac{1}{\sqrt{5}}\sum\nolimits_{n=0}^{\infty}(r_1^{n+1} - r_2^{n+1})x^n \\
&\Rightarrow F_n = \frac{1}{\sqrt{5}}(r_1^{n+1} - r_2^{n+1}) = \frac{(\sqrt{5} - 1)^{n+1} + (-1)^n(\sqrt{5} + 1)^{n+1}}{2^{n+1} \times \sqrt{5}}.
\end{aligned}$$

例 2 展开

$$\left(1 + \frac{x}{a_1}\right)\left(1 + \frac{x}{a_2}\right)\cdots\left(1 + \frac{x}{a_n}\right)$$

$$= 1 + \left(\sum_{1 \leqslant i \leqslant n} \frac{1}{a_i}\right) x + \left(\sum_{1 \leqslant i_1 < i_2 \leqslant n} \frac{1}{a_{i_1} a_{i_2}}\right) x^2 + \cdots +$$

$$+ \left(\sum_{1 \leqslant i_1 < i_2 < \cdots < i_k \leqslant n} \frac{1}{a_{i_1} a_{i_2} \cdots a_{i_k}}\right) x^k + \cdots + \frac{1}{a_1 a_2 \cdots a_n} x^n.$$

从上式中知道, x^k 的系数是集合 $\{a_1, a_2, \cdots, a_n\}$ 的所有 k 元子集中元素乘积的倒数之和. 计算此类乘积时, 注意到这一点, 在其他相关场合即可作为方法来运用. 比如, 令

$$[n] = \{1, 2, \cdots, n\},$$

对其所有 k 元子集 S_k 中元素之积 $\pi(S_k)$ 的倒数求和

$$\sum_{S_k \in [n]^k} \frac{1}{\pi(S_k)} = ?$$

借用前述展开经验, 易知

$$\begin{aligned} \sum_{S_k \in [n]^k} \frac{1}{\pi(S_k)} &= [x^k] \left(1 + \frac{x}{1}\right) \left(1 + \frac{x}{2}\right) \cdots \left(1 + \frac{x}{n}\right) \\ &= \frac{1}{n!} [x^{k+1}] x(x+1)(x+2) \cdots (x+n) \\ &= \frac{1}{n!} \left[\begin{matrix} n+1 \\ k+1 \end{matrix}\right], \end{aligned}$$

其中, $[x^k]f(x)$ 表示 $f(x)$ 的幂级数展开式中 x^k 的系数, $\left[\begin{matrix} n+1 \\ k+1 \end{matrix}\right]$ 表示第一类 Stirling 数. 如果没有前述展开的经验作基础, 若一上来就直接求解这一问题, 显然有一定的难度. 例 2 告诉我们, 在解题后, 对问题的全过程进行细致分析, 注意其某些方面的特点, 对以后的思维是有好处的.

"正向思维形成世界观, 逆向思维形成方法论" 是一个具有相当普遍性的哲学命题.

例 1 和例 2 也可看成经验移植 —— 变经验为方法的例子. 下面是另外两个典型例子.

例 3 若 $\boldsymbol{A} = (a_{ij}), \boldsymbol{B} = (b_{ij})$ 是 n 阶方阵, 则由行列式的定义可知

$$\left| \begin{matrix} \boldsymbol{A} & \boldsymbol{0} \\ -\boldsymbol{E} & \boldsymbol{B} \end{matrix} \right| = |\boldsymbol{A}| \, |\boldsymbol{B}|. \tag{1}$$

另外, 将 $\begin{vmatrix} \boldsymbol{A} & \boldsymbol{0} \\ -\boldsymbol{E} & \boldsymbol{B} \end{vmatrix}$ 中 $(-\boldsymbol{E})$ 对应的 n 行的 $a_{1k}(k=1,2,\cdots,n)$ 倍依次加到 $\boldsymbol{A}$ 对应的第一行, 则 $\boldsymbol{A}$ 的第一行变为零行, 0 的第一行变为 $(a_{11},a_{12},\cdots,a_{1n})\boldsymbol{B}$; 对 $\boldsymbol{A}$ 对应的第二行同样操作: 将 $(-E)$ 对应的 n 行的 $a_{2k}(k=1,2,\cdots,n)$ 倍依次加到 $\boldsymbol{A}$ 对应的第二行上来, 此行便成为零行, 同时, $\boldsymbol{0}$的第二行变为 $(a_{21},a_{22},\cdots,a_{2n})\boldsymbol{B}$; 如此做下去, 以致最后, $\boldsymbol{A}$ 变成了零矩阵, $\boldsymbol{0}$ 变成了 $\boldsymbol{AB}$: $\begin{vmatrix} \boldsymbol{A} & \boldsymbol{0} \\ -\boldsymbol{E} & \boldsymbol{B} \end{vmatrix} = \begin{vmatrix} \boldsymbol{0} & \boldsymbol{AB} \\ -\boldsymbol{E} & \boldsymbol{B} \end{vmatrix}$. 接下来, 通过将 $\begin{pmatrix} \boldsymbol{0} \\ -\boldsymbol{E} \end{pmatrix}$ 的第 $k(=1,2,\cdots,n)$ 列与 $\begin{pmatrix} \boldsymbol{AB} \\ \boldsymbol{B} \end{pmatrix}$ 的第 $k(=1,2,\cdots,n)$ 列进行对换, 得到

$$\begin{vmatrix} \boldsymbol{0} & \boldsymbol{AB} \\ -\boldsymbol{E} & \boldsymbol{B} \end{vmatrix} = (-1)^n \begin{vmatrix} \boldsymbol{AB} & \boldsymbol{0} \\ \boldsymbol{B} & -\boldsymbol{E} \end{vmatrix} = (-1)^n |\boldsymbol{AB}|\,|-\boldsymbol{E}| = |\boldsymbol{AB}|. \tag{2}$$

由 (1)、(2) 联合便知, $|\boldsymbol{AB}| = |\boldsymbol{A}|\,|\boldsymbol{B}|$. 这就是行列式的乘法公式.

现在, 考虑有关一般矩阵 $\boldsymbol{A}_{m\times n}, \boldsymbol{B}_{n\times p}$ 的秩的问题. 考虑 $\begin{pmatrix} \boldsymbol{A}_{m\times n} & \boldsymbol{0} \\ -\boldsymbol{E}_{n\times n} & \boldsymbol{B}_{n\times p} \end{pmatrix}$ 的列秩, 可知

$$r\begin{pmatrix} \boldsymbol{A}_{m\times n} & \boldsymbol{0} \\ -\boldsymbol{E}_{n\times n} & \boldsymbol{B}_{n\times p} \end{pmatrix} \geqslant r(\boldsymbol{A}_{m\times n}) + r(\boldsymbol{B}_{n\times p});$$

将上述对 $\begin{vmatrix} \boldsymbol{A} & \boldsymbol{0} \\ -\boldsymbol{E} & \boldsymbol{B} \end{vmatrix}$ 进行初等变换的经验运用到矩阵

$$\begin{pmatrix} \boldsymbol{A}_{m\times n} & \boldsymbol{0} \\ -\boldsymbol{E}_{n\times n} & \boldsymbol{B}_{n\times p} \end{pmatrix}$$

中

$$\begin{pmatrix} \boldsymbol{A}_{m\times n} & \boldsymbol{0} \\ -\boldsymbol{E}_{n\times n} & \boldsymbol{B}_{n\times p} \end{pmatrix} \xrightarrow{\text{通过行初等变换将 } \boldsymbol{A}_{m\times n} \text{ 变为 } \boldsymbol{0}_{m\times n}} \begin{pmatrix} \boldsymbol{0}_{m\times n} & (\boldsymbol{AB})_{m\times p} \\ -\boldsymbol{E}_{n\times n} & \boldsymbol{B}_{n\times p} \end{pmatrix}$$

$$\xrightarrow[\text{通过列初等变换将 } \boldsymbol{B}_{n\times p} \text{ 变为 } \boldsymbol{0}_{n\times p}]{} \begin{pmatrix} \boldsymbol{0}_{m\times n} & (\boldsymbol{AB})_{m\times p} \\ -\boldsymbol{E}_{n\times n} & \boldsymbol{0}_{n\times p} \end{pmatrix}$$

可知

$$r\begin{pmatrix} \boldsymbol{A}_{m\times n} & \boldsymbol{0} \\ -\boldsymbol{E}_{n\times n} & \boldsymbol{B}_{n\times p} \end{pmatrix} = r\begin{pmatrix} \boldsymbol{0}_{m\times n} & (\boldsymbol{AB})_{m\times p} \\ -\boldsymbol{E}_{n\times n} & \boldsymbol{0}_{n\times p} \end{pmatrix}$$

$$= r(-\boldsymbol{E}_{n\times n}) + r((\boldsymbol{AB})_{m\times p}) = n + r((\boldsymbol{AB})_{m\times p}).$$

因此,

$$n + r(\boldsymbol{AB}) \geqslant r(\boldsymbol{A}) + r(\boldsymbol{B}) \quad \text{或} \quad r(\boldsymbol{A}) + r(\boldsymbol{B}) - r(\boldsymbol{AB}) \leqslant n.$$

这就是矩阵论中有名的 Sylvester 公式.

例 4　如果 n 阶方阵 $\boldsymbol{A}$ 是可相似对角化的矩阵, 人们在求其高次幂时, 知道对 $\boldsymbol{A}$ 和 $\boldsymbol{A}$ 的两个同样的等式运用下述操作

$$\boldsymbol{P}^{-1}\boldsymbol{AP} = \begin{pmatrix} \lambda_1 & & & \\ & \lambda_2 & & \\ & & \ddots & \\ & & & \lambda_n \end{pmatrix} \Rightarrow (\boldsymbol{P}^{-1}\boldsymbol{AP})(\boldsymbol{P}^{-1}\boldsymbol{AP}) = \boldsymbol{P}^{-1}\boldsymbol{A}(\boldsymbol{PP}^{-1})\boldsymbol{AP}$$

$$= \boldsymbol{P}^{-1}\boldsymbol{A}^2\boldsymbol{P} = \begin{pmatrix} \lambda_1 & & & \\ & \lambda_2 & & \\ & & \ddots & \\ & & & \lambda_n \end{pmatrix}\begin{pmatrix} \lambda_1 & & & \\ & \lambda_2 & & \\ & & \ddots & \\ & & & \lambda_n \end{pmatrix}$$

$$= \begin{pmatrix} \lambda_1\lambda_1 & & & \\ & \lambda_2\lambda_2 & & \\ & & \ddots & \\ & & & \lambda_n\lambda_n \end{pmatrix}.$$

当将此经验用到不同矩阵之间的问题上时, 往往也是有益的. 比如, 如果实正定矩阵 $\boldsymbol{A}$ 和 $\boldsymbol{B}$ 具有相同的特征向量, 则 $\boldsymbol{AB}$ 也是正定的. 对此问题, 可简证如下: 因为实正定矩阵首先是实对称矩阵, 因此, $\boldsymbol{A}$ 和 $\boldsymbol{B}$ 可以正交相似对角化. 如果, $\boldsymbol{\alpha}_1, \boldsymbol{\alpha}_2, \cdots, \boldsymbol{\alpha}_n$ 是 $\boldsymbol{A}$ 和 $\boldsymbol{B}$ 的一组共同的单位正交特征向量, $\lambda_k^{(1)}, \lambda_k^{(2)}(k = 1, 2, \cdots, n)$ 分别是 $\boldsymbol{A}$ 和 $\boldsymbol{B}$ 相应的特征值, 记

$$\boldsymbol{P} = (\boldsymbol{\alpha}_1, \boldsymbol{\alpha}_2, \cdots, \boldsymbol{\alpha}_n),$$

则

$$P^{-1}AP=\begin{pmatrix}\lambda_1^{(1)} & & & \\ & \lambda_2^{(1)} & & \\ & & \ddots & \\ & & & \lambda_n^{(1)}\end{pmatrix},\quad P^{-1}BP=\begin{pmatrix}\lambda_1^{(2)} & & & \\ & \lambda_2^{(2)} & & \\ & & \ddots & \\ & & & \lambda_n^{(2)}\end{pmatrix}$$

$$\Rightarrow (P^{-1}AP)(P^{-1}BP)=\begin{pmatrix}\lambda_1^{(1)} & & & \\ & \lambda_2^{(1)} & & \\ & & \ddots & \\ & & & \lambda_n^{(1)}\end{pmatrix}\begin{pmatrix}\lambda_1^{(2)} & & & \\ & \lambda_2^{(2)} & & \\ & & \ddots & \\ & & & \lambda_n^{(2)}\end{pmatrix}$$

$$\Rightarrow P^{-1}(AB)P=\begin{pmatrix}\lambda_1^{(1)}\lambda_1^{(2)} & & & \\ & \lambda_2^{(1)}\lambda_2^{(2)} & & \\ & & \ddots & \\ & & & \lambda_n^{(1)}\lambda_n^{(2)}\end{pmatrix}.$$

由于 P 正交, 所以, 从上式可知, AB 是实对称的; 再由于 A, B 是实正定矩阵, 所以

$$\lambda_k^{(1)}>0,\lambda_k^{(2)}>0\Rightarrow\lambda_k^{(1)}\lambda_k^{(2)}>0,\quad 1\leqslant k\leqslant n.$$

故而, AB 是实正定矩阵.

断想 60　关注数学的知识和思想方法的软应用是收益极大化的一种措施

例 1　用线性空间基的扩张的概念可以理解很多事情. 比如, 解释大哲学家罗素在其为反对第一次世界大战而著的《社会改造原理》(文献 [244]) 一书中提出的 “冲动比有意识的目标在形成人的生活方面有更大的影响” 的观点; 明确诺贝尔物理学奖获得者丁肇中院士所论实验的意义, 等等.

有些学生学习跟不上, 原因在于其基础不足 —— 学习空间的基底不够大、不够充足. 在此我们强调: 数学具有进阶的性质. 一个环节不清楚, 对基于其上的所有的问题的理解都会出现问题. 美国数学家、1998 年菲尔兹奖获得者高尔斯 (Timothy Gowers, 1963—) 在其优美的小书《数学短论》中回答 “为什么很多人不喜欢数学？” 时, 表达了同样的观点. 他认为, 这种现象很容易理解, 因为 “数学是连续建于自身之上的, 学习它的过程中, 能够跟上其进度是重要的. 例如, 假如

你没熟练地掌握两位数的乘法, 那么你可能不会对分配律有一个直观地感觉; 没有这种感觉, 在类似于 $(x+2)(x+3)$ 的括号乘法时, 你就不可能感觉舒服; 进而你不能真正理解好二次方程; 而假如你没理解好二次方程, 你就不会理解为什么黄金比率是 $\frac{1+\sqrt{5}}{2}$. 在数学中, 有很多这种类型的链条” (文献 [34], P.131—132). 从一个环节不会, 到一个链条出问题, 逐渐地对老师所讲的东西开始一知半解, 最终, 毫无疑问, 数学课程将成为对这些人的一种痛苦的折磨.

数学是 “持续发展” 的典范. 可持续发展的思想是现代社会主流思想之一.

例 2　数学概念之间的关系中, 很重要的一类就是抽象关系. 用徐利治先生的名词讲, 是强抽象或弱抽象关系 (文献 [15] 和 [35]): 如果概念 B 的内涵比概念 A 的内涵丰富, 我们就说 B 是 A 的一种强抽象, A 是 B 的一种弱抽象. 比如, 可微函数是连续函数的强抽象、向量空间是阿贝尔群的强抽象等. 对一种数学对象进行强抽象, 就是要赋予其更多内涵、承担更多功能. 这一思想在美国未来学家、社会批评家里夫金 (Jeremy Rifkin, 1945—) 的《第三次工业革命》(文献 [438]) 一书中得到了典型体现. 第三次工业革命的时代是我们目前正在步入的 “后碳” 时代. 它倡导新绿色可再生能源的开发和利用. 其具体措施之一, 就是通过安装太阳能电池板等储能发电设备改造传统履行居住、办公等职能的建筑为小型发电厂, 使传统建筑增加新功能. 经过改造的建筑就是对传统建筑的一种强抽象!

大家看看自己身边用的商品便知, 强抽象现象可谓比比皆是. 以打电话为主要用途的传统手机到现代可录音、拍照、视频等多功能的智能手机的转变, 就是一个非常典型的例子.

强抽象的事物由于新功能的增加而使自身增值. 我们将这一原理称为 “强抽象增值原理”. 它是商品创新、推动社会经济发展的重要路线. 不仅如此, 强抽象也是一种自然进化现象. 比如, 经过 50 万年的进化, 人类大脑中负责支配运动的区域增加了新功能: 人类梦想、计划和创造的能力也源自这一区域 (文献 [440], P.v). 运动的大脑演进成了 “运动 + 思考型” 的大脑.

一般而言, 复杂度增加的事物在很大程度上都代表着某种强抽象.

从根本上讲, 人类所有的基本技术都源自对大自然某方面的抽象 (对 “大自然” 要做广义的理解: 人类社会也是其一部分), 是对大自然的弱抽象. 这里所谓的基本技术指的是可组合出复杂技术的基本单元. 将自然中的某种现象提炼出来, 概括为一套程序, 或封装成某种装置、机器, 便有了一种相应的技术. 技术就是现象的独立化、可重复应用化. 美国复杂性科学奠基人、经济学家、技术思想家阿瑟 (W. Brian Arthur, 1946—) 在其《技术的本质》(*The Nature of Technology*) 一书中明确地表达了这一观点 (文献 [457], PP.50—52; 中译本 PP.053—055).

断想 61　数学思想既是技术的基础支撑, 又可直接转化为一种现实生活中的技术

现代经济管理界的热点思想之一 —— 长尾理论即为例证之一. 长尾理论可借助积分现象来加以类比说明. 对满足 $f(x)>0(x>0)$ 的递减函数 $f(x)$ 而言, 对适当的 $a>0$, 积分 $\int_a^{+\infty} f(x)\mathrm{d}x$ 往往也是很可观的, 甚至可能是无穷大. 比如, 对任意的 $b>0$, $\int_b^{+\infty}\frac{1}{x}\mathrm{d}x$ 便是无穷大; 如果现实社会制度、市场、技术等各方面条件能够让 $\int_a^{c} f(x)\mathrm{d}x$ (其中 c 可适当的大) 具体实现出来, 则关注 $(a,+\infty)$ 上 $f(x)$ 曲线这条 "长尾", 将有利可图.

以某个阶段各类图书的客户可能的需求量 (基于市场调查及以往销售情况统计分析) 为例. 按可能需求量由高到低的顺序排序, 在平面直角坐标系的横轴上标记这些图书依次为 $1,2,\cdots,n,\cdots$, 相应的销售量依次为 $f(1)>f(2)>\cdots>f(n)>\cdots$, 画出众散点 $(k,f(k))$ 的图, 由此拟合出一条曲线 $f(x)$. 在库存技术、物流技术、通信技术等方面尚不太发达的时期, 商家关注的是销量大的前若干大众图书 $1,2,\cdots,m$ —— 它们的销量总和较为明显可观, 而对需求较小的小众图书们 $m+1,m+2,\cdots$ 基本予以忽略. 从积分类比的角度讲, 商家关注的是 $\int_1^m f(x)\mathrm{d}x$, 而忽略 $\int_m^{+\infty} f(x)\mathrm{d}x$ 或 $\int_{m+1}^{+\infty} f(x)\mathrm{d}x$ 这条长尾! 其实, 理论上这条长尾可能量很大, 或者能够给商家带来的利润很可观 —— 一种图书若是小众商品, 而又确有需求, 则其定价往往较高、甚至很高, 这时, 它所带给商家的单位利润是大于大众图书的. 比如, 一些经典学术著作、艺术作品等, 即皆如此. 长尾理论的要点之一, 就是倡导利用好长尾 —— 增大 m 的值. 现代信息技术的发展已使基于这一思想的商业生产和销售模式成为了现实①. 其细节可参见长尾理论文献 [94].

---

① 借助现代信息网络技术的极大发展, 库存技术、物流业、通信交流技术、商品定制等领域都得到了相应的发展与提高. 商家不仅可以帮你寻找你想要的图书, 而且一些机构、甚至个人还可提供各种私人定制服务产品. 比如, 网络教育服务. 现在很火的、美国的可汗学院的有特色的网络教学就是这方面的一个典型例子. 它的教育理念之一, 就是实施 "精熟教学法": 实现传统课堂教学的课堂 "教学时间是常量, 学生对知识掌握的程度是变量" 向基于现代技术的广义课堂 (网络课堂, 同时不排除传统的真实面对面的课堂) "教学时间是变量, 学生对知识掌握的程度是常量" 的对偶化转变. 学生的学习具有私人定制的特点. 他可以提出想学的内容, 可汗学院会提供相应教学视频, 学生可根据自己的时间进行学习; 当学习中遇到问

在此我们要强调指出的是, 长尾理论不仅是体现数学思想技术化的一个典型例子, 它更是一个新时代 —— 数学技术化时代 —— 即将到来的先声, 波普尔的世界 2、世界 3 对世界 1 产生影响的一种新模式即将大规模展现. 长尾理论之于人类数学技术化思想的解放, 恰如当年 Lobachevsky 的双曲几何、Hamilton 的四元数的出现之于近代数学 "自由创造" 思想的解放一样. 数学内部思想的自由创造得到了一次解放, 数学在外部现实中的技术化实现引导的技术发展的自由化解放是自由化的一种继续. 这是人类由必然王国走向自由王国的一种现实体现. 人类在世界 2、世界 3 中的解放开始波及其在现实世界 1 中行为的解放.

关注数学 "技术模型预言性" 的本质, 可使人类沿着技术化方向 —— 真实地增强自己的力量方面收益极大化. 收益极大化的受益者, 既包含一个具体的学习者, 也包含整体人类. 数学不仅提供高新技术的基础知识支撑 (如搜索引擎的信息排序算法), 而且其研究对象的性质还提供对未来新技术的预言 — 比如：集合中的一个具体元素可无限次地提取②, 在解决问题的过程中, 取集合 $\{a, b, c\}$ 中的元

题时, 他可以网络提问, 并获得回答. 一部分内容掌握了, 在进入下一部分. 如果需要面对面地解答学习中遇到的问题, 也可择时实现这一点, 这时见面的传统课堂要解决的是答疑解惑, 而非普通的讲课, 在教学内容上实现了传统课堂 "课上讲知识, 课下去答疑" 的翻转. 现代技术使得原先难以实现的精熟教学法的思想变成了现实, 并对新技术条件下的教育方式的变革起到了很大的冲击作用. 技术对教育之存在形态的影响还将进一步扩大下去.

关于可汗学院及其教育思想与实践的介绍, 可参见可汗学院的创始人可汗 (Salman Khan, 1976—) 的著作《翻转课堂的可汗学院》(文献 [473]).

可汗对精熟教学法等教育思想在现代技术条件下的复活与发展给人以重要启示: "已有事物在新环境 (新时空) 中的复兴" 是一条对接历史的创新发展之路. 笔者将这一道路称为有意识地 "将过去融入现在" 的复兴发展之路, 让 "现在" 履行其 "历史之成长、发展的环境" 的功能. 历史于现在以相应于、符合于现在条件的面貌、形态出现, 在现在的环境中得到进一步发展 — 历史通过现在而发展. 这是一条 "历史与现在翻转" 的发展路线!

在一定程度上、在某种意义上讲, "未来" 就是融入 "现在" 而得以充分发展的 "历史"! 我们可概略简称之为 "历史通过现在而形成未来".

"将过去融入现在" "再现历史" 的思想提醒人们, 要时刻想一想, 过去的哪些东西没能实现或完成, 而今天是可以做到的. 过去做不到、或做不好的, 现在可能已经具备了能做到、能做好的条件. 这是对 "不要忘记历史" 在创新实践中的一种解读. 在数学界, 意大利数学家、代数学的先驱人物韦达 (F. Viete, 1540—1603) 早就明确提出了 "创新就是复古翻新 (Innovation was for him renovation)" 的思想 (文献 [104], P.261. 中译本, P.304); 而美国数学家、哲学家罗塔 (G.-C.Rota, 1932—1999) 则在具体的数学研究中实践着 "复兴" 的思想 — 比如, 他及其合作者们在影子演算 (umbral calculus) 方面的工作, 其目的之一, 就是要复兴 Blissard 在表示性记号 (representative notation) 方面工作的基础及应用研究 (文献 [58, 62]). 需指出, 践行复兴研究路线的数学家大有人在, 在此仅举罗塔一例而已.

② 这里谈到的数学对象的重复可取、而同时对象本身可被认为不动 (注: 在其他境遇中, 也可去除、移动掉. 比如, 在考虑集合的差时, 共有的元素是要去除的. 例如, $\{1, 2, 5, 7, 8\} - \{2, 3, 6, 7\} = \{1, 5, 8\}$)

素 a, 原集合中的 a 并未减少. 我们可以任意次取 a, 以服务于新数学对象的建构. 这实际上可看成目前生物克隆技术的预言性模型. “数学性质的现实物质化” 是科技发展的一个取之不尽、用之不竭的源泉. 对此, 目前人们认识还不足 —— 还没有自觉地沿着这一思路壮大人类的力量.

提供技术的工具性知识支撑、直接转化为技术, 以及新技术的预言是数学对于技术发展的三大功能.

数学在传统的理论发展、工具性应用发展的基础上, 开始进入了技术化解放和新技术预言的阶段.

有必要指出, 在科学上, 数学对揭示一些实体对象的存在、新现象的存在, 也具有重要的暗示或启示作用. 经典例子如, 18 世纪的法国化学家拉瓦锡 (Antoine－Laurent Lavoisier, 1743 － 1794) 已经发现了化合物构成成分的整数比例特征, “这是原子真实存在的最强烈暗示之一; 但较长一个时期, 化学家们忽视这一证据, 而继续将原子看作一个没有物理意义的 (仅仅用起来) 方便的概念”. 德国哥廷根大学物理教授 Manfred Schroeder (1926—2009) 在其《数论在物理、通讯、和音乐中的非理有效性》(*The unreasonable effectiveness of number theory in physics,communication and music*) 一文中如是说 (文献 [285]). 再比如, 由于自由向量平行移动并不改变向量的大小和方向③, 因此, 一个向量实际上是同时存在于空间中的无穷多个位置. 这启示人们, 在物质世界中, 存在着同时存在于不同位置

的性质, 是对美国数学家 Philip J. Davis 和 Reuben Hersh 在《数学经验》一书中给出的数学观的一个侧面反映. 他们认为, “在人们探寻物理世界所得到的结果中, 有些具有 “可再生性 (reproducible)”, 也就是说, 在同样条件下, 不论何时, 你都会得到同样的结果. 这些结果被称为科学的结果, 而由其构成的学科, 则皆被称为自然科学. 与之相平行地, 在思想 —— 心灵对象领域, 那些具有 “可再生性” 性质的对象被称为数学的对象, 而关于它们 (具有再生性性质的心灵对象) 的有关学问, 则被称为数学. ”(文献 [300], P.399). 这里要说的是: 不仅数学对象的性质具有再生性, 而且数学对象本身在一定意义上也具有可重复性、移植性、多处同时共存性. 普通感觉尺度下的外在物理对象是不具有 “可同时出现于不同的地方” 的性质的. 当然, 这并不意味着, 在任何层面、尺度、视角下, 物理对象都不具有这一性质. 可能恰恰相反, 数学是认识世界的向导. 数学对象的性质暗示着、甚至在某种程度上镜像着物理对象的类似性质 (对这里的 “镜像” 之 “镜”、之 “像”, 要作广义的理解, 方有助于觉知一定层面的物理世界与数学世界的等价关系). 顺便指出, 美国著名数学家 David Mumford 对 Davis 和 Hersh 的数学观做了进一步具体注解, 考虑了数学与人类经验要素的关系等问题. 比如, 他认为, 所有数学皆有其人类经验的根源, 皆是对某种经验或经验的某些方面进行抽象的结果. 有兴趣的读者可以参考著名数学家 V.Arnold 等人编辑的《数学: 前沿与前景》中的文章 (文献 [301], PP.199—200), 或 Alexandre V. Borovik 的《显微镜下的数学》(文献 [299], P.33).

③ 这里有一个值得注意的细节问题: 大小相等、方向相同的向量被看成相等的向量. 这一说法成立是有前提的: 两个向量必须是在同一度量环境中. 例如, 假设 π_1, π_2 是两张平行的平面, 向量 $\boldsymbol{\alpha}_1, \boldsymbol{\alpha}_2$ 是分属于二者的同向平行向量, π_1 中的坐标单位是 π_2 中坐标单位的 2 倍. 在这种情况下, 若 $\boldsymbol{\alpha}_1$ 在 π_1 中的大小是 3, $\boldsymbol{\alpha}_2$ 在 π_2 中的大小也是 3, 尽管大小数值相等, 显然我们不能认为这两个向量是相等的.

的事物. 这在量子世界中有所讨论.

断想 62　"思路" 是一种真实的存在

这有两方面的含义：一是思维模式的存在, 二是生理基础的存在. 人们一谈到思路, 大多注意或强调的是前者 —— 实际上, 即使对于这一含义下的思路的知识 (比如, 关于我们多次谈到的原型双视联结法), 人们重视的也不够, 很多人在这方面仍处于自发的状态. 其实, 思路在人的感觉神经系统里, 是有其生理对应物的. 神经系统的不同振动模式提示着不同的思路. 思路就是思维之路, 是人的思维的 "走形", 而走形的具体承载物, 就是神经系统相关神经元的一种相应的特殊结构及其运动形式.

思维进路意义下的思路是需要具体知识作承载的.

断想 63　实施激励教育的教师需具备的能力

教育遗留下来的是天性的显露. 教育就是开发天性. 有的同学对此理解有偏差, 认为自己学不会是没天分, 而没想到：目前学习有困难, 说明自己在这方面的开发还欠缺, 此时正是自己努力的时候. 教师实现真正的激励教育、让学生尽己之力挖掘潜能, 教师自己首先要有见识、有辩才. 如果有学生跟你说：英国著名诗人、剧作家 Oscar Wilde 说 "教育是一件了不起的事, 但是我们不要忘了, 没有哪一件值得知道的事是可以教出来的"(文献 [26], p.25), 你将如何回答呢？当然, 如果你的学生提出了类似水平的问题, 说明你遇到了好学生. 显然 — 更是必然地, 有效激励的深度实施, 对教师的水平提出了相应的要求. 教师既要善于实施正面引导, 又要善于回击负面思潮.

"教师教学生哪些方面的内容是令其服气的？", 如果学生认为, 教师自身的发展都是失败的, 是不令其景仰的, "你有何资格教育我？你要有本事就不在这了？"…… 这些都是教师在实施激励教育的过程中要考虑、并要回答的问题.

一个真正的教育家是伟大的. 伟大就伟大在他的学识、智慧与胸怀. 一名好的教师正如一名有爱心的家长, 在教育学生的过程中, 当遇到不如意现象时, 他必须能克制住自己的自然脾气, 能理性地考虑自身行为带给学生的教育效果. 训斥学生是教师无能、自私的表现. 这种教师图的其实只是自己一时的痛快 —— 他发泄了自己的情绪, 但全然没考虑这种行为的效果. 一名好的教师, 是一位运筹帷幄的谋略家、指挥家, 他能设计出合理有效的情景, 理性地引导学生沿着既定的轨迹发展. 他 (她) 具有强大的驾驭力. 正是由于真正的教师具有很高的心理学修养, 具有强大的驾驭力, 因此, 对教师的第一要求, 就是他 (她) 应具有较高的道德品质,否则对教师的作用, 笔者很赞同功夫大师李小龙 (Bruce Lee, 1940—1973) 的观点: 一名教师 —— 一名好的教师是真理的指向者 (pointer), 而不是给予者 (giver). 他用极少的有形现象, 引导学生认知无形本质. 更进一步, 他指出 "进入模式而不被其所囚, 遵循规则而不被其所束缚" 的重要性 (文献 [192], P.90), 其教育就可能不是正面的激励, 而是负面的操纵, 其误人的后果将是相当严重的.

莱辛指出 "教育给予人的, 并非人凭自己不可能得到的东西; 教育给予人的, 仅仅是人凭自己可能得到的东西, 只是更快、更容易而已". (文献 [194], P.102)

布瓦洛

"巴那斯多么崇高! 精诗艺谈何容易!
一个鲁莽的作者休妄想登峰造极:
如果他感觉不到神秘的天然异秉,
如果星宿不使他生下来就是诗人,
则他永远锢闭在他那褊小才具里,
飞碧既不听呼吁, 天马也不听指挥.
因此你呀, 纵然你激于冒进的热情,
向往着文艺生涯, 要走这艰难途径,
还是不要自苦吧, 强学诗终会失败,
莫因为你爱吟咏就认为你有天才,
也该怕学诗不成, 到头落得空欢喜,
你应该久久衡量你的才华和实力.
大自然钟灵毓秀, 盛产着卓越诗人,
它会把各样才华分配给每人一份:
……
但往往一个诗人由于自矜和自命,
错认了自家才调, 失掉了自知之明:
……" (文献 [193], 诗的艺术, 第一章 PP.3-4)

"基于效果考虑的理性思维原则" 是教师 —— 也是每一个人行为的基本指导原则之一.

"联合国第二任秘书长 Dag Hammarskjold 认为: 你的职位绝不会给你发号施令的权利. 它只会强加给你一种责任, 要求你保证其他的人可以不失尊严地接受你的指挥. "(文献 [66], P.24)

教师在教学过程中, 有可说与不可说的行为艺术. 教育措施的言语表达状态首先可以分为两类: 客观上能说出与客观上说不出. 前者又可二次划分为三类: 应该说, 不应说, 不能说. 教师的语言艺术水平对于教学效果来讲, 影响巨大. 会说话的老师, 他讲的东西, 学生听得进去, 进而有教学效果可谈; 不会说话的老师, 学生听不进去, 甚至反感, 自然没什么教学效果可谈.

会不会说话, 对于日常交往都具有重要的意义. 对教学而言, 尤其如此.

教学过程是一种特殊的人际交往过程 (文献 [16]).

掌握了说话艺术, 对学生的学习引导会起到相应的效果. 向好的方面引导, 利于学生成长; 否则, 阻碍学生成长. 教师的语言到底发挥怎样的作用, 极大程度上依赖于教师的师德.

"说话的艺术" 是教师的一项必要的基本功.

话语有效程度如何, 取决于教师所说语言对学生思想、精神的渗透力有多大. 了解学生的意识状态、感受水平, 将要传达的道理以与之相适应、契合的语言讲出来, 可使学生对相关知识、思想有新鲜感、易接受. 这是提升教师语言渗透力的基本途径. 其实, 教育只有在了解受众的情况下才能真正进行. 诚如法国神经科学家 Stanislas Dehaene(1965—) 所说, "人类只有注意到他人的知识和心理状态才能教导他人. "(文献 [310], P.133).

人对所听到的东西之感觉有个潜意识化、本能化或相关意识麻木的变化趋势: 刚听时可能有点新鲜感, 以后慢慢地就麻木了、印象淡化了. 如果一种思想起初没有以学生的心智水平可以愉快接受的方式予以传达, 虽然学生听说了相关词语, 但其效果可能是负面的. 因为他们没有真正明了其含义, 但随着时间的流逝, 他们已经开始对有关语言没有感觉了. 比如, "虚心使人进步, 骄傲使人落后", 我们上小学起就不断地听这一语句, 但其中的道理不是人人都明了的. "虚心" 就是将心中所有的先见都悬置①起来 (暂时放在一旁, 就像 "扔掉" 一样.), 营造一个空灵的心境, 为要接受的东西提供无干扰的意识、思维空间. 只有以这种对接触的东西无成见、无排斥、喜接受的态度进行学习, 才会有从接触的事物中有所收获的基础. 如果对要接触的东西还没学, 还不知怎么回事呢, 就排斥、有成见, 显然就不会有正面的效益. 给学生将一句话的道理讲明白了, 此话在学生后来的发展中才会产生积极的作用.

教师所解说的语言、思想, 要与学生的感觉、接受水平及状态相适应, 使之处于学生觉受空间的新鲜状态, 这利于提升其兴奋度, 利于他们积极主动地接受教师所传授的内容. 我们将这一教育思想, 称为 "语言与觉受态相协调的教育原则".

教师要有效实施这一原则, 前提之一就是, 教师要能体会学生当时的觉受状

---

① 德国现象学大师胡塞尔 (Edmund Husserl, 1859—1938) 现象学中的语言, 也可称 "加括号"—将有关的东西放在括号里, 暂时不顾.

态, 以 "保持与自己听课学生相同的水平, 努力避开缠住他们的更深问题." (文献 [426], P.5)

学生总是以新鲜、兴奋的心情、主动积极的心态接受新知识, 对他们对新知的渴望 (求知欲) 能起到一种激励作用. 也可以说, 对事物新鲜感、渴望了解的感觉的保持与提升、或者强化, 是激励形成的一种基本标志.

人有了渴望, 就有相应行为的动力, 在相关方面就会作出相当的成绩.

教师基于 "语言与觉受态相协调的教育原则" 的语言选择, 有助于步步开化学生的相关意识、感觉. 同时, 这一原则的贯彻, 还有助于修正或调整以往教育中的失误或不足之处.

开化感觉、开展觉境, 是提升教育有效度的根本途径与表现.

提升教育有效度, 就要明确教学语言与学生感知水平的契合程度, 就要继而设法提高这种契合度. "了解学生的感知水平与类型状态、明确师生契合度、寻找提升契合度的有效手段与途径" 是提升教育有效度的三个基本环节.

在提升现代教育有效度的深入研究中, 除了理论研究、问卷调查、平时观察总结等传统手段外, 结合现代神经科学的研究成果以及实验手段. 比如, 借助于功能磁共振脑成像技术 (fmri) 了解学生脑部活动特点等, 也是可取而必需的. 作为教育的辅助设施, 有条件的学校, 应建立教育评估神经科学实验室.

契合度、激励度、教育有效度的科学规范度量与评估, 有助于教育质量的稳步提高. 激励是提升教育质量的一个重要手段, 属教育质量①管理的内容之一.

是不是教师自身努力去钻研了说话的艺术、语言解释的方法与艺术, 学生就能听进去、理解好呢? 不尽然! 凡事都有局限. 教师的语言艺术亦然. 特别是当学生的相关知识面或思维能力超越老师时, 教师的教育语言的影响力便必然会开始下降. 教育的目的, 在某种意义上讲, 就是要让学生超过老师. 基于这一考虑, 教师的教育语言失效之时, 就是学生超过老师的一个信号. 教师应该感到高兴. 接下来要做的, 就是换更高水平的老师, 实现教育实施者的适时转换, 以保证学生进步的连贯持续性.

激励措施的效用强度在宏观总体上遵循 "效用递减原理".

任何一种产品都遵循 "有限有效期原理". 教育措施也不例外.

教育者的教育是否有效, 是具有对象、时间的双重相对性的. 教育有效时, 体现的是教育者 "相对有效的实施身份". 我们将其称为 "相对有效的实施身份原理".

① 对教育质量研究富有启发性的一个宏观视角, 可参见韩福荣教授的专著《质量生态学》(文献 [173]).

一种教育身份失效时, 要适时改变教育者的身份: 改换另一教师, 或改变相关教师自身的身份 — 比如, 提高其学历. 对教育者的陌生感、对其身份的景仰感, 是受教育者随其获得加大教育收益的重要因素. 我们将这一思想, 称为 "教育实施者适时转换原理". 一些家长教育失灵, 托孩子到学校或各种培训班接受教育, 实现的就是一种教育实施者的转换①.

教育实施者的转换有三种基本类型: 一是换教师; 二是换自身身份; 三是借虚托对象实施教育. 前两种易理解. 第三种体现着一种教学艺术, 它是指: 虚拟一种事件环境, 借其中他人之口贯彻自己的教育思想. 比如, 学生学习中的问题有两类, 一是已经暴露出来的问题, 二是可能会出现的问题. 对已暴露出来的问题, 教师可直接设法有效解决; 对可能出现的问题 (比如前些届学生已经出现过的问题, 或逻辑上可能会出现的问题), 为防患于未然, 教师可在 a 班课上说: "昨天, b 班某某同学向我反映了这样一个问题 ······", 然后, 讲出其解决办法. 这里运用的是一种 "托词" 的艺术. 虚构的 "b 班某某" 之类的人或事是有效教育实施的重要辅助成分. 我们将巧妙构造、利用虚构情节实施有效教育的观念, 称为 "托词教育的观念".

断想 64 激励教育的深度实施, 激励着教师的提高

激励教育是教学相长的教育. 尼采对教师的看法 "谁是教师, 他就多半不善于为他自己的利益做自己的事情, 他始终想着他的学生的利益, 任何知识只有是他能够教授的, 才会使他感兴趣. 最后, 他把自己看作一条知识的通道, 归根结底看作工具, 以致丧失了为自己的真诚"(文献 [21]) 应该有所改变. 社会人群中的人互助、互敬、共同成长才是利于社会良性稳态发展的基石.

断想 65 培养学生的思维敏感性要实施普遍锻炼计划, 打通课本知识与现实生活界限

思维要用到能用的每一个地方. 努力探求、揭示你所经历的每件事情的意义, 获得相应的启示, 并借此锻炼自己的洞察力. 比如, 2007 年 4 月 28 日学校运动会最后一项是学生的 4 米 ×400 米男子接力. 经济管理学院的一组是其体育特长班的同学. 他们的运动优势是非常明显的 —— 总体超越最后一组一圈. 这告诉人们: ① 专业与非专业有明显区别; ② 在表面上你并看不出他们与普通学生有何明显的区别. 真正的区别在内在的能力 (实例 + 技巧) 上. 从平均意义上讲, 人与人

① 当然, 这并不意味着孩子在学校接受教育, 家长的教育就完全失灵了, 同时, 也不意味着家长的教育责任就完全转移了.

之间内在的区别远大于外在的区别. 有一年 4 月 29 日上星期一的课, 正好我上午给材料学院的学生上线性代数课, 顺势借此观念, 鼓励大家多长内在的本事, 效果良好. 顺势引导的源材料, 既可是课程知识及相关事件, 又可是生活等方面的事件. 只要其思想内涵有益于教育观念的实施, 则都可取而用之.

反思自身某些经历的意义, 结合与事件相关的现代科技领域的已有成就, 对其加以深入系统思考, 可以成就一个人开拓新的研究方向、提出新体系的事业. 比如:

(1) 意大利数学家卡尔达诺 (Girolamo Cardano, 1501—1576) 认真思考赌博输赢概率问题, 提出了现在大家熟悉的概率计算的古典概型 (参见文献 [446], 或网页 http://www-history.mcs.st-andrews.ac.uk/Biographies/Cardan.html).

(2) 美国存在心理学之父罗洛 · 梅 (Rollo May, 1909—1994)1942 年患上了肺结核. 此病在当时被认为是不治之症. 他没有消极地等死, 而是积极面对, "冷静"观察、思考、分析自己心理的焦虑体验, 在反省直接经验和研读已有有关焦虑的文献的基础上, 写出了自己的博士论文《焦虑的意义》(文献 [211]) 于 1949 年获得了美国哥伦比亚大学授予的第一个临床心理学博士学位 (文献 [203], 总序 P.4).

(3) 美国 "心 — 体" 医学 (mind-body medicine) 专家 Gill Edwards 得了乳房肿块以后, 在其已有 "心 — 体" 医学基本知识的背景下, 认真地、故意地经历了自我精神治疗的探索过程. 她认为, 身体与心灵、精神、意识密不可分, 且相互影响. 身体生理上的疾病往往背后有精神、情绪等方面的压力、冲突等不协调状况的原因. 身体疾病是意识 (包括潜意识等) 出问题的一种外在表现. 人们不应害怕疾病, 而应将其视为朋友、视为自身 "心 — 体" 整体健康状况得以演化提升的一种机会、一个到达新境界的新起点. 疾病是自身内在存在不协调状况的指路明灯. 解决了内在不协调问题, 你就创造了 "心 — 体" 健康、幸福、活力的新水平. 基于自身遭遇引发的多年思考与实践, 不仅提高了她的健康水平, 而且, 作为一种理论总结, 她还写出了强调意识医药、医学的可读性、思想性、可操作性都很强的著作《意识医学》(Conscious Medicine) (文献 [442]).

(4) 英国神经科学家丹尼尔 · 博尔 (Daniel Bor) 在其父亲中风后, 虽难受于目睹父亲的疾病对其身体、生活造成的不便, 但其与众不同地是, 结合现代认知神经科学等领域的进展, 他 "冷静" 地观察、思考中风对其父亲心理造成的变化, 提出了自己对人的意识的理解, 写出了颇有影响力的著作《贪婪的大脑 — 为何人类会无止境地寻求意义》(*The ravenous brain: How the new science of consciousness explains our insatiable search for meaning*) (文献 [443]). 亲人的疾病、亲人及自己的心里苦难, 成了其学术进展的物质基础、引子及催化剂.

(5) 美国印第安纳大学计算机科学与认知科学教授霍夫斯塔德 (Douglas Hofstadter, 1945—)12 岁时, 他 3 岁的小妹妹茉莉 (Molly) 既不能理解语言, 也不会说话, 这给他们的家庭带来巨大阴影. 他的父母想尽各种办法试图治好她的病. 家庭的遭遇让霍夫斯塔德产生了了解人的存在、人的意识的物理基础的强烈愿望. 他开始读一些简单的有关人脑的书; 中学毕业时得到了哥德尔定理的启示; 后来学会了计算机编程, 接触了大量符号逻辑的知识. 逐步逐步地, 他走向了思考 "符号与意义" "模式与思想" "神经脉冲与道德灵魂" "心与脑" 等深层问题的阶段, 写出了富有影响力的《哥德尔, 埃舍尔, 巴赫: 一条永恒的金带》(*Godel, Escher, Bach: An Eternal Golden Braid*) (文献 [477])、《流动的概念和创造性类比 —— 思维之基本机制的计算机模型》(*Fluid Concepts and Creative Analogies – Computer Models of the Fundamental Mechanisms of Thought*) (文献 [478])、《"我" 是一个奇怪的环》(*I Am A Strange Loop*) (文献 [451]) 等著作. 生活的经历不仅引导了霍夫斯塔德的思想方向, 而且让他认识到, 人的思想都有其经验的背景原型, 抽象的思想、理论可以借助于与经验作类比而得到生动的呈现. 他的*I Am A Strange Loop*在相当大程度上就是按 "讲第一人称的故事 (first-person stories)" 的风格写的, 并且指出, "我希望更多的思想家用第一人称的风格进行写作"(文献 [451], P.xvii). 不仅如此, "类比" 也成了他认真研究的对象. 2013 年, 他和法国巴黎大学的认知与发展心理学家桑德 (Emmanuel Sander) 教授合作出版了洋洋洒洒、长达 578 页的专著《表面与本质 — 作为思维的燃料与火的类比》(*Surfaces and Essences — Analogy As the Fuel and Fire of Thinking*) (文献 [455]).①

除此之外, 大数学家、哲学家怀特海 (Alfred North Whitiehead, 1861—1947). 在其 63 岁, 也就是 1924 年起, 他开始在美国哈佛大学教授哲学, 成就了其在哲学方面的事业、德国哲学家海德格尔 (Martin Heidegger, 1889—1976) 等都做过类似基于自身经历反思的工作. 他们的学术之路, 可称作 "经历 (遭遇) 驱动的工作模式".

有意识地反省自身经历, 从中看出、理析出其意谓 (含义之所说!), 可谓人类意识发展的第四个阶段: 无意识 — 潜意识 (意识下, 或普通称的下意识)— 意识 — 反省基础上的系统普遍化意识. 这一阶段的特点是: 反观、反思自己所做事

① 此书的创作, 在时间上, 自 2005 年起, 历经 "8 年抗战"; 在合作创作方式上, 走的是少有的、至少笔者是第一次学习到的 "双语互译、协作演进、收敛定稿" 的路线 —— 作者霍夫斯塔德和三德称之为 "在语言和文化之间打乒乓 (Ping-ponging between Languages and Cultures)": 二人在面谈, 以及经 email 和电话交流确定写作计划后, 各用自己的语言写一稿 —— 霍夫斯塔德写英文稿, 三德写法文稿; 然后交换, 将对方的文稿译成自己的语言, 在这一译的过程中, 加入自己 (已有) 的观点, 在此基础上 — 实际是在对两份初稿的综合的基础上, 再写出自己的第二稿; 然后再交换, 再重复刚才的过程. 如此来来回回、反反复复, 最终收敛统一到一个内容丰满的定稿.

情的内容、结构, 明确形成相关结果的原因 —— 有这种原因, 便有这种结果, 进而看到并给出进一步更具普遍性的结论. 这是意识后的更深、更广一层的 "再意识化". 看到的内涵越多、越具普遍性, 其意识化水平越高.

例 "正交矩阵 $\boldsymbol{A}$ 的特征值 λ 的模是 1" 可简证如下: 设 $\boldsymbol{\alpha}$ 是 $\boldsymbol{A}$ 的属于 λ 的特征向量,

$$\boldsymbol{A\alpha} = \lambda\boldsymbol{\alpha} \quad \cdots\cdots\cdots\cdots\cdots\cdots \quad (1)$$

$$\Downarrow$$

$$\overline{\boldsymbol{A}}\overline{\boldsymbol{\alpha}} = \overline{\lambda}\overline{\boldsymbol{\alpha}}$$

$$\Downarrow$$

$$\overline{\boldsymbol{\alpha}}^{\mathrm{T}}\overline{\boldsymbol{A}}^{\mathrm{T}} = \overline{\lambda}\overline{\boldsymbol{\alpha}}^{\mathrm{T}} \quad \cdots\cdots\cdots\cdots\cdots\cdots \quad (2)$$

$$\Downarrow$$

$$\overline{\boldsymbol{\alpha}}^{\mathrm{T}}(\overline{\boldsymbol{A}}^{\mathrm{T}}\boldsymbol{A})\boldsymbol{\alpha} = (\overline{\lambda}\lambda)(\overline{\boldsymbol{\alpha}}^{\mathrm{T}}\alpha) \quad \cdots\cdots\cdots\cdots\cdots\cdots \quad (2)乘(1)$$

$$\xrightarrow{\boldsymbol{A}\text{是正交矩阵意味着}\overline{\boldsymbol{A}}=\boldsymbol{A},\boldsymbol{A}^{\mathrm{T}}\boldsymbol{A}=\boldsymbol{E}\Rightarrow\overline{\boldsymbol{A}}^{\mathrm{T}}\boldsymbol{A}=\boldsymbol{E}} \overline{\boldsymbol{\alpha}}^{\mathrm{T}}\boldsymbol{\alpha} = (\overline{\lambda}\lambda)(\overline{\boldsymbol{\alpha}}^{\mathrm{T}}\boldsymbol{\alpha})$$

$$\xrightarrow{\boldsymbol{\alpha}\neq\boldsymbol{0}\Rightarrow\overline{\boldsymbol{\alpha}}^{\mathrm{T}}\boldsymbol{\alpha}>\boldsymbol{0}} \overline{\lambda}\lambda = 1.$$

反观这一证明结构, 可知, $\overline{\lambda}\lambda = 1$ 成立, 根本原因在于 $\overline{\boldsymbol{A}}^{\mathrm{T}}\boldsymbol{A} = \boldsymbol{E}$: 只要它成立, 我们就会有 $\overline{\lambda}\lambda = 1$ 的结论. 在更广的复矩阵范围内, 作为实矩阵的正交矩阵只是满足这一条件的一类特殊矩阵. 这时候, 我们可以 $\overline{\boldsymbol{A}}^{\mathrm{T}}\boldsymbol{A} = \boldsymbol{E}$ 为内涵来界定一类普遍性更强的对象. 这就是线性代数中已有的酉矩阵 (unitary matrix) 的概念: 称满足 $\overline{\boldsymbol{A}}^{\mathrm{T}}\boldsymbol{A} = \boldsymbol{E}$ 的复矩阵 $\boldsymbol{A}$ 为酉矩阵.

再意识化是通过反观、反思、反省、回头检查已有意识内容的结构, 揭示其中隐藏的因素, 使 "意识中的潜意识" 浮出水面、意识化的过程. 浮出多少到什么程度, 皆与行为者本身的素质有关 —— 已有经历的 "意谓" 不是一个确定的对象. 其实, 一般而言, 任何事物的 "意味" 即使对一个具体的、确定的人而言, 也具有理论上的无限可闻、可品尝性. 这里的 "谓" 强调可说出、文字化、客观化; "味" 强调感觉.

再意识化强调了意识层面有结构: 意识与意识不同, 清醒度有差异; 恰如德国大数学家康托 (Georg Cantor, 1845—1918) 的集合论揭示了无穷与无穷不同, 无穷有大小一样.

教师在教学中, 强化再意识化精神的教育, 对学生学习收益最大化具有理论上无限的正面积极意义. 不仅如此, 由于再意识化强调的是不断提升人的意识化水平, 如果教师都强调这一观念的话, 那具有这一观念和能力的人就会不断增多, 人人都会作出类似前述卡尔达诺、罗洛 · 梅、怀特海等的工作, 这显然有助于人类早点进入 “意识有水平、层次结构” 的新阶段, 恰如数学研究由于康托尔的工作而进入了无穷不是混沌一片, 而是有差异一样.

再意识化观念建立以后, 法国数学家阿达马的《数学领域中的发明创造发明心理学》(文献 [8]) 将得到相应的完善和细化. 创造性地解决一个问题的四段论: “有意识地准备阶段 —— 灵感孕育的潜意识阶段 —— 灵感迸发的意识化阶段 — 对灵感有意识地验证阶段” 将增加一个阶段 — 再意识化阶段! — 而成为 “(数学) 创造发明五段论心理学”: “准备 — 孕育 — 明照 — 验证 — 再意识化”!

断想 66　灵觉教育的观念

教育的目标之一, 就是要把学生教得越来越聪明、越有灵性. 不能把学生教得越来越傻. 我们将以培养学生的灵性、敏感性为目标的教育称为 “灵觉教育”. 灵觉教育的实际行动目的, 在于降低学生的 “成绩成本”.

一个人在某方面的成绩成本指的是其达成一定成绩所需要的时间、事、物、关系、过程等客观构成要素与其本身付出的主观努力的总和. 这里的成绩指的是行为水平, 比如说将事情做到什么程度, 而不仅指完成一件事.

反映到学生的学习上, 为了达到同一个学习目标 (比如明白一个公式的应用程序), 如果学生 a 比 b 的成本低, 则我们认为 a 比 b 有灵性. 例如, 有的学生通过一个例子, 就可以明白一个一般的道理, 有的学生需要通过多个例子的学习与刺激, 头脑才能反映到同样的道理. 从明白相应的道理来讲, 前者需要的条件少于后者, 这时, 我们认为前者比后者有灵性、聪明. 前者的灵敏度、敏感性大于后者.

在数学的学习中, 学生的归纳敏感度、演绎敏感度是反映学生灵性的两个重要指标.

灵性与智慧强度紧密相关.

提高灵觉就是在展示一个人智慧的能量 — 智能. 智能显示得越大, 灵性显示的也就越充分. 没发挥作用的智能只能说是潜智能. 教育就是要把潜智能转变为活跃的显智能.

断想 67　“人生行为规划” 的概念

人们常谈人生职业规划. 其实, 一个更实际的规划是日常生活规划. 人口学家乌仓萍的 “三个终身” 的观念: “终身学习、终身理财、终身健康” 是对人生内容的一种划分, 我们这里给出的是另一角度的划分. 时时锻炼思维、强化对事物内涵的思想敏感性, 还是在各种行动与休息中取得一种平衡?

断想 68　解决好自然上升的神性与社会下降的人性之间的平衡, 是教育中的基本问题之一

本质上讲, 每个人实际上一直处于上升与下降、崇高与堕落、积极与消极的斗争与平衡之中; 处于自然与社会、先天与后天的博弈之中. 需指出的是: 在时空的整体之中, 诸如升降、先后等带有比较性的概念都是相对的.

断想 69　素质、风格就是人在遍历行为中表现出来的不变量

美国麻省理工学院数学家、哲学家罗塔 (G.C. Rota, 1932—1999) 认为, 每位数学家就那么几招. 风格就是一个周期. 风格形成早的人在社会中可能早受益 ——特别是其工作风格与当时的社会统治者要求相一致时更是如此. 人在社会中, 为人就那么几招. 像罗素那样一生不断否定自己、不断进步的人不多. 顺便指出, 罗素的无风格之风格与其对数学的看法, 以及其发现悖论的实践是一致的.

罗素在其*Mathematics and the metaphysicians*中表明了他的数学关系观: "纯数学完全由这样一些 (事件的) 关联所构成: 假如关于任何事情的某某命题是真的, 那么另一个关于任何事情的某命题也是真的." 对纯数学而言, 它既不讨论上述前提是否是真的, 也不考虑其中的 "任何事情" 是什么 ——(纯数学不关注的这些前提) 这几点属于应用数学的范畴. 在纯数学中, 我们的出发点是一些推导法则. 从此出发, 我们可以推断: 假如一个命题是真的, 那么另一个命题也是真的. 这些推导法则构成了形式逻辑规则的主干. 然后, 我们取任何似乎有趣的 (事情) 作为假设, 并基此进行推论. 如果我们的假设是关于任何事物, 而不是关于一个或几个特殊事物的, 那么, 我们的演绎就构成了数学. 因此, 数学可被定义为这样一门学科: 我们从不知道我们正在谈论什么, 也不知道我们所说的是否是真的"(文献 [78]). 数学中的真理观是有相对性的 (文献 [80]).

断想 70　学习四阶段: 想学、会学、善学、乐学

为了使学习具有可持续性、保持学习的愉悦和欲望, 学习宜遵循 "高潮中止原则": 学到兴奋点时, 就控制自己, 停止学习, 去做些别的事情, 以此来保持想学的欲望.

学习有效果, 才会不断诱使自己学下去. 好的效果除了内在的学习之外, 还要有外在的生理机能的锻炼, 如勤用左手、常听莫扎特、雅尼及经典的巴洛克音

乐等.

学习要遵循 “直接学习与间接辅助锻炼相结合的学习原则” “平和、无功利原则”—— 心静的学习才会有好效果.

要懂得 “回忆型学习”: 变思维的 “匍匐前行” 为 “立身宏观全景”, 然后在此基础上再进一步思考前行. 这是一种抬头环视, 而后找对方向再前行的学习方式. 回忆起一个立身抬头环视的作用.

德国启蒙运动重要人物、理论家莱辛在其名作《拉奥孔》中谈到: “既然在永远变化的自然中, 艺术家只能选用某一顷刻, 特别是画家还只能从某一角度来运用这一顷刻; 既然艺术家的作品之所以被创造出来, 并不是让人一看了事, 还要让人玩索, 而且长期地反复玩索; 那么, 我们就可以有把握地说, 选择上述某一顷刻, 以及观察它的某一角度, 就要看它能否产生最大效果了. 最能产生效果的只能是可以让想象自由活动的那一顷刻了. 我们越看下去, 就一定在它里面越能想出更多的东西来. 我们在它里面越能想出更多的东西来, 也就一定越相信自己看到了这些东西. 在一种激情的整个过程里, 最不能显出这种好处的莫过于它的顶点. 到了顶点就到了止境, 眼睛就不能朝更远的地方去看, 想象就被捆住了翅膀, 因为想象跳不出感官印象, 就只能在这个印象下面设想一些软弱的形象, 对于这些形象, 表情已达到了看得见的极限, 这就给想象划了界线, 使它不能向上超越一步. ”(文献 [167], PP.18-19). 莱辛这一选用情节发展顶点前那个 “最富于孕育性的顷刻” 的观点, 与学习中高潮中止原则是同理的.

学生学习保持思维有回旋余地, 在心理上保持激情, 持续到回旋余地小而感觉思维近疲惫、情绪兴奋近顶点时, 暂时停止学习. 教师在材料的直观启发性与逻辑严格性关系的处理上 —— 也就是呈现给学生的知识内容的形态上, 要立足于对学生最富启示、最易激动之的顷刻 —— 也就是上述莱辛所言 “最富于孕育性的顷刻”.

大学数学可益于中学知识的简化 —— 如导数用于三角公式. 大学数学教学不是承前启后, 而应遵循 “统前启后” 原则 —— 锻炼整合的理论思维能力和新知识的衍生能力: ① 前者注重建构能力 —— 联系化、建筑化的能力. 理论体系是众概念的众联系网中的一张. 学到出神入化者没有知识体系 —— 它可随时调用所学的各种知识. 这体现的是学者的解构后再组织能力 —— 独立化、散件化、再体系化的能力. 理论体系可被看成一种助记法. 在一定意义上讲, 数学就是一种记忆术 —— 一种具有浓缩概念化、符号化记忆体系的记忆术. ② 后者注重特征化 (强调)、一般化 (洞察力) 的能力培养.

断想 71 “优化知识结构”问题

人能控制的只有自己的后天行为. 见到一个问题后, 不同的知识反应顺序显示出人的差别. 知识结构的优化能力也是一种先天能力 (现在风行 “* 商” 思维: 智力有智商, 人之情感方面有情商, 人处逆境中有 “逆境商”, 甚至网络搜索现在都有了 “搜商” 等.)? 即使自身不善于优化、总是依赖别人对自己进行教育者, 见多识广了也会占据上风, 要明确自己是哪类人. 竞争从来就不是公平的, 往往 “先行者强势于落后者”: 生物学上传统的植物顶尖优势指的是空间优势, 这里是时间优势, 除此之外还有事的优势. 一般来讲, 在一拟序集中, 自由度大者占优势! 老师仅为一先行者而已, 在公共问题领域内, 老师不一定强于学生, 弟子不必不如师 (韩愈的《师说》) 很多题目学生做得出, 老师做不出; 老师能做出, 学生往往能做得更好. 人类之所以进步, 就是后人超前人.

知识结构不是一个死板确定的结构, 它应该而且也能够具有针对具体要解决问题的可塑性. 一个人解决问题能力的大小, 依赖于基本的三个方面的因素: ① 先后天的初始条件. 亦即, 当时头脑的思维状态及水平, 头脑中知识、思想的存储总量. ② 有针对性的聚焦选择能力. 亦即相对于给定的问题, 有效回忆、选择所需知识的能力. ③ 快速有效组合的能力. 亦即将选择的知识有效组合出一个计算或推理结构, 以利问题解决的能力.

知识结构发挥作用, 是在大脑的操纵下实现的. 知识不是独立的知识, 而是依赖于大脑的知识. 一个人解决问题的过程实际是其以要解决的问题为目标, 对自身具备的知识进行管理的过程. “面向目标的知识管理能力” 是一种综合能力. 各类考试对考生所要检查的, 实际上就是这种能力, 而不是简单的知识点的检查. 明确这一点, 对提升教学质量、增加教学收益是十分重要的: 它强调了知识储备、回忆, 选择, 及其有效组合的重要性; 强调了基于目标的知识结构重塑的重要性. 在学生的心里树立 “知识结构随问题而动” 的观念、并通过适宜的训练来强化 “知识结构随问题而动” 的能力, 是教育的基本任务之所在. 我们将以培养学生 “面向目标的知识管理能力” 为内容的教育, 称为 “知识驾驭” 教育.

知识间的关联或显或潜. 更一般而言, 有个 “知识关联长度” 的问题. 它代表着知识间的距离. 这是一个内涵丰富的概念. 它不仅有客观内容, 而且有主观因素, 是个依赖于知识承载者状态 (包括思维精神状态、所处时空状态) 的相对概念. 对给定的两个知识点而言, 其间的关联长度因人而异、往往也因时而异. 能将貌似遥远的知识简明地联系起来, 表达着一个人相当强的洞察力. 海面上再遥远的山峰, 在海底也是连在一起的. 理论上讲, 知识间总是可关联的; 但在问题解决中, 要具体地构建出这些关联, 则往往不是易事; 而问题解决就是要让理论上可行的事情在 (思维) 实际中具体地构建出来. 人类在各领域都在追求着统一的梦想. 在一定意义上, 可以说, 人类的发展过程, 就是一个降低事物间关联长度的过程. “知识驾驭” 教育也不例外. 训练学生的知识关联能力、建立其降低知识关联长度的意识、提升其降低知识关联长度的操作水平 —— 以利其学识直观度的提高, 是“知识驾驭” 教育的三项基本任务.

在一些简单的问题中, 解决的问题往往仅需一个知识点的有效选择. 例如, 在解决一些有关特征值的问题时, 如果问题中涉及了特征向量, 则头脑的第一反应是 $\boldsymbol{A\alpha} = \lambda\boldsymbol{\alpha}$ 往往是有益的; 而若问题中没有明显涉及特征向量, 则第一反应是 $|\lambda\boldsymbol{E} - \boldsymbol{A}| = 0$ 往往是有益的. 在考虑正定矩阵的问题时, 如果矩阵是以具体的形式 (也就是告诉了其中元素的构成) 给出的, 则用顺序主子式的判别法较为方便; 而若矩阵是以抽象形式给出的, 如果涉及了特征值, 则自然考虑正定矩阵的特征值皆大于零的判别法, 不然, 就要回到定义中去了.

有效解决问题所用知识的反应顺序, 应该遵循 “相关联想原则”—— 知识的反应以相关度的大小依次反映出来. 知识集合在面对不同问题时, 呈现出不同的相应系统化结构、体现出一定的可塑性.

知识结构的面向问题解决的可塑性, 可由人的心智类似于一种量子力学的概率场的假说进行解释. “量子力学的概率场, 即不具有能量也不涉及物质”. 量子物理学家马基瑙 (H. Margenau) 在其 1984 年出版的著作 *The miracle of existence* 中说: “像大脑、神经元和感觉器官这样非常复杂的物质系统, 其组成成分小到足以要受到量子概率定律的支配, 即这些物质器官具有多种可能的变化状态, 而每种状态则以一定的概率出现; 如果某种变化发生时需要能量, 或需要比其他变化或多或少的能量, 错综复杂的生物体会自动地提供. 但不会要求心智来提供这种能量. ” “可以认为心智是一种场, 是物理学意义上可以接受的场. 但其作为一种非物质的场, 可能和概率场最类似. ” “意向或有计划的思考所涉及的精神集中可能以一种类似于量子力学概率场的过程来引发神经事件. ”(文献 [88], PP.202—203)

影响一个人解决问题思维效率的因素, 除了相应的知识结构外, 还有一个在什么运算水平上操作对象的问题. 这集中反映在对一些有运算结构对象的处理上. 所谓有运算结构的对象, 指的是按照平时的习惯, 可对其进行化简、展开等变换的式子 —— 比如

$$\sin^2\theta + \cos^2\theta, \quad (a+1)^2.$$

人们一见到它们, 往往习惯地想到

$$\sin^2\theta + \cos^2\theta = 1, \quad (a+1)^2 = a^2 + 2a + 1.$$

其实, 这种习惯有时不利于快速地解决要处理的问题. 下面是一个真实的典型例子.

2007 年 7 月 16 日重庆晨报报道, 重庆邮电大学的大二学生小王 15 日到刘先生家应聘家教. 刘先生从其读初三的女儿的暑期作业中选了一道题让小王做. 如果做出来, 就聘; 否则不聘. 题目是这样的: "如果

$$a+b+c=0, \quad \frac{1}{a+1}+\frac{1}{b+2}+\frac{1}{c+3}=0,$$

那么

$$(a+1)^2+(b+2)^2+(c+3)^2$$

的值为多少". 小王做了十多分钟, 没做出来. 回校后, 他的几位同学也没做出来.

为什么会这样呢? 其实这是一道简单的题目. 做题时首先要注意观察题目中所涉及对象的结构特点, 不要轻易改变其对象构成. 当注意到第二个条件和要计算的算式由对象

$$a+1, \quad b+2, \quad c+3$$

构成时, 不要急着展开有关式子, 直接运算即可得到结果: 因为

$$\frac{1}{a+1}+\frac{1}{b+2}+\frac{1}{c+3}=0 \Rightarrow (b+2)(c+3)+(a+1)(c+3)+(a+1)(b+2)=0,$$

所以

$$\begin{aligned}&(a+1)^2+(b+2)^2+(c+3)^2\\=&\{(a+1)+(b+2)+(c+3)\}^2-2\{(a+1)(b+2)+(a+1)(c+3)+(b+2)(c+3)\}\\=&\{(a+b+c)+6\}^2=36.\end{aligned}$$

按照收益极大化原则, 做完一道题之后, 要回头对题目进行再思考, 看能否得到更多的东西. 通过分析解题过程, 至少可以明确其题型 —— 题目的某种一般化程度的结构, 进而可编出很多类似的题目. 比如, 若

$$a+b+c=r, \quad \frac{1}{a+r_1}+\frac{1}{b+r_2}+\frac{1}{c+r_3}=0,$$

则

$$(a+r_1)^2+(b+r_2)^2+(c+r_3)^2=?$$

答案自然是 $(r+r_1+r_2+r_3)^2$. 若参数 r, r_1, r_2, r_3 取不同的值, 便可得到一道具体的题.

一道具体题目所属题型不是唯一的. 下述题目是上题的更加一般化的一个题型: 若

$$f(a,b,c)=r, \quad \frac{1}{u(a)}+\frac{1}{v(b)}+\frac{1}{w(c)}=0, \quad u(a)+v(b)+w(c)=f(a,b,c)+s,$$

则

$$u(a)^2+v(b)^2+w(c)^2=?$$

答案显然是 $(r+s)^2$. 选择满足条件的具体的函数 f,u,v,w, 以及具体的数值 r,s, 便可编出无穷道具体的类似题目.

如果我们考察关系

$$a+b+c=0, \quad \frac{1}{a+1}+\frac{1}{b+2}+\frac{1}{c+3}=0 \Rightarrow (a+1)^2+(b+2)^2+(c+3)^2=36, \quad (*)$$

还可提出一些更有一般意义的问题. 关系 $(*)$ 告诉我们, 对满足两个约束条件的三个量 a,b,c 而言, 存在着一个成为定值的新函数 $g(a,b,c)$ (约束条件等式的左端也是定值函数). 从一般解方程组的角度看, 人们可以设想将两个量, 如 a,b, 表示为第三个量, 如 c 的函数 $a(c),b(c)$, 此时, 一般的函数

$$F(a,b,c)=F(a(c),b(c),c)$$

是 c 的 (复合) 函数, 它不一定是常数. 关系 $(*)$ 告诉我们的是, 如果 a,b,c 满足

$$a+b+c=0, \quad \frac{1}{a+1}+\frac{1}{b+2}+\frac{1}{c+3}=0, \quad (\#)$$

则

$$(a+1)^2+(b+2)^2+(c+3)^2$$

是个常函数. 从中自然引出的一个一般问题是: 满足式 $(\#)$ 的 a,b,c 的定值函数的特征是什么? 定值函数都是可以取些值? 特别地, 对任意的实数 r, 都可找到一个取此值的函数吗? 更一般的数学问题是: 如果实数 $a_1,a_2,\cdots,a_n$ 满足约束条件

$$f_i(a_1,a_2,\cdots,a_n)=0, \quad i=1,2,\cdots,m, \quad m<n,$$

则 $a_1,a_2,\cdots,a_n$ 的定值函数的特征如何?

对于给定的一个问题, 解题者有 “问题能否解决”, 以及 “能够多快地解决” 两个基本问题. 前者是 “是否能行” 的问题, 后者是 “行进效率” 的问题. 对于前者而言, 对于给定的有关数学对象 O 的问题, 如果用 O 的一些性质不能解决, 接下来一个基本的解题策略, 就是法国数学家 Hadamard 在其《平面几何》中提到的 “回

到定义当中去”的思想. 他说：“必须用定义代替被定义的概念”，“这个法则巴斯加甚至认为是全部逻辑的基础”(文献 [155], P.234).

一个对象往往有很多方面 —— 特别是在与众多其他对象的联系中, 会表现出多种面貌. 如果人们不能用已有的性质解决手头的问题, 很可能问题本身涉及的是 O 的其他方面 (人们还没有深入分析、总结的方面) 相对于已经分析出的“显性质”, 我们称这些含在定义中而未分析的性质为“潜性质”. 这时, 要解决给定的问题, 显然必须回到定义当中去 —— 回到“根”上去剥离出解题者所需要的潜性质.

$$O \Rightarrow \left\{\begin{array}{l} \left.\begin{array}{c}\text{显性质 1}\\ \text{显性质 2}\\ \vdots\end{array}\right\}\text{已分析出的性质}\\ \left.\begin{array}{c}\text{潜性质 1}\\ \text{潜性质 2}\\ \vdots\end{array}\right\}\text{待分析的潜性质}\end{array}\right. .$$

断想 72　懂得学习中潜意识的重要性

罗素在其回忆录 (文献 [11], PP.158—159) 谈到自己的写作方式时说：“对我较为适合的方式是, 在第一次思忖一本书的主体之后, 随之对这个主题给予认真的考虑, 然后要有一段潜意识的酝酿时间, 那是不能仓促行事的, 而要说有什么区别, 那就是我会过分的深思熟虑. 有时在过了一段时间后, 我会发现自己出了错, 以致无法写出我想要写的书. 不过我的运气一向较好. 通过一个极其专心的阶段把问题深植于我的潜意识之后, 它便开始秘密地成长, 直到解决方案带着使人不能理解的清晰度突然浮现出来, 因此剩下的只不过是把看来仿佛是某种神示的内容书写出来罢了”.

有关我的写作过程最为奇特的实例发生于 1914 年初, 从而导致我此后对它的依赖. 当时我已答应给波士顿的罗维尔 (Lowell Lectures) 讲座讲课, 我所选择的题目是“我们对物质世界的认识”. 整个 1913 年我都在思考这个论题. 包括在剑桥上课期间我的办公室、在泰晤士河上游度假时的幽静小旅社, 我极度的精神集中乃至有时忘了呼吸, 而且由于我的出神冥想而引发阵阵不寻常的心跳. 但是一切都是徒劳. 每一个我所能想到的理论, 我都可以觉察到它的致命缺陷. 最后在绝望之余我前往罗马过圣诞节, 希望节日的气氛可以使萎靡的精力恢复过来. 我在 1913 年的最后一天回到剑桥, 尽管困难依然完全没有获得解决, 但是由于时间紧迫, 我只好准备尽自己所能对速记员作口述. 第二天早上, 当她进门时, 我灵光乍现, 突然知道了自己要说什么, 于是开始把整本书口述出来, 完全没有片刻的犹豫.

我不想传达一个言过其实的印象. 事实上, 这本书颇不完整, 而且现在我还认为有不少严重的错误. 但它是当时我所能做到的最称心的论述, 而以一种较为从容不迫的方法 (在我可支配的时间内) 所创作的东西很有可能会更糟. 不管对其他人可能适用的是什么, 对我来说这是正确的写作方法. ”······ “除非写作风格是来自作家在个性上的内心深处和几乎是不由自主的表露, 否则便不是好的写作风格. ”

罗素的这一写作手法与数学大师 Poincaré在《科学与方法》([7]) 中、Hadamard 在《数学领域中的发明创造心理学》(文献 [8]) 中陈述的数学领域中的发明创造心理过程如出一辙. 上述所引, 与其说是罗素的写作方法, 不如说是其对一个主题的思维及心理创作过程.

类似的情况也发生在科学哲学家波普尔和神经生理学家埃克尔斯 (1963 年诺贝尔生理学医学奖获得者) 的工作中. 埃克尔斯说, 关于 “一位科学家到底怎样才能得出好的科学想法? 波普尔提出, 把所有的想法装入自己的脑中, 同时去除那些经不起甄别批评的想法. 这是一个和生物进化里自然选择类似的过程. 能幸存下来的好想法是相当罕见的.

“我自己的经验是, 在寻求一个好的新想法的时候, 我会先让有关该难题的知识以及我对先前尝试过的解答的评估充斥我的心智. 然后我等着由此引发的精神紧张状态有所突破. 此间我可能会像爱因斯坦那样外出散步或听听音乐. 这个过程称为孵化期. 此间我不和自己处于紧张状态的心智较劲, 只是期待着一个好的创造性想法会自己涌现出来, 而好的想法经常就是这样爆发出来的. 有的时候把难题和各种想法用笔写下来是很有帮助的. 毫无疑问, 这种创造性过程几乎完全是下意识地完成的. 但是一旦一个好的想法爆发了出来, 我就会马上沉浸到精神高度集中的状态中去, 这可能会持续相当长的时间, 就像有关牛顿的故事里讲的那样, 他经常会神志恍惚地待在三一学院的办公室里. ”(文献 [88], PP.252—253)

国学大师徐复观 (1903—1982) 曾对类似经历做过清晰的描述: “在吃东西时, 所吃的东西, 并未发生营养作用. 营养作用是发生在吃完后的休息或休闲的时间里面. 书的消化, 也常在读完后短暂的休闲时间. 读过的书, 在短暂的休闲时间中, 或以新问题的形式, 或以像反刍动物样的反刍的方式, 若有意或无意地在脑筋里转来转去, 这便是所读的书开始在消化了. 并且许多疑难问题, 常常是在这一刹那之间得到解决的曙光. 我十二三岁时, 读来氏《易》, 对于所谓卦的错、综、互体、中爻等, 总弄不清楚, 我父亲也弄不清楚. 有一天吃午饭, 我突然把碗筷子一放："父亲, 我懂了. " 父亲说："你懂了什么?" 我便告诉他如何是卦的错综等. 父亲还不相信, 拿起书来一卦卦地对, 果然不差. 平生这类的经验不少. 我想也是任何人所有过的经验. "(文献 [243], PP.296—297).

Hadamard 在其《数学领域中的发明创造心理学》(文献 [8]) 中给出的研究工作已经表明, 这种 "由显到潜 → 由潜到显"(这里的 "显" "潜" 是 "显意识" "潜意识" 的简称) 的模式是具有普遍性的研究型思维程式.

顺便指出, Poincaré和 Hadamard 对数学研究过程中数学家的心理及思维过程感兴趣与他们的导师 Hermite①在数学中的神秘思维有一定关系. Hermite 被称为神秘型的数学家, 他经常令人难解地给出一些数学结论, 其研究途径往往不是逻辑的路线. 在对数学的感觉方面, 他与印度直觉型天才数学家 Ramanujan(Srinivasa Ramanujan, 1887—1920)②各有特点.

Poincaré不仅是数学创造过程模式的研究者, 而且对其成果也是个身体力行者. 他的外甥、科学史家、数学哲学家、数学家 Pierre Boutroux(1880—1922)③在一封信中说, 他 (Poincaré) "每天用于数学研究工作的时间一般不超过四个小时 ④ —— 上午十点至中午, 下午五点至七点. 晚上用来读一些杂志论文"(文献 [305], P.120). 休息对他也非常重要. 意识的集中工作与放松、生活内容的变换, 对获得数学灵感是很重要的. 当然, Poincaré本人就是一个直觉型数学家的事实, 也是他关注数学创造过程的重要因素. 他比普通的数学家更加依赖直觉. 他 "不像其他的某些科学家. 他认为, 口头与文字交流皆无益于发现⑤. 数学的发现完全排斥

① 参见 http://www-history.mcs.st-andrews.ac.uk/Mathematicians/Hermite.html.

② Ramanujan 去世之年 (1920 年) 是徐利治先生出生之年.

③ 关于 Pierre Boutroux 的传记, 请参见网页 http://www-history.mcs.st-andrews.ac.uk/ Biographies/Boutroux.html.

④ 具有严格的工作、生活时间的安排, 除了庞加莱以外, 另一典型人物就是德国哲学大师康德 (Immanuel Kant, 1724—1804) 了. 康德出生在柯尼斯堡. "柯尼斯堡的市民们有一个很可靠的对表方法, 每天下午, 依曼努尔 · 康德出来散步时, 时间正好三点半. …… 当他走在被人们笑称为 "哲学家之路" 的林荫小道上时, 总是戴一顶灰帽子, 披着灰大衣, 用精致的灰色手杖轻轻地敲着地面. …… 这个身材矮小、走路一踮一拐的柯尼斯堡哲人, 他的生活习惯像太阳一样准时. 他起床、穿衣、喝咖啡、写作、讲演、进餐、散步, 每天都在固定的时间. 他的一个传记作家说, "康德的生活就像一个最有规则的规则动词". (文献 [183. P.177]). "严守时刻表, 并且习惯于按钟点支配自己日常工作的康德, 只有一次打破了常规 —— 当卢梭的《爱弥儿》问世以后, 由于康德醉心于研读这本使他手不忍释的书, 竟然放弃了每天例行的散步. "(文献 [166], P.1).

⑤ 显然, 在 Poincaré自己发展的过程中 —— 特别是在学生时代, 不可能没有言语, 以及至少与所阅读文献之作者的内在思想交流. 而这些交流, 恰恰就是其后来众多发现的基础性养料. 更重要的是, 他或其外甥如此讲有关观点, 也恰恰反映出一种普遍的意识现象: 人们在有意识地看问题时, 总有一个潜意识和无意识的大背景在否定他. 人们的很多经验在后来都进入了潜意识状态. 在确定时刻思考、讲话的人, 观

合作的可能性. 发现源于直觉; 而直觉是精神与真理的直接交流, 无需中介”(文献 [305], P.121). “他的很多关键发现都依赖于潜意识思潮”, 按照其传记作者、原法国巴黎高等研究院心理实验室负责人图卢兹 (Edouard Toulous, 1865—1947) 的观点, “Poincaré解决问题的方法是直觉的、快速的、自发的”. 他的研究方法是 “像做梦一样的方法 (dream-like approach)”. 他做研究一般没有完整的计划, 基本是顺着意识的流动而前行. 他思维的开始很容易, 然后就是工作本身牵引他了 —— 这当中没有他做故意努力的痕迹. 在前行的过程中, 如果感到不舒服或遇到过不去的困难, 他不坚持原有的方向而是转向其他⑥. 为了唤醒某些思想, 有时他会自动写下一个公式. 他的研究过程充满了主题的不断变换; 同时他相信, 在这期间, 潜意识一直在做反省的工作. 他对工作的完整性有着敏感的直觉. 如果他认为工作还没完成, 就很难去做别的事情. 正因为他有这种对一个 (潜) 意识流程的执著 —— 开始的有牵引力的工作难以中途停下来, 所以他一般在晚上不继续进行重要的事情, 以免打扰自己的睡眠. 其 “如梦亦醒, 成果迸发” “似水顺可流之路而

点一经产生, 相对这一观点而言, 总还有背后的潜意识经历或无意识的现象 (后者主要包括他根本尚未经历过的东西 —— 它们属于无意识的东西) 没有涉及. 它们形成了显意识观点的潜意识和无意识背景. 相较而言, 显意识观点是确定的、“有限的”, 而其潜意识和无意识背景是不定的 (因观察者的不同而可能有所区别), 甚至可定性地说, 是 “无限的”. 当将显意识观点和适当的背景现象联合起来综合再下结论时, 原先的观点可能就站不住脚了. 就像刚才评价 Poincaré“口头与文字交流皆无益于发现” 一样. 其实, 任何一种观点都有其局限性. 我们把潜意识和无意识背景衬托出显意识观点之局限性的现象, 称为 “背景约束” 现象. 它体现的是 “背景反衬” 功能. 需指出的是, 背景正面支持给出的显意识观点的 “背景支撑” 现象也是存在的. “背景支撑” 与 “背景反衬” 是共存的.

从心理直观形象上看, 学过概率论的学者可能已经感觉到了, “一个人给出一种观点的显意识背景基础是 “总的可能背景基础” 的一部分, 一个人总是在自己部分知识储备、经验的基础上说出一种观点, 总是在进行一种不完全归纳概括、提炼 (但当事人本人在表达相关观点时并未意识到这种局限性)” 的思维现象与随机变量的分布函数有相近之处. 它实际启示着一个广义分布函数的概念: 对给定的实数 r, 可定义于实随机变量 ξ 有关的一个函数, 不妨称之为 ξ 的 “$r-$ 基点分布函数”

$$F_{r\leqslant\xi}(x)=P(r\leqslant\xi\leqslant x).$$

当 $r=-\infty$ 时, 便是普通的分布函数. 形象上, r 可被设想为思考问题时显意识态的边界经验、知识背景 — 思考者能想到的、离其当时最远的背景点; $F_{r\leqslant\xi}(x)$ 相当于在时刻 x、基于 “r 以来的经验背景” 上的观点 (产生的概率). 人们对 $P(r\leqslant\xi\leqslant x)$ 是不陌生的, 但其与思维的这一形象比喻式的联系是笔者在他处尚未见到过的. 显然, 人们还可以考虑更加符合现实的多维视野背景下的、以某集合为边界的广义分布函数等问题. 有兴趣的读者可以系统发展思维的相关数学模型.

⑥ 菲尔兹奖获得者、英国剑桥大学数学家 Timothy Gowers(1963—) 在谈到问题解决策略时也曾说, 当你遇到棘手的问题、一时难以解决时, 最应该做的就是 “放弃” 它; 但这种放弃不是消极地完全离弃, 而是要积极地改变它, 使问题发生转换 (文献 [314], P.58).

流”①“始无计划, 终结硕果”的“个人英雄主义”“市场经济式的自由创造工作模式”②益于突破意识为思想设定的界限和极限, 是成就其非凡创造力、建筑“潜意

① “顺易流之路而流 —— 遇阻转向, 费力最小”的“经济思维流”的思维模式曾助挪威天才数学家阿贝尔 (Niels Abel, 1802—1829) 获得了至少两大成就: 方程根式解问题的逻辑解决和椭圆积分引导椭圆函数的出现问题. 阿贝尔利用的是一种特殊转向 —— 反向或逆向思维.

② 在大科学协作、且网络发达的时代, 有计划地合作研究 —— 凭大规模动态集体力量、借助博客、wiki 等在线 (online) 工具来协同解决数学问题、推进数学的进步 — 是当今“数学社会”科学研究中的一个重要模式. 肇始于 Timothy Gowers 2009 年 1 月 27 日之博文的 Polymath 工程 (massively collaborative online mathematical projects. http://gowers.wordpress.com) 即属此类活动. 此项活动有双重目的: 内容上是要解决之前未解决的数学问题; 形式上是要尝试数学研究的一种新方式: “如果一大群数学家能够有效地连接他们的大脑, 或许他们也能很有效地解决问题”. 其特定目标是要给出组合数学中著名定理 DHJ——Density Hales-Jewett theorem—— 的某种特殊情形的初等证明. 讨论活动历经月余 (2009 年 2 月 1 日至 3 月 10 日) 便有了结果: 3 月 10 日, Gowers 宣布, 参与者的接力已经给出了 DHJ 特殊情形的一个初等证明, 且令人吃惊的是, 其思路可直接推广到 DHJ 完整定理的证明上. 就此结果, 他们在 2010 年以笔名“D.H.J.Polymath”在论文预印件网站 arXiv.org 上公布了两篇长达 34 页和 49 页的文章: “A new proof of the density Hales-Jewett theorem”(arXiv: 0910.3926v2 [math.CO] 16 Feb 2010) 和“Density Hales-Jewett and Moser numbers”(arXive: 1002.0374v2 [math.CO] 25Apr 2010). 关于这一基于互联网技术的集体式研究实验的一些细节信息, 有兴趣的读者可参见 Gowers 和 Nielsen 发表在 Nature 杂志上的文章 [文献 311].

Polymath 的集体笔名现象, 不禁让人想到另外两个集体数学笔名: N. Bourbaki 和 N. Pytheas Fogg. 前者写了大量数学著作, 对推进法国数学教育、研究事业的发展立下了汗马功劳; 后者于 2002 年在 Springer“*Lecture Notes in Mathematics*”系列中出版了《动力学、算术和组合学中的置换》一书 (文献 [320]). 在人们面对、研究的问题日益复杂的时代, 集体的合作性工作将越来越多. 出于公正和书写简单的考虑, 集体笔名现象在科学共同体中将会越来越普遍.

心灵不止一种类型: 既有主动、独立自主、富有创造力的、在某种意义上较为完整的“领导型心灵”(个体意识), 也有被动、具有对外依赖性、渴求合作的、在某种意义上有所欠缺的“随从型心灵”(候补意识). 创造型大师级的人物皆属前者, 比如 Poincare, I. M. Gel'fand(1913—2009, 乌克兰数学家; 1990 年移居美国) 等. 关于数学中个人研究模式、集体合作研究模式的更多知识, 可参见美国的 Melvyn B. Nathanson 的论文*One, Two, Many: individuality and collectivity in mathematics* (文献 [312]). 如果领导型心灵在做自身原创性工作之余, 展现自己外在的智慧引力、领导力, 适宜地引导、组织被动性心灵进行集体互补 (使等候拼补的“候补意识”们拼起来), 开展合作性的工作, 那么, 大家在各自所属规模大小可能不一的有机团队 (在某种意义上形成一个较为完整的集体型心灵、集体意识 ——“组合型个体意识”) 里, 就都能为数学 (科学、社会等) 的发展贡献自己相应的力量了. 在上述 Polymath 工程中, 在一定程度上, Gowers 就处于一个领导型心灵的位置. 容易理解, 这种“各就各位凝聚团队, 各尽所能推进发展”的社会整体无智力浪费的工作模式对推动社会各方面的进步具有非常积极的作用. 的确, 不同的工作模式设计, 具有不同的社会收益 (和谐程度的收益、工作成效的收益、和谐共进的发展型收益等).

需指出的是, 合作的方式有很多. 并非大师不需要合作. 在数学史上, 范德瓦尔登 (B.L.van der Waerden, 1903— 1996. 荷兰)、阿丁 (Emil Artin, 1898—1962. 德国)、施雷尔 (Otto Schreier, 1901—1929. 因病早逝. 奥地利) 于 1926 年合作证明 Baudet(Pierre Joseph Henry Baudet, 1891—1921) 猜想的过程就是一个典型的例子 (当时他们在德国汉堡大学). 荷兰数学家 Baudet 提出的猜想是这样的: “如

识浪潮过后, 留下灿灿珍宝" 景观的重要构件. 虽然有些数学家也关注潜意识在他们创造性工作中的角色, "但 Poincaré是完全信任其潜意识心灵的能力的. 在这一点上, 他似乎无可匹敌"③(文献 [305], P.123).

果将整数序列 $1, 2, 3, \cdots$ 分成两类, 那么, 至少其中一类包含一个 l 项的算术数列

$$a, a+b, \cdots, a+(l-1)b,$$

不管给定的长度 l 多大". 范德瓦尔登说: "找 Baudet 猜想之证明的过程是团队工作 (team-work) 的好例子. 我们三人, 每人都贡献了本质的思想. 在与阿丁和施雷尔讨论后, 我完成了证明的细节, 并在 1927 年将其发表在了 *Nieuw Archief voor Wiskunde* 15. "(文献 [255]). 关于 Baudet 猜想的来源和在数学 —— 特别是 Ramsey 理论发展中的后继影响, 有一个有趣的历史. 比如, 范德瓦尔登并未见过 Baudet; 所谓的 Baudet 猜想是其在 1926 年刚听说的; Baudet 家族具有爱好音乐和玩棋的传统 —P.J.H.Baudet 本人就是一个大提琴手和技艺高超的棋手, 等等. 详情可见美国科罗拉多大学 (University of Colorado) 俄裔美籍数学家 Alexander Soifer(1948—) 教授的著作《数学染色书 — 染色的数学及其创造者的有色彩的生活》(文献 [313]) 的有关章节.

一个人做研究是单脑行为, 多人联合做研究是 "脑网络" 的整体协作认知行为. 二者具有不同的神经系统运动模式, 其做出的工作之类型自然亦各有特点 — 特别在复杂度、宏观度上, 后者占有优势. 法国著名神经科学家尚热 (Jean-Pierre Changeux, 1936—) 在其《真理的生理学》一书中, 从神经基础的角度对联合研究的优点做了分析 (文献 [318], PP252—254). 有兴趣的读者可以参考.

"作为神经系统网络的团队之效能的理论和实证研究"(或 "团队组织的神经科学基础及其应用") —— 具有明显的现实应用价值. 团队效能评价、面向目标的团队组织 (具有什么类型和强度的神经系统的人, 在多大规模上, 可以有效地组合起来完成任务?) 等一系列问题, 都可借助神经系统的研究给出重要的结果和决策. 需指出的是, 效能、效用是相对于目的而言的. 如果希望降低对手的整体竞争能力, 那么, 破坏其成员间的正向谐振的联系程度、或降低其某些成员的神经系统效能, 都是可取的.

③ 人有共存的无意识、潜意识、显意识的三重存在. 无意识存在态是本能态, 基于其上的潜显意识综合存在态是意识态. 前者是人的无意识灵魂的 "物的存在", 后者是人的有意识灵魂的 "灵的物的存在". 人们常常忽视前者. 其实, 前者既是后者的基础, 其具体表现又受后者的影响. 法国的 Mathias Pessiglione 对人脑的下意识行为, 对 "环境中我们并不有意识知道的信号能够激发我们的行为吗? ······ 人脑是否 (能自动) 处理我们不能感受到的 (视觉) 刺激? " 等问题进行了探究, 并给出了相当程度肯定的回答 (文献 [319], PP.175—190). 类似工作支持着人首先具有作为自然本能存在的属性. 至于这一存在状态是先有、还是随着人发展到高级阶段而衍生出来的新现象, 则有待深入研究.

严格来讲, 没有绝对意义上的独立、孤立的个人认知现象存在. 一个人的思维运动总是或显或潜地与外在或内在的某种客观存在进行着交流 — 思维运动总是在某种类型的协作网中进行的. (1) 从人类整个认知史来看, 最初的先民对自然或自身的认知, 是其与 "认知对象作为一种振动系统" 的相互作用的协作, 这种协作是认知行为中的基础协作 — 它一直存在于后来的各种认知行为中. 用英国伦敦经济学院科学哲学家波普尔 (Karl Raimund Popper, 1902—1994; 奥地利裔) 教授的语言讲, 这时的协作属于世界 2 与世界 1 的协作. (2) 不同人之间思想的相互影响, 有两种基本形态: 同时在场 — 在同一个某种场景中的交流 (面对面谈话、电话交谈等) 和不同时在场的交流 —— 一个人将自己的思想写成文本 (论文、著作等) 或以某种较现代的媒体形式 (如录音、录像等形成的音频、视频文件) 固化下来, 形成一种思想文化产品, 它承载着思考者神经系统振动的一个片段. 一个人通过看、听等形式感受这种产品对象的内涵的思维过程, 就是思考者与思想产品源思维者的一种不同时在场的异境跨时空交流、协作. 此时, 思想产品成了异

时、异境思考者交流的媒介. 思想产品承载着其思维者一定程度的神经系统振动模式. 一个人读书、看视频, 实际上就是在自己的头脑、甚至身心中激活这一振动, 并接受其影响. 作品承载的思维风格与读者神经系统的状态之间的契合程度, 决定着读者对作品的激活力和因此的收益力 (对自身的正向的作用力). 不同的人对同一作品往往具有不同的激活力, 因而收益也有别. 学生读同一本教材, 但却有不同的学习成绩, 即为之一特例. 用波普尔的语言讲, 人与人思想的互动, 属于世界 2 与世界 2 的协作; 人与思想产品的协作属于世界 2 与世界 3 的协作. (3) 人具有镜像神经元, 它保证人有一定的反省能力. 不断的思维实践, 不断渐强的反省, 让人类思维的协作模式逐渐凸现、分化出来, 最终作为一个独立的认知对象出现在人的思维视野中. 人明确了协作的客观性, 基于追求协作收益最大化的考虑, 协作工作模式的必要性就自然产生了. 人类的思想、文化、科技等各方面的发展就进入了协作、大协作时代. 随着协作的深入, 人们能处理的问题的复杂度越来也大; 而随着面对的问题的复杂度越来越大, 人们也就意识到, 协作的规模和强度也应该随时、随境而进. 复杂度与协作度的相互激进, 使得人类社会的整体性越来越突出.

总之, 思维者总是存在于某种协作场中: 人与自然的协作, 人与人的协作, 人与神经系统振动片段的协作, 等等. 这里存在着一些值得考虑的问题. 比如, 一个人的神经系统、或协作团体的神经系统网络的振动片段可以形成承载这段振动形式和内涵的文本 —— 文字的某种组合物; 但所有文本 —— 所有文字的组合物都可看成这类承载物吗? 也就是说, 随机任给一文本, 是否都可找到某人、或某团体, 使得他们的神经系统 (网络) 的某段振动能够形成这一文本? 显然, 这里存在着神经系统运动产生文本的 "产生方式" 的具体含义问题, 因为, 文本一旦给定, 具有一定文字水平的人就可将其念出来 —— 甚至可记住然后背诵出来、背写下来形成内容相同的文本. 这种 "先有文本再复现此文本" 与 "原创文本" 在神经系统振动模式、强度等方面有何区别? 等等.

文本承载作者本人神经系统的一个振动片断, 它对他人神经系统具有一定的影响. 当这种影响是积极的、起强化他人神经系统的作用时, 它就发挥了对他人 (其实也包括作者本人) 神经系统 —— 甚至生命系统的一种保健、医疗功能. 需指出, 文本一经产生, 它就具有了相对独立性: 从产生的角度讲, 它依赖于作者, 但产生后, 便具有了自在性、客观性, 便成了科学哲学家波普尔 (Karl Popper, 1902—1994) 意义下的世界 3 的事物 (关于世界 1、2、3 的观点, 可参见文献 [83], [414]); 对不同的人, 可能产生不同的相互作用, 产生不同的神经系统的振动影响. 系统研究文本的保健、医疗功能、创建具有特定功能的文本, 以及功能生效具体实施措施的学问, 笔者称之为 "文本医学", 或者更加广义地, "作品医学"— 这时的作品, 包括了传统文字, 以及图形、雕塑、建筑等广义符号文字作品. "书籍是心灵的良药" 在现代神经科学视野中获得了新的解读. 在这一视角下, 它也让人们对书籍的作用有了一个更加准确的了解: 并非任一书籍对任何人都似良药; 而是, 对于神经系统而言, 书籍均具有特殊 "药性", 它只对某些人具有一定程度的正面作用.

文本有药性, 恰如植物有药性 —— 更广义地说, 世界 2、3 的事物有药性, 恰如世界 1 的事物有药性. 中医药有很大一部分就是强调各种植物的药性 (比如李时珍的《本草纲目》(文献 [368])); 文本医学则强调文本的药性. 其实, 推而广之, 各种食物均有其药性. 研究一般事物药性及其应用的医学, 不妨称之为 "泛医药学". 特别地, 人也具有药性. 比如, 有的人的神经系统的运动模式对他人是有益的. 这类人可谓 "神经科学意义上的利他者 (助人)". 在数学发展史上, 英国的数论大师哈代 (Godfrey Harold Hardy, 1877—1947) 即属此类. 此人仅享寿 70 岁, 而与其有过密切合作的李特伍德 (John Edensor Littlewood, 1885—1977) 享寿 92 岁、波利亚 (Georgy Polya, 1887—1985) 享寿 98 岁、赖特 (Edward Maitland Wright, 1906—2005) 享寿 99 岁, 其女博士弟子卡特赖特 (Mary Cartwright, 1900—1998. 1961—62 伦敦数学会主席) 享寿 98 岁, 等等. 药有 "良药", 人有 "助人" 啊!

不仅文本有药性, 人的行为也有药性. 行为会让人产生相应的感受: 或带给人快乐, 或带给人压抑, 等等. 数学研究行为有时和某种药物能起到类似的作用. 这启示药性研究中的一个理论问题: 药物之间效用等价的问题. 1998 年菲尔兹奖获得者鲍彻斯 (Richard Even Borcherds, 1959—) 在接受英国卫报 (The

容易理解, 市场经济式的自由创造研究模式可以提升研究者的思维生产力, 使得实践者的研究成果之产出倾向于极大化.

发挥潜意识功效的措施, 常见的有两种类型, 一是持续显意识工作后的自动后继引导 (显意识累了, 潜意识便换班、居主导地位进行工作); 二是有意识的工作方式的转换、或自我暗示: 前者在于改变工作、娱乐所用意识的形态, 不能还是用之前的意识模式进行疲劳工作, 要真正换个活动类型 —— 用经济学大师萨缪尔森 (Paul A.Samuelson, 1915—2009) 的话说, 就是不能继续用相同的意识 "工作肌肉" 工作①— 以避免疲劳的持续, 比如, "我猜, 下棋和解题与创造性的研究需要的能量一样多. 他们会盗用一些有限的宝贵的脑力资源, 这些脑力本应用来学些新东西. 而且, 由于用的还是同样的工作肌肉, 如果可以这么说的话, 这些消遣并未提供真正的休息."②(文献 [186], PP.342—343); 后者在于启用暗示的力量, 比

Guardian) 采访时谈到, "如果我获得一个好的结果, 我会几天感到由此产生的真的幸福感. 我有时在想, 这是否就是你们吃某种药后得到的感觉, 我不知道, 因为我没检验我的这一理论".(文献 [427]).

人有药性, 不同的学科领域也有相应的药性. 关注事物的药性, 有两个表面对立的角度: 一是正面的医疗性, 再就是负面的毒性. 不同事物会对人的某些方面产生某种程度的负面影响. 比如, 在 19 世纪, 研究椭圆函数的几位欧洲数学家皆死于与肺有关的疾病: 挪威的阿贝尔死于肺结核, 享寿 27 岁; 德国的艾森斯坦 (Gotthold Eisenstein, 1823—1852) 死于肺结核, 享寿 29 岁; 德国的黎曼 (Bernhard Riemann, 1826—1866) 死于肺结核, 享寿 40 岁. 这容易让人归纳猜测, 至少在那个年代, 或许椭圆函数的问题对人的肺部确实有一定的破坏力. 不同事物对人的某些部位或器官是否确有影响? 有怎样的影响? 这是事物药性研究中的一类具体问题. 显然, 若真有影响, 则势必会影响到未来人们相关择业的问题. 事物的药性有类型和程度的差异, 优化组合, 建立有组合内容的、综合出具有 "高健康度" 的职业, 应该是未来人类行为发展的一大方向.

文本的药性不仅来源于文本内容 (思想 — 思维的内在动境) 所承载的作者甚至相关文字创造者的神经系统振动模式片段, 还来源于文本阅读的声音系统 (语言 — 说话的外在声境). 适宜的读书可以提神. 对这一点, 形意拳大师尚云祥 (1864—1937) 对其弟子李仲轩 (1915—2004) 曾有过明确的说明.

尚云祥说: "其实有一个方法可以治病, 正是读书, 不过要像小孩上私塾, 不要书上是什么意思, 囫囵吞枣地一口气读下去, 只要书写得朗朗上口, 总会有益身心. 但咱们成年人, 不比小孩的元气, 大声读诵会伤肝, 要哼着来读, 不必字字清楚, 只要读出音节的俯仰就行了."

李仲轩问: "这是什么道理? " 尚云祥答: "没什么道理, 我看小孩们上学后, 马上就有了股振作之气, 对此自己乱琢磨的. " (文献 [456], P.111).

在此, 尚云祥注意到的就是声音的药性. 其实, 佛家、道家的一些修行中口中振振有词, 早就在体现着语言声音的药性.

未来对论文的评价、人的价值的评价、以致对一般对象的评价, 应该会与其药性联系起来.

从事物的药性出发, 认识其本质. 笔者称之为 "基于药性的认识观".

① 萨缪尔森对意识、潜意识在科研工作中的作用的观点是对 Poincare、Hadamard 创造发明心理学观点的一种细化、具体化, 是一种发展.

② 笔者在曲阜师范大学随刘一鸣教授、徐本顺教授、张素亮教授攻读硕士期间 (1987—1990. 数学方法论研究方向), 徐本顺教授曾多次提出 "解题与下棋具有相同的思维模式. 与其下棋 (中国象棋), 不

如自言自语:“我的头脑很清晰”、“我不会被难题难住”, 等等. 自我暗示, 有助于提高大脑内在的解决问题的自我编程能力 —— 人的大脑既有有意识的解决问题的策略, 又有潜意识的自我编制解题程序的能力. 神经认知科学早已证实, “有意识的意向甚至能影响我们无意识注意力的方向”(文献 [481], P.76). 笔者也有亲身经历: 在初中学平面几何时期常常自我暗示 “我能解决这个问题”、“难道连它都解决不了?”…… 自觉效果不错. 正面积极的自我暗示对自身的精神起一个激励作用. 累积的效果会在一定程度上影响思维神经系统. 当然, 事实上好与不好, 读者体验后即可有自己的判断. 有关自我编程的思想, 可以参见梁之舜教授的文章《“头脑编程” 与数学教育》(文献 [143], PP.159—180).

对于问题解决中潜、显意识的互动作用模式, 德国大哲学家康德也有过深入的论述, 只是所用的语言有所不同. 有兴趣的读者可经由前苏联古留加 (1921 —) 著的《康德传》(文献 [188], PP.114—118) 作 “导游”, 进入康德的相关语言世界.

断想 73 “写下来” 的思想

克尔斯 “写下来” 的思想是重要的. “写下来” 不仅有助于防止遗忘 — 笔者高中阶段的三角学数学教师阴士斌先生当时就教育我们 “好记性不如烂笔头”, 而且写作的过程既有助于厘清思路, 又往往能将作者引向进一步的新思想、开拓人的视野. 诚如法国解构主义大师德里达 (Jacques Derrida, 1930—2004) 的作品告诉人们的: 写作引领思想.

写是引导思考的一种有效方式. 德国学数学出身的哲学大师胡塞尔 (Edmund Husserl, 1859—1938) 甚至 “从 1900 年开始, 他要写才能够思考. ”(文献 [426], P.6). 我国现象学专家倪梁康 (1956—) 教授在为《胡塞尔文集》写的总序中谈到, “胡塞尔在他长期的研究中始终以笔思维, 以速记稿的方式记下了他毕生所思 ……”

如做题. ” 的观点; 而法国数学家庞加莱 (Henri Poincare, 1854—1912) 基于数学家与棋手共同的形象思维, 则认为, “每一位好的数学家都应该成为一个好的棋手, 反之亦然”(文献 [425], P.384). 当然, 由于对行为形式的不同喜好, 这里并不存在哪种活动更可取的判断问题. 世间没有两件完全相同的事物. 同, 是其一方面; 不同, 也是其一方面. 每个人都是基于自己的思想基础与经历, 从偏重自己喜爱的方面出发, 来决定自己的行为方向. 决策总是理智与情感的综合产物. 谈到下棋与数学, 会让人不禁想到英国数论大师哈代 (G.H.Hardy, 1877—1947) 的观点. 他认为, 下棋 (国际象棋) 的数学是真正的数学, 但其结论的证明是 “分情况讨论的枚举证明 (proof by enumeration of cases)”, 这是真正数学家所鄙视的 (文献 [308], P.96). 有必要指出, 各种娱乐活动中内含的数学并不完全是哈代所说的那类数学. 娱乐数学的内容很丰富. 在一定意义上讲, 作为计算机科学重要基础的组合数学即发源于此, 并还在不断衍生新的问题和理论. 美国著名扑克高手、金融定量分析师 Bill Chen(1970— ; 1999 年在伯克利加州大学获得数学博士学位) 和 Jerrod Ankenman 在 2006 年出版了《扑克的数学》(*The Mathematics of Poker*) ([309]) 一书. 内容涉及概率、博弈、决策等方面的知识. 有兴趣的读者可以参考.

(文献 [426], P.3).

“写出来”还是解决学生解题时, 思维无从下手的一种有力措施. 将问题中的具体条件、概念的含义等相关因素写出来. 写的过程既刺激思维神经系统, 写出来的对象也启示人进一步的思考.

将思维的结果写在纸上, 或转移到外在媒介, 如电脑、U 盘、硬盘等各种存储设备上, 是人类扩展自身思维空间、实现思维持续深入的一种艺术性手段. “人 + 纸”“人 + 黑板”“人 + 机”是教师常用的三种扩展模式. 通过这样一种由脑内部到脑内外协作系统的改变 (不仅是存储空间的由内到外的延伸与转移的问题), 人的思维系统结构在规模和构件上都得到了放大, 人的思维能力得到了延伸与提升.

人不仅可沿着机械制造、利用的方向延伸人的体能、放大人的四肢, 而且还可放大人的智能及其思维运作空间. 人类的发展过程确是一个沿着各个方向延伸自己、放大自己的“生长过程”— 是个有人类自身特色的“自生长”过程. 这种生长是“人类身体”的生长与发展, 而不是每一个具体的个人的身体的生长[①]. 大自

① 若广义地考虑生长问题, 技术也会促进个体的生长, 如连接式的生长. 按照美国神经科学家迈克里安 (Paul D. Maclean, 1913—2007) 的理论, 现代人的大脑是一个经过演化、不断增加新能力而形成的三重脑 —— 是爬行动物脑 (reptilian brain)、旧或老哺乳动物脑 (old mammalian brain)、以及新哺乳动物脑 (new mammalian brain) 的三位一体. 人脑的三个区域分别主要负责行动与睡眠、情感知觉与做梦, 以及思想与清醒等事物 (文献 [458], PP. 42—43). 三重脑也被人称为爬行动物脑 (reptilian brain)、边缘脑 (limbic brain), 以及新皮质 (neocortex). 它们的职能分别是: 爬行动物脑是本能反应、原始冲动、性驱动、攻击性等本能行为的中心; 边缘脑或边缘系统是情感生活的中心, 是人的敏感性及移情能力的生理基础区域; 而新皮质则赋予人理性、逻辑、计算、语言, 以及抽象等能力 (文献 [466], PP.41—42). 新哺乳动物脑或前额大脑新皮质的出现与形成, 是人的智能高于其他动物的生物学保证. 既然人脑在漫长的演化过程中已经演化出了新脑, 那我们也可类推猜想, 以后它极有可能还会演化出具有更高智能或某种新能力的第四重脑. 显然, 自然演化是太慢了, 于是人们想到了借助神经科学、信息技术等领域的进步来有意识地推进这一进程: 研究、设计大脑新皮质的非生物等同物. 如果这种数码新皮质设计成功了, 就可以将这其放在云端, 以供人们将自己的大脑与其连接, 以此来联合强化自身智能. 这是人的一种连接式生长. 如果这一步实现了, 那就意味着人与其自身创造的科技成果融为一体的时代到来了, 或者说, 一个新型的生物物种 —— 人与人类自身创造的科技成果 (目前主要指数码新皮质) 的复合物: 生物与非生物技术的结合 — 出现了. 人类因此而实现了自身主动的进化! 这一新物种具有四重脑! 这一步的实现将是人类发展 — 甚至大自然发展的一个拐点 — 大数学家冯 · 诺伊曼 (John von Newmann, 1903—1957) 等称之为“奇点 (singularity)”. 1958 年, 波兰裔美国数学家乌拉姆 (Stanislaw Ulam, 1909—1984) 在美国数学会公报上发表了纪念冯 · 诺伊曼的传记文章 John von Newmann (1903—1957). 其中谈到了涉及这一 (奇点) 概念的一次聚焦于“技术加速进步与人类生活模式”的对话. 这一对话给出了人种进化的一副图景: 随着技术加速进步, 人类会到达某个本质上的奇点, 经过这一奇点, 我们所熟知的人类生活事物将不再继续, 人们目前对科学的好奇心届时可能会停止, 人类的心灵将被完全不同的事物所占据 (文献 [474], P.5; [475], P.2—3; [459], P.178). 英国数学家古德 (Irning John Good, 1916—2009. Hardy 的博士生) 认为, 人类

然的事物有着各种各样的生长方式，人类的方式仅为其一.

罗素的写作观与尼采的相应观点表面上看来有很大区别. 其实不然. 罗素强调的是关于主题的思维过程，尼采强调的是人人可做的日常工夫.

断想 74　需求与激励教育

"需求是最好的老师" 是对 "兴趣是最好的老师" 的一种一般化. 将学生的注意力引导到数学的学习上来，属于注意力管理 (文献 [84]) 中的引导需求.

"从某种意义上说，注意力是集中在那些直接引起个人的关注，亦即迎合了他的需要和爱好的东西上的. 同样，我们的需要和爱好又决定了我们的回忆的方向. "(文献 [168], P.96) 教师内在精神、知识储备，与学生的需求相协调，才能达到较好的教育效果.

以激发、强化、持久学生的数学学习兴趣和需求的教育，我们称之为激励教育. 没兴趣但有需求者，应自控自己进入状态 — 建立初始条件 — 变理性需求为兴趣. 自控力是取得多大成就的一把量尺. "变需求为兴趣" 原则. 兴趣是一种没有外在功利目的的内在需求. 需求有外在需求和内在需求之分. 需求是显意识的行为，兴趣是潜意识的行为.

培育、保护、强化学生对知识、对探求真知的好奇心，既是激励教育的时效任务，又是具有长久效应的后效任务.

哈佛大学校长陆登庭于 1998 年在北京大学的演讲中说："大学教育应该激发人们的好奇心，并打开其对新思想、新经验的心灵. "(文献 [100]).

激励教育的性质在于通过有效的积极引导，来促进学生对学习的需求. 他们有了学习的愿望，教育才会进入良性发展的轨道. 没有需求而硬灌，对教师、学生都是痛苦的一件事情. 所谓 "强扭的瓜不甜" 说的就是这一道理. 对不想学的，想办法让他学; 学习兴趣不大的，想办法让他大. 教师的 "想办法让 …… " 就属激励的范畴了. 激励是一种有意改变学生学习状况的干预艺术.

在激发学生想学这一方面，要让他们明白自制力培养对一个人发展的重要性.

(1) 自我控制，使自己按照设定的意愿行事，显然是有计划发展的基本条件. 凡成就事业者，几乎无例外地具有很强的自制力. 印度现代民族解放运动领袖圣雄甘地 (Mahatma Gandhi, 1869—1948) 在其一生中，对自制能力的修炼付出了

可以造出超越人的智能的机器人. 既然人可以造出超能机器人，那超能机器人也可以进一步设计出更加超能的机器人 ……，如此下去，将会连锁出现智能加速大爆炸的场面 (文献 [459], P.266). 美国未来学家、发明家、奇点大学校长库兹韦尔 (Ray Kurzweil, 1948—) 目前是世界上研究并致力于奇点出现的专家之一，他的《奇点临近》(*The Singularity Is Near: When Humans Transcend Biology*) (文献 [475]) 一书是奇点研究方面的代表作.

极大的努力. 他认为, 自制能力是自我实现的必备基本要素. “野兽生性不知自制; 人之所以为人, 就因为他有自制的能力”(文献 [432], P.276). 美国教育思想家杜威 (John Dewey, 1859—1952) 认为, “教育的理想的目的是创造自我控制的力量”(文献 [74], P.277). 意大利教育家蒙台梭利 (Maria Montessori, 1870—1952)①的教育思想②认为, “自律是儿童自我发展的标志”(文献 [424], P.204). 自律、遵守纪律者在此指的是能够把握自己, 也能控制自己行为的人 (ibid., P.48). 蒙台梭利增强自律的思想显然对任何年龄段的人的发展都是适用的.

(2) 自制力 (或自控力) 是一种意志控制力, 并像所有其他能力 (逻辑推理、计算、直觉、想象等) 一样, 是可以通过系统练习来锻炼和发展的. 人能通过锻炼提高自己身体的各种平衡能力, 如单腿 “金鸡独立”、水平方向的 “燕子平衡”; 在印度瑜伽与中国禅修中, 人能通过锻炼控制自己的呼吸与意念; 推而广之, 人能通过锻炼来不断提高自己在各种行为中的意志执行力. 意志力锻炼的深刻意义在于, “他在学习如何成为自己的主人”(ibid., P.216). 美国斯坦福大学女健康心理学家麦格尼格尔 (Kelly McGonigal, 1977—) 在现代心理学、神经科学、经济学, 以及医学等领域最新成果的基础上, 提出了 “意志力科学 (The Science of Willpower)” 的概念及其基本理论, 并开设了广受欢迎的相关课程. 她在专著《意志力本能》(*The*

---

① 与杜威同年去世.

② 原初面向儿童教育、产生于欧洲的蒙台梭利思想的推广, 既可沿着地理空间的变化发展, 亦可沿着受教育者年龄段的变化而发展. 北京师范大学的霍力岩教授及其团队致力于 “蒙台梭利中国化” 的路线属于前者. 关于后者, 可以有更加广泛的发展内容. 我们知道, 任何一个术语, 它首先是一个、或可以被看成一个抽象的概念, 然后它可以有很多不同的解释 (用数学的术语讲, 就是表示) 具体的呈现或存在形态, 儿童这一术语亦然. 如果我们将平时所谓的少年、青年、中年、老年等解读为儿童, 将所谓的成年人解读为儿童, 则教育对象的改变, 可导致蒙台梭利思想的相应调整性发展. 蒙台梭利思想在不同教育对象环境中的适应性移植, 既益于思想体系的发展, 另外, 也益于相关对象教育水平的提高. 与关注教育对象相对地、对偶地考虑问题, 如果我们关注教育者、施教者、教师, 则随着受教育者年龄段的提升, 随着受教育者智力显在水平地提高, 对教育者水平的提升就提出了新的、更高的要求. 只要你想有效地教育别人, 你就要在相关方面强于受教育者. 受教育者水平的提升, 推动着想成为有效施教者水平的提升. 很显然, 如果施教者的水平是高的, 则社会相关整体方面 —— 比如智力方面 —— 水平就是高的. 类似于数学中之于 “代数” 概念的 “余代数 (coalgebra)” 的命名思想, 我们把面向施教者, 使 “施教者自愿提升自己, 永保自己是合格教师” 的教育理论研究, 称为 “余蒙台梭利 (co-Montessouri)” 研究. 这一研究, 强调施教者的社会责任. 由于社会中几乎每一个人都会有教育某些人的责任 — 比如最普遍地, 作为家长, 要教育子女, 因此, 社会中几乎每个人都应、都要履行施教者的责任. 施教者的水平提升了, 社会整体水平自然就提升了. 余蒙台梭利思想反映到家长责任上, 就是要求人们, 要不断学习, 不断更新观念、至少与孩子共成长. 这种要求总是可以实现的吗? 具体比如, 家长如何可以做到 “孩子大了, 还能听进你的建议”, 家长总是技高一筹? 施教者有效施教的限度是什么? 其中包括施教者对固定受教育者有效施教的限度如何? 转移施教对象后有效施教的条件如何? 等等, 这些都是余蒙台梭利研究中要回答的问题.

Willpower Instinct) (文献 [465]) 中指出, 注意力有时不集中、对某些事情上瘾、办事拖延等毛病或缺陷是人类的普遍经验, 并非唯独哪一个人的个人问题; 但要强调的是, 人类本身具有的这些不完美是可以通过锻炼来加以改进的; 改进自制力的最好途径是要首先要看清自己如何, 以及为什么失控; 有效自制的关键在于能够驾驭好 “我会做什么 (I will)” “我不会做什么 (I won’t)”, 以及 “我想要、希望做什么 (I want)” 三种力量①. 书中不仅给出了提升自制力的具体措施, 而且阐明了背后的生物学基础及相关科学机制. 笔者认为, 这是一部希望实施激励教育的教师的必读作品.

“自制力教育” 是激励教育的重要基础内容.

“培养愿望, 激发行动, 传授方法, 筑就习惯” 是激励教育四个层次的任务与目标. 其全程教育的目的在于实现学生从受教育到能够自我发展的自立化转变. “自我教育造就伟大的人 (Self-education makes great men)” (文献 [192], P.88).

需指出, 不到学校接受教育的人, 他们也能够 — 甚至更快地在社会这所大学里自立地发展. 可以说, 社会大课堂 “实践 + 反省” 的教学方法是一种自然而高效的方法. 相对于其他教育机制而言, 它就如同各种经济体制中的市场机制. 二者均具有高效率激发人之主动生存与发展能力的功能, 属于 “不设计之设计” 的自然机制. 自然机制是最优化的机制 —“自然机制的优化假说”(文献 [289]). 莱布尼茨认为: “这个世界是所有可能世界中最好的世界. ”(文献 [191], P.54). 加拿大英属哥伦比亚大学 (University of British Columbia) 数学和经济学教授 Ivar Ekeland (1944 —) 在其专著《所有可能世界中最好的世界 — 数学与天意 (The best of all possible worlds — Mathematics and destiny)》(文献 [381]) 中, 对此论题进行了系统探究.

常规的学校教育犹如政府管制. 教育要塑造人, 实是教育者在对受教育者行使权力. 人们为什么自愿到学校来接受至少暂时失去自我的所谓精神引导? 教育者行使的是典型的 “软权力”.

教育具有塑造人的可能性. “学生个性特点并不是自发产生的. 它们是教师有

① “I will” 的力量可以帮助你开始和坚持做必须做的事情 —— 即使是烦人的、困难的、甚至是有压力的工作. 比如, 在脚踏板控制淋浴出水的淋浴房里, 只要你淋浴, 就要脚踩在脚踏板上, 不然不会有你希望的水流. 将脚放在脚踏板上, 就是你会做的事情. 相反地, “I won’t” 的力量阻止你做冲动或渴望的事情. 比如, 为安全行驶, 你开车时, 眼睛要注意路况, 而不会去看手机短信之类的东西. 开车时, 看手机短信之类的东西, 就是你不会去做的事情. “会做什么” 的力量与 “不会做什么” 的力量控制着你 (当时) 做什么. 而 “I want” 的力量是负责什么的呢? 他决定你想要什么、愿望是什么. 在生理基础上, 负责 “I will” 力量的, 是前脑皮质的左上区域; 负责 “I won’t” 力量的, 是前脑皮质的右上区域; 负责 “I want” 力量的, 是前脑皮质下面中间部分区域 (文献 [465], PP.13—14).

计划和长期工作的结果”(文献 [365], P.282). 人性是可变的 — 或者更准确地说, 一个人外在表现出来的人性是可变的. 诚如德国哲学家卡西尔所说, “人性并不是单纯的 …… 它并没有定形, 也并不非得遵循指定的途程, 因为它永远历险于新的可能性. …… 伏尔泰认为, 这种几乎无限的多面性恰恰是人性的力量之所在. ”(文献 [168.], PP.134—135). 英国哲学家、社会活动家罗素也认为, “通常所称人性不能改变的说法是不对的”(文献 [244], P.41, 中译本 P.20).

每一位称职的教师必须能令人信服的回答这些问题.

其实, 这个问题不难回答. 任何事情都是双刃剑. 社会教育机制也不例外. 它对某些人体现出的是高效率机制的一面, 但对另外一些人来讲, 它体现出的却往往是高淘汰率机制的另外一面. 在竞争的社会里, 前者永远占少数. 诚如教育心理学家 Gertrude Hendrix 所言 “人有追逐预言能力的基本愿望”. 人人都想作先知.

在不好的机制里, 努力的付出往往也得不到理论上好的结果.

断想 75　学校教师要关注社会、关注企业文化

学校教育、科学研究、企业文化的相互紧密联系, 打破之间的界限, 利于各方的发展, 益于社会的和谐发展与进步. 企业的思想是与人类思想进步紧密相连的. 前沿的一些思想往往首先在企业中有所反映. 很多教育观念发轫于企业培训、企业家的观念中. 香港著名实业家李嘉诚在汕头大学作报告谈到教育功能时说, 教育的功能表现在 “传授知识、启迪思维、追求智慧、完美人格” 等方面. 美国基于脑教育的倡导者、实践者 Eric Jensen 在其《适于脑的教学》(文献 [75]) 前言中说:

“我第一次听说 “适于脑的学习” 这个概念, 是在 1980 年 6 月, 一位未来派的企业家 Marshall Thurber 举办的一个商业发展研讨会上. 这个词给我的印象之深, 以致到 20 年后的今天, 我仍然可以把我所记得 (而且仍然在用者) 的东西写满整整一本活页本. 毫无疑问, 那天演讲的内容和过程都已深深地印入到我的脑海中. 而那天的演讲者对学习与脑的原理非常了解, 而且也知道如何去使用.

“从那天起, 我就对此充满激情 (甚至可以说是狂热), 并决定将我的这种兴奋与大家分享. 因为我是一名教师, 所以我最先想到的就是: “为什么我自己的学生平时没有这种学习经验呢？” 这个问题令我感到很惭愧, 同时又对未来充满期待.

“我决定开始运用这种新发现的脑与学习的联系. 我在加利福尼亚的圣地亚哥合作开展了一项实验性、前沿性的教学活动, 称为 “超级营地”(supercamp). 活动的目的就是要利用最新的脑科学研究成果来帮助孩子们学习生活技能和学习技巧. ”

学校的教育机制与社会机制、经济机制等是联系在一起的. 什么人在提出新

思想、推进社会的改革?

美国多产作家、历史学家、哲学家威尔 · 杜兰特 (Will Durant, 1885—1981) 把家庭称作 "文明的核心"(文献 [202], P.7).

断想 76 辩证理解"要像对待自己的孩子一样, 对待自己的学生"

在对待学生的心态方面, 人们常说 "要像对待自己的孩子一样, 对待自己的学生". 对此话要辩证地理解: 从内在来讲, "像对待自己的孩子一样对待学生" 是其能做到的最好状态; 就外在比较而言, 家长也有好坏和水平的区别.

断想 77 讲一些有趣的知识材料, 利于提升学生的学习兴趣

例 1 此例取自文献 [25]. 下左图为二项式系数的 Pascal 算术三角形: 其第一行和第一列元素皆为 1, 其余元素是其左、上相邻位置两数字之和. 试证明: 基于第一行或第一列的任何方阵的行列式都等于 1 (下右图是基于第一行的一个例子).

$$
\begin{matrix}
1 & 1 & 1 & 1 & 1 & 1 & \cdots \\
1 & 2 & 3 & 4 & 5 & 6 & \cdots \\
1 & 3 & 6 & 10 & 15 & 21 & \cdots \\
1 & 4 & 10 & 20 & 35 & 56 & \cdots \\
1 & 5 & 15 & 35 & 70 & 126 & \cdots \\
1 & 6 & 21 & 56 & 126 & 252 & \cdots \\
\vdots & \vdots & \vdots & \vdots & \vdots & \vdots & \ddots
\end{matrix}
\qquad
\begin{vmatrix}
1 & 1 & 1 & 1 \\
3 & 4 & 5 & 6 \\
6 & 10 & 15 & 21 \\
10 & 20 & 35 & 56
\end{vmatrix} = 1
$$

此问题的解法具有动态直观性: 第一步, 从倒数第二行开始以至第一行, 都施行同一个操作 — 将这些行的 -1 倍加到其下一相邻行. 根据 Pascal 三角形的构成规律, 操作完成后, 行列式的矩阵块变成了在 Pascal 三角形中左移一列的块. 这样相继进行若干次, 行列式的阵块就变成了 Pascal 三角形左上角的块. 第二步, 继续施行上述行操作, 然后将行列式按第一列展开, 则行列式的值变成了左上角降一阶的行列式的值. 如此进行若干次, 行列式的值最终等于左上角一阶行列式的值, 也就是 1.

例 2 在学习了矩阵的基本知识后, 将下式写成矩阵乘积的形式:

$$
\begin{aligned}
&(x_1y_1+x_2y_2+x_3y_3+x_4y_4)^2+(x_1y_2-x_2y_1+x_3y_4-x_4y_3)^2 \\
&\quad +(x_1y_3-x_2y_4-x_3y_1+x_4y_2)^2+(x_1y_4+x_2y_3-x_3y_2-x_4y_1)^2. \qquad (*)
\end{aligned}
$$

通过观察四个括号里的表达式, 易让人想到引入矩阵

$$\boldsymbol{H}=\begin{pmatrix} y_1 & y_2 & y_3 & y_4 \\ y_2 & -y_1 & y_4 & -y_3 \\ y_3 & -y_4 & -y_1 & y_2 \\ y_4 & y_3 & -y_2 & -y_1 \end{pmatrix},\quad \boldsymbol{X}=\begin{pmatrix} x_1 \\ x_2 \\ x_3 \\ x_4 \end{pmatrix},\quad \boldsymbol{Z}=\begin{pmatrix} z_1 \\ z_2 \\ z_3 \\ z_4 \end{pmatrix}=\boldsymbol{HX},$$

这时, 式 $(*)$ 便成为

$$z_1^2+z_2^2+z_3^2+z_4^2=\boldsymbol{Z}^{\mathrm{T}}\boldsymbol{Z}=(\boldsymbol{HX})^{\mathrm{T}}(\boldsymbol{HX})=\boldsymbol{X}^{\mathrm{T}}(\boldsymbol{H}^{\mathrm{T}}\boldsymbol{H})\boldsymbol{X}.$$

由于

$$\boldsymbol{H}^{\mathrm{T}}\boldsymbol{H}=(y_1^2+y_2^2+y_3^2+y_4^2)\boldsymbol{E},\quad \text{其中, } E \text{ 为 4 阶单位矩阵,}$$

所以, 式 $(*)$ 等于

$$(y_1^2+y_2^2+y_3^2+y_4^2)\boldsymbol{X}^{\mathrm{T}}\boldsymbol{X}=(y_1^2+y_2^2+y_3^2+y_4^2)(x_1^2+x_2^2+x_3^2+x_4^2).$$

亦即

$$\begin{aligned}&(y_1^2+y_2^2+y_3^2+y_4^2)(x_1^2+x_2^2+x_3^2+x_4^2)\\ =&(x_1y_1+x_2y_2+x_3y_3+x_4y_4)^2+(x_1y_2-x_2y_1+x_3y_4-x_4y_3)^2\\ &+(x_1y_3-x_2y_4-x_3y_1+x_4y_2)^2+(x_1y_4+x_2y_3-x_3y_2-x_4y_1)^2.\end{aligned}$$

这就是著名的 Euler 恒等式. 它告诉人们: 四项平方和的乘积仍是四项平方和. 特别地, 在自然数范围内, 这意味着: 如果 a, b 都能写成四个自然数的平方和, 那么, 它们的乘积 ab 也能写成四个自然数的平方和. 乘积运算没改变四平方和的结构. 借助于这一性质, 通过先考虑素数的情形, 借助于算术基本定理, 然后再过渡到一般自然数情形, 人们已经证明: "每一个正整数都可以写成四平方和的形式." 这就是数学史上著名的拉格朗日四平方定理 (Lagrange's four squares theorem, 或 Lagrange's theorem on four squares)①. 在很多数论书中都可找到这一定理的详细证明. 比如, Kenneth Ireland 和 Michael Rosen 在其著名的研究生教材 *A Classical introduction to modern number theory* 中, 借助于法国业余数学家 Fermat 首创的下降法 (*the method of descent*) (文献 [161], PP.280—284), 介绍了其一种经典证明

① Lagrange 四平方和定理首由 Bachet 于 1621 年未加证明地给出陈述. 1770 年, Lagrange 证明这一命题是真的.

思想. 美国伊利诺斯的 Gregory M. Constantine 在其 1987 年出版的 *Combinatorial theory and statistical design* 附录三中, 也给出了这一定理的一个思路清晰的证明 (文献 [162], PP.446—448).

将矩阵的知识与大家貌似熟悉的自然数联系起来, 给出其深刻的结论, 在锻炼大家智力的同时, 易于引起学生的心理激动 —— 正常智力的人都会激动的.

例 3 教学材料 "某种程度的出乎意料" 可以激发人的好奇心以及探索精神. 比如, 在讲向量的叉乘 (向量积) 或矩阵的乘法不满足交换律时, 可提到历史上有名的 Hamilton 四元数 $a+bi+cj+dk$ (a,b,c,d 是实数) 的乘法也不满足交换律的例子:

$$i^2=j^2=k^2=-1;\quad ij=-ji=k,\quad jk=-kj=i,\quad ki=-ik=j,$$

$$\begin{aligned}&(x_1+x_2i+x_3j+x_4k)(y_1+y_2i+y_3j+y_4k)\\=&(x_1y_1-x_2y_2-x_3y_3-x_4y_4)+(x_1y_2+x_2y_1+x_3y_4-x_4y_3)i+\\&+(x_1y_3-x_2y_4+x_3y_1+x_4y_2)j+(x_1y_4+x_2y_3-x_3y_2+x_4y_1)k.\end{aligned}$$

并强调指出, 在四元数系内, 二次方程 $x^2=-1$ 可以有三个不同的根 i,j,k, 亦即不同根的个数可以多于方程的次数, 这与复数域的情形是不一样的; 而若定义 $a+bi+cj+dk$ 的模

$$|a+bi+cj+dk|=\sqrt{a^2+b^2+c^2+d^2},$$

则上述的 Euler 恒等式告诉我们

$$|x_1-x_2i-x_3j+x_4k|^2|y_1+y_2i+y_3j-y_4k|^2=|(x_1-x_2i-x_3j+x_4k)(y_1+y_2i+y_3j-y_4k)|^2.$$

由于 x_m,y_m ($m=1,2,3,4$) 是任意实数, 这等于说, 对任意实数 $a_m,b_m(m=1,2,3,4)$,

$$|a_1+a_2i+a_3j+a_4k|^2|b_1+b_2i+b_3j-b_4k|^2=|(a_1+a_2i+a_3j+a_4k)(b_1+b_2i+b_3j-b_4k)|^2.$$

即

$$|a_1+a_2i+a_3j+a_4k||b_1+b_2i+b_3j+b_4k|=|(a_1+a_2i+a_3j+a_4k)(b_1+b_2i+b_3j+b_4k)|.$$

这一点是与实数的绝对值、复数的模具有的乘法性质相同的.

提升学生学习兴趣, 包括智力与情感两个方面的激励. 要做到这一点, 既可充分利用数学史上一些相关的典型材料, 比如, Fibonacci 数的行列式表示、上述

Pascal 三角形行列式的例子, 也可用一些国外研究生入学考试的试题 —— 比如英国 Warwick 大学金融数学硕士入学考试中的线性代数试题 —— 对学生进行国际化视野的激励. 国际化视野的激励是现代教育必不可少的一个重要环节. 为了提高趣味性, 时间允许, 还可做些进一步的故事情节的引申, 比如, 谈 Fibonacci 数时, 可谈 Fibonacci 季刊; 谈其与比萨斜塔的比较 —— 虽然其塑像与比萨斜塔仅一河之隔, 但到比萨市旅游的人, 大多看比萨斜塔, 而看 Fibonacci 雕像的人少; 谈后来其在金融股市中的重要应用 —— Elliot 波浪理论; 谈退休后有所成就的 Elliot, 进而谈退休后由英国到美国发展的著名数学家 Whitehead、Sylvester 等的故事等. 将数学知识的传播融入特定的故事情节中. 这是情节化、或故事化的叙事教育原则.

有关 Fibonacci、Fibonacci 数及其在股票市场中的应用, 可参见有关艾略特波浪理论的经典文献 [22].

例 4 Fibonacci 数列

$$F_0 = F_1 = 1, \quad F_n = F_{n-1} + F_{n-2} (n \geqslant 2).$$

通项公式 F_n 的线性代数解法:

$$\begin{pmatrix} F_n \\ F_{n+1} \end{pmatrix} = \begin{pmatrix} 0 & 1 \\ 1 & 1 \end{pmatrix} \begin{pmatrix} F_{n-1} \\ F_n \end{pmatrix} = \begin{pmatrix} 0 & 1 \\ 1 & 1 \end{pmatrix}^n \begin{pmatrix} F_0 \\ F_1 \end{pmatrix} = \begin{pmatrix} 0 & 1 \\ 1 & 1 \end{pmatrix}^n \begin{pmatrix} 1 \\ 1 \end{pmatrix}.$$

将 $\begin{pmatrix} 0 & 1 \\ 1 & 1 \end{pmatrix}$ 相似对角化代进去, 即可得到 F_n 的表达式.

例 5 若数列

$$\frac{1}{1}, \frac{3}{2}, \frac{7}{5}, \cdots, \frac{a_n}{b_n}, \cdots$$

满足

$$a_{n+1} = a_n + 2b_n, \quad b_{n+1} = a_n + b_n.$$

试计算

$$\lim_{n\to\infty} \frac{a_n}{b_n} = ?$$

解

$$\begin{pmatrix} a_{n+1} \\ b_{n+1} \end{pmatrix} = \begin{pmatrix} 1 & 2 \\ 1 & 1 \end{pmatrix} \begin{pmatrix} a_n \\ b_n \end{pmatrix} = \cdots = \begin{pmatrix} 1 & 2 \\ 1 & 1 \end{pmatrix}^n \begin{pmatrix} a_1 \\ b_1 \end{pmatrix} = \begin{pmatrix} 1 & 2 \\ 1 & 1 \end{pmatrix}^n \begin{pmatrix} 1 \\ 1 \end{pmatrix},$$

$$\begin{vmatrix} \lambda - 1 & -2 \\ -1 & \lambda - 1 \end{vmatrix} = \lambda^2 - 2\lambda - 1 = 0 \Rightarrow \lambda = 1 \pm \sqrt{2}.$$

$\lambda = 1+\sqrt{2}$ 时, 解方程组

$$\begin{pmatrix} \sqrt{2} & -2 \\ -1 & \sqrt{2} \end{pmatrix}\begin{pmatrix} x_1 \\ x_2 \end{pmatrix} = \begin{pmatrix} 0 \\ 0 \end{pmatrix}, \quad \text{得一特征向量}\boldsymbol{\alpha} = \begin{pmatrix} \sqrt{2} \\ 1 \end{pmatrix};$$

$\lambda = 1-\sqrt{2}$ 时, 解方程组

$$\begin{pmatrix} -\sqrt{2} & -2 \\ -1 & -\sqrt{2} \end{pmatrix}\begin{pmatrix} x_1 \\ x_2 \end{pmatrix} = \begin{pmatrix} 0 \\ 0 \end{pmatrix}, \quad \text{得一特征向量}\boldsymbol{\beta} = \begin{pmatrix} -\sqrt{2} \\ 1 \end{pmatrix}.$$

若令

$$\boldsymbol{P} = \begin{pmatrix} \sqrt{2} & -\sqrt{2} \\ 1 & 1 \end{pmatrix},$$

则

$$\begin{aligned}
\boldsymbol{P}^{-1}\begin{pmatrix} 1 & 2 \\ 1 & 1 \end{pmatrix}\boldsymbol{P} &= \begin{pmatrix} 1+\sqrt{2} & 0 \\ 0 & 1-\sqrt{2} \end{pmatrix} \\
&\Rightarrow \begin{pmatrix} 1 & 2 \\ 1 & 1 \end{pmatrix}^n = \boldsymbol{P}\begin{pmatrix} (1+\sqrt{2})^n & 0 \\ 0 & (1-\sqrt{2})^n \end{pmatrix}\boldsymbol{P}^{-1} \\
&\Rightarrow \begin{pmatrix} a_{n+1} \\ b_{n+1} \end{pmatrix} = \boldsymbol{P}\begin{pmatrix} (1+\sqrt{2})^n & 0 \\ 0 & (1-\sqrt{2})^n \end{pmatrix}\boldsymbol{P}^{-1}\begin{pmatrix} 1 \\ 1 \end{pmatrix} \\
&= \frac{1}{2\sqrt{2}}\begin{pmatrix} \sqrt{2}(1+\sqrt{2})^{n+1} + \sqrt{2}(1-\sqrt{2})^{n+1} \\ (1+\sqrt{2})^{n+1} - (1-\sqrt{2})^{n+1} \end{pmatrix} \\
&\Rightarrow \frac{a_{n+1}}{b_{n+1}} = \sqrt{2}\frac{(1+\sqrt{2})^{n+1} + (1-\sqrt{2})^{n+1}}{(1+\sqrt{2})^{n+1} - (1-\sqrt{2})^{n+1}} \\
&= \sqrt{2}\frac{(-1)^{n+1} + (1-\sqrt{2})^{2n+2}}{(-1)^{n+1} - (1-\sqrt{2})^{2n+2}} \\
&\Rightarrow \lim_{n\to\infty}\frac{a_n}{b_n} = \lim_{n\to\infty}\frac{a_{n+1}}{b_{n+1}} = \sqrt{2}.
\end{aligned}$$

上例简单改编自 T.S.Blyth 与 E.F.Robertson 合作编著的《通过实践学代数》(文献 [488]) 第 10 页的习题 1.24. 它是线性代数知识与微积分中极限知识的一种综合. 从中我们可以看到,

$$\lim_{n\to\infty} a_n = \lim_{n\to\infty} b_n = +\infty.$$

如果不注意到这一点, 便进行形式推理, 则会得到错误的结论. 请读者找出下述推理的错误之处: 设欲求极限为 x, 则

$$\frac{a_{n+1}}{b_{n+1}} = \frac{a_n + 2b_n}{b_{n+1}} = \frac{a_n}{b_{n+1}} + 2\frac{b_n}{b_{n+1}} = \frac{a_n}{a_n + b_n} + 2\frac{b_n}{b_{n+1}} = \frac{1}{1 + \dfrac{b_n}{a_n}} + 2\frac{b_n}{b_{n+1}}$$

$$\Rightarrow x = \frac{1}{1 + \dfrac{1}{x}} + 2 \xrightarrow{x>0} x = 1 + \sqrt{3}.$$

一般的齐次常系数线性递归关系式 (组), 也可仿以上两例的思想求解 (文献 [119], PP.19—23).

断想 78　激励相容原则

课堂上对学生提出要求 — 比如课堂纪律, 要服从 "激励相容原则"—— 有的学生想说话、搞些小动作, 你要求他为整体着想. 他为什么要听你的, 你的规则必须对他本人有好处. 比如告诉他: 好的秩序可使大家有好的互动, 互相收益. 大家都学有所成, 在未来工作中可相互帮助, 大家都有很好的社会资本. 激励得以生效的第一原则, 就是 "相关激励原则": 你的要求或建议必须与学生本身的生存与发展有关, 最主要的是表现出来的重点是与学生的利益相关. 诚如纽约市哥伦比亚大学师范学院成人和高等教育系教授 S.D.Brookfield 在其《大学教师的技巧》中所说: "要随时准备用有助于学生的福祉、洞察力和生存能力的角度而不是从与你所关心的东西相关的角度来描述你认为学习能够带来的益处.(文献 [105], P.103)"

断想 79　站在学生角度看问题

实现有效激励的措施之一在于: 教师要站在学生的角度看问题. 教师要会打 "太极拳"、会驾驭教育目的实现的过程. 教师要了解学生的时代特点与需求, 要善于在教育目标和学生实际之间达成一种平衡. 为了提升、塑造学生的各方面品质, 首先要顺应他们的特点, 之后再适时地加以引导. 对哲学家维特根斯坦 (Ludwig Wittgenstein, 1889—1951) 谈到的现象 "现在的哲学教师为学生选择食物时不带有取悦他的胃口的意图, 而带有改变他的胃口的意图"(文献 [131], P.224) 要做如下的理解: 可以有改变受教育者的意图, 但目标实现的具体措施应为 "先了解、适应, 后引导、改进". "能够与时俱进、在现实基础上实施有效的教育" 是教师的基本功之一. "与时俱进" 不仅是教育的要求之一, 也是研究的重要思路. 在很多情况下, 创新就在于 "新瓶装旧酒". 经济学大师马歇尔的《经济学原理》是此类典范之作 (文献 [23]), 瓦里安的信息经济学观点亦然 (文献 [24]).

断想 80　作为语言的数学需要背诵和记忆

任何一种语言的学习都是需要背诵、记忆的. 作为一种特殊语言 —— 科学的语言 —— 的数学的学习也不例外. 将概念的定义、性质记得很熟, 遇到它们能很快反映出其含义, 是快速持续进步的基本而自然的要求.

俄罗斯著名数学家曼宁 (Yu. I. Manin, 1937—) 在其 "作为专业和职业的数学 (Mathematics as profession and vocation)" 一文中指出, "所有人类文化的基础都是语言. 数学 (行为)(也) 是一种特殊的语言活动. "(文献 [301], P.154).

当然, 我们都希望尽可能地减少记忆量. 为了达成这一点, 在学到新概念时, 我们建议重点记其有别于以往知识的新特点. 这样可提高记忆效率. 负担轻则容易引起人的学习兴趣. 我们称此原则为 "最少化特点记忆原则"①. 需指出, 这里的最少或最小化包含绝对与相对两种类型. 学矩阵乘法运算时, 重点记其有特点的 "交换律失效与零因子法则失效", 其余的则仿普通实数的运算法则进行, 此类减少绝对记忆量者, 属记忆绝对最小化; 而通过增加知识语言的朗朗上口性与情景的趣味性, 让学生很愉快轻松地记住所学, 在没有增加明显记忆负担的意义上, 属记忆相对最小化. 例如, 矩阵 $\boldsymbol{A}_{m\times n}$ 和 $\boldsymbol{B}_{n\times s}$ 分块可作乘法的充要条件是: $\boldsymbol{B}$ 的行数 n 与 $\boldsymbol{A}$ 的列数 n 这两个相同的数, 必须要有相同的分拆或划分 $n=p_1+p_2+\cdots+p_r$. 对此可语记为 "同一个数字, 同一种划分"("one number, one partition"). 这让人想起北京 2008 年 29 届奥运会的口号 "同一个世界, 同一个梦想"("one world, one dream").

记忆量的大小因人而异. 每个人都有自己的三度思维衍生场. 三度指的是: 维度, 程度, 速度. 对给定的知识体 —— 知识空间来讲, 每个人都有经过自身思维三度衍生场过滤的记忆基底. 三度思维衍生场越强, 相应的记忆基底的规模越小, 知识掌握起来也就越轻松. 三度思维衍生场越强, 学习的时间价值也就越高, 收益越大. 强化学生的三度思维衍生场, 显然是提高教学之经济水平的重要任务之一.

需指出, 知识的进展有两个基本的方面: 一是由一到多, 二是由旧到新. 前者指以前现象本质上的不断再现 — 比如, 整数集合关于普通的加法构成一个 Abel

① 普林斯顿大学的 Erhan Cinlar 教授在其 2011 年著作 *Probability and stochastics* ([287]) 前言中引用 Martin Barlow 的话 "数学因为需要记忆少而吸引我们 (mathematics attracts us because the need to memorize is minimal)" 表明数学的一个自在的特点. 不仅如此, 追求减轻记忆负担, 其实是科学的目标之一. 英国数学家、哲学家、1950 年诺贝尔文学奖获得者罗素 (Bertrand Russell, 1872—1970) 在其历经 30 多年的思考后才出版的著作《物的分析》(*The analysis of matter*) 中谈到, 科学有两个目的: 一是尽可能多地知道所涉及领域的事实; 再是用尽可能少的一般法则来统揽所有已知的事实 (文献 [395], P.13).

群; 向量代数中, 三维向量的集合关于向量的加法构成一个 Abel 群; 实 $m \times n$ 型矩阵的集合关于普通矩阵的加法也构成一个 Abel 群, 如此等等. 这是一个由一到多的过程. 后者指人们面对的对象中出现了本质上不同于以往知识的新属性. 比如, 向量的向量积、矩阵的乘法, 它们一般不再满足交换律和消去律. 正是针对这种现象, 我们提出了上述最小化特点记忆原则. 这一原则的运用不以忘记对象的旧属性为代价. 它只是人们开始接触新对象时的学习记忆原则. 在对新对象有了新属性的基本了解后, 要回头系统地总结它与已有知识的共同点. 其实, 看到新对象的老特点, 也就明确了的老特点的新体现 — 意识到你见到了老特点的一个新例子、新面孔, 见到了装旧酒的新瓶. 在这种意义上, 知识进展的两种情形都是由旧到新 — 只是视角不同而已. 也正是由于有新因素, "进展" 二字才有意义.

断想 81 数学行为是一种经济行为

"数学是一门通过勤奋劳动来追求懒惰的艺术实践活动", 是典型的经济行为.

19 世纪英国经济学家 W.Stanley Jevons 在其经典著作《政治经济学理论》中要建立的一个重要观点, 就是经济学的数学本性. 他视 "经济学为快乐与痛苦的微积分学"(文献 [118], P.2); 他写这本书的目的 "意欲使别的经济学者相信, 经济学这种科学只能从数学的基础得到圆满的讨论"(文献 [118], P.5); "很明白, 经济学如果是一种科学, 它必须是一种数学的科学"(文献 [118], P.30). 我们这里要强调指出的, 是其对偶方面 —— 数学行为的经济本性.

数学教育大师 Polya 在其名著《数学的发现》中指出: "经济的原则是不用多加解释的, 任何人都懂得珍惜自己的财富. 当你去办一件事时, 你总是尽可能少花金钱、时间和精力. 你的大脑也许是你最主要的财富, 而节省智力则可能是最重要的节约. 能少做的就不要多做. 这就是经济的一般原则"(文献 [115]). 经济原则的本质在于极值 (最值) 化: 在于成本一定时, 追求收益最大; 或对于未来一定的目的, 追求成本最小. 数学教学中收益最大化原则, 也有相应的两个方面. 交换经济形态的经济原则实现的主要是后者. 自习收益最大化属前者, 同学、师生交流收益最大化属后者. 交流使得一个 idea 为交流参与者多人所有 —— 它所实现的是信息传播与信息作用面的放大. 讨论班的形式可起到后者的作用. 讨论课即可交换参与者的思想, 又可激荡出新思想.

经济原则, 也是德国大数学家、哲学家莱布尼茨 (Gottfried Leibniz, 1646—1716) 非常崇尚的一个思维原则. 不过, 他的用语是 "圆满性原则"——"以最小值的支出获取最大值的效率的原则. 他的微积分研究以及光学方面的研究为此原则提供了原型"(文献 [346], P.53).

马赫[1]在其力学经典中, 较为系统地提出了科学经济学 (The economy of science) 的思想. (文献 [197], PP.481—494). 典型者如, “数学可被定义为计数的经济学 (Mathematics may be defined as the economy of counting)”[2](文献 [197], P.486).

在马赫出生的那一年 (1838 年), 英国数学家、逻辑学家德 · 摩根 (De Morgan, Augustus, 1806—1871) 出版了论概率及其在保险中的应用的著作 (文献 [219]). 在前言中, 他谈到了代数、概率等数学方法节省运算量的思想. 在此以及后来马赫工作的基础上, 得 · 摩根、马赫两人相关作品的一位共同英译者 Thomas Joseph McCormack(1865—1932) 在其 “我们为什么学数学” 的演讲中, 明确提出, “数学是思想的经济化、智力劳动节省机制的资本化. 所有科学思想最显著的实践特征就是其经济的或节省劳动的目的. …… 心灵努力的经济学在数学中是最明显的. …… 通过思维来逃避思维是数学本质的、具有悖论色彩的目的”(文献 [220], PP.4—5).

马赫的经济思想引发了后来很多相关研究. 典型的相继引发的例子如: 美国科学与语言哲学家、实用主义创始人[3]之一 —— 皮尔斯 (Charles Sanders Peirce, 1839—1914) 提出了研究经济学 (the economy of research) 工程设想 (文献 [226]), 继之, 美国的 Nicholas Rescher 建立了《认知经济学 — 知识论的经济维度》的理论 (文献 [227]), 再继之, 美国的 James R.Wible 建立了《科学经济学》的理论 (文献 [228]), 等等.

曼彻斯特大学(University of Manchester)数学家Alexandre V. Borovik(1956—; 俄裔英籍) 在其内容丰富的著作《显微镜下的数学》中, 也谈到了数学思维的经

---

① 任何一种思想都有其相应合理的适用条件和范围. 绝对地普遍化往往会由于难以提供令人信服的证据而引发争议. 列宁在其《唯物主义和经验批判主义》中, 针对奥地利哲学家马赫 (Ernst Mach, 1838—1916) 和德国哲学家阿芬那留斯 (Richard Avenarius, 1843—1896) 的有关思想, 对将思维经济原则作为认识论基础的观点进行了批评 (文献 [215], PP.163—166). 《牛津哲学词典》认为, 列宁当年对阿芬那留斯唯心主义倾向的批判, 是人们今天还能记起后者的重要因素 (文献 [209], P.31). 顺便指出, 无独有偶, 杜林 (Eugen Karl Dühring, 1833—1921) 的思想被很多人 — 特别是国人所认识, 在相当大程度上, 也归功于一位革命导师对其错误观点的批判 — 这就是恩格斯的《反杜林论》(文献 [344]). 杜林在哲学方面被批的主要著作是其《哲学教程》(中译本见文献 [345]).

② 德国哲学家、逻辑实证主义的维也纳学派的奠基人石里克 (Moritz Schlick, 1882—1936) 在其名作《普通认识论》一书中谈到, “数学科学以最充分发展了的形式显示了逻辑上的经济, 因为数学科学中的概念都是用非常少的基本概念构造出来的”(文献 [479], P.130).

③ 在美国实用主义的历史上, 有三位先驱人物是关注这一思想的人们应该知道的: 皮尔斯, 詹姆斯 (James, William. 1842—1910), 和杜威 (Dewey, John. 1859—1952). 皮尔斯不赞成詹姆斯之发展实用主义 (pragmatism) 的路线, 于 1905 年将自己实用主义理论的名字从 pragmatism 改为 pragmaticism(文献 [232], P.305).

济原则 (the economy principle). 他认为, 数学实践中的相当数量的现象都可以由经济原则来解释. 所谓经济原则, 意指: 数学家有一种本能的思维倾向, 那就是, 用最简单的可能的描述或形成方式 (解决方案), 来处理有关的对象、过程和规则 ("A mathematician has an instinctive tendency to favor objects, processes and rules with the simplest possible descriptions or formulations"). (文献 [299], P.162).

数学中引入概念的一个基本动机就是便利人们之后的思维①. 而这种做法不可避免的原因则在于人之大脑计算和推理能力的有限性. 正如以色列 Hebrew University of Jerusalem 的 Mark Steiner(1942—) 教授在其《作为哲学问题的数学的可应用性》中所说, 假如我们的大脑有千倍于现脑的计算能力, 那么很多概念就没有必要引入了 (文献 [224], P.7)②. 引入概念、设计计算技巧 (如对数) 等行为是扩展人之能处理问题所形成领域的一种手段. 可以说, 数学是人类扩展生存空间、提高生存收益的一种机制.

不仅科学成果, 甚至一般的人类行为, 由于以下两个基本原因, 都必然具有经济性质: (1) 人的思维等各方面的能力是有限的, 而以有限的能力要处理的显在及潜在的事情是无限的. 这就要求人们必然设计很多机巧来应对这一矛盾局面, 从而使得人的相关行为具有了一定的经济性、艺术性; (2) 人的行为过程及结果在保存和传承的过程中, 都可落实到语言形态上进行, 诚如香港中文大学關子尹教授在其《洪堡特《人类语言结构》中的意义理论 — 语音与意义建构》一文所说, "人类语言必须符合经济原则, 才能 [以有限的资源 (语音), 作无限的使用 (意义)]"(文献 [223], P.262). 可以说, 以有限应对无限的行为遵循经济原则是一种必然现象. 笔者称之为 "无限之有限经济表现原理". 關子尹教授在论及康德关于认识的 "曲行性" 时 (文献 [223], PP.61—63), 已意味着这一思想 (尽管并未如此命名).

---

① 在解决具体问题的个人行为中, 普通行为者在头脑中往往并不将成功的解题经验上升为名词化的概念, 而只是利用其经验技巧解决当前阶段的问题而已. 数学家则不同, 他们不仅具有压缩和再利用以往心灵工作的本能倾向 (文献 [299], P.164), 而且对适宜地将有效的技巧、思维经验在语言层面上名词概念化、定格化, 具有相当的敏感性. 一个人内在的心灵经验对自己有用, 而名词化的概念则对大家都有用. 经验的名词概念化, 使得个人的经验变成了人类社会的财富.

② 西班牙思想家、教育家奥尔特加 · 加塞特 (Jose Ortegay Gasset, 1883—1955) 在其《大学的使命》一书中谈到, "如果我们所需要的一切事物都是大量存在, 人类就不必、也不会想到要不知疲倦地进行经济方面的努力"(文献 [236], P.65). 一般化这些思想, 我们便可提出追求开源、非约束的 "反经济" 思想. 反映到人类关系上, 就是要求人们团结一致向自然要资源, 而不是人类之间彼此争斗. 需指出的是: (1) 这里的 "自然" 也包含人类本身的各个方面, 特别是其智慧方面. (2) 反经济思想仅是人们的一种追求; 在整体来看, 对人而言, 约束总是存在的, 经济原则进而是必然存在的. 我们将这种思想或现象, 称为 "经济背景下的反经济追求" . 在某种意义上讲, 人类的发展过程也确实可看成经济背景下的反经济追求的过程.

断想 82 激励产生效果, 源于措施能给学生带来精神上的触动

—— 主要表现为为其带来快乐. 快乐源于其某些需求的满足. 学生追求进步. 发现的快乐为其一.

断想 83 激励教育的实施过程中要注意激励强度与密度的问题

断想 84 强调的重要性 —— 提高 "意识化水平"

检查学生意识化水平的措施之一在于, 将课堂上强调的东西在一定程度上不再用语言明确地表述出来, 看其在具体环境中是否有相应的识别力.

例 1 在线性相关部分, 我们都要讲这样一个结论: "在给定的向量空间中, 如果向量组 $\{\boldsymbol{\alpha}_1, \boldsymbol{\alpha}_2, \cdots, \boldsymbol{\alpha}_s\}$ 可由向量组 $\{\boldsymbol{\beta}_1, \boldsymbol{\beta}_2, \cdots, \boldsymbol{\beta}_t\}$ 线性表出, 而且 $s > t$, 那么, $\boldsymbol{\alpha}_1, \boldsymbol{\alpha}_2, \cdots, \boldsymbol{\alpha}_s$ 一定是线性相关的". 检查学生是否掌握了这一结论, 简单题目 (以填空题为例) 的出法有两个基本水平: 一是藏部分条件. 比如, 可以问: 如果向量组 $\{\boldsymbol{\alpha}_1, \boldsymbol{\alpha}_2, \boldsymbol{\alpha}_3\}$ 可以由 $\{\boldsymbol{\beta}_1, \boldsymbol{\beta}_2\}$ 线性表出, 则 $\boldsymbol{\alpha}_1, \boldsymbol{\alpha}_2, \boldsymbol{\alpha}_3$ 一定线性________关; 二是藏全部条件. 比如, 可以问: 如果向量组 $\{\boldsymbol{\alpha}_1, \boldsymbol{\alpha}_2, \boldsymbol{\alpha}_3\}$ 和 $\{\boldsymbol{\beta}_1, \boldsymbol{\beta}_2\}$ 满足

$$
\begin{cases}
\boldsymbol{\alpha}_1 = 2\boldsymbol{\beta}_1 + \boldsymbol{\beta}_2, \\
\boldsymbol{\alpha}_2 = -\boldsymbol{\beta}_1 + 3\boldsymbol{\beta}_2, \\
\boldsymbol{\alpha}_3 = 4\boldsymbol{\beta}_1 - 5\boldsymbol{\beta}_2,
\end{cases}
$$

则 $\boldsymbol{\alpha}_1, \boldsymbol{\alpha}_2, \boldsymbol{\alpha}_3$ 一定线性________关.

在 n 维空间中, $n+1$ 个向量必线性相关. 这一结论隐藏的条件较例 1 还甚 —— 在它的陈述中, 甚至连给定的 $n+1$ 个向量可由基本向量组线性表出都没谈.

例 2 若线性方程组

$$
\begin{cases}
a_{11}x_1 - a_{12}x_2 - a_{13} = 0, \\
a_{21}x_2 + a_{22}x_2 - a_{23} = 0, \\
a_{31}x_1 - a_{32}x_2 + a_{33} = 0
\end{cases}
$$

相容, 则必有

$$
\begin{vmatrix}
a_{11} & -a_{12} & -a_{13} \\
a_{21} & a_{22} & -a_{23} \\
a_{31} & -a_{32} & a_{33}
\end{vmatrix} = 0.
$$

因为给定的条件表明, 线性方程组

$$\begin{cases} a_{11}x_1 - a_{12}x_2 - a_{13}x_3 = 0, \\ a_{21}x_2 + a_{22}x_2 - a_{23}x_3 = 0, \\ a_{31}x_1 - a_{32}x_2 + a_{33}x_3 = 0 \end{cases}$$

有非零解 $(x_1, x_2, x_3) = (x_1, x_2, 1)$, 所以系数行列式 $= 0$.

特别地, 如果

$$\begin{cases} x_1 - x_2 + 2 = 0, \\ 2x_1 - 3x_2 + a = 0, \\ 3x_1 - 4x_2 + 5 = 0 \end{cases}$$

是相容的, 则

$$\begin{vmatrix} 1 & -1 & 2 \\ 2 & -3 & a \\ 3 & -4 & 5 \end{vmatrix} = 0 \Rightarrow a = 3.$$

按照类似思路, 人们很容易理解:

通过 (不共直线) 三点 $(x_1, y_1, z_1), (x_2, y_2, z_2), (x_3, y_3, z_3)$ 的平面方程是

$$\begin{vmatrix} x & y & z & 1 \\ x_1 & y_1 & z_1 & 1 \\ x_2 & y_2 & z_2 & 1 \\ x_3 & y_3 & z_3 & 1 \end{vmatrix} = 0.$$

因为, 平面上四点 $(x, y, z), (x_1, y_1, z_1), (x_2, y_2, z_2), (x_3, y_3, z_3)$ 满足同一方程

$$Ax + By + Cz + D = 0:$$

$$\begin{cases} Ax + By + Cz + D = 0, \\ Ax_1 + By_1 + Cz_1 + D = 0, \\ Ax_2 + By_2 + Cz_2 + D = 0, \\ Ax_3 + By_3 + Cz_3 + D = 0 \end{cases} \Rightarrow \begin{cases} xA + yB + zC + 1D = 0, \\ x_1A + y_1B + z_1C + 1D = 0, \\ x_2A + y_2B + z_2C + 1D = 0, \\ x_3A + y_3B + z_3C + 1D = 0, \end{cases} \qquad (*)$$

这意味着, 作为 A, B, C, D 的方程组, 式 $(*)$ 具有非零解, 所以系数行列式为零. 反之亦然. 这一题目, 就是 G.S.Carr 于 1886 年编著出版的《纯数学初等结果梗概》中的第 5566 个结果 (文献 [217], P.755). 这本伴有简短证明梗概的定理、公式、分析方法的成果汇编, 对印度数学家拉马努扬 (Srinivasa Ramanujan, 1887—1920) 之数学天才的开发起了非常大的作用 (文献 [103], PP.145—146).

题目越具体, 所学明确知识的条件隐藏得越多, 越能检验学生的识别力 —— 它是能够运用所学知识解决实际问题的基本能力.

普通考试是人为地将人们已搞清的逻辑关系的条件隐藏在具体的对象中, 它主要检验的实际上是学生对后天所学知识的回忆力; 研究工作是相似的, 它也可被看成一种考试, 只是升了一格 —— 它要求研究人员要洞察来自自然、社会、思维等领域客观对象内涵的秘密, "如果" 我们将人类看作整个世界关系网的一部分, 则这时检验的主要是研究者的先天回忆力 — 原创性越强的发现越需要人类神经系统深层的关联性震动: 需要深层的回忆力与建构力. 这里我们之所以说 "如果", 是由于不同人往往有不同的世界观, 进而有不同的实践的方法论.

教师清晰地直接讲解知识, 属于 Telling; 而给出一个对象让学生识别其内涵, 则属于 Showing. 上述具体化隐藏条件的出题方式即属后者. Telling 与 Showing 有着本质的区别. Telling 已经将学生的心灵之目光聚焦到了讲者谈论的方面, 而 Showing 则需学生从其在对象中看到的众多性质中进行选择. 适度比例的 Telling+Showing 的综合授课方式是可取的教学方式. 不仅教学如此, 写作也是如此. 这两种方式实际上是知识传播的基本形式. 相较而言, Telling 是局外 "俯视观", Showing 是局内 "体验观".

顺便我们指出, 中国传统文化是强调 Showing 的: 从观察者角度而言, 强调从事物的 Showing 中多有所发现 — 强调主动发现的精神; 作为行为者, 则强调多 Showing、少 Telling. 特别在人的行为方式上, 强调 "做为主" 的 "君子欲讷于言而敏于行" 的道德精神. 孔子的《论语》对其有所说明 (文献 [42]). "参 '秀 (show)'、做 '秀 (show)' "—— 或者说 "会看秀, 会做秀" 是中国传统文化所强调的 ——"身教胜于言教" "行大于言" 正是中国传统文化、民俗文化所倚重的. 如果将 "德为道之用" 的思想用到这里, 将 "参秀" 与 "做秀" 逻辑地联系起来, 则中国人 "参秀后做秀" 的行为原则是最科学、最经济有效的德行: 善于学习与善于主动创造紧密地联系到了一起. 实际上, 人类就是在 "法自然" 的过程中不断取得进步的.

事物一直在对人们无声地诉说. 只有醒者观其音, 并能 "于无声处听惊雷". 这里谈到的事物, 既指普通个体事物, 也指集合性事物、社会性事物. 反映到时代精神这一事物上, 对其具有较高敏感度、能听其诉说、且作为与之合拍的人, 便是奥地利哲理作家穆齐尔意义下的天才: "天才并不是比同时代人先行一百年, 而恰恰就是对时代精神的体现. 只是同时代人通常都比他们的时代要落后一百年而已. "(文献 [172]) "观世音" 造就天才. 数学的学习亦然 — 数学的对象也是 "哑对象". 人看透哑巴对象的行为, 表现出自己的聪明才智, 就可从中获得相当大的收益. 相对以一定的对象, 人有多澄明的意识, 就会有多大的收获.

不同的人有不同的学习效果, 其主要原因就在于, 学习者的意识化水平不同. 拿看书来讲, 有人只关注内容, 而忽略了写作结构. 早在 20 世纪八十年代末, 笔者在孔子的家乡 —— 山东曲阜读国内首届数学方法论方向硕士研究生时, 东北师范大学的解恩泽教授来给我们上自然辩证法与数学哲学的课 (当时他是东北三省自然辩证法的学科带头人), 课间休息时, 他谈到了他的治学经验. 他说: “我读书可能有一点比一般人强. 一般人读书关注内容, 而我在关注内容的基础上也关注形式 —— 关注作者文章的写作结构, 我分析他是怎么将材料组合到一起的. 研究人员最终都要写作, 都要将自己的成果写出来. 学习别人做出了什么是重要的, 学习别人是怎么写作的也是重要的. ” 对此, 我印象深刻. 即使在关注内容方面, 人与人之间也往往是有区别的. 比如, 在证明实对称矩阵的特征值是实数时, 绝大多数同学意识的关注点放在了结论的记忆上, 而对 “若 λ 是实矩阵 $\boldsymbol{A}$ 的特征值, 则 $\overline{\lambda}$ 也是 $\boldsymbol{A}$ 的一个特征值; 而且, 若 α 是 $\boldsymbol{A}$ 的属于特征值 λ 的特征向量, 则 $\overline{\boldsymbol{\alpha}}$ 是 $\boldsymbol{A}$ 的属于特征值 $\overline{\lambda}$ 的特征向量” 少有关注. 其实这一点在证明过程中已经涉及了: $\boldsymbol{A\alpha}=\lambda\boldsymbol{\alpha}\Rightarrow\boldsymbol{A}\overline{\boldsymbol{\alpha}}=\overline{\lambda}\overline{\boldsymbol{\alpha}}$. 这可看作下述思想的一个例证: “将数学语言的自然语言的含义讲出来, 是有益于提高人的相关意识化水平的.”

通俗地讲, 学习收获的大小, 源于心计的状态. 有心计的学习者, 收获往往大于麻木的学习者. 解恩泽教授谈到的是在关注内容的同时, 也要关注写作技巧. 在数学发展史上, 还有更有心计的人: 他们知道在自身成长的过程中向老师 “借力”—— 特别是在成功的早期. 其中的一类例子是: 他们具有较好的感知力、欣赏力, 能够判断老师的水平, 进而对高水平老师的讲义加以整理、提升, 尽快写出自己的成名作. 典型例子, 如

(1) 荷兰数学天才范德瓦尔登 (van der Waerden, 1903—1996) 在充分理解、吸收了其老师诺特尔① (Emmy Noether, 1882—1935)、阿丁 (Emil Artin, 1898—1962) 等人代数学讲义内容的基础上, 结合自己的研究成果及对代数学的理解, 在其 27 岁时 (1930 年), 出版了奠定其在代数学领域重要地位的《代数学》一书.

(2) 美国耶鲁大学吉布斯 (Willard Gibbs, 1839—1903)②教授指导的博士生威尔逊 (Edwin Wilson , 1879—1964) 在其获得博士学位的同一年 (1901 年), 出版了基于吉布斯关于向量分析讲义的著作 —《向量分析教科书》(*Vector analysis : a text-book for the use of students of mathematics and physics : founded upon the lectures of J. Willard Gibbs*) (文献 [181]), 那一年, 他才 22 岁, 而吉布斯是在 34 岁

① 数学发展史上著名的女数学家之一; 哥廷根数学学派代数领域的重要代表人物.

② 一个有趣的事件: Gibbs 去世之年是 van der Waerden 出生之年.

那一年 (文献 1873 年) 发表的第一件作品①. "这部优美的作品 …… 对向量分析的记号及其使用具有深刻而持久的影响"②.

(3) 在现代, 三位美国数学家 Jane P. Gilman, Irwin Kra, Rubi E. Rodriguez 将他们学习老师 Lipman Bers 的复分析讲义的笔记发展成了具有相当影响力的研究生教科书《Lipman Bers 精神的复分析》(*Complex analysis in the spirit of Lipman Bers*, 文献 [245]、[295]) .

整理名家的讲义, 并在此基础上加以推广、引申, 可以写出内容更加丰富的著作. 这种著作不仅处于相关领域发展的主流上 —— 因而益于被同行认可, 而且讲义的原作者由于希望自己的工作能够得到尽快而高品质的传播而对讲义高质量的整理者心存感激, 因此往往会为整理者的发展提供一些机会. 这样一来, 同行的认可、专家的引荐之综合效果就是, 讲义的整理者获得了较快发展的基础和机会. 在数学发展史上, 印度天才数学家 Ramanujam(Chidambaram Padmanabhan Ramanujam, 1938—1974)(注意, 不是著名的 Ramanujan(1887~1920)) 的事业之路便是此类典型之例. 他具有明显的解释数学的天赋. 在听过大师的讲座之后, 他能给出对相关内容的更深刻的理解; 并在自己所做笔记的基础上, 结合自己更具普

① 到 34 岁才发表自己的第一件作品, 是有关吉布斯的两件 "奇怪" 的事情之一. 另一件事情是: 他在 1871 年 (时年 32 岁) 被任命为耶鲁大学数学物理教授时, 他还一件作品都没正式发表过 (更多信息请参见下述网页: http://www-history.mcs.st-andrews.ac.uk/Biographies/Gibbs.html 或关于他的传记纪事 ([274], [378]). 当然, 历史已经告诉人们, 耶鲁对吉布斯的任命是有高额回报的. 这一任命对吉布斯具有相当的激励作用, 这是一个 "激励型任命". 在后来的日子里, 吉布斯不仅发表了对热力学、电磁学、统计力学、向量分析及其应用等诸领域具有重要价值的论著, 而且在学生培养方面也卓有成效. 上面谈到的威尔逊即为一代表. 威尔逊的学生保罗 ·A· 萨缪尔森在 1970 年获得了诺贝尔经济学奖, 他对经济学, 特别是数理经济学的发展贡献非凡. 萨缪尔森 "自称是经济界的最后一位全才"(剑桥大学经济学教授 F.H.Hahn 称萨缪尔森是他所遇到的 "最最聪明、最最全能的经济学家" (文献 [186], P.231). 他 "把自己比喻成一个老农夫, 这个老农夫在向池塘吐口水的时候说: '每一小滴都是有用的'. "(文献 [187], P.136). 有兴趣的读者研究一下吉布斯的学术家族树, 定会有相当的思想收益. 无独有偶, 经历激励型任命而后对科学发展做出相当贡献的还有澳大利亚统计学家 Pitman(Edwin James George Pitman, 1897—1993, 享高寿 96 岁). 他毕业于墨尔本大学. 1925 年, 塔西马尼亚大学 (the University of Tasmania) 设立一个教授统计学课程的数学教授职位, Pitman 进行了申请. 根据要求, 申请者要说明, 要教这样一门课程, 自己是否具有相关的知识. Pitman 说, "我需要这个任命, 因此, 我在申请中写道, '我不能声称我有统计学理论的任何专门的知识; 但是, 假如我被任命, 我会准备在 1927 年开出这一课程' ". (http://www-history.mcs.st-andrews.ac.uk/Biographies/Pitman.html, 或参见 (文献 [389], PP.165—168)). 其实, 他仅在墨尔本大学的逻辑课程中接触过非常有限的统计学知识. 但他的申请获得了成功 (仅仅在一个大学毕业的学历、且没正式发表过任何论文的背景下 (他在被任命数学教授 10 年后) 即 1936 年才开始发表论文, 之前主要忙于教学事务). 事后的发展证明, 学校对他的这一任命是正确的. 容易理解, 成功的激励型任命反映出了任命者的眼光和辨才水平.

② http://www-history.mcs.st-andrews.ac.uk/Biographies/Wilson_Edwin.html

遍性的理解发挥, 整理出供正式出版的著作. 他对乌克兰数学家 Shafarevich(Igor R. Shafarevich, 1923—) 和英裔美国数学家 Mumford(David Mumford, 1937—) 在 Tata 研究所 (Tata institute) 的讲义都曾做过这一工作, 并获二人的好评、友谊和进一步事业上的帮助. 非常可惜的是, 1964 年, 也就是 Ramanujam 26 岁时, 他被诊断出患有严重的抑郁症和精神分裂症. 疾病使其备受折磨. 在其 36 岁那一年, Ramanujan 由于服过量的安眠药而去世①.

时下常听到的广告词 "看一看, 瞧一瞧了 ⋯⋯ 经过、路过, 千万不要错过" 在学习中也是有效的. 人们在学习中往往漏掉了很多东西. 一下子关注到一件事情的所有内涵是不可能的. 这既取决于认识者的主观认识水平, 也取决于可观的知识环境. 知识的内涵是一个变动的概念、是时代的函数. 也正因为如此, 在科学的发展史上, 才有 "复兴" "复古翻新" 的概念. 在一定意义上讲, 创新就是复古翻新, 是继承中的发展. 发展出来的东西之萌芽早已蕴含于历史之中了.

提高人的意识化水平, 不仅有助于加快知识发展的速度, 而且有助于提高学习者的兴奋频率, 提高学习兴趣. 学了半天, 如果什么都感受不到, 那么, 学习者的心灵一定没有活力、没有刺激、一片沉寂, 如同一片沙漠.

提高学习者的意识化水平, 在与一定的对象打交道的过程中获得尽可能大的收获. "不要让知识的财富在你的眼前溜掉", 是实现收益极大化的一条重要的主观原则.

教师将自己的思维过程展示给学生, 对开启其思维空间、引领学生的思路极其有益. 笔者上课时即建议学生沿着其说的去思维、想象. 让学生理解教师生动的真实的思维, 体会数学的 "隐几何"②的直观特点. "如果老师们能够说出自己的心理模式并诱发学生的模式, 会得到令人惊讶的效果". (文献 [75], P.114)

例 3 在实 n 维向量空间

$$\mathbf{R}^n = \{(r_1, r_2, \cdots, r_n) | r_k \in \mathbf{R}, k = 1, 2, \cdots, n\}$$

---

① 关于 Ramamujam 的传记, 可参见 http://www-history.mcs.st-andrews.ac.uk/Biographies/Ramanujam.htm.

② 19 世纪英国数学家西尔维斯特 (J.J.Sylvester, 1814—1897) 在其就任不列颠科学进展协会数学与物理部主席的讲演中说, "对任何数学问题, 当我对其足够深入探究后, 最终都会发现, 我触到了它的几何地基 (geometrical bottom). "(文献 [237], P.126). 亦即, 任何数学问题都有一个几何背景做支撑. 前苏联数学家柯尔莫戈洛夫在谈数学职业时也指出, "在只要有可能的地方, 数学家总是力求把他们研究的问题尽量地变成可借用几何直观的问题. ⋯⋯ 几何想象, 或如同平常人们所说, '几何直觉' 对于几乎所有数学分科的研究工作, 甚至于最抽象的工作, 有着重大的意义" (文献 [365], P.134). 法国著名数学家、布尔巴基 (Bourbaki) 学派的奠基人之一迪厄多内 (Jean Dieudonne, 1906—1992) 认为, 数学证明就是 "把直观 '写成形式' 而已. "(文献 [441], 序 P.iii).

的基本理论中, 线性组合是个基本概念: 整个空间可看作是由一个基底

$$\{\boldsymbol{\alpha}_1, \boldsymbol{\alpha}_2, \cdots, \boldsymbol{\alpha}_n\}$$

借助于线性组合的方式生成、建构起来的. 但为什么要考虑线性组合呢? 原因在于, 向量空间中有加法和数乘两种基本运算, 由二者构成的基本表达式就是线性组合. 意识到这一点, 我们就可自然进一步设想, 如果在向量空间中添加了新的运算, 那么, 空间中的对象所构成的一般表达式可能就会有相应的变化, 从而人们就找到了新的研究对象. 比如, 与三维空间中的向量代数相比较, 一般的向量空间只是将其中的加法结构、数乘结构拿了过来, 是一种弱抽象 (通过减少性质以获得新概念的方法, 称为弱抽象; 相反, 通过添加性质以获得新概念的方法, 称为强抽象. 有关抽象方法的一些细节, 可参见徐利治的方法论经典《数学方法论选讲》[35]); 内积空间是在此基础上又将点乘运算 (数量积) 的坐标形式添加了进来, 是对向量空间的一种强抽象. 由于内积运算的结果是实数, 本质上对表达式没有影响, 所以, 要想给出新表达式, 就要考虑运算结果是向量的运算. 三维空间向量代数中有叉乘 (向量积) 的概念, 我们设法将其引过来添加到内积空间上, 便可得到一个含有四种基本运算的内涵更加丰富的新结构 —— 外积空间.

如何引过来呢? 像内积的转移方式一样, 考虑向量积的坐标形式. 如果记

$$\boldsymbol{\alpha} = (a_1, a_2, a_3), \quad \boldsymbol{\beta} = (b_1, b_2, b_3),$$

$\boldsymbol{i}_1, \boldsymbol{i}_2, \boldsymbol{i}_3$ 为两两正交、且符合右手螺旋法则的单位向量, 则

$$\boldsymbol{\alpha} \times \boldsymbol{\beta} = \begin{vmatrix} \boldsymbol{i}_1 & \boldsymbol{i}_2 & \boldsymbol{i}_3 \\ a_1 & a_2 & a_3 \\ b_1 & b_2 & b_3 \end{vmatrix} = \left(\begin{vmatrix} a_2 & a_3 \\ b_2 & b_3 \end{vmatrix}, - \begin{vmatrix} a_1 & a_3 \\ b_1 & b_3 \end{vmatrix}, \begin{vmatrix} a_1 & a_2 \\ b_1 & b_2 \end{vmatrix} \right).$$

其中的坐标是 i_1, i_2, i_3 所处位置的代数余子式.

将上述三维情形转移到高于三维的情形, 根据对上式的不同理解, 可有两种转移方式:

(1) 是将其仍转移为两个向量的二元运算. 在形式上, 上述三阶行列式变为与 n 维向量

$$\boldsymbol{\alpha} = (a_1, a_2, \cdots, a_n), \quad \boldsymbol{\beta} = (b_1, b_2, \cdots, b_n)$$

有关的新的“长方阵形行列式”

$$\begin{vmatrix} \boldsymbol{i}_1 & \boldsymbol{i}_2 & \cdots & \boldsymbol{i}_n \\ a_1 & a_2 & \cdots & a_n \\ b_1 & b_2 & \cdots & b_n \end{vmatrix}.$$

平行地, $\boldsymbol{\alpha} \times \boldsymbol{\beta}$ 的第 $k(k=1,2,\cdots,n)$ 个坐标为

$$(-1)^{k+1}\begin{vmatrix} a_1 & \cdots & a_{k-1} & a_{k+1} & \cdots & a_n \\ b_1 & \cdots & b_{k-1} & b_{k+1} & \cdots & b_n \end{vmatrix}.$$

这时, 很自然地就要对行列式的概念进行扩展: 对矩阵

$$(a_{ij})_{s\times t}, \quad s \leqslant t,$$

我们可定义

$$|(a_{ij})_{s\times t}| = \sum_{\substack{\{j_1,j_2,\cdots,j_s\}=s \\ \{j_1,j_2,\cdots,j_s\}\subseteq\{1,2,\cdots,t\}}} (-1)^{i(j_1j_2\cdots j_s)} a_{1j_1}a_{2j_2}\cdots a_{sj_s}.$$

其中 $i(j_1j_2\cdots j_s)$ 表示排列 $j_1j_2\cdots j_s$ 的逆序数.

显然, 给出形式上的两行长方行列式一种定义, 我们就可得到一个类似上述的乘积. 其中具有现实意义的一种定义法是这样的:

$$\begin{vmatrix} b_1 & b_2 & \cdots & b_{m-1} & b_m \\ c_1 & c_2 & \cdots & c_{m-1} & c_m \end{vmatrix}$$

$$= b_1c_2 + b_2c_3 + \cdots + b_{m-1}c_m - b_2c_1 - b_3c_2 - \cdots - b_{m-1}c_{m-2} - b_mc_{m-1}.$$

这是普通二阶行列式的一种自然推广. 文献 [121] 利用这一“广义行列式”给出了计算基尼系数 (度量经济不平等的一个著名指标) 的一个非常简洁的公式. 结合基尼系数的应用背景, 我们在此, 称此种含义的两行行列式为“基尼系数行列式”; 称按这一定义计算向量乘积 $\boldsymbol{\alpha} \times \boldsymbol{\beta}$ 的内积空间为“基尼系数空间”.

由基尼系数行列式可以计算基尼系数, 反过来, 我们也可以尝试由其他类型定义给出的行列式来建立相应的经济学指标的概念. 这样一来, 从数学的考虑出发, 就打开了经济学思考的一扇窗. 我们统称这类经济学指标的研究为“行列式经济指标研究”. 既然有行列式经济指标的研究, 当然人们也可以尝试进行与其他类型的数学运算、结构等各方面有关的相应研究. 从此人们可以看到经济学与数学的一种非常广阔的互动前景.

(2) 是不用拓展行列式的定义, 而将三维空间的二元叉乘运算平移为 n 维向量空间中 $n-1$ 个向量的 $n-1$ 元运算: 若记 $n-1$ 个向量

$$\boldsymbol{\alpha}_k=(a_{k1},a_{k2},\cdots,a_{kn}),\quad k=1,2,\cdots,n-1,$$

的 $n-1$ 元乘积为 $\overline{\boldsymbol{\alpha}_1,\boldsymbol{\alpha}_2,\cdots,\boldsymbol{\alpha}_{n\text{-}1}}$, 平移三维空间向量的叉乘, 则可令

$$\overline{\boldsymbol{\alpha}_1,\boldsymbol{\alpha}_2,\cdots,\boldsymbol{\alpha}_{n\text{-}1}}=\begin{vmatrix}\boldsymbol{i}_1 & \boldsymbol{i}_2 & \cdots & \boldsymbol{i}_n\\ a_{11} & a_{12} & \cdots & a_{1n}\\ \vdots & \vdots & \ddots & \vdots\\ a_{n-11} & a_{n-12} & \cdots & a_{n-1n}\end{vmatrix}=(b_1,b_2,\cdots,b_n).$$

其中 $\{\boldsymbol{i}_1,\boldsymbol{i}_2,\cdots,\boldsymbol{i}_n\}$ 是形式记号组; $b_k(k=1,2,\cdots,n)$ 是 i_k 位置的代数余子式.

如果将考虑问题的重点放在对象符号的维数上, 那么以上考虑的只是 "一维线" 向量和 "二维平面" 矩阵的问题. 人们还可进一步考虑三维以至高维形状向量、矩阵、行列式的问题, 可以引进高维符号形态的外积空间. 其实, 早在 1843 年, 英国数学家 Cayley 就开始考虑高维 — 特别是 3 维行列式的问题了 (涉及了运算, 但未涉及代数结构). 1879 年, 苏格兰数学家斯科特 (R.F.Scott, 1849—1933) 称三维行列式为 "立方行列式 (cubic determinant)", 并在其 1880 年出版的行列式专著《行列式之理论及其应用》①中的第九章, 对立方及高维行列式 (他称为多个足指数之行列式) 进行了论述 (文献 [182], PP.147—160). 对符号 p 维矩阵或行列式, 在历史上, L.H.Rice、F.L.Hitchcock 等称之为 p-way 矩阵或行列式 (文献 [127], PP.745—756). 高维矩阵 —— 特别是高维 Hadamard 矩阵, 在通信及信息安全方面具有重要的应用 (文献 [128]).

"Showing" 与 "Telling" 各有所侧重. 只取任何之一的做法都是残疾的.

断想 85　意识的显化与潜化

数学概念的引入, 作为一种新名词, 它指代了其内涵的语言含义. 概念的名词就是含义的一个形式标签. 类似于符号的代数意义. 有了新名词、新语言, 随着对其应用的熟练化, 人们对内涵开始在显意识上有所淡忘 — 内涵进入了下意识. 知识实现了潜化. Hadamard "回到定义当中去" 的解题思想, 实是对人相关意识的一种提醒. 数学语言的指代特点说明, 它是一门潜意识化、本能化人的显意识, 不断

① 这是 Scott 一生中唯一的一部数学著作. 1880 年 2 月份此书出版后, 他便转而去学习、研究法律了, 并在法律界占有一席之地 (http://www-history.mcs.st-andrews.ac.uk/Biographies/Scott_Robert.html).

将人的经验积淀、转化为习得性能力 — 进而促进人的进化的学问. 数学是人心智进化的一条途径. 普遍化代数学的命名, 我们也可将数学称为"代事学". 数学就是位置演算的学问: 几何如此、关于进位制的算术如此、代数的符号演算也是如此 —Edwards M. Harold 在其*Linear algebra* (文献 [36]) 中说: "Readers may be dismayed to learn that the main subject of the book is the "aigebraic manipulation" of "placeholders", but they should not be." 其实, 数学在一定意义上就是关于位置或等价地占位者演算的学问. Edwards M. Harold 纠正这种理解可能性的目的, 在于强调其当时的重点不完全在这一方面. 任何一个事物都是多方面的综合体.

记号含义的潜意识化、适应化有其利于思维进一步持续发展的积极的一面, 同时, 它也有阻碍思维的消极的一面 —— 多一层记号, 就多一层思维障碍. 在解决问题的过程中, 落实"见名词, 想含义"的原则, 是消除记号副作用的必经之路. 忘记事物的历史来源, 往往会给问题的解决带来困难. 看到历史真相, 则给问题的解决带来方便. 下面是几个典型例子.

例 1　在组合数学中, 如果

$$n=\lambda_1+\lambda_2+\cdots+\lambda_m,\quad \lambda_1\geqslant\lambda_2\geqslant\cdots\geqslant\lambda_m,$$

其中, $n,\lambda_k(k=1,2,\cdots,m)$ 都是正整数, 则称 $(\lambda_1,\lambda_2,\cdots,\lambda_m)$ 构成 n 的一个分拆, 诸 λ_k 为此分拆的部分.

"对给定的正整数 n 而言, 其最大部分为 l 的分拆数 = 部分数为 l 的分拆数".

要证明这一点. 需明确正整数的本质: 它在人类历史上是数 (shǔ, 三声; 动词) 个体数出来的. 知道了这一点, 将分拆各部分用一个"点行"来表示, 这些行左对齐. 这样得到的一个点图, 人们称之为分拆的 Ferrers 图. 行列互换后得到的图称为共轭图. 共轭图对应的分拆, 称为原分拆的共轭分拆. 以分拆

$$15=5+5+3+2$$

为例. 它的 Ferrers 图和共轭图分别为

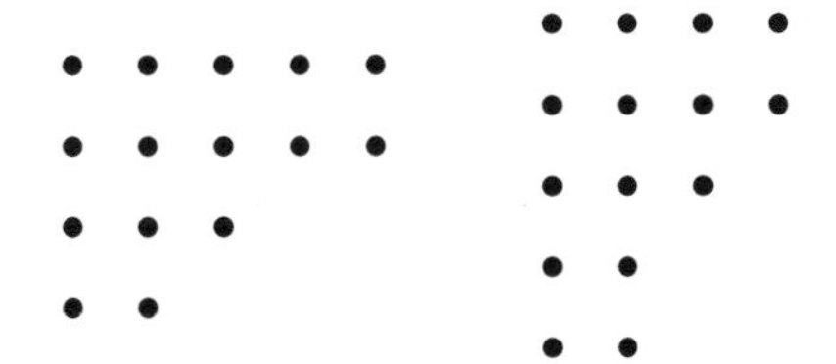

所以, 其共轭分拆为

$$15=4+4+3+2+2.$$

借助考虑分拆的 Ferrers 图与其共轭 Ferrers 图的一一对应关系, 便可很直观地得到上述结论. 因为一个分拆部分的最大值成为共轭分拆的部分数.

例 2 若一个事件 A 在一次试验中发生的概率是 $p(0<p<1)$, 求使得此事件第一次发生所需试验的平均次数.

记 X 为 A 第一次发生所需试验的次数. 所要求的就是此随机变量的数学期望 EX.

$$
\begin{aligned}
EX &= \sum\nolimits_{k=1}^{\infty} kP(X=k) \\
&\xlongequal{k\text{倍即 } k \text{ 个相加}} \left\{\begin{matrix} P(X=1) \\ \\ \\ \end{matrix}\right\} + \left\{\begin{matrix} P(X=2) \\ P(X=2) \\ \\ \end{matrix}\right\} + \left\{\begin{matrix} P(X=3) \\ P(X=3) \\ P(X=3) \end{matrix}\right\} + \cdots \\
&\xlongequal{\text{先横后纵相加}} \sum\nolimits_{k=1}^{\infty} P(X \geqslant k) \\
&= \sum\nolimits_{k=1}^{\infty} (1-p)^{k-1} = \frac{1}{p}.
\end{aligned}
$$

例 3 若随机变量 X 服从二项分布 $b(n,p)$, 则根据数数原则,

$$X = X_1 + X_2 + \cdots + X_n,$$

其中, 诸 X_k 是独立的、服从同一 “0–1 分布” 的随机变量. 由此易知

$$EX = EX_1 + EX_2 + \cdots + EX_n = np.$$

例 4 有一批建筑用木桩, 其中 80% 的长度 $\geqslant 3m$. 现从中随机取出 100 根. 问其中至少有 30 根 $< 3m$ 的概率是多少? 此题可以借助于数数的方法进行求解: 令

$$X_i = \begin{cases} 1, & \text{所取第}i\text{根木柱长} < 3m, \\ 0 & \text{否则}, \end{cases} \quad i = 1, 2, \cdots, 100$$

则

$X_i \sim (0-1)$ 分布 $b(1, 0.2)$:

X_i	1	0
p	0.2	0.8

记

$$X = \sum\nolimits_{i=1}^{100} X_i, \quad \text{则} X \sim b(100, 0.2).$$

由 De Moivre-Laplace 中心极限定理可知：

$$
\begin{aligned}
P(X \geqslant 30) &= 1 - P(X < 30) \\
&= 1 - P\left(\frac{X - 100 \times 0.2}{\sqrt{100 \times 0.2 \times 0.8}} \leqslant \frac{30 - 100 \times 0.2}{\sqrt{100 \times 0.2 \times 0.8}}\right) \\
&\approx 1 - \Phi\left(\frac{30 - 20}{10 \times 0.4}\right) = 1 - \Phi(2.5) = 1 - 0.9938 = 0.0062.
\end{aligned}
$$

数数的道理谁都知道, 但用好就不那么容易了. 人之间的区别不仅表现在学识上, 更表现在应用的智商 ——“应用商” 上.

应用能力是一种对知识的驾驭能力. MIT 的组合学家、哲学家罗塔 (G.-C. Rota, 1932—1999) 和中国的徐利治先生都曾借助于朴素的数数技术得到过重要的数学结论; 一些搜索引擎利用线性代数中特征值、特征向量等知识进行信息排序算法的设计, 变基本知识为具有很大经济价值的技术, 也表现出了很高的应用商. 不仅学问方面如此, 人类其他行为方面也是如此：比如, 折纸在中国、日本等东方国家是一种有智慧的 (娱乐) 艺术, 而美国哈佛大学的科学家将其用到了适于复杂狭隘地形 (如灾区救灾) 作业的机器人的制作上, 实现了变 (娱乐) 艺术为 (实用) 技术的转换! 不论 “化知识为技术”, 还是 “化艺术为技术”, 都明显地体现出富有创新意识的美国人善学达变, 具有较高的应用商. 在这点上, 非常值得我们学习. 再比如, 在中华武术史上, 能半部崩拳打天下的形意拳大师郭云深, 即表现出了对形意拳的精湛理解和灵活的使用能力, 具有很高的驾驭商、应用商.

应用商的两个基本维度就是用对地方, 用得好. 大致而言, 前者是方向问题, 强调好钢用在刀刃上; 后者是程度问题, 追求刀法势大力沉、技高一筹. 例 4 中, “化知识为技术” “化艺术为技术” 皆属前者; 而郭云深的例子则属后者.

“学以致用” 观念的不断实践、落实不仅是提高人的应用商的基本途径, 更是学习收益极大化的一类重要内容 —— 积极、主动、有效地对知识、思想进行有一定深度、广度的学以致用, 会有助于学习行为之收益的提高. 对个人而言如此, 对国家、社会也是如此. 在统计发展史上, 在这方面有很典型的例子. 例如, 虽然苏联数学家科尔莫戈洛夫及其学生对概率统计做出了重要、基础性的贡献, 但在斯大林计划经济时代, 政府将统计学看成社会科学的一个分支. 一切可控制、可计划. 不存在随机变量的问题. 与这种观念相伴随的对统计学方法新进展的忽视直接导致其社会经济发展不能从现代统计学的成就中受益. 与之相反, 日本在二次世界大战战败后进行经济恢复的过程中, 则从统计学中获益良多 —— 其中一个重要的事件, 就是美国统计学家戴明 (W. Edwards Deming, 1900—1993) 的质量控制的统计学方法及相关管理思想对日本企业发展所起的根本性推动作用. 戴明的思想深深触动了当时日本科学家与工程师联合会的主席 Ichiro Ishikawa. 他积极推进戴明思想在工业界、各公司管理层的传播, 安排多种相关讲座. 当时 “日本制造” 意味着质次价廉地模仿其他国家的产品. 戴明告诉他们, 按照他所讲的质量控制的统计学方法, 5 年内这种局面就会改变, 他们可以制造出质高价廉、足以在全球市场占主导地位的产品. 令戴明惊讶的是, 日本人不仅接受且实践了他的想法, 而且只用了 2 年左右时间就实现了他预言需要 5 年才能达到的目标 (文献 [389], PP.247—249). 相较而言, 日本在统计学方法的应用上, 表现出了较高的应用商.

收益的主体既有个人, 也有团体.

“知识的技术化” 既是反映应用商的一个重要领域, 更是原始技术创新的源泉. 软的思想、知识转化为硬的, 可供人立于其上前行的技术, 技术再衍生新的技术; 技术提升人的行为能力, 可持续地开拓人的感觉边界, 进而产生新的思想、知识. 知识与技术螺旋式互动, 推动着人之境界的上升、行为能力的增强.

基于所学知识来产生新的收获有三种基本类型: 一是通过一般化、类比等手段扩展知识本身; 二是应用知识解决问题、发展各类可能的技术; 三是反思知识的发展史、知识产生的思维结构及过程, 从中识别、提取出反映人的思维、心理行为以致一般行为特点的模型或模式, 并进一步深入系统化, 建立相关的行为理论. 就目前知识应用的状态而言, 人们 — 特别是数学工作者在这第三类方面做的工作相对较少. 法国数学家阿达马的《数学领域中的发明创造心理学》算是这方面的一个出色工作. 但其也主要限于数学或理论物理行为范围之内, 而没拓展到人类一般行为领域. 2011 年, 美国普林斯顿大学心理学教授、2002 年诺贝尔经济学奖获得者卡尼曼 (Daniel Kahneman, 1934—) 出版了《思考, 快与慢》(*Thinking, fast and slow*) (文献 [392]), 探讨了人之决策中涉及的关联而有差异的两套系统: 自动、快速的直觉系统和有意识、慢的理性系统. 前者往往出错, 后者则较稳妥. 如果某位数学家有反思自己领域工作的意识、有从数学发展中识别出某种思维图景的抽象能力、并施展了自身具有的持续深入系统理论化的功力, 卡尼曼的工作本应该是由他先做出的. 因为在数学发展史上, 这两套系统早就有了突出表现. 比如, 人们对函数 “连续” 与 “可导 (光滑)” 的关系的认识: 早先人们直观认为, 曲线连续就意味着光滑或至多在可数 (向自然数一样多) 个点处不光滑; 后来, 捷克数学家布尔扎诺、德国数学家维尔斯特拉斯、荷兰数学家范德瓦尔登等皆具体构造出了处处连续但处处不光滑的函数. 这使人们意识到, 直觉的不一定是真的. 如果人们反观这一认识过程, 提炼两类认知的特点, 便不难抽取出相应的两类决策系统.

数学具有 “种子基地” 或 “资源库” 的功能 —— 人类很多新思想、新理论、新技术都可从中生长、或被发掘出来.

需要指出的是, 知识不仅包含各种结论, 还包含各种问题类型. 这些问题模式代表着相应的思维指向; 而思维指向往往具有普遍可应用性.

比如, 在向量空间中, 我们会考虑向量组的极大线性无关组的问题. 此问题的思维模式是考虑向量组的基本成员组, 以及考虑哪些向量可以由这些基本的向量组线性表出. 一般而言, 即考虑: 哪些是基础的, 哪些是可归结为这些基础的, 或在一定意义上说, 哪些是多余的. 在一定问题环境中, "考虑哪些是多余的", 这是一个具有普遍性的题目 — 不妨简称其为 "剔除思维". 反映到文化领域, 人们可以研究, 哪些现象是多余的, 那些术语是多余的. 或更一般地, 在一定的环境中, 对给定的一种对象加以探究, 明确其是否多余的. 美国加利福尼亚大学河滨分校 (University of California, Riverside) 宗教学专家斯特伦斯基 (Ivan Strenski, 1943—) 在其著作《二十世纪的四种神话理论》(*Four theories of myth in twentieth-century history*) 的中译本前言中说, "如果允许我回顾一下对本书的评价, 我马上就回想起在北美对这部作品的后续讨论. 简短地说, 有些学者将拙作解读为试图彻底取消 "神话" 这一术语的尝试, 或者说, 是试图将这一术语完全从我们的理论或分析语言中清除出去的努力. ······ 此外, 还有些读者在阅读本书之后认为, 拙作对于 "神话" 概念的批判, 真实的意思是要在宗教研究的专业词汇中彻底清楚这一术语." (文献 [400]). 其中所反映的评价者及读者的思维, 就是剔除思维.

剔除思维是可从数学思维习惯中提炼出来的一种具有普遍性的思维模式.

再比如, 要想对一个向量空间有一个整体把握, 就要对其基底有清楚认识. 基底就是空间的一个极大线性无关组. 它有两个方面的性质: 一是向量的线性无关性; 二是不可在沿着保持线性无关性方向再添加新向量, 也就是说, 再添加一个, 向量组就变质了 — 就变成线性相关组了. 反映到一般对象上, 相应于极大线性无关组的就是一组基本要素构成的极大集合 —— 我们不妨将此类极大基本要素集亦称为相应对象的基底. 它有两个方面的性质: 一是独立性: 要素间的不可化归性; 二是完备性: 不可在沿着保持不可化归性方向再添加新元素, 也就是说, 再添加一个, 它就变质了 —— 就变成有可化归到其他要素的元素了. 从经济认识 (把握最少量的必要要素) 的角度讲, 可化归的元素是多余的、是可剔除的. 等价地说, 对象元素皆可化归到基底. 在明确化归方法 (向量空间中的化归方式是线性表出; 公理化理论中命题间的化归方式是逻辑演绎) 的前提下, 把握了基底, 也就把握了整体. 在这一意义上, 称基底具有完备性.

认识事物, 就要先认识其基底. 我们称此思想为 "基底认知先行原理".

从认识或把握一个不完备的要素集开始, 逐步向着认识或把握一个完备的基底扩展, 以达到最终认识或把握对象整体之目的的认知过程, 我们称之为 "基底

化 (或完备化) 认识路线"[①] 简称 "基底化认知". 这一认识原则包含两个基本主题: 一是对对象已认识的各方面, 考虑其间是否具有某种可化归性或独立性; 二是考虑当前的诸方面是否能全面反映对象的本质. 拿对人的认识来讲, 以瑞士心理学家皮亚杰 (Jean Piaget, 1896—1980) 为代表的生物心理学派 "将人看成是生物 —— 心理的存在"; 以俄国心理学家维果茨基 (Lev Vygotsky, 1896—1934) 为代表的历史文化学派 "将人看成是历史 — 文化的存在"(文献 [401], 导读 P.4). 美国心理学家、教育学家布鲁纳 (Jerome Bruner, 1915—) 则认识到, 这两个学派的观点均仅反映了人的某些方面, 而且二者具有不可化归性, 并在这些认识的基础上加以综合, 给出了自己的观点 (文献 [401], 导读 PP.4—5). 布鲁纳的工作显然具有基底化认知的色彩.

回到数数的历史本源状态, 也可看成对数的一种具体形象化. "具体形象化布局" 是一种重要的思维方法.

例 5 $[n]=\{1,2,\cdots,n\}$. 对满足 $1\leqslant k\leqslant n$ 的任意选定的 k, 求满足条件

$$S_1\subseteq S_2\subseteq\cdots\subseteq S_k\subseteq[n]$$

的子集串 $S_1\subseteq S_2\subseteq\cdots\subseteq S_k$ 的个数.

为解决此问题, 首先建立 "空间集合" 或 "布局集合" 的朴素概念. 布局集合包含两个环节: 一是具有一定布局或形状的空间; 二是将一些元素随机地投掷到里边. 投掷后得到的含有相应位置元素的空间就是一个布局集合. 布局集合在数学中已存在大量例子: 普通集合就是将元素都扔到一个空盒子的产物[②], 其中不考虑元素的位置区别, 它是一种特殊的布局集合; 矩阵也是一个布局集合; 组合数学中的组态或构型也是一种布局集合.

上述子集串问题, 提示我们考虑这样一种布局集合: 先将诸 S_i 和 $[n]$ 看作大小不一的空盒子, 将 $S_1\subseteq S_2\subseteq\cdots\subseteq S_k\subseteq[n]$ 看作开口向上、水平放置的空盒子套; 然后将 $1,2,\cdots,n$ 依次随机扔到其中. 扔的一个结果就是一个子集串. 欲求的不同子集串数就是不同的扔法数. 独立的 n 个元素各自都扔到 $k+1$ 个空盒子里去, 根据乘法原理, 共有 $(k+1)^n$ 种不同的扔法. 故 $(k+1)^n$ 即为所求.

---

① 命名往往有相应的背景, 具有一般性的概念来源于对具体背景的抽象. 基底化认识路线的背景是向量空间; 完备化认识路线的背景是公理化理论.

② 美国科罗拉多大学 (University of Colorado, Boulder) 数学系 Jan Mycielski(生于波兰; 1932—) 教授在亚里士多德 (希腊. Aristotle, 384BC—322BC)、庞加莱 (法国, Henri Poincare, 1854—1912)、希尔伯特 (德国, David Hilbert, 1862—1943) 等数学家工作的基础上, 明确提出, "集合是某种想象的待填充的盒子 (sets are some kind of imagined boxes waiting to be filled up)"(文献 [393]).

布局集合的概念是个比传统集合更为基本的概念, 是对传统集合概念的一种精细化. 由集合到布局集合的过程, 也体现着 Sylvester"数学是一门精细化的学问" 的思想. 布局的引入, 实际上意味着考虑: 如何在 "空" 中建构数学的实有; 而布局集合论的提出和系统研究, 则可看成中国古老哲学思想 "无中生有" 在现代数学中的一种应用和体现. 布局的思想, 得益于对组合数学中瓮 (urn) 模型的改造 —— 一种布局, 可看成一个带有一定形状的瓮. 这一概念, 不仅 (如上所示) 益于普通集合问题的求解, 而且对数学基础问题的研究, 特别是给出确定性数学、模糊数学、随机数学的一个统一布局集合论基础, 也具有相当的助益. 其具体意味将于另文剖析.

考虑比集合更基本的概念, 除了布局集合以外, 我们还可以考虑人从出生到成长过程中认识的发展的实况: 人从来到这个世界, 睁眼后观察世界, 首先看到的是模糊混沌整体, 然后开始对事物进行分辨, 有了稳态的视觉以后, 才进一步将事物在心理上放到一起而形成集合的概念. 人与世界打交道, 居先的行为是分辨、是对外在混沌整体的分解 (具体的分解方式与人的感觉系统的结构有关. 猫头鹰对世界的感觉系统与人就不同), 而不是事物的组合, 以及表达其结果的集合. 对对象的划分是人类思维, 包括数学思维的基本概念之一. 可以说, "混沌整体" "划分" 与 "布局" 是比集合更基本的三个概念①.

需指出, 布局空间指的是数学的抽象心理空间, 它不完全同于外在的物质空间. 恰如同 n 重 Bernoulli 独立试验的结果中 n 个乘积事件的同时性指的不是普通具体时间、而是抽象的逻辑时间一样, 这里的空间也是一种逻辑空间. 逻辑时空不同于现实的生活时空.

例 6 数数中 0,1 的合理布局, 有助于解决一些问题. 比如, 1981 年的一道国际数学奥林匹克竞赛题是这样的: 设 $1 \leqslant r \leqslant n$, 考虑 $[n]$ 的所有 r–元子集, 每个子集都有一个最小元, 令 $F(n,r)$ 表示这些最小元的算术平均; 证明

$$F(n,r) = \frac{n+1}{r+1}.$$

对此取自文献 [129] 的问题, 可作如下分析: 计数是数出满足一定条件的个数, 结果是个自然数. 现在反过来, 将问题中的数看作某种数数问题的结果: 一些 0,1 的

① 量子物理学家、思想家鲍姆 (David Bohm , 1917—1992) 提出了对象整体性的一种含义. 他将运动整体性赋予首要的意义, 尝试建立新的数学 (文献 [199]). 他在其《论创造力》一书中说: "当代数学主要基于集合论 …… 现在所需要的数学是: 符号的首要功能在于直接唤起对整体运动各方面的关注, 而唤起对具体事物或事物集合的关注则在其次. "(文献 [200], P.94).

和. 如果将 $[n]$ 扩充为

$$[n] \cup \{0\} = \{0, 1, 2, \cdots, n\},$$

则 $[n]$ 的每个 r–元子集中的最小数, 就是此扩充集中小于这一最小数的元素 “个数”. 现在我们将这一 “个数” 具体化为按下述操作所得 “扩充子集” 的个数: 将小于选定的 r–元子集中最小数 (如 r_0) 的数之一添加到此子集中, 这样就得到了 $[n] \cup \{0\}$ 的 r_0 个 $(r+1)$– 元子集. 若记

$$\boldsymbol{M} = \begin{pmatrix} n+1 \\ r+1 \end{pmatrix}, \quad N = \begin{pmatrix} n \\ r \end{pmatrix}, \quad X_1, X_2 \cdots, X_M; \ Y_1, Y_2, \cdots, Y_N$$

分别为 $[n] \cup \{0\}$ 和 $[n]$ 的所有 $(r+1)$–元子集和 r–元子集, 则按下述规则构造的 0,1 矩阵有助于解决这里的问题: 若 $X_i \supset Y_j$, 则在 (X_i, Y_j) 位置放 1, 否则, 放 0:

$$\begin{array}{c} \\ X_1 \\ \vdots \\ X_i \\ \vdots \\ X_M \end{array} \begin{array}{c} \begin{array}{ccccc} Y_1 & \cdots & Y_j & \cdots & Y_N \end{array} \\ \left(\begin{array}{ccc} & & \\ & & \\ & 1(0) & \\ & & \\ & & \end{array} \right) \end{array}.$$

对此矩阵, 首先看行: 每一行只有一个 1, 所以矩阵中 1 的总数是 M; 其次看列: 每一列中 1 的个数等于相应 Y_j 中的最小数, 所以矩阵中 1 的总数是所有 r–元子集中最小数之和. 两相联合便知, $[n]$ 的所有 r–元子集中最小数之和等于 M, 进而

$$F(n, r) = \frac{M}{N} = \frac{n+1}{r+1}.$$

这里用的解题思路是原型双视联结法的一种具体形态: 纵横双视联结.

用类似的数数思想、构造合理自然的 0,1 矩阵, 以及纵横双视联结的思路, 还可解决以下同样取自文献 [129] 的问题.

例 7 设 $X(\lambda)$ 表示一个划分 λ 中不同大小的部分数. 证明, 对 $[n]$ 的一个随机的划分 $X(\lambda)$, 其数学期望

$$E(X) = \frac{1}{p(n)} \sum_{k=1}^{n} p(n-k).$$

记 $p(n)$ 为 n 的划分总数; 以 $\lambda^{(i)}(i=1,2,\cdots,p(n))$ 记所有的划分; 若 k 出现在 $\lambda^{(i)}$ 的划分中, 则在 $(\lambda^{(i)},k)$ 位置放 1, 否则, 放 0:

$$
\begin{array}{c}
\\
\lambda^{(1)} \\
\vdots \\
\lambda^{(i)} \\
\vdots \\
\lambda^{(p(n))}
\end{array}
\begin{array}{c}
1 \quad \cdots \quad k \quad \cdots \quad n \\
\left(\begin{array}{c}
\\
\\
1(0) \\
\\
\\
\end{array}\right)
\end{array}.
$$

对此矩阵, 从行看: 每一行中 1 的个数表示的是相应划分中不同部分的个数, 所以, 矩阵中 1 的总个数, 表示的是所有划分的不同部分数之和; 从列看, 每一列中 1 的个数等于划分数 $p(n-k)$, 所以, 矩阵中 1 的总个数 $=\sum_{k=1}^{n} p(n-k)$. 两项联合便知, n 的所有划分的不同部分数的平均值, 亦即随机划分的数学期望

$$
E(X)=\frac{1}{p(n)}\sum_{k=1}^{n} p(n-k).
$$

将对象之间的关系进行适当布局, 往往也有利于相关问题的解决.

例 8 设 $S=\{x_1,x_2,\cdots,x_n\}(n\geqslant 3)$. 若其子集族 $A=\{A_1,A_2,\cdots,A_m\}$ 满足条件 "S 中任何两个不同的元素恰属于此族中的一个子集", 则 $m\geqslant n$.

对此问题, 可将 S 中的元素与 A 中元素的关系, 用矩阵布局 $\boldsymbol{C}=\left(c_{x_iA_j}\right)_{n\times m}$ 表示如下: 矩阵的行指标是 S 中的元素, 列指标是 A 中的元素:

$$
\boldsymbol{C}=
\begin{array}{c}
\\
x_1 \\
\vdots \\
x_i \\
\vdots \\
x_j
\end{array}
\begin{array}{c}
A_1 \quad \cdots \quad A_j \quad \cdots \quad A_m \\
\left(\begin{array}{c}
\\
\\
c_{x_iA_j} \\
\\
\\
\end{array}\right)
\end{array},
\qquad \text{其中} \quad c_{x_iA_j}=\begin{cases}1, & x_i\in A_j,\\ 0, & x_i\notin A_j.\end{cases}
$$

如果记 A 中包含 x 的子集个数为 m_x, 则给定的条件告诉我们, C 中任何两个行向量 $\boldsymbol{R}_{x_i},\boldsymbol{R}_{x_j}$ 的内积是

$$
(\boldsymbol{R}_{x_i},\boldsymbol{R}_{x_j})=\begin{cases} m_{x_i}, & i=j,\\ 1, & i\neq j,\end{cases}
$$

亦即

$$
\boldsymbol{C}\boldsymbol{C}^{\mathrm{T}}=\begin{pmatrix} m_{x_1} & 1 & 1 & \cdots & 1 \\ 1 & m_{x_2} & 1 & \cdots & 1 \\ 1 & 1 & m_{x_3} & \cdots & 1 \\ \vdots & \vdots & \vdots & \ddots & \vdots \\ 1 & 1 & 1 & \cdots & m_{x_n} \end{pmatrix}
$$

$$
=\begin{pmatrix} m_{x_1}-1 & 0 & 0 & \cdots & 0 \\ 0 & m_{x_2}-1 & 0 & \cdots & 0 \\ 0 & 0 & m_{x_3}-1 & \cdots & 0 \\ \vdots & \vdots & \vdots & \ddots & \vdots \\ 0 & 0 & 0 & \cdots & m_{x_n}-1 \end{pmatrix}+\begin{pmatrix} 1 & 1 & 1 & \cdots & 1 \\ 1 & 1 & 1 & \cdots & 1 \\ 1 & 1 & 1 & \cdots & 1 \\ \vdots & \vdots & \vdots & \ddots & \vdots \\ 1 & 1 & 1 & 1 & 1 \end{pmatrix}.
$$

由于 $m_{x_i}\geqslant 2$, 所以, $\boldsymbol{C}\boldsymbol{C}^{\mathrm{T}}$ 是一个正定矩阵与一个正半定矩阵之和, 因而 $\boldsymbol{C}\boldsymbol{C}^{\mathrm{T}}$ 是一个正定矩阵 $\Rightarrow \left|\boldsymbol{C}\boldsymbol{C}^{\mathrm{T}}\right|>0\Rightarrow$ 秩 $r(\boldsymbol{C})\geqslant r(\boldsymbol{C}\boldsymbol{C}^{\mathrm{T}})=n\Rightarrow m\geqslant n$.

上述证明, 简单改编于文献 [113] 的思路 (也可参见文献 ([116], PP.327—328)). 反思这一证明过程知道, $\boldsymbol{C}\boldsymbol{C}^{\mathrm{T}}$ 的正定结构是结论成立的关键. 大家可尝试将题目中的条件沿着 "S 中的每一个二元子集恰包含于 A 中的 r ($\geqslant 1$) 个子集" 和 "S 中的每一个 $s(\geqslant 2)$ 元子集恰包含于 A 中的 $r(\geqslant 1)$ 个子集" 的方向进行调整, 看能得到怎样的一般化结论. 其中后一个条件的情形, 可借助于高维矩阵平行思考.

图论中关联矩阵的思想, 体现的都是布局的观念.

有人将数学看作重言式的学问. 在一定意义上, 笔者认为: "数学其实是研究逻辑等价之形式的不同功用的学问." 关于这一点, 法国著名数学大师 Hadamard 在其《平面几何》中, 针对问题解决中对数学概念的理解与运用, 曾有过暗示: "同一概念的定义往往可用几种不同的形式来表达; 在这种情况下, 要选择最适合我们目的的一种形式. "(文献 [155], P.234). 可惜, 他没有将其内核抽取出来, 表达出一个普遍的数学性质.

逻辑关系只是对象间关系的一种, 它不是数学研究的全部. 对于思维的运动来讲, 意识到不同的存在形态对知觉具有不同刺激是首要的. 不同的符号设置, 以及数学语言的不同组合形式, 都给人以不同的感觉冲击, 进而影响人的思维走向、进路、速度及持久力①. 直接影响着进一步数学结论的数量与存在形态. 在一定

① 微积分发明者之一、德国数学家、哲学家莱布尼茨为微积分设置的符号体系, 从发展的历史来看, 已经证明, 强于牛顿的模式 (文献 [346], P.41). 相关符号设置的具体内容, 可参见美国加州大学 (University

意义上说, 形式、现象就是一种本质. 数学的发展过程是个受符号形式及组合形式共同引领的过程. 符号引导思维; 规律是有关符号的规律. 这是 "形式引领内容之走向" 的一个实例.

"等价不等用" 是数学关系的本质之一. 比如, 矩阵的特征值有两种常见的等价刻画:

(1) 一种是与特征向量连在一起的: 对给定的矩阵 $\boldsymbol{A}$ 而言, 如果存在非零向量 $\boldsymbol{\alpha}$, 使得 $\boldsymbol{A\alpha} = \lambda\boldsymbol{\alpha}$, 则称 λ 是 $\boldsymbol{A}$ 的一个特征值.

(2) 一种是与特征多项式连在一起的: 如果 λ 满足 $|\lambda\boldsymbol{E} - \boldsymbol{A}| = 0$, 则称 λ 是 $\boldsymbol{A}$ 的一个特征值.

但在解决问题的效果上, 二者的效率就不一样了. 拿下题来讲, 用第二种刻画显然方便于第一种刻画: 方阵 $\boldsymbol{A}$ 与其转置 $\boldsymbol{A}^{\mathrm{T}}$ 有相同的特征值, 因为 $\left|\lambda\boldsymbol{E} - \boldsymbol{A}^{\mathrm{T}}\right| = \left|(\lambda\boldsymbol{E} - \boldsymbol{A})^{\mathrm{T}}\right| = |\lambda\boldsymbol{E} - \boldsymbol{A}|$.

逻辑上等价, 不等于效用、应用效率相同. 逻辑上等价的东西, 并不是无意义的同义反复. 在对数学的看法上, 人们评价逻辑主义、理性主义, 一个常见的说法是, 如果数学被化归为纯逻辑关系, 那么在某种意义上, 数学就是基于平凡性的 (If it is reducible to purely logical relations, then it seems that all mathematics is in a sense based on trivialities) (文献 [210]. P.7). 显然, 将逻辑关系理解成平凡关系也未尝不可, 但切不宜将其理解成无足轻重, 因那是与数学真实的思维相违背的. 数理逻辑中不同形式的 "重言式", 对真实的数学思维实践的有效进行至关重要.

等价不等用的思想, 在现实中也有众多的体现. 例如, 由唐纳森 · 布朗 (Donaldson Brown, 1885—1965) 发明的杜邦分析法的基本原理, 就建立在企业股东权益报酬率 (ROE) 表达式的恒等变形上. 其基本思想在于, 将 ROE"分解为多项财

of California) 数学史家卡约里 (Florian Cajori, 1859—1930. 生于瑞士) 的经典《数学符号史 第 II 卷 (主要是高等数学中的符号)》([350]). 另一与莱布尼茨有关的例子是二进制问题. 如果将中国传统文化中的阴爻 "— —" 看作数字 "0", 将阳爻 "—" 看作数字 "1", 则 0 至 63 的二进制数字与六十四卦相对应. 莱布尼茨在 1701 年白晋 (Joachim Bouvet, 1656—1730) 给他的伏羲六十四卦方圆图中具体标出了每一卦对应的数字 (文献 [346], P.122; 文献 [352], P.117). 莱布尼茨 0, 1 二进制的理论发展成了今天电子计算机的基础, 对人类生活产生了革命性的影响; 而基于阴阳爻的卦图文化则发展迟缓, 至少迄今为止尚未有明显的、直接的重大影响事件发生. 关于莱布尼茨二进制与伏羲卦图关系的论述, 可参见北京大学孙小礼教授的《莱布尼茨与中国文化》一书的第五章 "二进制数与《易》图符号" 及两个附录. 附录一是莱布尼茨关于二进制算术的论文 (1703 年 5 月): 只用两个记号 0 和 1 的二进制算术的阐释和对它的用途以及它所给出的中国古代伏羲图的意义的评述; 附录二是莱布尼茨致法国传教士白晋的一封信, 其中用较长篇幅讲述了用二进制算术研读伏羲卦图的问题 (文献 [346]).

务比率乘积:

$$\begin{aligned}\text{ROE} &= \frac{\text{净利润}}{\text{所有者权益}}\\ &= \frac{\text{净利润}}{\text{销售收入}} \times \frac{\text{销售收入}}{\text{总资产}} \times \frac{\text{总资产}}{\text{所有者权益}}\\ &= \text{销售净利润率} \times \text{总资产周转率} \times \text{财务杠杆}\end{aligned}$$

这样, 管理者就可以有三个办法调控 ROE: 一是单位销售收入挤出的盈利, 即利润率. 利润率越高, ROE 越高; 二是已动用的单位总资产所产出的销售收入, 即总资产周转率; 总资产周转率越快, ROE 越高; 三是用以为总资产提供融资的资本数量, 即财务杠杆. 财务杠杆的比例越高, ROE 也就越高. 这三种办法可以像拳击一样组合使用. "(文献 [261], P.139—140).

不同形态的存在, 具有不同的现实内涵, 进而对人的思维产生不同的相应影响. 杜邦分析法即给公司财务、管理者提供了一个分析问题、继之决策的思维框架.

"等价不等用" 启示着一类一般性的问题模式: "如果 $T_1 \Leftrightarrow T_2$, 而用 T_1 很方便地解决了问题 P, 这时, 我们要考虑, P 对 T_2 意味着什么?" 以上题为例, 将问题放到特征值的第一种刻画的环境里, 则存在非零向量 $\boldsymbol{\alpha}, \boldsymbol{\beta}$, 满足

$$\boldsymbol{A}\boldsymbol{\alpha} = \lambda\boldsymbol{\alpha}, \quad \boldsymbol{A}^{\mathrm{T}}\boldsymbol{\beta} = \lambda\boldsymbol{\beta}.$$

那么, $\boldsymbol{\alpha} \to \boldsymbol{\beta}$ 是怎样的一种对应呢? 这就提出了新问题.

一般而言, 对于一个数学语句来讲, 有很多与其等价的语句. 以每一数学语句作为工具, 在每一选定时期 t, 都有一问题真实可解类 —— 人们当时用其解决出的问题的集合. 如果语句 $L_1 \Leftrightarrow L_2 \Leftrightarrow L_3 \Leftrightarrow \cdots \Leftrightarrow L_m$, 而它们当时的问题可解类为 $S_{L_k}(t), k = 1, 2, \cdots, m$, 那么, 当将 $S_{L_i}(t)$ 放到 $L_j (i \neq j)$ 的环境中联系地考察时, 人们往往会像上例似地提出一些新的问题, 这样就有了扩大 $S_{L_j}(t)$ 的趋向. 由此, 内容往往借助于形式的变化而获得一定的发展. 可以说: "等价不等用", 启示着数学理论的开放性. 形式与内容相互促进的辩证关系, 在数学中体现得非常典型. 这一规律, 在不同学科间的互动中, 其实早就有不俗的体现, 但在同一学科内部, 特别是在教学中, 人们的相关意识则相对有些淡薄甚至缺失.

等价事物的不等用, 在人们对事物的认识及思维运动方面, 有三种基本的表现:

(1) 认识对象的效用: 一种刻画, 一个视角, 一种景象. 对同一对象的不同等价刻画, 代表着看待对象的不同视角, 以及相应视角中对象的具体形象 (景象). 正

所谓, "横看成岭, 侧成峰". 等价刻画越多, 人们对事物的认识越全面、越深刻 (对理想数学对象的认识, 在一定意义上讲, 实有些 "盲人摸象" 的味道). 以线性代数和拟阵 (matroid) 的关系为例. 拟阵可被看成对线性代数的抽象. 拟阵理论有一簇①关于拟阵 "隐像" 的公理化刻画. 按照美国麻省理工学院罗塔 (Gian-Carlo Rota, 1932—1999) 的观点, 这其中的每一条公理路线, 都代表着看待线性代数的一个真正新的方式 (文献 [292], P.xiii).

(2) 解决问题的效用: 一种刻画, 一种方法, 一种效用.

(3) 启发创新的效用. 新的形态、面貌诱发人的新的联想思维的走向. 比如, 从线性方程组有无解的判别法到线性规划的引出, 即是一个典型的例子. 设 A 是 $m\times n$ 型实矩阵, $b\in\mathbf{R}^m$ (m 维实向量空间). 线性方程组 $\boldsymbol{Ax}=\boldsymbol{b}(\boldsymbol{x}\in\mathbf{R}^n)$ 有解的充要条件, 在一般课程中, 谈到的是: 系数矩阵的秩 $r(\boldsymbol{A})=$ 增广矩阵的秩 $r(\boldsymbol{A}|\boldsymbol{b})$. 从考虑矩阵的行秩出发, 结合线性相关 (无关) 的知识, 还可得到另一种形式的充要条件: $\boldsymbol{Ax}=\boldsymbol{b}$ 有解 $\Leftrightarrow$ 不存在向量 $y\in\mathbf{R}^m$ 满足 $\boldsymbol{y}^{\mathrm{T}}\boldsymbol{A}=\boldsymbol{0}$ 且 $\boldsymbol{y}^{\mathrm{T}}\boldsymbol{b}\neq\boldsymbol{0}$ (文献 [293], P.12)②. $\boldsymbol{Ax}<\boldsymbol{b}$ 的解自然不是 $Ax=b$ 的解. 如果在 $P=\{x\in\mathbf{R}^n|\boldsymbol{Ax}\leqslant\boldsymbol{b}\}$ 中考虑问题, 则可考虑: 满足 $\boldsymbol{y}^{\mathrm{T}}\boldsymbol{A}=\boldsymbol{0}$ 的哪些 $\boldsymbol{y}$, 使得 $\boldsymbol{y}^{\mathrm{T}}\boldsymbol{b}$ 取得最小值? 取得怎样的最小值? 或稍加改造, 一般地考虑: 对给定的向量 $\boldsymbol{c}\in\mathbf{R}^n$, 满足 $\boldsymbol{y}^{\mathrm{T}}\boldsymbol{A}=\boldsymbol{c}^{\mathrm{T}}$ (或再加上其他一些条件, 比如 $\boldsymbol{y}\geqslant 0$) 的哪些 $\boldsymbol{y}$, 使得 $\boldsymbol{y}^{\mathrm{T}}\boldsymbol{b}$ 取得最小值? 取得怎样的最小值? 这就来到了线性规划对偶规划的地界 (文献 [293], P.15); 如果对 P 中 x 考虑 $\boldsymbol{c}^{\mathrm{T}}\boldsymbol{x}$ 的最大化问题, 这就有了线性规划的概念: "线性规划问题 (LP): 给定一个 $m\times n$ 型矩阵 $\boldsymbol{A}$, 一个向量 $\boldsymbol{b}\in\mathbf{R}^m,\boldsymbol{c}\in\mathbf{R}^n$, 找一个向量 $\boldsymbol{x}^*\in\boldsymbol{P}=\{x\in\mathbf{R}^n|\boldsymbol{Ax}\leqslant\boldsymbol{b}\}$, 使得线性函数 $\boldsymbol{c}^{\mathrm{T}}\boldsymbol{x}$ 在 P 上达到最大值" (文献 [293], P.14).

人能够发现的只有已有事件的启示, 并借助于发现已有事件的内涵来建构未来. 法国的 Jean-Pierre Vernant 在其《希腊思想的起源》中谈到 "亚里士多德告诉我们, 他的本领不是发现未来, 而是发现过去" (文献 [38]). 其实, 准确地讲, 任何人的本领只能限于 "揭示已有, 建构未来" 两方面的工作, 或其一定比例的综合.

任何一门数学的学习都有两个基本的方面: 有关学习对象的一般知识与特例. 比如, 行列式理论中有行列式的一般知识与特殊行列式 (如三角行列式、奇数阶反对称行列式、Van dermonde 行列式等).

---

① Gian-Carlo Rota 甚至称, "拟阵理论的等价公理系统的种类和数量之多, 在数学中堪称具有唯一性" (Matroid theory is unique in mathematics in the number and variety of its equivalent axiom systems $\cdots$). (文献 [292], PP.xiii—xiv).

② 这里已将原电子文献的打印错误 $y\in\mathbf{R}^n$ 修正过来 ($n\to m$).

断想 86　发现的方法 —— 提问题的方法

主观变换 (奇数阶反对称行列式等于零. 反对称指的是关于左上角 - 右下角对角线的反对称. 如果我们看其镜像或从写有式子的纸的背面去看, 则得到关于右上角 - 左下角对角线的反对称行列式. 这种类型的奇数阶行列式是否还等于零呢? 对 n 阶行列式, 借助行列式定义、或者经过 $\dfrac{n-1}{2}$ 次左右处于对称位置的 k 列与 $n+1-k$ 列的换位将其变为反对称行列式, 可以证明, 确实如此)、客观置换 (自然语言陈述后展示问题结构要素, 换之提问: 由行列式展开公式到不同行元素与代数余子式乘积之和为零). 让学生用清晰的自然语言将数学对象表述出来, 还可以看出其看待数学对象的思维结构, 进而引出相关的新概念. 比如, 让学生将写在黑板上的一个具体的矩阵. 例如

$$\begin{pmatrix} 1 & 0 & 1 & 2 & 3 \\ 0 & -1 & 3 & 4 & 5 \\ 9 & 8 & 1 & 6 & 1 \end{pmatrix}$$

读出来, 他一般会说: "这是一个 3×5 型的矩阵, 他的第一行是 1 0 1 2 3, 第二行是 0 −1 3 4 5, 第三行是 9 8 1 6 1. " 这种读法本身说明, 他首先将矩阵看成三行的组合物 —— 矩阵分块的思想已经蕴含其中了. 从此引入矩阵分块的概念, 同学们会感到既自然又有趣. 顺便指出, 如果你不让学生读出来的话, 他看到黑板上的矩阵可能在心里是由众元素组成的. 念出来的东西发生了些变化. "心理语言学家认为, 在你发出任何有声言语之前, 总要不知不觉地先在脑子里形成表达的方式"(文献 [69]). 默视直观 $\neq$ 语言表述. 读的清晰水平体现着读者对相关知识的理解之清晰水平. 内在心里的明白是个人的明白, 是理解数学对象的基本水平. 我们称之为 "心理水平". 能清晰地用自然语言表述出你的理解, 让别人也能懂你之所懂, 让你的知识进入与别人的一种关系中, 这样的水平, 我们称之为 "交往水平". 这种数学教学的观念, 我们称之为 "表达数学" 的观念. 作为这一观念实现的前提性措施之一, 我们鼓励学生进行心中默讲练习. 心中想象将自己所知道的知识讲出来的学习法, 我们称之为 "默讲学习法". 默讲学习法、自语学习法, 是语言学习的一种普遍有效的方法. 语言学家洛姆布称之为 "内心独白"(文献 [69]). 从内在表达到外在表达是一条有效的学习之路.

读的过程是个心里整理相关知识的过程, 只有内容的内在逻辑结构搞清楚了, 才能真正读得清楚. "读数学" 是学好数学的一种方法. 美国的 Daniel Solow 教授在文献 [55] 中, 就提高学生的证明能力, 表达了类似的思想.

事情一说出来, 就已经变了味. 说出来的总是事情的一种存在形态, 是从一种角度对事物观察的结果, 是事物在一种语言框架内的形象. 宏观而言, 多学几种语言, 实即多了几种看待事物、表达认知的方式. 这对客观理解事态是有益的. 有比较才有鉴别. 偏执一词, 对事物的认识必然偏颇. 需指出, 这里的语言, 并不完全指汉语、英语、俄语等自然语言, 更主要的是指数学内的不同分支语言, 如代数、几何、分析等语言. 在一般的数学教学中, 大家比较强调的是严谨的逻辑语言和直观的几何语言. 对知识 "直观地懂"①一直是数学教育追求的阶段目标之一. 在现代数学中, 直观的感觉形态主要是指明确事情的几何意义、或物理意义②、或组合意义. 顺便指出, "逻辑地理解 → 直观地理解 → 颠覆地理解" 是数学学习者从学习走向创造的基本路线, 也是数学教育三个逐步深入的阶段性目标.

将行列式按第 k 行展开的公式 $\left|(a_{ij})_{n\times n}\right|=\sum_{i=1}^{n}a_{ki}A_{ki}$ 用自然语言念出来就是: "行列式的值, 等于第 k 行元素与其自身位置的代数余子式乘积之和". 反过来换个说法: "行列式任意一行的元素与其自身位置代数余子式乘积之和, 就是行列式的值". 对此, 有人问 "为什么? ", 有人问 "行列式一行中的元素与其他行相应位置的代数余子式乘积之和是什么? ". 这反映的就是萧伯纳的名言之一 —— You see things; and you say "Why?" But I dream things that never were, and I say "Why Not?"—— 的一种含义. "What-If-Not" 是提问题的一种重要方法 (文献 [20]). 作为一种创新思维, 其关键点在于: 关注的 "重点转移" 与相应成分的 "置换". 它首先体现的是一种怀疑精神.

例 1 实 n 阶方阵 $\boldsymbol{A}=(a_{ij})$ 可逆的充要条件是 $\boldsymbol{A}$ 的行列式 $|\boldsymbol{A}|\neq 0$. 将 "$\boldsymbol{A}$ 的行列式 $|\boldsymbol{A}|\neq 0$" 念出来, 将重音放在 $\boldsymbol{A}$ 上, 对其进行替换, 可提出两类问题: ① 外在的问题 —— 如果不用 $\boldsymbol{A}$ 的行列式, 用别的矩阵的行列式, 能否给出 $\boldsymbol{A}$ 可逆的判别法? 稍加思索, 学生就会想到, 是可以的, 如转置矩阵的行列式 $\left|\boldsymbol{A}^{\mathrm{T}}\right|\neq 0$; 伴随矩阵的行列式 $|\boldsymbol{A}^{*}|\neq 0$, 等. ② 内在的问题通过具体的提问题的方法的教育, 培养学生的怀疑精神、提问题的意识, 是教育的基本任务之一. 诚如宋代大思想家朱熹所说 "读书无疑者须教有疑, 有疑者却要无疑, 到这里方是长进". 类似的思想也表现在前苏联教育家苏霍姆林斯基的看法里, 他在《给教师的一百条建议》中说: "一个人到学校上学, 不仅是为了取得一份知识的行囊, 而主要是获得聪明. 因此, 我们主要的智慧努力就不应用在记忆上, 而应用在思考上去. 所以, 真正的

---

① 大数学家冯 · 诺伊曼 (John von Neumann, 1903—1957) 认为, 在数学中对事物的理解其实本质上就是习惯它们 (文献 [359], P.252).

② Mark Levi 用物理推理解决数学问题的著作 *The mathematical mechanic* (文献 [297]) 值得有兴趣的读者参考.

学校应是一个积极思考的王国, 必须让学生生活在思考的世界里."

例 2 很多线性代数课本上都有这样一道题：计算行列式

$$\begin{vmatrix} 1+a_1 & 1 & \cdots & 1 \\ 1 & 1+a_2 & \cdots & 1 \\ \vdots & \vdots & \ddots & \vdots \\ 1 & 1 & \cdots & 1+a_n \end{vmatrix} \quad (a_i \neq 0, i=1,2,\cdots,n).$$

算完以后, 很少有学生自己想到进一步考虑某些 $a_k=0$ 的情形. 都不等于零的情形会做, 某些等于零的情形如何呢？这就提出了新问题. 经过简单的观察和计算, 可知结论是这样的：如果 (至少) 有两个 a_{j_1}, a_{j_2} 等于零, 则相应行列式的值为零; 如果只有一个 $a_j=0$, 则行列式的值等于其余 $n-1$ 个 a_i 的乘积.

例 3 属于实对称矩阵不同特征值的特征向量是正交关系. 亦即, 在实方阵范围内, 若

$$\boldsymbol{A}=\boldsymbol{A}^{\mathrm{T}}; \quad \boldsymbol{A}\boldsymbol{\alpha}_1=\lambda_1\boldsymbol{\alpha}_1, \quad \boldsymbol{A}\boldsymbol{\alpha}_2=\lambda_2\boldsymbol{\alpha}_2; \quad \lambda_1\neq\lambda_2,$$

则 $(\boldsymbol{\alpha}_1,\boldsymbol{\alpha}_2)=\boldsymbol{\alpha}_1^{\mathrm{T}}\boldsymbol{\alpha}_2=0$. 将此结论的条件改述一下：

$$\boldsymbol{A}=\boldsymbol{A}^{\mathrm{T}}; \quad \boldsymbol{A}\boldsymbol{\alpha}_1=\lambda_1\boldsymbol{\alpha}_1, \quad \boldsymbol{A}^{\mathrm{T}}\boldsymbol{\alpha}_2=\lambda_2\boldsymbol{\alpha}_2; \quad \lambda_1\neq\lambda_2,$$

可沿一般化方向提出以下问题：如果方阵 A 满足

$$\boldsymbol{A}\boldsymbol{\alpha}_1=\lambda_1\boldsymbol{\alpha}_1, \quad \boldsymbol{A}^{\mathrm{T}}\boldsymbol{\alpha}_2=\lambda_2\boldsymbol{\alpha}_2; \quad \lambda_1\neq\lambda_2,$$

则是否仍有 $\boldsymbol{\alpha}_1^{\mathrm{T}}\boldsymbol{\alpha}_2=0$? 答案是肯定的：

$$\begin{aligned} &\boldsymbol{A}\boldsymbol{\alpha}_1=\lambda_1\boldsymbol{\alpha}_1,;\lambda_1\neq\lambda_2,\\ &\left.\begin{aligned} \boldsymbol{A}\boldsymbol{\alpha}_1=\lambda_1\boldsymbol{\alpha}_1 \Rightarrow \boldsymbol{\alpha}_2^{\mathrm{T}}\boldsymbol{A}\boldsymbol{\alpha}_1=\lambda_1(\boldsymbol{\alpha}_2^{\mathrm{T}}\boldsymbol{\alpha}_1)\\ \boldsymbol{A}^{\mathrm{T}}\boldsymbol{\alpha}_2=\lambda_2\boldsymbol{\alpha}_2 \Rightarrow \boldsymbol{\alpha}_1^{\mathrm{T}}\boldsymbol{A}^{\mathrm{T}}\boldsymbol{\alpha}_2=\lambda_2(\boldsymbol{\alpha}_1^{\mathrm{T}}\boldsymbol{\alpha}_2) \end{aligned}\right\}\\ &\xrightarrow{\boldsymbol{\alpha}_2^{\mathrm{T}}\boldsymbol{A}\boldsymbol{\alpha}_1=(\boldsymbol{\alpha}_2^{\mathrm{T}}\boldsymbol{A}\boldsymbol{\alpha}_1)^{\mathrm{T}}=\boldsymbol{\alpha}_1^{\mathrm{T}}\boldsymbol{A}^{\mathrm{T}}\boldsymbol{\alpha}_2} \lambda_1(\boldsymbol{\alpha}_2^{\mathrm{T}}\boldsymbol{\alpha}_1)=\lambda_2(\boldsymbol{\alpha}_1^{\mathrm{T}}\boldsymbol{\alpha}_2)\\ &\xrightarrow[\boldsymbol{\alpha}_2^{\mathrm{T}}\boldsymbol{\alpha}_1=(\boldsymbol{\alpha}_2^{\mathrm{T}}\boldsymbol{\alpha}_1)^{\mathrm{T}}=\boldsymbol{\alpha}_1^{\mathrm{T}}\boldsymbol{\alpha}_2]{\lambda_1\neq\lambda_2} \boldsymbol{\alpha}_1^{\mathrm{T}}\boldsymbol{\alpha}_2=0. \end{aligned}$$

此例改编自威尔金森的经典名著《代数特征值问题》中的一个结论 (文献 [132]. PP.3–4).

新的问题还可来源于旧的问题. 问题也有 "原始度" 或在反思维方向上等价地 "衍生度" 的问题. 比如, 在存在性问题基础上, 可进一步提出构造性问题; 在无

解问题的基础上, 可提出“可有怎样类型的新解”问题: 例如, 对于无解的超定线性方程组, 人们可考虑其最小二乘解问题. 无一种意义下的解, 可有另一种意义下的解.

在历史上, 德国数学家、哲学家莱布尼茨首先给出了确定方程组是否为超定方程组的判别法. 以下述方程组为例,

$$\begin{cases} a_{11}+a_{12}x+a_{13}y=0 \\ a_{21}+a_{22}x+a_{23}y=0 \\ a_{31}+a_{32}x+a_{33}y=0 \end{cases}, \quad D=\begin{vmatrix} a_{11} & a_{12} & a_{13} \\ a_{21} & a_{22} & a_{23} \\ a_{31} & a_{32} & a_{33} \end{vmatrix}.$$

莱布尼茨认为, 如果 $D=0$, 则方程组有解; 否则, 无解 —— 此时方程组为超定方程组. (文献 [135], PP.171—172).

断想 87 “读数学”与创新

为了强化学生的创新意识, 我们在考试时, 主要以考所讲内容的引申和变种为主, 让考试成为教学的一个不可或缺的重要环节. 这种“面向求异伸展的考试模式”具有针对性, 学生很清楚自己干什么. 课程结束后, 其思维品质得到哪些方面和多大程度的提高也是可测的. 强调在平时作业练习中进行思维扩展意识训练的先驱人物之一, 是美国的线性代数和组合学家 L. Mirsky. 他的著名教材*An introduction to linear algebra* (文献 [64]) 是这方面的经典之作.

变种一例: 证明

$$\begin{vmatrix} x & 1 & z & x \\ y^2 & y & 1 & y \\ yz^2 & z^2 & z & 1 \\ yzt & zt & t & 1 \end{vmatrix} = \begin{vmatrix} x & 1 & t & z \\ y^2 & y & 1 & y \\ yz^2 & z^2 & z & 1 \\ yzt & zt & t & 1 \end{vmatrix}.$$

此题是撒烟幕弹或增加噪声的题型, 它将行列式右上角的 x, y, z, t 故意安排的有规律, 引人误入歧途. 其实, 此题只是一个计算题. 由视察法求出

$$\begin{vmatrix} x & 1 & a & b \\ y^2 & y & 1 & c \\ yz^2 & z^2 & z & 1 \\ yzt & zt & t & 1 \end{vmatrix} = (x-y)(y-z)(z-t),$$

可以发现: 行列式的值与 a, b, c 没有关系, 换之为任何三个量, 结果都一样. 这类题型的基本出题结构是: “如果 $f(x,a)$ 与 a 无关, 则 $f(x,b)=f(x,c)$”. 我们称之

为 “无关构件随意换” 原则. 将公式

$$\begin{vmatrix} \boldsymbol{A} & \boldsymbol{0} \\ \boldsymbol{C} & \boldsymbol{B} \end{vmatrix} = |\boldsymbol{A}|\,|\boldsymbol{B}|$$

中的无关构件 $\boldsymbol{C}$ 换为 $-\boldsymbol{E}$, 方便推导出 $|\boldsymbol{A}|\,|\boldsymbol{B}| = |\boldsymbol{AB}|$

$$|\boldsymbol{A}|\,|\boldsymbol{B}| = \begin{vmatrix} \boldsymbol{A} & \boldsymbol{0} \\ -\boldsymbol{E} & \boldsymbol{B} \end{vmatrix} = \begin{vmatrix} 0 & \boldsymbol{AB} \\ -\boldsymbol{E} & \boldsymbol{B} \end{vmatrix} = (-1)^n \begin{vmatrix} \boldsymbol{AB} & 0 \\ \boldsymbol{B} & -\boldsymbol{E} \end{vmatrix} = |\boldsymbol{AB}|$$

也受益于这一原则. 利用代数余子式与其位置上的元素无关的性质解题, 是线性代数中的一个常用解题思路. “行列式一行 (列) 的元素与另一行 (列) 对应位置代数余子式乘积之和 $=0$” 的得出亦然.

“条件结果化延伸” 是加长思维链的一种常用措施 (前展措施). 比如, 对题目 “已知矩阵

$$\boldsymbol{A} = \begin{pmatrix} 1 & -1 & 2 \\ 2 & -3 & 5 \\ 3 & -4 & a \end{pmatrix}$$

3 阶非零矩阵 $\boldsymbol{B}$ 满足 $\boldsymbol{AB} = \boldsymbol{0}$, 求 $a=?$” 中的条件 “3 阶非零矩阵 $\boldsymbol{B}$ 满足 $\boldsymbol{AB} = \boldsymbol{0}$”, 可如下前展: “对任意 3 维向量 $\boldsymbol{\alpha}$, 成立 $\boldsymbol{AB\alpha} = \boldsymbol{0}$”. 这一条件成立, 蕴涵着 $\boldsymbol{AB} = 0$ 成立 — 原先的条件成了新情境中的一个中间结论.

前展思维图式为

$$\text{“从}(p \to q)\text{到}(p_0 \to q.\quad \text{其中}p_0 \to p)\text{或}(p_0(\to p) \to q)\text{”}.$$

创新意识的巩固, 与不断成功解决问题、发现新问题的经验有直接关系. 因二者可以提升学生继续进行创新实践的信心. 知道创新源之所在、能够提出新问题, 并进一步尝试解决这些问题是创新实践活动的三个基本方面.

哪些是创新源? 到哪去发现? 对学生切实可行的途径之一就是: 读书得间! 诚如数学家科瑞坡 (Henry H. Crapo) 在纪念其博士生导师、美国麻省理工学院著名组合学家罗塔 (G. –C. Rota, 1932—1999) 的文章 “罗塔的组合论” 中所说, “数学家读一本书往往是为了读出它所没包含的”, 比如它所勾络出的、有待进一步去完成的计划等 (文献 [3], P.xix). “学习” 重在读 “行中”(了解已知), “研究” 重在读 “行间”(开拓未知). 前者属继承, 后者属发展. 创新就是要在继承中求发展.

亚里士多德说：“不管做什么，我们心中都另有打算.”(文献 [67], P.67). 可惜的是，在学习、科研中，人们往往并体现不出这一点. 人的行为习惯与效用最大化的追求之间往往有一个错位. 我们将之称为“思行错位现象”. 人有时“写的与想的不同”的现象为典型一例. 它们表明：“人的行动语言独立于思想语言”，肢体语言独立于思维语言. 关注到各种错位 —— 内在思维之间的、抑或内在的思与外在的行之间的，适时转换关注重点，也是利于创新的一条重要路线，甚至可以说是利于作出原创性工作的基本路线之一. 因为当人们注意到、或反思到有意识的计划与无意识的表现之间之错位现象出现时，将关注重点转移到原先无意识的方面，使其成为有意识探究的对象，由此导致的进一步思考所发现的新现象、新结论，就比建立在完全有意识思考所得到的创新具有更强的原创性. 无意识开拓了有意识的领域.

解决问题首先要有解决问题的信心. 对此，笔者常常强调奥地利裔英国逻辑学家、哲学家维特根斯坦 (Ludwig Wittgenstein, 1889—1951) 的思想，“如一个问题可以提出，也就可以解答 (If a question can be framed at all, it is also possible to answer it)”(文献 [2], P.87. 英文版 P.88).

读数学、念数学与看数学是不一样的. 念出来的有重音、有强调、有弦外之音. 声音流有立体感. 语流似波浪：有波峰、有波谷、有平缓流. 弦外之音 (读书得间) 往往是创新的启示：改变强调的部分中的对象或关系，就可提出新的问题，进而有望得到新的结论. 在上述语句“行列式的值，等于第 k 行元素与其自身位置的代数余子式乘积之和”中，若念时的重音放在“等于”上，而“行列式的值”、“第 k 行元素与其自身位置的代数余子式乘积之和”是平缓的、无重点的，那么，念出的含义就是计算行列式的展开公式；如果我们将行列式的展开公式倒过来念“行列式第 k 行元素与其自身所处位置的代数余子式乘积之和等于行列式的值”，并将重音放在“乘积”上，那么，用 why not 的怀疑 + 替换的精神，换乘积为其他运算，就可提出一系列新问题. 比如，将乘积换成幂，就可得到如下问题：“第 k 行众元素的自身位置代数余子式次幂的和是什么？有没有一个确定的结论？”；而如果将重音放在“和”上，将其换成别的函数结构，人们也可提出相应的问题.

“念书、读书”(重音在“念与读”上) 不仅对学好语文是必要的，对学好数学也是必要的. 其实，数学也是一种语言，是一种需要念出来的语言 (它本身不说话，是哑语，但人要将其在自己的口中念出来) 在人的心智中，它不再是哑语，是一种有灵性的语言. 任何一种语言都有必要念出来.

需指出，对“读书、念书”，我们重在强调其方法、精神. 不一定每每都大声念出来，也可以默念 — 关键是要关注重音的选择. “选择重点部分 → 替换它 → 得到新问题, 并进一步得到新结论" 是创造性 "念数学" 的精髓.

例 将行列式定义

$$\begin{vmatrix} a_{11} & a_{12} & \cdots & a_{1n} \\ a_{21} & a_{22} & \cdots & a_{nn} \\ \vdots & \vdots & \ddots & \vdots \\ a_{n1} & a_{n2} & \cdots & a_{nn} \end{vmatrix} = \sum_{j_1j_2\cdots j_n} (-1)^{\tau(j_1j_2\cdots j_n)} a_{1j_1}a_{2j_2}\ldots a_{nj_n}$$

中的符号 $(-1)^{\tau(j_1j_2\cdots j_n)}$ 全换成正号, 得到的相应概念就是恒久式 (permanent) 或 "积和式" 的概念. 有关积和式的系统知识, 可以参见美国数学家闵克 (Henryk Minc) 的经典著作*Permanents* (文献 [452]). 当然, 人们还可考虑将 $(-1)^{\tau(j_1j_2\cdots j_n)}$ 换成其他类型函数 $s(j_1j_2\cdots j_n)$ 以得到相应的新概念. 比如, 英国数学家李特伍德在其经典著作《群特征理论》中借助于群特征给出的 immanant 的概念即为典型一例 (文献 [429]).

在此我们需要特别指出的是, 如果我们将方阵 $\boldsymbol{A}=(a_{ij})_{n\times n}$ 的积和式:

$$\mathrm{Per}(\boldsymbol{A}) = \sum_{j_1j_2\cdots j_n} a_{1_{j_1}}a_{2_{j_2}}\cdots a_{n_{j_n}}$$

中的 "积" 与 "和" 换位, 则可得到相应的对偶概念 "和积式", 这是一个与著名的旅行商问题 (the Traveling Salesman Problem, TSP)① 有关的概念. 为了标示这一联系, 笔者将方阵 $\boldsymbol{A}=(a_{ij})_{n\times n}$ 的 "和积式" 记作 TSP(A):

$$\mathrm{TSP}(\boldsymbol{A}) = \prod_{j_1j_2\cdots j_n} (a_{1j_1}+a_{2j_2}+\cdots+a_{nj_n}),$$

① TSP 是这样一个问题: 给定 n 个城市, 一名商人从其中之一出发, 去往其他城市, 最后再返回出发地. 要求旅行满足两个条件: a. 除了出发地, 其余每个城市只去一次; b. 整个行程的总里程最短. 问: 能否找到一个 "有效" 算法, 由此可找出具体的最短行程? 这种算法若有, 请给出一个; 若没有, 请给出没有的证明. 这是一个目前没有解决的问题, 被美国克莱数学研究所 (Clay Mathematics Institute) 列为 7 个千禧年问题之一 (对每个问题的解决者奖励 100 万美元. 详情见文献 [453]). 它和 TSP($\boldsymbol{A}$) 有什么关系呢? 我们对 n 个城市用 $1,2,\cdots,n$ 进行标号, 并将出发地标为 1, 将 i,j 两城市之间的行程距离记为 d_{ij}. 为方便起见, 可将 n 阶方阵 $\boldsymbol{D}=(d_{ij})_{n\times n}$ 称为距离矩阵, 其主对角线上的元素 $d_{ij}=0(i=1,2,\cdots,n)$. 若 $1=j_1\to j_2\to\cdots\to j_n\to 1$ 是一个完整的行程 (其中, $j_2,j_3,\cdots,j_n$ 是 $2,3,\cdots,n$ 的一个排列), 则 $d_{1j_2}+d_{2j_3}+d_{3j_4}+\cdots+d_{j_{n-1}j_n}+d_{j_n1}$ 是 TSP(D) 的一个因子. 旅行商最短行程问题就是找 TSP(D) 中的这类最小因子式. 对行列式的概念进行创新教育, 过渡到貌似简单、实则很难的具有内在智力挑战性、并具有外在物质奖励刺激性的 TSP 问题, 对学生的学习可以起到很好的激励作用! 关于 TSP 的一个富有煽动诱惑性的介绍, 可参见组合优化专家库克 (William J. Cook, 1957—) 的*In Pursuit of the Traveling Salesman Mathematics at the Limits of Compution* (中译名: 迷茫的旅行商: 一个无处不在的计算机算法问题) (文献 [454]). 在此书的最后一段, 他写道, 希望读者们能够从中受到鼓舞, 开始投身于 TSP 的研究事业.

将有关 TSP($\boldsymbol{A}$) 的理论称为 “TSP($\boldsymbol{A}$) 理论”.

同一个句子的不同读音, 往往代表着不同的含义. 这一点在艺术领域、在演员的训练中, 也备受重视. 例如, 俄国著名演员、导演、戏剧家斯坦尼斯拉夫斯基[①](Constantin Stanislavski, 1863—1938)“对其演员有一个训练项目, 就是给他们一个类似于 “给我来杯茶” 似的日常句子, 要求他们说出四十种不同的说法, 用以表达祈求、询问、嘲讽、甜言蜜语地诱惑、专横等语气. ”(文献 [208]). A.K. Ramanujan 在文献 [208] 这一名为 “有一种印度思维方式? ” 的文章中, 根据重音的不同, 具体列举了四种具有不同含义的读法 (其中的下划线斜体部分为重音):

<u>**有**</u>一种印度思维方式?
有<u>**一种**</u>印度思维方式?
有一种<u>**印度**</u>思维方式?
有一种印度<u>**思维**</u>方式?

除重音以外, 词句的不同分解组合 (传统的断句), 也反映着不同的含义, 启示着相应的创新点. 这方面的典型例子之一, 就是对条件概率的认识. “事件 A 发生” 的概率, 人们一般用 $P(A)$ 表示. “在事件 B 发生的前提下事件 A 发生” 的概率用何表示? 这就涉及了对 “在事件 B 发生的前提下事件 A 发生” 的理解问题. 若将其段读作 “在事件 B 发生的前提下, 事件 A 发生” 理解为事件 A 的某种发生, 则可将相应概率记作 $P_B(A)$; 若将其整体理解成一个与 A, B 皆有关的新型事件的发生, 则可将相应概率记作 $P(A|B)$. 这时, 符号 “$A|B$” 表示新型事件 “在事件 B 发生的前提下事件 A 发生”. 这一记号与 $P(A)$ 的记号规则是一致的. 基于将 $A|B$ 看成新型数学对象的考虑, 美国麻省大学 (University of Massachusetts) 的 Geza Schay 于 1968 年发表了条件事件 (conditional events) 的代数理论 (文献 [212]). 这种理论在 1991 年 I.R.Goodman、H.T.Nguyen 和 E.A.Walker 的专著《用于智能系统的条件推断与逻辑》中, 得到了进一步的发挥 (文献 [213]). 由于条件事件代数在态势评估和威胁估计中具有重要的应用价值而得到美国国防部的重视. 大陆学者康耀红 1997 年的专著《数据融合理论与应用》对此有一定的介绍 (文献 [214]). 需指出, 目前常见概率教材中, 是用 $P(A|B)$ 表示条件概率的, 并未在含义、记号的一致性上作上述细致的区分.

对任何一门语言的学习, 都有 “听、说、读、写” 四个基本方面. 对数学的学习也不例外. “会听课” 是获得好的学习效果的关键.

许多老师都强调让学生预习下次要讲的内容. 其实, 只有对预习有正确的认

---

① 本名 Constantin Sergeievich Alexeiev; Stanislavski 是其艺名; 莫斯科艺术剧院的创始人; 著有《我的艺术生活》《演员自我修养》等著作.

识, "预习 + 认真听课" 才能取得好的学习效果. 在现实中, 预习还有一定的负作用. 有些学生预习后, 误认为自己会了, 所以, 上课时往往听课并不认真, 以致学习的效果反而不理想. 为了消除这种可能出现的副作用, 对基础好的学生, 我们不强调预习.

六步学习法: 听: 听讲; 记: 简记难点; 忆: 回顾; 做: 做作业; 看: 看课本; 比: 多方面、多层次的综合比较: 比较老师的讲法与课本的讲法, 比较其他相关的书的讲法与课本的讲法, 等等. "听 — 记 — 忆 — 做 — 看 — 比" 形成基于课堂听课学习的一个周期.

"会听课" 是对学习者的要求, 对于教师而言, 仅仅明确地提出要求有时还是不够的. 有意识地强调某些东西, 有时效果好, 有时则不然. 对于有学习抵触情绪的人来讲, 如果你说, "今天我们要学习 ……, 希望大家注意听讲", 效果可能适得其反. 因为有抵触情绪的人这时开始进行心理设防. 实现学生好的听课效果的有效措施之一, 就是从有趣、旧的、难度低的知识自然过渡到你要讲的新知识, 当学生意识到你在讲新东西时, 你的内容已经讲完了. 这时, 学生不仅没有设防, 而且会很兴奋. 因为他们出乎意料. 当然, 贯彻好这种 "反设防教育原则", 显然对教师提出了更高的要求. 这一原则典型地体现着教学的艺术性. "反设防教育实施的具体途径" 是个值得进一步深入研究的课题.

要取得良好的教学效果, 需向学生强调, 学习中要关注知识结构问题, 强调解决问题时思维的 "第一反应教育". 数学学习的基本对象是数学概念. 与一个概念有关的性质有很多, 将它们整理出一个顺序, 形成一个知识链, 在以后遇到这一概念时, 能够依次快速将它们反应出来, 在一般情况下, 这对快速解决问题是有帮助的. 知识反应的顺序结构就是知识结构的基本含义. 遇到有关某概念的问题时, 你的第一反应是什么, 对解决普通的测试题目影响明显. 我们将 "关注知识顺序结构, 并强调第一反应" 的教育称为 "第一反应教育". 在此要特别指出, 遇到概念, 马上想起它的定义, 这是默认的前提. 我们这里提到的第一反应指的是对非定义的某种性质的反应 (当然, 这种性质在学生学习的课程知识体系中, 也可能与原定义是等价的). 比如, 在线性代数基础课程的学习中, 当遇到伴随矩阵的概念时, 以 $\boldsymbol{A}\boldsymbol{A}^* = \boldsymbol{A}^*\boldsymbol{A} = |\boldsymbol{A}|\boldsymbol{E}$ 作为第一反应往往较为有利. 一般而言, 解决问题时, 还要注意属性概念; 与问题环境中的概念的 "属性概念" 相关联进行反应是反应的基本原则 —— 针对反应原则、或关联反应原则. 所谓属性概念, 是指概念的性质、属性所规定出的概念. 比如, "矩阵的秩" 的概念就是 "矩阵" 这一概念的一个属性概念. 当问题涉及 n 阶方阵 $\boldsymbol{A}$ 的伴随矩阵 $\boldsymbol{A}^*$ 的秩时, 第一反应变为

$$R(\boldsymbol{A}^*) = \begin{cases} n, & R(\boldsymbol{A}) = n, \\ 1, & R(\boldsymbol{A}) = n-1, \\ 0, & R(\boldsymbol{A}) < n-1. \end{cases}$$

可能更加合理有效.

维特根斯坦 (Ludwig Wittgenstein, 1889—1951) 说: "我的语言的局限意味着我的世界的局限 (The limits of my language mean the limits of my world) (文献 [2], P.71. 英文版 P.68)". 对于学习者而言, 知识结构优化的局限则意味着其学习、研究竞争力的局限.

断想 88　Möbius 带模型

怀特海在其《数学与善》(*Mathematics and the Good*) 中谈到: "…… 这篇论文的开始部分强调过没有自存的有限的实体. 有限本质上涉及一个没有界线的背景. 我们现在得出相反的结论, 即无限就其本身讲是没有意义的和没有价值的. 它由它的有限实体的体现获得它的意义和价值. 离开有限, 无限是没有意义的, 并且不能同非实体区别开来. 关于所有东西本质上的关联性的概念是了解有限的实体如何需要没有界限的宇宙, 以及宇宙如何由于它的有限的活动的实现而需要意义和价值的第一步 …… 无限离开它的有限价值的实现, 仅仅是空的; 并且有限实体离开它们超越本身的关联性, 是没有意义的. "(文献 [444], PP.674—675 ; 文献 [111], PP.255—256). 从一般思维形式上看, 怀特海在此实际上是在讲, 如何理解, 有限和无限作为局部的两面, 能够构成一个整体上单面一体化的、类似 Mobius 带①的构型. Mobius 带模型是在整体上体现 "在表面上、在局部对立双方之依存关系" 的一种环境, 是对立统一规律的一种静态数学形象.

具有 Mobius 带结构的事物有很多. 美国数学家霍夫斯塔德 (Douglas Hofstadter, 1945—) 不仅在奥地利裔美国数学家哥德尔 (Kurt Godel, 1906—1978) 的数学工作、荷兰画家埃舍尔 (Maurits Escher, 1898—1972) 的画作, 以及德国作曲家巴赫 (Johann Sebastian Bach, 1685—1750) 的作曲中, 都发现了这种结构, 并在分析典型实例的基础上, 于 1979 年出版了影响广远的巨作《哥德尔、埃舍尔、巴

---

① 将一个长方形纸条的一端扭转 180 度, 然后与另一端对接粘在一起, 这样形成的一个带子, 就是 Mobius 带 (Mobius band). 它是以德国数学家默比乌斯 (August Ferdinand Mobius, 1790—1868) 的名字命名的一个数学概念. 它的局部一段有正反两面, 整体上只有一面: 一只蚂蚁沿着带子可从一侧走到另一侧. 这里所谓一侧、另一侧, 指的是对接前的两侧. 对接后, 两侧就连通了. 这种只有一侧的曲面称为单侧曲面. 虽然人们已习惯于称这种带子为 Mobius 带, 但实际上, 首先发现它的是德国另一位数学家李斯汀 (Johann Benedict Listing, 1808—1882).

赫 —— 一条永恒的金带》(文献 [477]), 而且, 他后来的几部作品 (比如文献 [451], [455]) 都与这一结构有关.

Mobius 带表达着众多事物的一种共同结构、模式, 从静态结构形态的角度例证着 "数学是关于模式的学问" 的观点. 不仅 Mobius 带的概念如此, 仔细而系统地探究后, 你就会发现, 其他的数学概念、结论也都在一定层面、程度上承载着事物的某种结构或关系模式.

宏观而言, 数学不仅是关于模式①的学问 (文献 [461]~[463]), 而且是理解模式的最有力的工具 (文献 [444], P.678). "数学分析和自然界本身一样宽广"(文献 [107], P.7).

断想 89　体验激励 —— 引导学生做数学

直接经验感受深, 引导学生自己做数学. 诚如物理学家爱因斯坦所说: "亲身经历是最好的学习". 古希腊著名剧作家索福克勒斯 (Sophocles, 约公元前 496—406) 在其《特拉奇尼埃》(The Trachiniae, 413 B.C.) 中谈到, "一个人必须边做边学, 因为即使你认为你了解了它, 你也并不确定, 除非你真正尝试过了. "(文献 [306], 前言). 比利时安特卫普大学 (University of Antwerp) 数学教授 Prabhat Choudhary 也曾强调指出, "数学不是一项旁观者的运动, 为了理解和欣赏数学, 学习者有必要进行大量的个人思考、做大量的题. "(文献 [380], Preface). 在这方面做得更有具体针对性的, 是苏格兰圣 · 安德鲁斯大学 (University of St. Andrews) 数学和统计学院的菲利普斯 (George M. Phillips, 1938—) 教授, 他在 2005 年出版的一部著作的名称就称为《数学不是一项旁观者的运动》(*Mathematics is not a spectator sport*) (文献 [394]).

亲身经历型学习有基本的三种类型: 一是 "抄书学习法"; 二是 "提要学习法"; 三是 "知识重建学习法", 落实到具体的成果上, 可称之为 "写书学习法". 这三种学习法也代表着三种水平: 入门、总结、提高.

刚学一门知识或一部作品时, 往往会有一些困难. 这时, "形式上笨, 效果上

---

① 如果我们将数学理解为数学家所从事的工作及其成果, 那么, 英国数论大师哈代 (G.H.Hardy, 1877—1947) 的下述观点就明确地指出了 "数学是关于模式的学问" 的思想: "数学家就像画家或诗人一样, 是模式的制造者. 如果他的模式比其他的更持久, 那是因为它们是由思想制造的. 画家用形状和色彩制造模式, 诗人用文字 ······" (文献 [308], P.71). 当然, "数学是关于模式的学问" 的说法只是刻画或描述数学的多种方式之一. 数学有很多侧面, 经历了并还在进一步呈现着它的很多阶段; 在不同的侧面、时期, 数学给人的印象可能会是有别的, 因此相应地, 也就会有不同的所谓定义方式. 从发展的角度看问题, 不论哪一种刻画方式, 都是局部的、片面的、暂时地可接受的. 数学的定义是随着人对数学世界感知面的扩大与接触的深入而相应地发生变化的.

佳”的学习方法之一就是抄书法：将自己不会的部分“积极地”抄一遍. 这里要强调的是“积极”二字 —— 它指的不是为抄而抄、而是要有思考地、目的在于理解所抄内容含义的抄写过程. 日本数学家小平邦彦 (Kunihiko Kodaira, 1915—1997. 1954 年获得菲尔兹奖, 1985 年获得沃尔夫奖) 当年学习范德瓦尔登的代数学名著《代数学》时, 采用的即此方法. 起初, 他对所学内容一头雾水, 但他决心学好这部著作, 于是他便开始抄书. 一遍不行两遍, 一直到抄会了为止. 无独有偶, 意大利著名幼儿教育家、人类学家蒙台梭利 (Maria Montessori, 1870—1952) 当年为了深入了解法国两位有医学背景的教育家伊塔①(Jean Marc Gaspard Itard, 1774—1838) 和塞根②(Edouard Seguin, 1812—1880) 的工作, 做了一件少有学者做的事情：她将二人的“著作翻译成为意大利文, 并且把这两位学者的著作从头至尾手抄了一遍”. 她说, “我选择手抄两位学者的著作③, 是为了让我有时间好好琢磨字里行间的微言大义, 以便真正了解作者的精神和灵魂”. (文献 [424], P.23). 积极认真抄书的过程, 由于协调着视觉、触觉及内在的心智, 平衡调动着人的整个神经系统, 因而具有集中人的注意力、凝结人的精神、明亮人的心智的作用 —— 这利于提高相应的理解力和学习思维效率.

提要学习法强调提炼所学内容的精华. 读一部分, 写一部分的提要; 读的内容再多些时, 再写相应更大视野的提要. 这时, 之前的提要往往显得观点低、视野窄了. 随着读书学习的不断深入, 视野不断开阔, 观点不断提升, 以致最后达到对所学全部内容的一个整体上的精炼认识. 在以往提要基础上, 不断迭代、更新、提升的提要学习法, 不仅对数学学习是有效的, 对其他知识的学习亦然. 比如, 罗宾逊说, “写下一本书的梗概, 注意不是抄写, 这更符合大脑的特点, 这样书的内容几年后会仍记得, 这种工作值得你去努力, 而且, 它能使你在阅读时更专注、收益更大.” (文献 [369], P.232); 富兰克林“建议所有人看书时都应该一边读一边做笔记”(文献 [369], P.237); 约瑟夫 · 库克则“建议年轻人在读书时一定要做笔记. 库克本人用书边的空白处做笔记, 随心所欲地在自己的书上做记号, 这样他藏书室中的每一卷书都是一个笔记本 ……” (文献 [369], P.241).

在按照所读作品的体系结构学习相关知识的过程中、或学完之后, 要对历史上的同类及有关文献进行比较、分析, 并在此学习的基础上期望实现思维的转折, 走向创新 (进一步打破已有结构的约束, 将知识按照自己的设计整合到一个新的体系中) 对知识进行个性化重建. 重新理论化重建的工作对提高对有关知识的理

① 医学分支耳科学的奠基人, 第一位将医学临床观察法运用到观察学生的教育家.
② 法国精神病医生, 弱智儿童教育家.
③ 手抄塞根的作品：600 多页的法文版著作《白痴的精神治疗、卫生和教育》.

解极为有益 (文献 [16]). 美国耶鲁大学的数学家朗 (Serge Lang, 1927—2005) 对数学学习的看法即属此类理论重建化. 他常说: "学习一个主题的最好的方法, 就是写一本有关它的书 (the best way to learn a topic was to write a book on it)"①. 与这一认识相一致, 他写了大量的著作. 内容涉及微积分、代数、代数几何、复分析、微分几何等众多领域②. 将理论重建的结果具体表达出来, 就形成了一本书. 这种学习法, 便是 "写书学习法". 统观历史, 大致而言, 循此路写出的作品常见的有三类:

(1) 纯粹文集型 —— 同一主题的经典文献汇编. 比如组合学家 Gessel 和 Rota 编辑的《组合数学的经典论文》(*Classic papers in combinatorics*) (文献 [373]);

(2) 注释文集型 —— 对所学主题的文献进行了注释型编辑. 比如 Rota 的学生 Joseph P.S.Kung 编著的《拟阵论源文献书 (A source book in matroid theory)》(文献 [374]), 牛津大学的 Antony Eagle 编著的《概率哲学 — 当代读物 (Philosophy of probability – Contemporary readings)》(文献 [390]), 鲁宾斯坦的《投资思想史: 我的注解文献》(文献 [370]) 等;

(3) 理论重建型 —— 给出自己的理论体系. 典型例子即 Lang 所写的大量面向本科生和研究生的教科书.

写书学习法体现着作者的创作欲望. 强烈体现创造数学之激情的代表之一, 就是法国数学家格罗滕迪克 (Alexander Grothendieck, 1928—): 当到其研究所的一位访问者抱怨其图书馆资源的贫乏时, 他说, "我们不在这读书, 我们写书 (We don't read books here, we write them)"(文献 [383], P.302).

通过亲身经历学习、研究的经验而得到激励, 我们称之为 "体验激励".

断想 90 初始激励与可持续激励

激励有初始激励与可持续激励之分. 初始激励主要在于培养学生想学的愿望, 持续激励的任务之一, 在于尽力帮助学生塑造一个清晰思维的大脑. "想学的愿望 + 清晰的大脑" 是取得良好学习效果的两个基本条件.

持续激励有两层含义: 一是指考虑激励措施的效果, 希望其效果久远. 效果久远的持续度大. 这是激励持续度的问题; 二是指激励措施本身的施行即具有阶

① 四川大学杨武能教授 (1928—) 在其《歌德谈话录》译序中曾指出: "要理解一部作品, 与其阅读五遍, 不如翻译一遍. "(文献 [360], 译序 P.009); 古罗马时期 "斯多亚派" 三大哲学家之一 —— 爱比克泰德 (Epictetus, 约公元 55—135 年) 在其《哲学谈话录中》中谈到: "不要只是阐释你所拥有的书本, 而是要自己也去写一本同样的书. "(文献 [361], P.13). 这些都与 Lang 的精神相一致: 强调 "积极" 和 "主动地" 去 "做" 事情!

② http://www-history.mcs.st-andrews.ac.uk/Biographies/Lang.html.

段性、环环相扣的连贯持续性. 例如, 为培养学生在发现问题、解决问题方面的持续性, 我们可分几个阶段进行启发式引导教学:

阶段一: 让学生将写有下述行列式等式的纸翻过来,

$$\begin{vmatrix} 0 & a & b \\ -a & 0 & c \\ -b & -c & 0 \end{vmatrix} = 0 \quad (\text{其一般形式结构为} \begin{vmatrix} 0 & & \nabla \\ & \ddots & \\ -\Delta & & 0 \end{vmatrix} = 0)$$

看其反面 (或看其镜像), 会得到

$$\begin{vmatrix} b & a & 0 \\ c & 0 & -a \\ 0 & -c & -b \end{vmatrix} = 0 \quad (\text{其一般形式结构为} \begin{vmatrix} \nabla & & 0 \\ & \cdot^{\cdot^{\cdot}} & \\ 0 & & -\Delta \end{vmatrix} = 0).$$

这一等式在正面世界里是否仍成立呢? 学生计算发现, 它是成立的. 那么, 一般的奇数阶反对称行列式等于零的形式镜像等式是否仍成立呢? 如前述所言, 学生利用所学知识可以证明, 它也是成立的.

阶段二: 学生至此不再深入下去. 教师在此上课时给出第二阶段问题: 我们普通的行列式等式的镜像都成立吗? 通过试验, 学生会发现, 结论是否定的 — 镜像在正面世界中有的成立, 有的不成立, 比如

$$\begin{vmatrix} 1 & 2 & 3 \\ 0 & 1 & 0 \\ 4 & 5 & 6 \end{vmatrix} = -6, \quad \text{但是其镜像行列式} \begin{vmatrix} 3 & 2 & 1 \\ 0 & 1 & 0 \\ 6 & 5 & 4 \end{vmatrix} = 6.$$

阶段三: 可提出镜像行列式的概念: 如果一个行列式等于其镜像, 则我们称其为镜像行列式.

镜像行列式的特点是什么呢?

我们记 n 阶行列式 $|(a_{ij})|$ 的镜像为 $M\,|(a_{ij})|$, 它可由原行列式经过下述 $[n/2]$ 次列对换得到: $|(a_{ij})|$ 的第 k 列与 $n+1-k$ 列 (即倒数第 k 列) 互换. 亦即

$$M\,|(a_{ij})| = (-1)^{[n/2]}\,|(a_{ij})| = \begin{cases} |(a_{ij})|, & n = 4m, 4m+1; \\ -\,|(a_{ij})|, & n = 4m+2, 4m+3. \end{cases}$$

从中可知, 镜像行列式的本质特点是其阶数为 $4m$ 或 $4m+1$. 阶段一和阶段二的例子实际上包含了行列式镜像的所有情形: 或不变, 或变号.

对称、反对称、镜像都是实行于行列式之矩阵的一种变换 (操作), 对于其他变换, 我们也可平行地给出相应于它不变的行列式的概念, 进而可给出一般的操作不变行列式的概念：设 T 是可施行于 n 阶方阵的一种变换. 如果 n 阶方阵 $\boldsymbol{A}$ 满足 $T(\boldsymbol{A}) = \boldsymbol{A}$, 则称 $\boldsymbol{A}$ 为 $\boldsymbol{T}$ 不变矩阵, 称行列式 $|\boldsymbol{A}|$ 为 T 不变行列式.

此时, 可提出一般的 "镜像数学" 的概念.

阶段四：可以进一步考虑相对于其他变换或操作的值不变行列式.

在此, 可介绍不变量理论, 爱尔朗根纲领.

关注镜像, 不仅在数学中是重要的, 在工作、生活中也是一种重要的现象和行为原则. 在人才成长的过程中, 存在着 "墙内开花墙外香; 墙外香, 墙内便也香" 的现象：有时, 一个人的价值首先被其所处单位之外的人认可, 然后才被其自身单位认可. 这表明, 在视域中, 有一部分人有横向或 "水平盲点"：这些人看不到周围身边人的价值, 眼睛总是盯着前面、外面 — 总是在纵向视野内视察. 他们是借助于外单位对本单位人的认识而认识本单位人的价值的. 外人是这些人认识旁边人的镜子. 他们借助于身边人在镜子中的映像而看到其某种形象. 这是 "镜像看问题的现象". 镜像看问题有时是一种主观策略, 有时是一种不可避免的事实.

经过这样一系列的启发式引导, 同学的视界就被打开了. 启发式教学便成了引申式教学、研究型教学. 这正是创新教育所需要的. 也是每位大学教师应该做的. 诚如德国大数学家外尔在其关于《德国的大学和科学》的讲演中所说, "大学里的教师应该教育和训练他的学生获得发现真理的技艺, 而不是讲解教科书中成熟的知识. "(文献 [268], P.162). 较全面、客观而言, 能够结合自己所处时代环境的具体条件, 在 "发现真理的技艺" 的教育和 "成熟知识" 的教育之间取得一种平衡, 或以成熟知识的教育为依托进行发现真理的技艺的教育, 体现着现代大学数学教师的一种教育水平.

创新教育是实现教学收益极大化的一条重要途径.

引申教育是个不断深入地提出新问题、不断解决新问题的持续思维过程. 能够提出好的问题是思维有效深入的前提. 下面是笔者在线性代数日常教学中的一个片断. 求矩阵 $\boldsymbol{A}$ 的逆的行初等变换法, 就是对 $(\boldsymbol{A}|\boldsymbol{E})$ 施行初等行变换, 当 $\boldsymbol{A}$ 的部分变为单位矩阵 $\boldsymbol{E}$ 时, $\boldsymbol{E}$ 的部分相应变出来的就是 $\boldsymbol{A}^{-1}$：$(\boldsymbol{A}|\boldsymbol{E}) \to \left(\boldsymbol{E}|\boldsymbol{A}^{-1}\right)$. 它等价于解矩阵方程 $\boldsymbol{AX} = \boldsymbol{E}$：$(\boldsymbol{A}|\boldsymbol{E}) \to (\boldsymbol{E}|\boldsymbol{X})$. 将 E 一般化为矩阵 $\boldsymbol{B}$, 在 $\boldsymbol{A}$ 可逆的情况下, 我们可得到 $\boldsymbol{AX} = \boldsymbol{B}$ 的行初等变换解法 $(\boldsymbol{A}|\boldsymbol{B}) \to (\boldsymbol{E}|\boldsymbol{X})$. 更进一步, 人们可以考虑更具一般性的矩阵方程 $\boldsymbol{A}_{m\times n}\boldsymbol{X}_{n\times p} = \boldsymbol{B}_{m\times p}$ 的求解问题. 将给定的方程写为

$$\boldsymbol{A}(\boldsymbol{X}_1,\boldsymbol{X}_2,\cdots,\boldsymbol{X}_p)=(\boldsymbol{B}_1,\boldsymbol{B}_2,\cdots,\boldsymbol{B}_p):\quad\begin{cases}\boldsymbol{AX}_1=\boldsymbol{B}_1\\ \boldsymbol{AX}_2=\boldsymbol{B}_2\\ \qquad\cdots\\ \boldsymbol{AX}_p=\boldsymbol{B}_p\end{cases}$$

之后, 我们马上可以写出其有解的充要条件: 秩 $r(\boldsymbol{A})=r((\boldsymbol{A}|\boldsymbol{B}))$. 考虑了行变换的问题后, 平行地就可考虑列变换的问题: 考虑方程 $\boldsymbol{XA}=\boldsymbol{B}$ 如上的一系列问题.

引申教育能走多远、课程的开放性有多大, 既与课程的机动时间有关系、与同学的状态有关系, 更与教师的热情与学识有关系. 一名教师若具有较窄的知识面, 则显然, 这客观的约束就注定他不能领学生走出多远, 注定他不会亲自为学生打开一扇广阔的视野之窗. 对于一名教师来讲, 如果没有深厚的学识与数学修养, 他就不会理解 Timothy Gowers 所谓的 "如果你连 Hilbert 空间的基本常识都不懂, 那你就不能说你是一名受过良好教育的数学家"(文献 [34]) 的真实教育意义. 在线性代数中, "向量空间 → 内积空间 →Hilbert 空间" 的过程是个自然扩展的强抽象过程 (有关数学中的强、弱抽象, 可参见徐利治的经典之作 [35] 或 [15]). 作为完备空间的 Hilbert 空间在数学中具有一定的统一代表性, 很多论题的数学结构都归结于此. 走向具有较多内涵的强抽象对象, 是知识扩展的常规路线. 典型例子如: "向量代数 →Abel 群 → 向量空间 → 内积空间". 这是一个 "具体 → 弱抽象 → 强抽象 (具有一定抽象度的 "抽象的具体")" 的 "对象 → 分析 → 综合" 的过程.

知识扩展不仅有走向前沿、走向未来的扩展, 还有走向之前的知识、走向历史、走向过去、走向大后方的扩展. "在后方发现前沿" 是张景中院士教育数学的研究模式之一 (文献 [28]). 目的在于实现 "统前式历史延伸".

引申教育是实现 "视野激励" 的措施之一.

引申既有纵向引申, 又有课程间的横向比较、联系的引申 — 或准确地说是扩展. "纵向引申 + 横向扩展" 构成了立体 "伸展教育" 的内涵 (你联想到广播体操中的伸展运动了吗?). 将线性代数、高等数学、概率统计的基本精神进行适当比较教学, 有助于提高教育质量. 有的同学适应高等数学的思维模式, 但不习惯于线性代数或概率统计的思维模式. 实际上, 在思维上, 所有课程都有一定的同构性. 揭示不同课程的内在一致性, 既可在一定程度上减轻学生的学习困难, 又可使其在课程的相互关联中提高自己触类旁通的意识、体会数学相应的整体统一性①精髓.

例 1 借助于横向类比与纵向推广进行伸展. 微积分中有这样一个结论: 任一实数域上的函数都可写成一个偶函数与一个奇函数之和. 因为

$$f(x)=\frac{1}{2}(f(x)+f(-x))+\frac{1}{2}(f(x)-f(-x)).$$

将矩阵与函数相类比, 易知: 任一实方阵都是一个对称矩阵与反对称矩阵之和. 因为

$$\boldsymbol{A}=\frac{1}{2}(\boldsymbol{A}+\boldsymbol{A}^{\mathrm{T}})+\frac{1}{2}(\boldsymbol{A}-\boldsymbol{A}^{\mathrm{T}}),$$

其中 $\boldsymbol{A}^{\mathrm{T}}$ 表示 $\boldsymbol{A}$ 的转置. 二次警醒－类似的两件事情启示我们, 从这里, 可概括出一个一般性的结论: 设 l 是给定数学对象的一个对合线性运算－即其满足 $l^2(a)=l(l(a))=a$. 如果 $l(a)=a$, 则称 a 为 l 不变量; 如果 $l(a)=-a$, 则称 a 为反 l 不变量. 如果对象类是一个特征不等于 2 的代数, 则其中的任一对象都可写成一个 l 不变量与一个反 l 不变量的和. 因为

$$a=\frac{1}{2}(a+l(a))+\frac{1}{2}(a-l(a)). \qquad (*)$$

当对象类是实函数类、$l: f(x)\to f(-x)$ 时, 此结论就是微积分中函数加法分解的结论; 当对象类是实方阵类、$l: \boldsymbol{A}\to\boldsymbol{A}^{\mathrm{T}}$ 时, 此结论就是上述方阵分解的结论. 当然, 上述一般结论囊括了更多的东西. 只要选择适当的对象类及对合线性运算, 就可构造出一个类似的结论. 比如, 对给定的实 $m\times n$ 型矩阵 $\boldsymbol{A}$, 定义变换

$$l: 将\boldsymbol{A}的第k列与第n+1-k列(即倒数第\ k\ 列)互换.$$

若称此时的 l 不变量为列对称矩阵、称反 l 不变量为反列对称矩阵, 则有任一实矩阵都可写成一个列对称矩阵与一个反列对称矩阵的和. 同样地, 人们还可给出行对称结论, 以及其他对矩阵进行操作 (如对方阵沿着左下 — 右上对角线进行对称变换) 的相应结论. 至此, 学生对所涉及的对称与反对称矩阵分解的结论就有了

① 不仅数学, 科学本身即具有整体统一性. “万物相同”, 诺贝尔奖获得者、遗传学家巴巴拉 · 麦克林托克 (Barbara McClintoc) 认为, “根本没有办法在不同的事物之间画一条线把他们隔离开. ”(文献 [202]. P.61). 当然, 这些都是与人的神经系统与自然的和谐稳定性相关联的. 人的认识具有一个重要的相对性: 那就是对人的认知神经系统状态的依赖性. 常人认为知识具有统一性, 异人却可能认为不然. 从人的世界观, 可以反观观念持有者的生理神经感知性态. 笔者称人类的认知、思想、文化、以致社会状态对人的神经系统状态的依赖性为 “神经相对原理”. 这是认识相对论的基本原理. 关于心理相对论的较为系统的知识, 可参见 Matthijs J.Koornstra 的著作 *Changing choices-Psychological relativity theory* (文献 [281]).

一个开阔的视野. 从一点举目望去, 他看到了一片天. 这体现的是教育的开通功能, “让人明了通达, 知道外边还有一个更大的世界”(文献 [276], P.233).

事后回头检查, 分析结论成立的根本所在, 是进一步有所收益的重要路线. 上述 (*) 式成立并不在于 l 是一对合运算. 实际上, 对任一一元运算 g 而言, 其定义域内的任一对象 a 都可写成:

$$a=\frac{1}{2}(a+g(a))+\frac{1}{2}(a-g(a)).$$

如果你给可分解为 $\frac{1}{2}(a+g(a))$ 类型的对象取一个名, 比如, 称为 “半加对象”; 给可分解为 $\frac{1}{2}(a-g(a))$ 类型的对象取一个名, 如称为 “半减对象”, 则相关运算定义域内任一对象就自然可分解为一个半加对象与一个半减对象之和了. 在此模式下, 人们可以尝试构造出比前述类型更加广泛的、新的具体例子. 在数学中, 创新是难事吗? 学生学习至此, 自己就会给出自己的答案.

教学, 不仅要推开窗让人看到一片天, 而且还要促其洞察, 使人看透几重天.

例 2 首先通过类比提出问题、然后不断探索、扩展人类思维空间的另一个典型例子, 是由行列式到 Pfaffian 的过渡. 在行列式的学习中, 大家都知道, 奇数阶反对称行列式的值是零, 那么, 偶数阶反对称行列式的值有没有某种规律呢? 事实证明, 是有的. 通过观察

$$\begin{vmatrix}0 & a\\ -a & 0\end{vmatrix}=a^2,\quad \begin{vmatrix}0 & a_{12} & a_{13} & a_{14}\\ -a_{12} & 0 & a_{23} & a_{24}\\ -a_{13} & -a_{23} & 0 & a_{44}\\ -a_{14} & -a_{24} & -a_{44} & 0\end{vmatrix}=(a_{12}a_{34}-a_{13}a_{24}+a_{14}a_{23})^2, \qquad (*)$$

容易让人想到, 是否任何一个偶数阶反对称行列式都是其中元素的某种多项式的平方呢? 可以证明, 确实如此; 而且这种多项式可以通过对零主对角线上方的三角阵施行某种展开来得到. 以 4 阶为例. 为简单起见, 下面以 (hk) (其中 $h<k$) 表示行列式中处于 hk 位置的元素. 零主对角线上方的三角阵可以写成

$$\begin{vmatrix}(12) & (13) & (14)\\ & (23) & (24)\\ & & (34)\end{vmatrix}.$$

人们把它称为一个 Pfaffian①, 其值按下述算法加以定义: 首先明确 “k 线” 的概

① Johann Friedrich Pfaff (1765—1825): 德国数学家, 大数学家高斯的老师. 师生二人具有朋友般的友情.

念. 以 2 线为例. 所谓 2 线, 包括下标中包含 2 的所有项 (hk) (其中 $h=2$, 或 $k=2$): (12), (23), (24). 其次, 删掉 h 线和 k 线后, 得到一个新 Pfaffian. 类似于行列式中的概念, 人们称之为 (hk) 的余子式. 余子式乘以符号 $(-1)^{h+k+1}$ 后, 称为代数余子式. 最后, Pfaffian 的值可按某线展开来产生, 比如, 按 2 线展开, 上述 Pfaffian 等于 2 线上的元素与相应代数余子式乘积之和

$$
\begin{vmatrix} (12) & (13) & (14) \\ & (23) & (24) \\ & & (34) \end{vmatrix} = (-1)^{1+2+1}(12)(34)+(-1)^{2+3+1}(23)(14)+(-1)^{2+4+1}(24)(13)
$$
$$
=(12)(34)+(23)(14)-(24)(13);
$$

若按 1 线展开, 则形式上等于 $(12)(34)-(13)(24)+(14)(23)$, 此即式 $(*)$ 中表达式.

如果 $\boldsymbol{A}$ 是偶数阶的反对称行列式, 以 $Pf(\boldsymbol{A})$ 记其零主对角线上方三角阵对应的 Pfaffian, 则行列式 $|\boldsymbol{A}|=[Pf(\boldsymbol{A})]^2$ 总是成立的. 这就是 1848 年英国数学家 Cayley 给出的定理 — 人称 Cayley 定理①.

更进一步, 可以提问, 一般的行列式与 Pfaffian 是什么关系呢? 行列式大师 Thomas Muir 在其经典名著*A treatise on the theory of determinants*中告诉我们, 任何一个行列式都可被表示成一个同阶的 Pfaffian(文献 [127]. P.396).

Pfaffian 不仅在理论上 (诚如美国计算机专家 Knuth②所言) 是比行列式更加具有一般性的概念, 而且它还具有广泛的应用性, 特别是在图论、量子场论和统计力学中 — 对有关细节, 有兴趣的读者可以参见文献 [145], [254], [377].

---

① 如果仅要明确 "偶数阶实反对称行列式的值是非负的", 而不揭示这种非负数的具体结构, 则是简单的: 设 $\boldsymbol{A}$ 是元素为实数的 $2n$ 阶反对称矩阵, 则其特征值是零或纯虚数. 由于复根是共轭成对出现的, 因此, A 的特征值枚举形式如下

$$
\underbrace{0,0,\cdots,0}_{k};\lambda_1\mathrm{i},-\lambda_1\mathrm{i},\lambda_2\mathrm{i},-\lambda_2\mathrm{i},\cdots,\lambda_l\mathrm{i},-\lambda_l\mathrm{i},
$$

其中 k 和 l 都是非负整数, 而且

$$
k+2l=2n,\quad \lambda_j\neq 0,\quad j=1,2,\cdots,l.
$$

这样一来, 行列式

$$
|\boldsymbol{A}|=\prod_{k\text{个}0}0\prod\nolimits_{j=1}^{l}(\lambda_j i)(-\lambda_j i)=\left(\prod\nolimits_{j=1}^{l}\lambda_j\right)^2\prod_{k\text{个}0}0\geqslant 0.
$$

② Donald E.Knuth(1938—): Stanford 大学荣誉退休教授; 排版系统 TeX 的发明者; 多卷本计算机编程经典 *The art of computer programming* 的作者.

将考虑问题的焦点放在行列式构成元素的放置布局 — 元素构型上, 人们还可进一步问: ① 有矩形行列式、三角形似行列式[①]Pfaffian, 是否还可创造其他几何构型的似行列式呢 — 比如环形似行列式? 这是一个开放的问题. ② 这里谈到的矩形、三角形, 都是有限布局, 无穷矩阵有无行列式问题? 是有的! 数学大师 Poincare、Hilbert、Riesz 等, 在这方面都做过出色的工作, 集大成的相关解说, 可以参见 Israel Gohberg、Seymour Goldberg、Nahulm Krupnik 三人合著的 *Traces and Determinants of Linear Operators* (文献 [148]) 或 R.F.Scott 的行列式经典《行列式之理论及其应用》第十章 (文献 [182], PP.161—173). ③ 以上谈到的行列式、Pfaffian 等都是平面布局, 有无三维及一般高维空间布局的构型行列式? 这也是有的! 早在 19 世纪中叶, 英国数学大师 Cayley 就在这方面就做了相关工作, 之后被遗忘了很多年, 直到 20 世纪末, 乌克兰裔数学家 Gelfand(Israil Moiseevic Gelfand, 1913—, 1990 年移居美国) 等才在超几何函数、量子力学背景下对其进行复苏, 并将高维布局行列式[②] 称为超级行列式 (Hyperdeterminant), 有关理论细节,

---

① a. 本世纪初, 乌克兰数学家 Roman A. Zatorsky 提出了另一种关于三角形阵的类似行列式的概念 "似行列式 (paradetermiant)"([257]). 这一理论在数论、组合分析等领域有一定的应用. 须指出, 共形场论 (conformal field theory) 中早就使用了 paradeterminant 这一名词 (文献 [258], PP.223—224). 二者含义有别.

b. 矩形阵和三角形阵在现实生活中都有应用. 二者在会计领域较早的应用研究可参见 James J.Linn 在 1964 年的斯隆管理学院 (Alfred P.Sloan School of Management, MIT) 工作论文 [264].

② 行列式是一些元素在空间布局结构的算式. 它的发展沿着三个基本的方向进行: 一是布局的变化; 二是元素类型的变化; 三是算法的变化.

布局可在二维空间中进行: 有有限型 —— 常见者如方阵型、长方矩形型、三角型; 有无限型 (无穷矩阵行列式的引入, 起初与微分方程的解有关. 由 G.W.Hill 于 1886 年引入). 布局也可在三维甚至一般的 n 维空间中进行.

进行布局的元素来自各种数学系统: 起初是满足交换律的普通数系, 后来是不一定满足交换律的一般环, 等等. 美国数学家 C.C.Macduffee 在其经典 *The theory of matrices* 中, 对这两大类型都有所涉及 (文献 [165], PP.15—17, 104—110). 有兴趣的读者可去参考. 这里我们介绍一个现代的相近例子: "热带数学 (tropical mathematics)" 中行列式的概念. "热带数学" 是法国数学家 Jean-Eric Pin 等为表达对巴西同行、min-plus 代数的先驱人物 Imre Simon 的敬意而铸造的一个名词. 它是有关 "最小 — 加"(min-plus)、"最大 — 加"(max-plus) 等数学运算体系中数学问题的理论. 以 min-plus 代数 (或, 热带半环 tropical semiring) $(\mathbf{R}\bigoplus,\bigodot)$ (有时 $\mathbf{R}$ 放大为 $\mathbf{R}\cup\{+\infty\}$) 为例. 这是一个凭借集合为实数集合, 元素间装配上了 "tropical 加"$\bigoplus$、"tropical 乘"$\bigodot$ 的代数系统:

$$x\bigoplus y:=\min(x,y),\quad x\bigodot y:=x+y.$$

若 $\boldsymbol{A}=(a_{ij})$ 是元素取于其中的 $k\times k$ 型矩阵, 忽略掉传统行列式中乘积项前的符号, 可定义 A 的热带行列式 $\det_{\text{trop}}(\boldsymbol{A})$ (tropical determinant) 为

$$\det{}_{\text{trop}}(\boldsymbol{A})=\bigoplus_{\sigma\in S_k}(a_{1,\sigma_1}\bigodot\cdots\bigodot a_{k,\sigma_k})=\min_{\sigma\in S_k}(a_{1,\sigma_1}+\cdots+a_{k,\sigma_k}).$$

可以参见 I.M.Gelfand、M.M.Kapranov、A.V. Zelevensky 合著的优美著作 *Discriminants, Resuliants, and Multidimensional Determinants* (文献 [149]). 目前, 这一领域已经得到了相当大的关注. 须指出, 在行列式的发展史上, 除了 hyperdetermiant

---

其中, S_k 是 $\{1,2,\cdots,k\}$ 的所有置换构成的集合. 这是 Jurgen Richter-Gebert, Bernd Sturmfels, and Thorsten Theobald 在文献 [303] 中给出的定义. Borovik 在其《显微镜下的数学》中给出的行列式定义与之结构相同 (只是是在 max-plus 代数中考虑问题)([299], P.14). 它们的定义结构不是对应的传统行列式, 而是积和式 (permanent). 英国伯明翰大学 (Univerrsity of Birmingham) 的数学家 Peter Butkovic 在其专著*Max-linear systems: theory and algorithms* (文献 [304], PP.30—31) 中给出的相应概念名词便是积和式 (其问题环境是 max-plus 而不是 min-plus); 其第 7 章第 5 节对对称化半环中的矩阵给出的行列式的定义, 在形式结构上与传统行列式的相同 (文献 [304], P.165). 有兴趣的读者可进一步参考. 按照收益最大化的精神, 我们有必要指出, 基本运算的变化, 会相应地引起一系列有关概念的变化: 不仅行列式内容要变, 其他涉及这些运算的概念都要相应调整, 比如, 矩阵的运算、特征值特征向量的概念、矩阵的秩, 等等.

行列式是关于由某种类型元素形成的某种布局结构的算式是一种运算. 运算具体含义 — 算法 — 的变化, 也导致行列式概念的相应变化. 英国组合分析学家 P.A.MacMahon(1854—1929) 给出的 X-行列式 (文献 [277], PP.110,143—145) 的概念即属此类例子 (其对普通行列式的推广路线, 体现的是阴东升在 ([15], P.138]) 中建立的层晰法的精神). n 阶 x–行列式的概念是这样定义的: 以实数情形为例. 对任意给定的实数 $a_{ij}(i,j=1,2,\cdots,n),x$, 递归定义

$$\begin{vmatrix} a_{11} & a_{12} & a_{13} & a_{14} & \cdots & a_{1n} \\ a_{21} & a_{22} & a_{23} & a_{24} & \cdots & a_{2n} \\ \vdots & \vdots & \vdots & \ddots & \vdots & \\ a_{n1} & a_{n2} & a_{n3} & a_{n4} & \cdots & a_{nn} \end{vmatrix}_x$$

$$= a_{11}\begin{vmatrix} a_{22} & a_{23} & a_{24} & \cdots & a_{2n} \\ \vdots & \vdots & \vdots & \ddots & \vdots \\ a_{n2} & a_{n3} & a_{n4} & \cdots & a_{nn} \end{vmatrix}_x + xa_{12}\begin{vmatrix} a_{21} & a_{23} & a_{24} & \cdots & a_{2n} \\ \vdots & \vdots & \vdots & \ddots & \vdots \\ a_{n1} & a_{n3} & a_{n4} & \cdots & a_{nn} \end{vmatrix}_x$$

$$+ x^2a_{13}\begin{vmatrix} a_{21} & a_{22} & a_{24} & \cdots & a_{2n} \\ \vdots & \vdots & \vdots & \ddots & \vdots \\ a_{n1} & a_{n2} & a_{n4} & \cdots & a_{nn} \end{vmatrix}_x + x^3a_{14}\begin{vmatrix} a_{21} & a_{22} & a_{23} & \cdots & a_{2n} \\ \vdots & \vdots & \vdots & \ddots & \vdots \\ a_{n1} & a_{n2} & a_{n3} & \cdots & a_{nn} \end{vmatrix}_x$$

$$+ \cdots + x^{n-1}a_{1n}\begin{vmatrix} a_{21} & a_{22} & a_{23} & \cdots & a_{2,n-1} \\ \vdots & \vdots & \vdots & \ddots & \vdots \\ a_{n1} & a_{n2} & a_{n3} & \cdots & a_{n,n-1} \end{vmatrix}_x$$

显然, 当 $x=-1(1)$ 时, x–行列式就成了普通的行列式 (积和式).

这里, 为方便起见, 我们对 MacMahon 的记号作了简单变化: 原符号是在行列式符号的每条竖线的上方写上一个 x, 这里将 x 放在了普通行列式符号的右下角. 笔者顺便提出一个小问题, 供有兴趣的读者思考: 上述按行列式第一行展开的推广方式, 反映到一般地按第 k 行展开, 其存在怎样的递归形态? 当然, 如果我们将 $x^0,x^1,x^2,\cdots,x^m,\cdots$ 换成 $x_0,x_1,x_2,\cdots,x_m,\cdots$, 还可建立更加一般的加权型行列式

外, 还有另一个具有不同含义的 "超级行列式"—— superdeterminant 的概念 —它在物理量子场论超对称研究中有着重要作用, 是超级数学 (supermathematics) 的核心概念之一. 有关细节, 可以参见 [150]. 其中的第三章是超线性代数 (super linear algebra), 第 6 节专门讨论 superdeterminant 的问题. 为了纪念 super 几何与 super 分析的先驱人物、前苏联数学家 Felix Berezin③(上面刚刚谈到的 Gelfand 在莫斯科国立大学的博士生, 1957 年通过在泛函分析领域的工作获得博士学位), 在他去世后, 人们将 superdeterminant 改叫作 Berezinian. 这是仅定义在可逆线性变换上的一种特殊行列式. ④ 沿着抽象代数、上同调的路线, 行列式的发展已经走了很远. 这些内容 (比如, 上同调行列式 (the cohomological determinant)) 的细节可在相关领域、水平的著作中找到, 在此不再一一列举.

例 3 纵向引申有两种基本类型. 一是清晰化: 将对象的具体构造搞清楚. 比如, 在学了正交矩阵的概念后, 请学生证明, 2 阶正交矩阵一定可写成下述两种形式之一:

$$\begin{pmatrix} \cos\theta & -\sin\theta \\ \sin\theta & \cos\theta \end{pmatrix}, \quad \begin{pmatrix} \cos\theta & \sin\theta \\ \sin\theta & -\cos\theta \end{pmatrix}$$

即属此类思考; 二是一般化: 将已有对象或结论进行拓展、推广. 比如, 接例 2, 2

"$\{x_m\}_0^\infty$–行列式" 的概念及理论: 对任意给定的实数列 $x_0, x_1, x_2, \cdots, x_m, \cdots$, 可递归定义

$$\begin{vmatrix} a_{11} & a_{12} & a_{13} & a_{14} & \cdots & a_{1n} \\ a_{21} & a_{22} & a_{23} & a_{24} & \cdots & a_{2n} \\ \vdots & \vdots & \vdots & \ddots & \vdots & \\ a_{n1} & a_{n2} & a_{n3} & a_{n4} & \cdots & a_{nn} \end{vmatrix}_{\{x_m\}_0^\infty}$$

$$= x_0 a_{11} \begin{vmatrix} a_{22} & a_{23} & a_{24} & \cdots & a_{2n} \\ \vdots & \vdots & \vdots & \ddots & \vdots \\ a_{n2} & a_{n3} & a_{n4} & \cdots & a_{nn} \end{vmatrix}_{\{x_m\}_0^\infty} + x a_{12} \begin{vmatrix} a_{21} & a_{23} & a_{24} & \cdots & a_{2n} \\ \vdots & \vdots & \vdots & \ddots & \vdots \\ a_{n1} & a_{n3} & a_{n4} & \cdots & a_{nn} \end{vmatrix}_{\{x_m\}_0^\infty}$$

$$+ x_2 a_{13} \begin{vmatrix} a_{21} & a_{22} & a_{24} & \cdots & a_{2n} \\ \vdots & \vdots & \vdots & \ddots & \vdots \\ a_{n1} & a_{n2} & a_{n4} & \cdots & a_{nn} \end{vmatrix}_{\{x_m\}_0^\infty} + x_3 a_{14} \begin{vmatrix} a_{21} & a_{22} & a_{23} & \cdots & a_{2n} \\ \vdots & \vdots & \vdots & \ddots & \vdots \\ a_{n1} & a_{n2} & a_{n3} & \cdots & a_{nn} \end{vmatrix}_{\{x_m\}_0^\infty}$$

$$+ \cdots + x_{n-1} a_{1n} \begin{vmatrix} a_{21} & a_{22} & a_{23} & \cdots & a_{2,n-1} \\ \vdots & \vdots & \vdots & \ddots & \vdots \\ a_{n1} & a_{n2} & a_{n3} & \cdots & a_{n,n-1} \end{vmatrix}_{\{x_m\}_0^\infty}$$

③ 关于 Berezin 的生平与工作的介绍, 可参见美国明尼苏达大学的 M.Shifman 编辑出版的 *Felix Berezin* (文献 [225]).

阶正交矩阵的结构清楚了, 一般正交矩阵的结构或构造法如何? 这便属一般化的思考. 综而观之, 纵向引申可谓在追求心智之目"看得清, 看得远", 在追求一个好视力.

引申教育不仅要在知识领域内部进行, 还要延伸到现实生活, 应用到对生活中各种人与事的认识. 比如, 如果我们将数学中的抽象思维应用到对人的生活内容、方式等方面的认识, 就会意识到, 每个人都有自己的生活空间、内容与运动路线, 有只属于你自己的生活世界及其运动路线, 有自己的生命轨迹.

二次警醒 (或善于看到类似事件的相似性) 的品质是反映一个人智力水平的重要方面. 按照美国心理学家 William James 的看法, 19 世纪苏格兰哲学家、教育学家 Alexander Bain(1818—1903) 教授甚至认为, "优秀智力似乎只是类似联想 (association by similarity) 的能力大大发达".①

数学教育, 从数学的词源 — mathesis, mental discipline: 心智训练 — 上来讲, 首先在于锻炼心灵的敏感性、扩展心智之目的视野并强化其洞察力. 具有较高意识化水平的人, 从一件事情中, 有时即可感觉到一些深层的东西, 而不需明确的二次激动. 数学史上直觉力较强的数学家, 如荷兰的 van der Waerden, 英国的 Mckay 等, 都有过这种 "一次洞悉" 的经历. 前者的典型例子, 首推其与 Emil Artin 和 Otto Schreier 三人联合讨论、证明 Baudet 猜想的事件中的思维、心理表现 (文献 [255]); 而后者的著名例子, 则是其意识到椭圆模函数的系数与群特征表中数字之间关系的故事 —— 这一关系, 后被 John Conway 命名为 Moonshine 猜想 (文献 [256]).

需指出, 严格意义上的一次洞悉是很少的. 理论上来讲, 一次而洞悉, 往往是以过去相当深厚的经验为潜在启示背景的. 结合上这一潜在背景, 一次洞悉便也就具有二次警醒的结构模式了. 无一例外, 显意识总有某种规模与厚度的潜意识做支撑; 区别往往体现在这种潜意识背景之内涵的结构与度量的差别.

显然, 在教学中大量有意识地进行类似上述的伸展运动, 对学生知识视野的开阔、创新思维能力的增强, 以及综合素质的提高都会有相当的助益.

哈佛大学早在 20 世纪 60 年代就将线性代数与微积分统一到一起进行教学. 著名的教材, 如 L. H. Loomis 和 S. Sternberg 合著的《高等微积分》(文献 [56]).

不同课程间的语言融合, 利于降低学生学习成本. 将线性代数中矩阵的迹、行列式、秩、特征值等数字称为矩阵的几个数字特征, 就借鉴了概率中随机变量的数字特征的语言. 这类叫法, 利于消除或淡化学生心目中不同学科间的界限.

思想方法的关联 + 语言的关联: 内容与形式全方位的关联.

① [美]威廉 · 詹姆士. 宗教经验之种种. 唐钺, 译. 北京: 商务印书馆, 2005: 23.

既关注学科间的关联, 又关注同一课程内部内容的多种关联. 树立学生的理论化思维意识并付诸实践, 利于学生对课程内容整体关联性的深刻理解.

在这其中, 要让学生明白, 理论化思维的收益有两个基本的方面：一是用统一的理论方法可经济有效地把握有关具体的实例; 二是新的理论赋予人们一种新的、更高层次的认识对象 —— 理论不仅是把握事实的方法, 也是进一步被研究的对象. 在理论的工具性与对象性之间取得一种认识的平衡是必要的. 偏执任何一方, 都不利于收益极大化的实现. 当然, 在具体的教育中, 在不同的时期, 强调一个方面不仅是必要、而且是必需的. 在从实例到理论的过程中, 为了加深理解好具体的问题, 要强调理论的工具性; 而为了揭示具体事例间的内在统一性、明确数学对象发展的 "为它 (工具. 联系)→ 为己 (对象. 自在)" 的道路, 则要强调理论的对象性. 数学家 Chris Godsil, Gordon Royle 和 H.Luneburg 的观点 "...... 理论的目的在于把握例子 (... the goal of theory is the mastering of examples)"① 相对于前者情形的教学法的需要才是可取的.

例 4 对给定的 n 阶方阵 $\boldsymbol{A}$, 在 n 维向量空间 V 中, 将 $\boldsymbol{A}$ 与其中向量 $\boldsymbol{\alpha}$ 的乘法看作变换

$$\boldsymbol{\alpha} \to \boldsymbol{A\alpha}.$$

如果我们考虑 $\boldsymbol{A}$ 将哪些向量变成零向量的问题, 则引出齐次线性方程组 $\boldsymbol{AX} = \boldsymbol{0}$ 的话题; 如果考虑经 $\boldsymbol{A}$ 变换后的向量与原向量平行的问题, 根据向量平行的充要条件, 便自然引出了 $\boldsymbol{A\alpha} = \lambda\boldsymbol{\alpha}$ 定义的特征值与特征向量的话题; 如果考虑经 $\boldsymbol{A}$ 变换后的向量与原向量垂直 (正交) 的问题, 根据向量垂直的充要条件, 这意味着考虑内积 $(\boldsymbol{X}, \boldsymbol{AX}) = \boldsymbol{X}^{\mathrm{T}}\boldsymbol{AX} = \boldsymbol{0}$ 的问题, 而这不可避免地就要考虑有关表达式 $\boldsymbol{X}^{\mathrm{T}}\boldsymbol{AX}$ 的种种问题 — 二次型的概念便因此自然地被提了出来.

关注不同学科间的关联、甚至内在统一性, 可以提高有关学科学习的总体收益. 仅仅关注一门课程的教学收益极大化, 与关注某学科群、甚至学生所有课程的教学收益极大化是不同的. 学校要提高总体教学水平, 学生在大学期间能够总体上获得最大收益, 一个重要的工作, 就是各方 (学校、教师、学生) 要有有效的措施, 使得教师个人教学设计、学生学习方法与学校总体课程设计之间有个很好的配合与平衡.

断想 91 实施视野激励的重要路线

视野激励的一个非常重要的方面在于向学生可接受地展示所授课程的前沿.

① Chris G., Gordon R. Algebraic Graph Theory. Springer; New York: 北京: 世界图书出版公司, 2004: viii.

所谓“可接受地展示”, 在此意指用与学生理解水平相当的非技术性形象语言简单介绍相关知识. 拿线性代数课程来讲, 可向学生介绍两个基本方面的前沿内容: 理论前沿, 如组合矩阵论; 应用前沿, 这分两个方面介绍, 一是在知识领域中的应用 (如在统计、生物等领域), 二是在技术方面的应用. 应用包含两个方面: 作为工具应用于其他问题 —— 工具输出, 如用特征值解决搜索引擎信息排序问题; 或作为被其他工具作用的对象 —— 工具输入, 典型例用神经网络方法解决矩阵代数问题、用神经网络方法求解线性方程组 (具体内容可取自: Fredric M.Ham Ivica Kostanic 著的《神经计算原理》文献 [482]), 以及线性代数问题求解的计算机自动实现, 等等.

前沿是有深度区别的: 既有学科内部的前沿, 也有学科边缘的跨学科前沿. 对于一门理论学科来讲, 还要加上相应的技术应用化前沿.

前沿还可分为知识体系中的“逻辑型前沿”与“历史型前沿”. 前者指在体系中出现的较晚的内容 —— 对它们的了解, 需要一定铺垫性的预备知识; 后者则指在时间上出现的较近或新创建的知识 (相对于教师讲解相关知识的时刻或阶段而言). 这是两个不同的概念. 有时会一致, 有时各有所指. 例如, C.E.Cullis 早在 20 世纪初 (1909—1910), 就在印度著名的加尔各答 (Calcutta) 大学 Presidency College①的课程讲义中, 将方形阵 (square matrix) 的行列式 (determinant) 的概念推广到了矩形阵 (rectangular matrix) 的行列式胚 (determinoid) 的概念 (文献 [141]). 目前的线性代数教科书中一般不谈行列式胚的概念与理论, 在逻辑上, 这可看成一种前沿型知识, 但其显然不是历史型前沿知识.

逻辑前沿是个相对的概念, 它依赖于知识体系的结构. 从公理化体系的角度讲, 基本公理的不同选择, 会改变知识间的相对前沿性.

教学中所谈的知识前沿与人类知识进展的前沿是有区别的: 前者主要是相对学生知识视域而言的 (他们没见过的就是前沿) 是当时受教育者人群之知识体的前沿; 后者是相对整个人类的视域而言的 —— 这是一个历史型、人类整体型的前沿. 逻辑型前沿的概念对教育具有重要价值 —— 从知识的扩展来讲, 教育的过程就是这种前沿不断被推进的过程.

一般而言, 对知识进行扩展, 既有扩展方向的“分枝度”的问题, 又有“扩展度”的问题. 比如, ① 对于线性方程组 $\boldsymbol{AX}=\boldsymbol{b}$, 既可将列向量 $\boldsymbol{b}$ 改为一般的矩阵 $\boldsymbol{B}$ 进行研究对象的扩展, 也可将线性改为非线性 (如多项式方程构成的方程组) 进行扩展. 这属于两个不同方向的扩展 —— 二枝扩展. 另外在大学基础课线

① 1998 年经济学诺贝尔奖获得者阿玛蒂亚飞 (Amartya Sen, 1933—)、对印度物理教育做出重要贡献的物理学家 A. K. Raychaudhuri(1923—2005) 皆曾在此学院就学、工作.

性代数的教学中, 我们一般向学生介绍历史上有名的 Sylvester's dialytic method of elimination—— 它是由英国数学大师 J.J.Sylvester 于 1840 年给出的 (文献 [126], P.178): "多项式方程组

$$\begin{cases} a_0x^m + a_1x^{m-1} + \cdots + a_m = 0, \\ b_0x^n + b_1x^{n-1} + \cdots + b_n = 0 \end{cases} \quad (\text{其中}\, a_0b_0 \neq 0)$$

有解的充分必要条件, 是 $m+n$ 阶行列式

$$\begin{vmatrix}
a_0 & a_1 & a_2 & \cdots & \cdots & \cdots & \cdots & \cdots & a_{m-1} & a_m & 0 & \cdots & 0 \\
0 & a_0 & a_1 & \cdots & \cdots & \cdots & \cdots & \cdots & a_{m-2} & a_{m-1} & a_m & \cdots & 0 \\
\vdots & \vdots & \vdots & & \vdots & \vdots & \vdots & & \vdots & \vdots & \vdots & & \vdots \\
0 & 0 & 0 & \cdots & a_0 & a_1 & a_2 & \cdots & \cdots & \cdots & \cdots & \cdots & a_m \\
b_0 & b_1 & b_2 & \cdots & b_{n-1} & b_n & 0 & \cdots & 0 & 0 & 0 & \cdots & 0 \\
0 & b_0 & b_1 & \cdots & b_{n-2} & b_{n-1} & b_n & \cdots & 0 & 0 & 0 & \cdots & 0 \\
\vdots & \vdots & \vdots & & \vdots & \vdots & \vdots & & \vdots & \vdots & \vdots & & \vdots \\
0 & 0 & 0 & \cdots & 0 & 0 & 0 & \cdots & b_0 & b_1 & b_2 & \cdots & b_n
\end{vmatrix}
\begin{matrix} \left.\begin{matrix} \\ \\ \\ \\ \end{matrix}\right\} n\text{行} \\ \left.\begin{matrix} \\ \\ \\ \\ \end{matrix}\right\} m\text{行} \end{matrix} = 0.$$

后人称左边的行列式为多项式

$$\boldsymbol{A}(x) = a_0x^m + a_1x^{m-1} + \cdots + a_m, \quad \boldsymbol{B}(x) = b_0x^n + b_1x^{n-1} + \cdots + b_n$$

的 Resultant, 记作 Resultant$(\boldsymbol{A}, \boldsymbol{B})$; 称其中的矩阵为 $\boldsymbol{A}(x), \boldsymbol{B}(x)$ 的 Sylvster 矩阵, 记作 det (Sylvester$(\boldsymbol{A}, \boldsymbol{B})$). Resultant$(\boldsymbol{A}, \boldsymbol{B})$ = det (Sylvester$(\boldsymbol{A}, \boldsymbol{B})$) (文献 [298], P.227).

② 将向量代数中三阶行列式的概念扩展到一般方阵行列式的概念扩展度显然低于到更加一般的行列式胚的概念扩展度.

分枝度、扩展度越高, 学习者的收益也就越大. 二元指标 (分枝度、扩展度) 在一定意义上反映着学习者从某知识点出发进行知识拓展的视野及深入能力的大小. 我们称其为 "拓展力的二元指标". 一个人的知识、视野的拓展力是其学习等行为的 "收益力" 的重要方面. 这些观点是对阴东升在《数学中的特殊化与一般化》(文献 [15]) 中给出的 "一般化系统分析" 的一个简单的补充说明.

分枝度大, 表明视野广阔; 扩展度大, 表明看得远 —— 视者心智之目的视力好, 所视环境 "晴朗" "能见度高". 不同的人, 其心智往往处于具有不同 "晴朗度" 的环境中. 不同晴朗度的内在意识环境带给人不同的心理、心智感受与胸怀, 进

而带给人不同的愉悦水平. 不同的人实际生活在不同的精神世界里. 教育, 在一定程度上, 就是要沟通师生彼此的内在世界, 有经验的教师, 通过承载着相应思维方式、感知方式的具体的知识教育, 来启迪学生的心智, 提高其心灵天空的晴朗度. 教育是 “心智世界晴朗度提升的教育”.

“基础简明、前沿光明” 的教学益于激发学生学习的精神快感, 是一种基于课程所属领域内容的激励教育措施.

断想 92　思维收益极大化与创新教育

《高等数学》培养极限、积分的思想, 在《线性代数》教学中, 要培养学生的 “集合系统思维”: “近代数学的特征习性之一是当一种新的事物被定义及稍作讨论后, 人们就会立刻看看所有这种事物的集合. ”(文献 [56]). 有了向量, 就考虑向量的集合, 考虑其关于加法和数乘的结构, 由此产生向量空间的例子 —— 借助于特征化方法便可给出向量空间的公理化定义; 有了矩阵, 就考虑同型矩阵的集合, 考虑其加法与数乘, 便得到向量空间一类广泛的例子; 有了特殊矩阵 ——n 维向量, 便考虑其集合, 考虑其加法与数乘, 便得到 n 维向量空间的概念. 集合系统思维的重点并不在于离散对象构成的集合本身, 而在于它的某种结构 —— 其中考虑到了元素间的某些关系: 运算关系、组合关系、序关系、拓扑关系等. 集合系统思维, 准确地应分类为 “运算结构思维” 和 “组合结构思维” 等. 下面是体现 “组合结构思维” 的几个例子.

例 1　在 n 维内积空间中, 有了标准正交基

$$\alpha_k = (a_{k1}, a_{k2}, \cdots, a_{kn}), \quad k = 1, 2, \cdots, n,$$

将它们组合起来、拼起来, 便可得到正交矩阵这类对象

$$\begin{pmatrix} \boldsymbol{\alpha}_1 \\ \boldsymbol{\alpha}_2 \\ \vdots \\ \boldsymbol{\alpha}_n \end{pmatrix} = \begin{pmatrix} a_{11} & a_{12} & \cdots & a_{1n} \\ a_{21} & a_{22} & \cdots & a_{2n} \\ \vdots & \vdots & \ddots & \vdots \\ a_{n1} & a_{n2} & \cdots & a_{nn} \end{pmatrix}.$$

结构是 “集合 + 元素关系” 构成的新对象. 将某种对象的结构化集合看作一类新对象, 是数学对象衍生的一条重要途径.

例 2　设 $\boldsymbol{A}$ 是一个 n 阶方阵. 在 n 维列向量空间中, 对任意写出的关系式

$$\boldsymbol{A}\boldsymbol{\alpha}_1 = \lambda_1\boldsymbol{\alpha}_1, \boldsymbol{A}\boldsymbol{\alpha}_2 = \lambda_2\boldsymbol{\alpha}_2, \cdots, \boldsymbol{A}\boldsymbol{\alpha}_m = \lambda_m\boldsymbol{\alpha}_m$$

进行组合拼装, 得到

$$(\boldsymbol{A}\boldsymbol{\alpha}_1, \boldsymbol{A}\boldsymbol{\alpha}_2, \cdots, \boldsymbol{A}\boldsymbol{\alpha}_m) = (\lambda_1\boldsymbol{\alpha}_1, \lambda_2\boldsymbol{\alpha}_2, \cdots, \lambda_m\boldsymbol{\alpha}_m),$$

$$\boldsymbol{A}(\boldsymbol{\alpha}_1, \boldsymbol{\alpha}_2, \cdots, \boldsymbol{\alpha}_m) = (\boldsymbol{\alpha}_1, \boldsymbol{\alpha}_2, \cdots, \boldsymbol{\alpha}_m)\begin{pmatrix} \lambda_1 & & & \\ & \lambda_2 & & \\ & & \ddots & \\ & & & \lambda_m \end{pmatrix}.$$

若令 $\boldsymbol{P}_{n\times m} = (\boldsymbol{\alpha}_1, \boldsymbol{\alpha}_2, \cdots, \boldsymbol{\alpha}_m)$, 则

$$\boldsymbol{A}\boldsymbol{P}_{n\times m} = \boldsymbol{P}_{n\times m}\begin{pmatrix} \lambda_1 & & & \\ & \lambda_2 & & \\ & & \ddots & \\ & & & \lambda_m \end{pmatrix}.$$

如果 $n = m$, 并且 $\boldsymbol{P}_{n\times m}$ 可逆, 则上式成为

$$\boldsymbol{P}^{-1}\boldsymbol{A}\boldsymbol{P} = \begin{pmatrix} \lambda_1 & & & \\ & \lambda_2 & & \\ & & \ddots & \\ & & & \lambda_n \end{pmatrix}, \quad 其中 \quad \boldsymbol{P} = \boldsymbol{P}_{n\times m}.$$

这一等式启示我们两件事情: 一是给出 $\boldsymbol{A} \to \boldsymbol{P}^{-1}\boldsymbol{A}\boldsymbol{P}$ 的相似变换、相似关系、相似对角化的概念; 二是告诉我们 “矩阵 $\boldsymbol{A}$ 可以相似对角化的充要条件, 是 $\boldsymbol{A}$ 具有 n 个线性无关的特征向量 $\boldsymbol{\alpha}_1, \boldsymbol{\alpha}_2, \cdots, \boldsymbol{\alpha}_n$; 而且对角矩阵主对角线上的元素就是相应的特征值 $\lambda_1, \lambda_2, \cdots, \lambda_n$”. 这样, 借助于组合思维, 从特征值、特征向量出发, 人们便自然地过渡到了矩阵相似对角化的问题.

本例体现了 “特殊化筑造精品” 的思想.

例 3 用矩阵特征值的语言来讲, 矩阵可以相似对角化的充要条件, 是特征值的几何重数等于其代数重数. 对一般方阵而言, 存在的一个普遍结论是: 特征值的几何重数 $\leqslant$ 代数重数. 借助于由向量拼装矩阵的技巧, 可以自然证明这一点.

设 ω 是 n 阶实方阵的特征值, V_ω 是其特征子空间. 记 ω 的几何重数 $\dim V_\omega = s$. 令

$$\boldsymbol{\alpha}_1, \boldsymbol{\alpha}_2, \cdots, \boldsymbol{\alpha}_s$$

是 V_ω 的一个基, 并将其扩充成整个 n 维空间 $\mathbf{R}^n$ 的一个基

$$\boldsymbol{\alpha}_1, \boldsymbol{\alpha}_2, \cdots, \boldsymbol{\alpha}_s, \boldsymbol{\alpha}_{s+1}, \cdots, \boldsymbol{\alpha}_n.$$

由于

$$(\omega \boldsymbol{E}-\boldsymbol{A})\boldsymbol{\alpha}_i=\boldsymbol{0},\quad i=1,2,\cdots,s,$$

所以, 如果用上述基作为列向量组拼一个矩阵

$$\boldsymbol{M}=(\boldsymbol{\alpha}_1,\boldsymbol{\alpha}_2,\cdots,\boldsymbol{\alpha}_s,\boldsymbol{\alpha}_{s+1},\cdots,\boldsymbol{\alpha}_n),$$

则乘积矩阵 $\boldsymbol{M}^{-1}(\omega\boldsymbol{E}-\boldsymbol{A})\boldsymbol{M}$ 的前 s 列为零向量, 其特征多项式 (行列式)—— 进而 $\omega\boldsymbol{E}-\boldsymbol{A}$ 的特征多项式 (行列式) $|\lambda\boldsymbol{E}-(\omega\boldsymbol{E}-\boldsymbol{A})|=\left|\lambda\boldsymbol{E}-\boldsymbol{M}^{-1}(\omega\boldsymbol{E}-\boldsymbol{A})\boldsymbol{M}\right|$ 具有下述结构

$$\begin{vmatrix}\lambda\boldsymbol{E}_s & \boldsymbol{C}\\ \boldsymbol{0} & \boldsymbol{B}_{n-s}\end{vmatrix}=\lambda^s\left|\boldsymbol{B}_{n-s}\right|=\lambda^s g(\lambda).$$

也就是说, 0 是 $\omega\boldsymbol{E}-\boldsymbol{A}$ 的一个代数重数至少为 s 的特征值, 等价地说, 作为 $\boldsymbol{A}$ 的特征值, ω 的代数重数至少是 s. 从此可知, 代数重数 $\geqslant$ 几何重数.

例 4 设 $\boldsymbol{A}$ 是 n 阶实可逆矩阵. 对任意选定的一组实数

$$(\lambda_1,\lambda_2,\cdots,\lambda_n),\quad \prod_{k=1}^{n}\lambda_k\neq 0,$$

对 $\boldsymbol{A}$ 经过一系列的初等行变换后, 可变为主对角线上的元素是 $\lambda_1,\lambda_2,\cdots,\lambda_n$ 的上三角矩阵 $\boldsymbol{B}$.

如果我们将这一系列初等行变换对应的初等矩阵的乘积记作 $\boldsymbol{M}^{-1}$, 则

$$\boldsymbol{M}^{-1}\boldsymbol{A}=\boldsymbol{B}\to\boldsymbol{A}=\boldsymbol{M}\boldsymbol{B}.$$

将 $\boldsymbol{M}$ 按列向量分块 $\boldsymbol{M}=(m_1,m_2,\cdots,m_n)$, 然后将列向量组由 Gram-Schmidt 正交化过程正交化:

$$\begin{aligned}
\boldsymbol{\beta}_1&=\boldsymbol{m}_1,\\
\boldsymbol{\beta}_2&=\boldsymbol{m}_2-\frac{(\boldsymbol{m}_2,\boldsymbol{\beta}_1)}{(\boldsymbol{\beta}_1,\boldsymbol{\beta}_1)}\boldsymbol{\beta}_1,\\
\boldsymbol{\beta}_3&=\boldsymbol{m}_3-\frac{(\boldsymbol{m}_3,\boldsymbol{\beta}_1)}{(\boldsymbol{\beta}_1,\boldsymbol{\beta}_1)}\boldsymbol{\beta}_1-\frac{(\boldsymbol{m}_3,\boldsymbol{\beta}_2)}{(\boldsymbol{\beta}_2,\boldsymbol{\beta}_2)}\boldsymbol{\beta}_2,\\
&\cdots\cdots\\
\boldsymbol{\beta}_n&=\boldsymbol{m}_n-\frac{(\boldsymbol{m}_n,\boldsymbol{\beta}_1)}{(\boldsymbol{\beta}_1,\boldsymbol{\beta}_1)}\boldsymbol{\beta}_1-\frac{(\boldsymbol{m}_n,\boldsymbol{\beta}_2)}{(\boldsymbol{\beta}_2,\boldsymbol{\beta}_2)}\boldsymbol{\beta}_2-\cdots-\frac{(\boldsymbol{m}_n,\boldsymbol{\beta}_{n-1})}{(\boldsymbol{\beta}_{n-1},\boldsymbol{\beta}_{n-1})}\boldsymbol{\beta}_{n-1}.
\end{aligned}$$

写出各个 $\boldsymbol{m}$ 向量由各个 $\boldsymbol{\beta}$ 单位化向量表示的表达式

$$
\begin{aligned}
\boldsymbol{m}_1 &= \|\boldsymbol{\beta}_1\| \frac{\boldsymbol{\beta}_1}{\|\boldsymbol{\beta}_1\|}, \\
\boldsymbol{m}_2 &= \|\boldsymbol{\beta}_1\| \frac{(\boldsymbol{m}_2, \boldsymbol{\beta}_1)}{(\boldsymbol{\beta}_1, \boldsymbol{\beta}_1)} \frac{\boldsymbol{\beta}_1}{\|\boldsymbol{\beta}_1\|} + \|\boldsymbol{\beta}_2\| \frac{\boldsymbol{\beta}_2}{\|\boldsymbol{\beta}_2\|}, \\
\boldsymbol{m}_3 &= \|\boldsymbol{\beta}_1\| \frac{(\boldsymbol{m}_3, \boldsymbol{\beta}_1)}{(\boldsymbol{\beta}_1, \boldsymbol{\beta}_1)} \frac{\boldsymbol{\beta}_1}{\|\boldsymbol{\beta}_1\|} + \|\boldsymbol{\beta}_2\| \frac{(\boldsymbol{m}_3, \boldsymbol{\beta}_2)}{(\boldsymbol{\beta}_2, \boldsymbol{\beta}_2)} \frac{\boldsymbol{\beta}_2}{\|\boldsymbol{\beta}_2\|} + \|\boldsymbol{\beta}_3\| \frac{\boldsymbol{\beta}_3}{\|\boldsymbol{\beta}_3\|}, \\
&\cdots\cdots \\
\boldsymbol{m}_n &= \|\boldsymbol{\beta}_1\| \frac{(\boldsymbol{m}_n, \boldsymbol{\beta}_1)}{(\boldsymbol{\beta}_1, \boldsymbol{\beta}_1)} \frac{\boldsymbol{\beta}_1}{\|\boldsymbol{\beta}_1\|} + \|\boldsymbol{\beta}_2\| \frac{(\boldsymbol{m}_n, \boldsymbol{\beta}_2)}{(\boldsymbol{\beta}_2, \boldsymbol{\beta}_2)} + \frac{\boldsymbol{\beta}_2}{\|\boldsymbol{\beta}_2\|} \\
&\quad + \cdots + \|\boldsymbol{\beta}_{n-1}\| \frac{(\boldsymbol{m}_n, \boldsymbol{\beta}_{n-1})}{(\boldsymbol{\beta}_{n-1}, \boldsymbol{\beta}_{n-1})} \frac{\boldsymbol{\beta}_{n-1}}{\|\boldsymbol{\beta}_{n-1}\|} + \|\boldsymbol{\beta}_n\| \frac{\boldsymbol{\beta}_n}{\|\boldsymbol{\beta}_n\|}.
\end{aligned}
$$

然后将各个 $\boldsymbol{m}$ 向量组合还原为矩阵 $\boldsymbol{M}$, 此时人们就会发现

$$
\boldsymbol{M} = \left(\frac{\boldsymbol{\beta}_1}{\|\boldsymbol{\beta}_1\|}, \frac{\boldsymbol{\beta}_2}{\|\boldsymbol{\beta}_2\|}, \cdots, \frac{\boldsymbol{\beta}_n}{\|\boldsymbol{\beta}_n\|} \right) \boldsymbol{U}.
$$

其中 $\boldsymbol{U}$ 是主对角线上的元素为

$$
\|\boldsymbol{\beta}_1\|, \|\boldsymbol{\beta}_2\|, \cdots, \|\boldsymbol{\beta}_n\|
$$

的上三角矩阵. 如果记

$$
\boldsymbol{T} = \left(\frac{\boldsymbol{\beta}_1}{\|\boldsymbol{\beta}_1\|}, \frac{\boldsymbol{\beta}_2}{\|\boldsymbol{\beta}_2\|}, \cdots, \frac{\boldsymbol{\beta}_n}{\|\boldsymbol{\beta}_n\|} \right),
$$

则其显然是一个正交矩阵. 这样, $\boldsymbol{A} = (\boldsymbol{TU})\boldsymbol{B} = \boldsymbol{T}(\boldsymbol{UB})$. 其中 $\boldsymbol{UB}$ 是主对角线上的元素为

$$
\lambda_1 \|\boldsymbol{\beta}_1\|, \lambda_2 \|\boldsymbol{\beta}_2\|, \cdots, \lambda_n \|\boldsymbol{\beta}_n\|
$$

的上三角矩阵. 由于 $\lambda_1, \lambda_2, \cdots, \lambda_n$ 是任意非零实数. 因此, 我们已经得到了下述结论: "任何可逆矩阵都可分解成一个正交矩阵与一个上三角矩阵乘积的形式, 而且其中的上三角矩阵主对角线上的元素具有我们所要求的符号. 特别地, 可以全是正号, 也可以全是负号, 还可以正负相间". 这是比方阵的普通 QR 分解内涵更多的一个结论.

如果我们不对实可逆矩阵 $\boldsymbol{A}$ 进行初等变换, 而直接对其列向量组进行正交化, 会得到什么呢?

令 $\boldsymbol{A}=(\boldsymbol{\alpha}_1,\boldsymbol{\alpha}_2,\cdots,\boldsymbol{\alpha}_n)$. 由于 $\boldsymbol{A}$ 可逆, 所以, 向量组 $\{\boldsymbol{\alpha}_1,\boldsymbol{\alpha}_2,\cdots,\boldsymbol{\alpha}_n\}$ 线性无关. 对其正交化, 得到与其等价的正交向量组:

$$\begin{aligned}
\boldsymbol{\beta}_1&=\boldsymbol{\alpha}_1,\\
\boldsymbol{\beta}_2&=\boldsymbol{\alpha}_2-\frac{(\boldsymbol{\alpha}_2,\boldsymbol{\beta}_1)}{(\boldsymbol{\beta}_1,\boldsymbol{\beta}_1)}\boldsymbol{\beta}_1,\\
\boldsymbol{\beta}_3&=\boldsymbol{\alpha}_3-\frac{(\boldsymbol{\alpha}_3,\boldsymbol{\beta}_1)}{(\boldsymbol{\beta}_1,\boldsymbol{\beta}_1)}\boldsymbol{\beta}_1-\frac{(\boldsymbol{\alpha}_3,\boldsymbol{\beta}_2)}{(\boldsymbol{\beta}_2,\boldsymbol{\beta}_2)}\boldsymbol{\beta}_2,\\
&\cdots\cdots\\
\boldsymbol{\beta}_n&=\boldsymbol{\alpha}_n-\frac{(\boldsymbol{\alpha}_n,\boldsymbol{\beta}_1)}{(\boldsymbol{\beta}_1,\boldsymbol{\beta}_1)}\boldsymbol{\beta}_1-\frac{(\boldsymbol{\alpha}_n,\boldsymbol{\beta}_2)}{(\boldsymbol{\beta}_2,\boldsymbol{\beta}_2)}\boldsymbol{\beta}_2-\cdots-\frac{(\boldsymbol{\alpha}_n,\boldsymbol{\beta}_{n-1})}{(\boldsymbol{\beta}_n,\boldsymbol{\beta}_{n-1})}\boldsymbol{\beta}_{n-1}.
\end{aligned}$$

沿着上述将 $\boldsymbol{\alpha}$ 向量组由单位正交向量组 $\left\{\frac{\boldsymbol{\beta}_1}{\|\boldsymbol{\beta}_1\|},\frac{\boldsymbol{\beta}_2}{\|\boldsymbol{\beta}_2\|},\cdots,\frac{\boldsymbol{\beta}_n}{\|\boldsymbol{\beta}_n\|}\right\}$ (实际是 n 维实向量空间的一个标准正交基) 线性表出的思路, 有

$$\begin{aligned}
\boldsymbol{\alpha}_1&=\|\boldsymbol{\beta}_1\|\frac{\boldsymbol{\beta}_1}{\|\boldsymbol{\beta}_1\|},\\
\boldsymbol{\alpha}_2&=\frac{(\boldsymbol{\alpha}_2,\boldsymbol{\beta}_1)}{(\boldsymbol{\beta}_1,\boldsymbol{\beta}_1)}\|\boldsymbol{\beta}_1\|\frac{\boldsymbol{\beta}_1}{\|\boldsymbol{\beta}_1\|}+\|\boldsymbol{\beta}_2\|\frac{\boldsymbol{\beta}_2}{\|\boldsymbol{\beta}_2\|},\\
\boldsymbol{\alpha}_3&=\frac{(\boldsymbol{\alpha}_3,\boldsymbol{\beta}_1)}{(\boldsymbol{\beta}_1,\boldsymbol{\beta}_1)}\|\boldsymbol{\beta}_1\|\frac{\boldsymbol{\beta}_1}{\|\boldsymbol{\beta}_1\|}+\frac{(\boldsymbol{\alpha}_3,\boldsymbol{\beta}_2)}{(\boldsymbol{\beta}_2,\boldsymbol{\beta}_2)}\|\boldsymbol{\beta}_2\|\frac{\boldsymbol{\beta}_2}{\|\boldsymbol{\beta}_2\|}+\|\boldsymbol{\beta}_3\|\frac{\boldsymbol{\beta}_3}{\|\boldsymbol{\beta}_3\|},\\
&\cdots\cdots\\
\boldsymbol{\alpha}_n&=\frac{(\boldsymbol{\alpha}_n,\boldsymbol{\beta}_1)}{(\boldsymbol{\beta}_1,\boldsymbol{\beta}_1)}\|\boldsymbol{\beta}_1\|\frac{\boldsymbol{\beta}_1}{\|\boldsymbol{\beta}_1\|}+\frac{(\boldsymbol{\alpha}_n,\boldsymbol{\beta}_2)}{(\boldsymbol{\beta}_2,\boldsymbol{\beta}_2)}\|\boldsymbol{\beta}_2\|\frac{\boldsymbol{\beta}_2}{\|\boldsymbol{\beta}_2\|}\\
&\quad+\cdots+\frac{(\boldsymbol{\alpha}_n,\boldsymbol{\beta}_{n-1})}{(\boldsymbol{\beta}_n,\boldsymbol{\beta}_{n-1})}\|\boldsymbol{\beta}_{n-1}\|\frac{\boldsymbol{\beta}_{n-1}}{\|\boldsymbol{\beta}_{n-1}\|}+\|\boldsymbol{\beta}_n\|\frac{\boldsymbol{\beta}_n}{\|\boldsymbol{\beta}_n\|}.
\end{aligned}$$

然后, 将诸 $\boldsymbol{\alpha}$ 作为列向量重新组拼出矩阵 $\boldsymbol{A}=(\boldsymbol{\alpha}_1,\boldsymbol{\alpha}_2,\cdots,\boldsymbol{\alpha}_n)$, 将诸 $\frac{\boldsymbol{\beta}}{\|\boldsymbol{\beta}\|}$ 按自然序组拼出正交矩阵

$$\boldsymbol{T}=\left(\frac{\boldsymbol{\beta}_1}{\|\boldsymbol{\beta}_1\|},\frac{\boldsymbol{\beta}_2}{\|\boldsymbol{\beta}_2\|},\cdots,\frac{\boldsymbol{\beta}_n}{\|\boldsymbol{\beta}_n\|}\right).$$

根据矩阵的运算法则, 易知 $\boldsymbol{A}=\boldsymbol{T}\boldsymbol{B}_0$. 其中

$$
\boldsymbol{B}_0 = \begin{pmatrix} \|\boldsymbol{\beta}_1\| & \dfrac{(\boldsymbol{\alpha}_2,\boldsymbol{\beta}_1)}{(\boldsymbol{\beta}_1,\boldsymbol{\beta}_1)}\|\boldsymbol{\beta}_1\| & \dfrac{(\boldsymbol{\alpha}_3,\boldsymbol{\beta}_1)}{(\boldsymbol{\beta}_1,\boldsymbol{\beta}_1)}\|\boldsymbol{\beta}_1\| & \cdots & \dfrac{(\boldsymbol{\alpha}_n,\boldsymbol{\beta}_1)}{(\boldsymbol{\beta}_1,\boldsymbol{\beta}_1)}\|\boldsymbol{\beta}_1\| \\ 0 & \|\boldsymbol{\beta}_2\| & \dfrac{(\boldsymbol{\alpha}_3,\boldsymbol{\beta}_2)}{(\boldsymbol{\beta}_2,\boldsymbol{\beta}_2)}\|\boldsymbol{\beta}_2\| & \cdots & \dfrac{(\boldsymbol{\alpha}_n,\boldsymbol{\beta}_2)}{(\boldsymbol{\beta}_2,\boldsymbol{\beta}_2)}\|\boldsymbol{\beta}_2\| \\ 0 & 0 & \|\boldsymbol{\beta}_3\| & \cdots & \dfrac{(\boldsymbol{\alpha}_n,\boldsymbol{\beta}_3)}{(\boldsymbol{\beta}_3,\boldsymbol{\beta}_3)}\|\boldsymbol{\beta}_3\| \\ \vdots & \vdots & \vdots & & \vdots \\ 0 & 0 & 0 & \cdots & \|\boldsymbol{\beta}_n\| \end{pmatrix}.
$$

亦即, 实可逆矩阵可以分解成正交矩阵与主对角线上元素为正数的上三角矩阵乘积的形式.

本着思维收益极大化的原则, 再深入思考一步! 首先看上述解题过程中的哪些因素是可变的; 然后将可变的部分进行替换, 便有望得到新的结论. 这种推陈出新的原则, 我们称之为 “替换原则”.

简单分析后不难发现, 诸 $\|\boldsymbol{\beta}\|$ 是可换的. 以任意选定的一组非零实数 $\lambda_1,\lambda_2,\cdots,\lambda_n$ 对应替换 $\|\boldsymbol{\beta}_1\|,\|\boldsymbol{\beta}_2\|,\cdots,\|\boldsymbol{\beta}_n\|$ 之后, 上述推导过程仍然成立. 我们最终得到 $\boldsymbol{A}=\boldsymbol{T}_c\boldsymbol{B}_\lambda$. 其中

$$
\boldsymbol{T}_c = \left(\frac{\boldsymbol{\beta}_1}{\lambda_1},\frac{\boldsymbol{\beta}_2}{\lambda_2},\cdots,\frac{\boldsymbol{\beta}_n}{\lambda_n}\right),
$$

$$
\boldsymbol{B}_\lambda = \begin{pmatrix} \lambda_1 & \dfrac{(\boldsymbol{\alpha}_2,\boldsymbol{\beta}_1)}{(\boldsymbol{\beta}_1,\boldsymbol{\beta}_1)}\lambda_1 & \dfrac{(\boldsymbol{\alpha}_3,\boldsymbol{\beta}_1)}{(\boldsymbol{\beta}_1,\boldsymbol{\beta}_1)}\lambda_1 & \cdots & \dfrac{(\boldsymbol{\alpha}_n,\boldsymbol{\beta}_1)}{(\boldsymbol{\beta}_1,\boldsymbol{\beta}_1)}\lambda_1 \\ 0 & \lambda_2 & \dfrac{(\boldsymbol{\alpha}_3,\boldsymbol{\beta}_2)}{(\boldsymbol{\beta}_2,\boldsymbol{\beta}_2)}\lambda_2 & \cdots & \dfrac{(\boldsymbol{\alpha}_n,\boldsymbol{\beta}_2)}{(\boldsymbol{\beta}_2,\boldsymbol{\beta}_2)}\lambda_2 \\ 0 & 0 & \lambda_3 & \cdots & \dfrac{(\boldsymbol{\alpha}_n,\boldsymbol{\beta}_3)}{(\boldsymbol{\beta}_3,\boldsymbol{\beta}_3)}\lambda_3 \\ \vdots & \vdots & \vdots & & \vdots \\ 0 & 0 & 0 & \cdots & \lambda_n \end{pmatrix}.
$$

$\boldsymbol{T}_c$ 的列向量组构成 n 维向量空间的一个正交向量组 (是一个正交基). 如果我们称这类矩阵为 “列正交矩阵”, 则 $\boldsymbol{A}=\boldsymbol{T}_c\boldsymbol{B}_\lambda$ 告诉人们: 任何一个实可逆矩阵, 都可分解为一个列正交矩阵与一个上三角矩阵乘积的形式; 并且, 其中上三角矩阵主对角线上的元素可以是人们任意选定的一组非零实数. 显然, 这是对传统的 $\boldsymbol{QR}$ 分解结论的沿另一方向的一种推广.

借助于转置运算, 人们可轻松地得到上述诸结论的另一种说法. 比如, 如果我们称行向量组构成正交向量组的矩阵为 "行正交矩阵", 则任何一个实可逆矩阵, 都可分解为一个下三角矩阵与一个行正交矩阵乘积的形式; 而且, 其中下三角矩阵主对角线上的元素可以是人们任意选定的一组非零实数.

没有创新思维, 就难以真正实现收益最大化. 因为没有创新, 就没有收益的充足、开放的来源. 追求教学收益极大化的教育离不开创新教育.

创新有两种基本类型：一是灵感型原创性创新; 二是推陈出新型创新. 也就是借助于一定的手段、对已有的成果进行改造所实现的创新. 第一种可遇不可求. 创新活动以第二类居多. 既然是新, 就要与以往的不同、就要改造、替换. 要做到第二类创新, 首先就要分析、洞察研究对象结构中的可变、可替换因素; 其次进行适宜地替换; 最后, 对替换后的对象要素的关系结构进行相应调整, 便可得到新的结论. 也就是说, 替换原则是第二类创新的基本原则, 是创新教育的核心内容之一.

例 5 若 $\boldsymbol{A},\boldsymbol{B}$ 分别是 n 阶实对称矩阵和正定矩阵, 则存在可逆矩阵 $\boldsymbol{U}$, 在线性替换

$$\boldsymbol{X}=\boldsymbol{U}\boldsymbol{Y},\quad \boldsymbol{X}=(x_1,x_2,\cdots,x_n)^{\mathrm{T}},\quad \boldsymbol{Y}=(y_1,y_2,\cdots,y_n)^{\mathrm{T}}$$

之下, 二次型 $\boldsymbol{X}^{\mathrm{T}}\boldsymbol{A}\boldsymbol{X},\boldsymbol{X}^{\mathrm{T}}\boldsymbol{B}\boldsymbol{X}$ 同时标准化, 而且 $|\lambda\boldsymbol{B}-\boldsymbol{A}|=0$ 的根皆为实数 (文献 [64], PP.410—411). 首先, 对 $\boldsymbol{X}^{\mathrm{T}}\boldsymbol{A}\boldsymbol{X},\boldsymbol{X}^{\mathrm{T}}\boldsymbol{B}\boldsymbol{X}$ 存在可逆阵 $\boldsymbol{U}_1$, 使得 $\boldsymbol{X}=\boldsymbol{U}_1\boldsymbol{Z},\boldsymbol{Z}=(z_1,z_2,\cdots,z_n)^{\mathrm{T}}$ 变 $\boldsymbol{X}^{\mathrm{T}}\boldsymbol{B}\boldsymbol{X}$ 为规范型:

$$\boldsymbol{X}^{\mathrm{T}}\boldsymbol{A}\boldsymbol{X}=\boldsymbol{Z}^{\mathrm{T}}\boldsymbol{A}_1\boldsymbol{Z},\quad \boldsymbol{X}^{\mathrm{T}}\boldsymbol{B}\boldsymbol{X}=\boldsymbol{Z}^{\mathrm{T}}\boldsymbol{E}\boldsymbol{Z};$$

其次, 对 $\boldsymbol{Z}^{\mathrm{T}}\boldsymbol{A}_1\boldsymbol{Z}$ 存在正交矩阵 $\boldsymbol{U}_2$, 使得 $\boldsymbol{Z}=\boldsymbol{U}_2\boldsymbol{Y},\boldsymbol{Y}=(y_1,y_2,\cdots,y_n)^{\mathrm{T}}$ 变

$$\boldsymbol{Z}^{\mathrm{T}}\boldsymbol{A}_1\boldsymbol{Z}=\omega_1y_1^2+\omega_2y_2^2+\cdots+\omega_ny_n^2,\quad \boldsymbol{Z}^{\mathrm{T}}\boldsymbol{E}\boldsymbol{Z}=\boldsymbol{Y}^{\mathrm{T}}\boldsymbol{E}\boldsymbol{Y}=y_1^2+y_2^2+\cdots+y_n^2.$$

令 $\boldsymbol{U}=\boldsymbol{U}_1\boldsymbol{U}_2$, 则 $\boldsymbol{X}=\boldsymbol{U}\boldsymbol{Y}$ 变

$$\boldsymbol{X}^{\mathrm{T}}\boldsymbol{A}\boldsymbol{X}=\omega_1y_1^2+\omega_2y_2^2+\cdots+\omega_ny_n^2,\quad \boldsymbol{X}^{\mathrm{T}}\boldsymbol{B}\boldsymbol{X}=y_1^2+y_2^2+\cdots+y_n^2,$$

即

$$\left.\begin{array}{l}\boldsymbol{U}^{\mathrm{T}}\boldsymbol{A}\boldsymbol{U}=\mathrm{diag}(\omega_1,\omega_2,\cdots,\omega_n)\\ \boldsymbol{U}^{\mathrm{T}}\boldsymbol{B}\boldsymbol{U}=\boldsymbol{E}\end{array}\right\}\Rightarrow \boldsymbol{U}^{\mathrm{T}}(\lambda\boldsymbol{B}-\boldsymbol{A})\boldsymbol{U}=\mathrm{diag}(\lambda-\omega_1,\lambda-\omega_2,\cdots,\lambda-\omega_n)$$

$$\xrightarrow[c^{-1}=|\boldsymbol{U}|^2\neq 0]{} |\lambda\boldsymbol{B}-\boldsymbol{A}|=c(\lambda-\omega_1)(\lambda-\omega_2)\cdots(\lambda-\omega_n).$$

由于 $\operatorname{diag}(\omega_1, \omega_2, \cdots, \omega_n) = \boldsymbol{U}^{\mathrm{T}}\boldsymbol{A}\boldsymbol{U}$ 是实矩阵, 所以 $|\lambda\boldsymbol{B} - \boldsymbol{A}| = 0$ 的根 $\omega_1, \omega_2, \cdots,$ ω_n 皆为实数. 由于实正定矩阵的逆矩阵还是实正定矩阵,

$$|\lambda\boldsymbol{B} - \boldsymbol{A}| = 0 \Rightarrow \left|\lambda - \boldsymbol{A}\boldsymbol{B}^{-1}\right| = 0, \quad \left|\lambda - \boldsymbol{B}^{-1}\boldsymbol{A}\right| = 0$$

所以, 上述结论实际上是说: 实对称矩阵与实正定矩阵的乘积 (两种顺序皆可) 的特征值都是实数. 这一结论显然是 "实对称矩阵的特征值是实数" 的推广. 因为当上述结论中的正定矩阵取成单位矩阵时, 它便退化成了这一传统的结论.

例 6 伴随矩阵概念的自然引出.

除定义之外, 行列式具有 8 条常用的一般性质, 用自然语言笼统讲来就是:

(1) 行列互换, 值不变.

(2) 两行互换, 值变号.

(3) 两行相同, 值是零.

(4) 一行是两向量的和, 行列式可由此行撕成两个行列式的和.

(5) 一行元素的公因子可以提出来.

(6) 两行元素成比例, 值是零.

(7) 任意一行的任意一个倍数加到另一行, 值不变.

(8) 一行的元素乘上各自位置的代数余子式求和, 等于行列式的值; 一行的元素乘上另外一行对应位置的代数余子式求和, 等于零.

对于给定的矩阵

$$\boldsymbol{A} = \begin{pmatrix} a_{11} & a_{12} & \cdots & a_{1n} \\ a_{21} & a_{22} & \cdots & a_{2n} \\ \vdots & \vdots & & \vdots \\ a_{n1} & a_{n2} & \cdots & a_{nn} \end{pmatrix}$$

而言, 其中的第 8 条, 落实到每一行都有 n 个等式: 如果以 $\boldsymbol{A}_{ij}$ 表示 ij 位置的代数余子式, 则与第 k 行相应的 n 个等式为

$$a_{k1}\boldsymbol{A}_{m1} + a_{k2}\boldsymbol{A}_{m2} + \cdots + a_{kn}\boldsymbol{A}_{mn} = \begin{cases} |\boldsymbol{A}|, & m = k, \\ 0, & m \neq k. \end{cases} \tag{1}$$

借助于矩阵的乘法, 将总共 n^2 个等式组合到一起, 便可有以下等式

$$
\begin{aligned}
&\begin{pmatrix} a_{11} & a_{12} & \cdots & a_{1n} \\ a_{21} & a_{22} & \cdots & a_{2n} \\ \vdots & \vdots & & \vdots \\ a_{n1} & a_{n2} & \cdots & a_{nn} \end{pmatrix}\begin{pmatrix} A_{11} & A_{21} & \cdots & A_{n1} \\ A_{12} & A_{22} & \cdots & A_{n2} \\ \vdots & \vdots & & \vdots \\ A_{1n} & A_{2n} & \cdots & A_{nn} \end{pmatrix}=\begin{pmatrix} |\boldsymbol{A}| & & & \\ & |\boldsymbol{A}| & & \\ & & \ddots & \\ & & & |\boldsymbol{A}| \end{pmatrix}=|\boldsymbol{A}|\,\boldsymbol{E}; \\
&\begin{pmatrix} A_{11} & A_{21} & \cdots & A_{n1} \\ A_{12} & A_{22} & \cdots & A_{n2} \\ \vdots & \vdots & & \vdots \\ A_{1n} & A_{2n} & \cdots & A_{nn} \end{pmatrix}\begin{pmatrix} a_{11} & a_{12} & \cdots & a_{1n} \\ a_{21} & a_{22} & \cdots & a_{2n} \\ \vdots & \vdots & & \vdots \\ a_{n1} & a_{n2} & \cdots & a_{nn} \end{pmatrix}=\begin{pmatrix} |\boldsymbol{A}| & & & \\ & |\boldsymbol{A}| & & \\ & & \ddots & \\ & & & |\boldsymbol{A}| \end{pmatrix}=|\boldsymbol{A}|\,\boldsymbol{E}.
\end{aligned} \tag{2}
$$

将其中的矩阵

$$
\begin{pmatrix} A_{11} & A_{21} & \cdots & A_{n1} \\ A_{12} & A_{22} & \cdots & A_{n2} \\ \vdots & \vdots & & \vdots \\ A_{1n} & A_{2n} & \cdots & A_{nn} \end{pmatrix}
$$

单独拿出来, 给它起一个名字, 这就有了伴随矩阵 $\boldsymbol{A}^*$ 的概念. 除其具体构成外, 它的重要特点是

$$
\boldsymbol{A}\boldsymbol{A}^* = \boldsymbol{A}^*\boldsymbol{A} = |\boldsymbol{A}|\,\boldsymbol{E}.
$$

全面描述一组对象或关系式的基本方法有两种：一是给出它们的共同结构, 建立通项公式. 这在数列问题中经常用到. 上面的式 (1) 也属此类. 二是将所涉及的对象或关系式组合成一个新的结构. 上面的式 (2) 即得. 这是一种结构布局、集成的方法, 是现代数学关注结构化、凝结化的进一步表现. 显然, 有效的组构, 体现着相当水准的艺术性.

此例有助于人们体会英国速算天才、爱丁堡大学 (Edinburgh University) 数学教授 A.C.Aitken(1895—1967, 诞生于新西兰) 在其经典之作 *Determinants and matrices* 中的开篇之言:“普通代数的记号法是一种方便的速记体系, 是一种适于表达数之间逻辑关系的紧致码. 矩阵的记号仅仅是这种速记的一种后继发展, 借助于它, 早期体系中的一些运算及其结果可以得到更为简短的表达. ”(文献 [163], P.1) 以及更早些的英国大数学家西尔维斯特 (James Joseph Sylvester, 1814—1897) 对行列式理论表达的观点：行列式是一种代数之上的代数, 其之于代数运算, 正如

同代数之于算术运算 (文献 [379], Preface 第一段). 代数运算比算术运算具有更强的概括力, 行列式、矩阵的语言比代数运算更具概括力、经济性.

容易看出, 本例的实现, 其本质在于: 用新的语言去重述旧的事实 —— 新瓶装旧酒. 在形式科学中, 形式的改变就是一种创新. 人的意识对不同的形式有不同的感受. 何谓新? 感受不同就是新.

我们要指出的是, 任何一种思想, 从专家群体过渡到形成一种教育观念, 都有一个过程, 并进行相应的变化. 集合系统思维的意识也不例外. 在一开始, 数学家关注的重点是借助于整体来解决个体的问题. 关注系统结构, 只是一个中介手段. 诚如美国数学家哈尔莫斯 (Paul R.Halmos, 1916—2006) 在 1958 年的文章《数学的创新》中所说: "经典的数学家关注个别的问题." 当他遇到一个方程组时, 他就会问: 它们有解吗? 如果有, 每个解是什么样的? 现代的数学家也想知道这些问题的答案, 但是他处理问题的途径不同. 例如说, 他一开始可能会问: "两个解的和或者积还是解吗?" 这是一个关于所有可能的解的构造的问题. 如果答案为是, 他就知道他是遇上了一个特殊类型的集合 (如一个群), 这就会给他关于个别解的重要的信息"(文献 [146], P.17). 为了使得学生能够容易体会新思想的精神, 贯彻到教育水平的形态往往要加突出重点. 近代数学中, 集合整体思维是要点, 将其抽取出来看作独立的研究对象、而暂时不考虑其了解个体的中介作用, 对其专门加以教育, 这便形成了侧重集合、结构的近世代数的精神.

从专家形态过渡到教育形态, 美国大学基础教育的运转时间是比较短的. 新思想观念普及的高效率, 自然利于社会的发展.

中国在专家群体追踪世界数学前沿方面, 效率可谓不低, 但在快速落实到教育普及的环节方面, 效率却大大低于美国及苏联和现在的俄罗斯等国家.

提高新思想、观念、思维方式的传播速度, 政府教育部门、专家、教师都是有相应责任的.

数学中既考虑静态对象, 也考虑对象间的各种变换、关系. 将集合思维用到几个变换上, 便可自然产生 "变换的同时实现" 等问题. 比如, 一个矩阵有相似对角化的问题, 对几个矩阵同时考虑这一问题, 便可产生 "两个矩阵能够同时相似对角化的充要条件" 和 "三个矩阵同时相似对角化的充要条件" 等问题. 这些问题的提出, 开拓了人们思维的视野. 这种由一到多的思维或者形象地称为 "名词复数化" 的思维 (英语中的 s 化思维), 考虑得不一定是前述集合系统思维的考虑 "所有 $\cdots$" 的问题. 它更具有一般性 (其中的 "多" 既可是全部, 也可不是).

存在决定意识. "对象要素的思维原则化" 是思维发展的重要途径. 现代数学研究各种结构. 结构思维包含两个基本的方面: 一是集合思维; 二是元素间关系,

特别是运算封闭性思维. 学了一类新的数学对象, 就要考虑诸如 “它们的和、积还是这类对象吗” 等问题. 这是线性代数中提问题的一种常见模式. 比如, 学了正交矩阵就要考虑: 正交矩阵的和还是正交矩阵吗? 乘积还是吗? 学生会发现, 和不封闭, 乘积封闭 —— 实际上, n 阶正交矩阵的集合关于乘法构成一个群; 学了正定矩阵就要问: 正定矩阵的和还是正定的吗? 乘积还是吗? 如果不是, 在什么条件下是? 等等. 简单验算会发现: 同阶正定矩阵的集合关于加法封闭, 关于与正数的数乘也封闭. 形象上形成一个 “正半空间”.

封闭性的问题实际上是一类不变性的问题. 拿正定性来讲, 问 “若 n 阶方阵 $\boldsymbol{A}, \boldsymbol{B}$ 是正定的, 乘积 $\boldsymbol{AB}$ 是否仍是正定的?”, 这实际上是在问: “正定性是否被乘法运算所保持, 是否是乘法运算的不变性?” 一种属性在一种操作下是否具有不变性? 在什么操作下保持不变?” 一种确定的操作有哪些不变性? 这是数学中有关不变量理论的基本问题. 在一定尺度下, 可以说, 数学就是关于不变量的理论.

在封闭性考虑的过程中, 本着收益极大化的精神, 千万不要忘记对所得的结论进行极大限度的推广.

例 7 正交矩阵的和不一定是正交矩阵. 例如

$$\begin{pmatrix} 1 & 0 \\ 0 & 1 \end{pmatrix} + \begin{pmatrix} 1 & 0 \\ 0 & 1 \end{pmatrix} = \begin{pmatrix} 2 & 0 \\ 0 & 2 \end{pmatrix}$$

破坏和的正交性; 而

$$\begin{pmatrix} 1 & 0 \\ 0 & 1 \end{pmatrix} + \begin{pmatrix} -\dfrac{1}{2} & -\dfrac{\sqrt{3}}{2} \\ \dfrac{\sqrt{3}}{2} & -\dfrac{1}{2} \end{pmatrix} = \begin{pmatrix} \dfrac{1}{2} & -\dfrac{\sqrt{3}}{2} \\ \dfrac{\sqrt{3}}{2} & \dfrac{1}{2} \end{pmatrix}$$

保持和的正交性. 事情至此不应结束, 而要建议学生进一步给出新的相关例子, 例如, 若记 E_n 表示 n 阶单位矩阵,

$$\boldsymbol{A}_1 = \begin{pmatrix} -\dfrac{1}{2} & -\dfrac{\sqrt{3}}{2} \\ \dfrac{\sqrt{3}}{2} & -\dfrac{1}{2} \end{pmatrix}, \quad \boldsymbol{A}_2 = \begin{pmatrix} \dfrac{1}{2} & -\dfrac{\sqrt{3}}{2} \\ \dfrac{\sqrt{3}}{2} & \dfrac{1}{2} \end{pmatrix},$$

则 $E_n + E_n$ 破坏和的正交性,

$$\begin{pmatrix} \boldsymbol{E}_2 & \boldsymbol{0} \\ \boldsymbol{0} & \boldsymbol{E}_2 \end{pmatrix} + \begin{pmatrix} \boldsymbol{A}_1 & \boldsymbol{0} \\ \boldsymbol{0} & \boldsymbol{A}_1 \end{pmatrix} = \begin{pmatrix} \boldsymbol{A}_2 & \boldsymbol{0} \\ \boldsymbol{0} & \boldsymbol{A}_2 \end{pmatrix},$$

保持和的正交性. 在此构造法的基础上, 进一步要求学生给出无穷多个相关的例子, 便不是难事了, 因为

$$\begin{pmatrix} \boldsymbol{E}_2 & 0 & \cdots & 0 \\ 0 & \boldsymbol{E}_2 & \cdots & 0 \\ \vdots & \vdots & \ddots & \vdots \\ 0 & 0 & \cdots & \boldsymbol{E}_2 \end{pmatrix}_{n\times n} + \begin{pmatrix} \boldsymbol{A}_1 & 0 & \cdots & 0 \\ 0 & \boldsymbol{A}_1 & \cdots & 0 \\ \vdots & \vdots & \ddots & \vdots \\ 0 & 0 & \cdots & \boldsymbol{A}_1 \end{pmatrix}_{n\times n} = \begin{pmatrix} \boldsymbol{A}_2 & 0 & \cdots & 0 \\ 0 & \boldsymbol{A}_2 & \cdots & 0 \\ \vdots & \vdots & \ddots & \vdots \\ 0 & 0 & \cdots & \boldsymbol{A}_2 \end{pmatrix}_{n\times n}$$

对任意的自然数 $n \geqslant 1$ 都保持和的正交性.

明确数学知识体系的一种共同结构, 显然有助于学生尽快把握知识的整体, 提高学习效率.

问题是知识衍生的先行官. 明确常见问题的结构, 利于学生从发生学的角度感受知识体系的自然来源.

除了各种具体的提问题的方法外, 在数学的教学中, 有一个重要的问题模式是不能忘记的, 那就是定量化的问题. 人们习惯于将外在世界中的问题进行定量化建模处理, 而在数学内部, 对数学对象间关系的定量化则时有忽略. 数学对象间的关系有基本的两类: 一是相对位置关系 (形象上静态), 如向量的平行、垂直, 集合的包含等; 二是运算关系 (形象上动态), 如矩阵的求逆、加法、乘法等. 前面已经谈到了运算封闭化的问题模式, 现在我们要谈的是有关定性关系的一种问题模式. 相对位置关系有时是定性给出的. 比如, 两个非空集合 S_1, S_2 相交, 一般情况下只是说 $S_1 \cap S_2 \neq \varnothing$, 其中并没有给出相交程度的度量信息. 数学对象之间的关系程度到底如何? 这是数学中一大类有待进一步研究的问题. 我们将其称为 "关系度问题".

例 8 在线性代数中, 向量之间有线性相关、线性无关的问题. 这些关系也是定性关系. 给定一组向量, 如果它们是线性无关的, 线性无关的程度如何? 如何刻画呢?

数学中有从特殊向一般移植的思维习惯. 线性无关度的定量表示, 人们也可按此方法进行.

首先考虑三维空间中的情形. 我们知道, 三维空间中三个向量

$$\boldsymbol{\alpha}_i = (a_i, b_i, c_i), \quad i = 1, 2, 3.$$

线性无关的充要条件是它们不共面. 换言之, 以它们为相邻三条棱构成的平行六面体的体积 (行列式的绝对值)

$$\left\|\begin{matrix} a_1 & b_1 & c_1 \\ a_2 & b_2 & c_2 \\ a_3 & b_3 & b_3 \end{matrix}\right\| \neq 0.$$

从直观上来看, 我们认为, 平行六面体越接近长方体, 三个向量越线性无关. 也就是说,

$$\left\|\begin{matrix} a_1 & b_1 & c_1 \\ a_2 & b_2 & c_2 \\ a_3 & b_3 & b_3 \end{matrix}\right\| \qquad (*)$$

越大, 表明 $\boldsymbol{\alpha}_i, \boldsymbol{\alpha}_2, \boldsymbol{\alpha}_3$ 线性无关的程度越高. 要将这一思想推广到 n 维空间中, 只要考虑向量组 $\boldsymbol{\alpha}_i = (a_{i1}, a_{i2}, \cdots, a_{in}), i = 1, 2, \cdots, m; m \leqslant n$ 的情形即可. 因为 $m > n$ 时, 向量组一定线性相关. 由于当 $m < n$ 时, 向量组 $\boldsymbol{\alpha}_1, \boldsymbol{\alpha}_2, \cdots, \boldsymbol{\alpha}_m$ 不能构成类似式 $(*)$ 的行列式, 因此, 要将三维空间中向量的线性无关度的指标加以等价变换: 换行列式为行列式平方的算术根. 而行列式平方 $|\boldsymbol{A}|^2$ 又可写成 $|\boldsymbol{A}|^2 = |\boldsymbol{A}|\left|\boldsymbol{A}^{\mathrm{T}}\right|$, 这一写法就可移植到上述 $m < n$ 情形了: 如果我们以给定的行向量组作为矩阵的行向量, 拼出如下矩阵

$$\boldsymbol{A} = \begin{pmatrix} a_{11} & a_{12} & \cdots & a_{1n} \\ a_{21} & a_{22} & \cdots & a_{2n} \\ \vdots & \vdots & & \vdots \\ a_{m1} & a_{m2} & \cdots & a_{mn} \end{pmatrix},$$

则可称 $\sqrt{\left|\boldsymbol{A}\boldsymbol{A}^{\mathrm{T}}\right|}$ 为向量组 $\boldsymbol{\alpha}_1, \boldsymbol{\alpha}_2, \cdots, \boldsymbol{\alpha}_m$ 的线性无关度. 这一例子, 是对美国数学史专家 Howard Eves 在 1966 年出版的*Elementary matrix theory*中相关思想的一个方法性改述 (文献 [126], PP.174—177).

开阔学生的视野, 触动其思维的神经, 让其在表面平凡的知识中体验别有洞天之感, 这自然会激发学生的兴奋感, 激励教育因此而在潜移默化中得到一定程度的实现.

平凡之处往往是人们认识的盲点, 同时也体现一个人的敏感度. 被认识对象的 "平凡度" 与认识者的 "敏感度" 是有密切联系的重要概念. 思想敏感度越高, 思维越精细, 看到的东西也越多, 进而收获也就越大.

例 9 如果 $\boldsymbol{A}$ 是 n 阶实反对称矩阵, 则对任何 n 维列向量 $\boldsymbol{\alpha}$ 而言, $\boldsymbol{\alpha}$ 与 $\boldsymbol{A}\boldsymbol{\alpha}$ 正交.

证明　$\boldsymbol{\alpha}$ 与 $\boldsymbol{A\alpha}$ 正交, 就是要证 $\boldsymbol{\alpha}^{\mathrm{T}}\boldsymbol{A\alpha}=0$. 当注意到 "$\boldsymbol{\alpha}^{\mathrm{T}}\boldsymbol{A\alpha}$ 是个数值" 这一平凡事实时, 问题可迎刃而解:

$$\boldsymbol{\alpha}^{\mathrm{T}}\boldsymbol{A\alpha}=(\boldsymbol{\alpha}^{\mathrm{T}}\boldsymbol{A\alpha})^{\mathrm{T}}=\boldsymbol{\alpha}^{\mathrm{T}}\boldsymbol{A}^{\mathrm{T}}\boldsymbol{\alpha}=\boldsymbol{\alpha}^{\mathrm{T}}(-\boldsymbol{A})\boldsymbol{\alpha}=-\boldsymbol{\alpha}^{\mathrm{T}}\boldsymbol{A\alpha}\Rightarrow\boldsymbol{\alpha}^{\mathrm{T}}\boldsymbol{A\alpha}=0.$$

断想 93　激励教育要培育怎样的人

激励教育培养出来的学生要大气 (有视野)、有创造力 (有能量)、有德行 (会做人).

断想 94　教观察

此时, 我们会介绍美国哲学家汉森 (Norwood Russell Hanson, 1924—1967) 的观察理论, 特别会指出其 "观察渗透理论" 的观点 (文献 [30]), 会介绍奥地利裔英国逻辑学家、哲学家维特根斯坦 (Ludwig Wittgenstein, 1889—1951) 的名著《名理论》(文献 [2]) 中有关观察的观点, 等等. 矩阵分块概念涉及对客观对象的主观结构建构问题. 人们看到的往往是在自己知识和感觉状态与水平背景之下的东西, 具有相当的偏见性. "消除偏见、保持客观" 反映在学习上是虚心、反映在研究上是原始回归 (文献 [32]). 这种状态对学习与研究都是有益的. 尽管其自发地难以做到, 但自觉地在一定程度上还是可以做到的.

行列式计算中有 "视察法 (inspection method)". 我们以下述取自 T.S.Blyth 与 E.F.Robertson 合著的《矩阵和向量空间》(文献 [70]) 一书的例子来说明其含义.

例　计算行列式

$$A=\begin{vmatrix} x & 1 & a & b \\ y^2 & y & 1 & c \\ yz^2 & z^2 & z & 1 \\ yzt & zt & t & 1 \end{vmatrix}.$$

观察易知，假如 $x=y$，则第一列与第二列对应成比例，所以此时 $A=0$，因此，$x-y$ 是 A 的一个因子；假如 $z=t$，则第三行与第四行相同，所以此时 $A=0$，因此，$z-t$ 是 A 的一个因子；假如 $y=z$，则

$$A=\begin{vmatrix} x & 1 & a & b \\ z^2 & z & 1 & c \\ z^3 & z^2 & z & 1 \\ z^2t & zt & t & 1 \end{vmatrix}=\begin{vmatrix} x & 1 & a & b \\ z^2 & z & 1 & c \\ z^3 & z^2 & z & 1 \\ 0 & 0 & 0 & 1-ct \end{vmatrix}=(1-ct)\begin{vmatrix} x & 1 & a \\ z^2 & z & 1 \\ z^3 & z^2 & z \end{vmatrix}=0,$$

因此，$y-z$ 也是 A 的一个因子. 由于 A 是 y 的一个二次多项式，故而存在常数 k，使得

$$A=k(x-y)(y-z)(z-t).$$

比较 A 的展开式中主对角线上元素的乘积项 xyz，便知 $k=1$. 所以

$$A=(x-y)(y-z)(z-t).$$

这种方法的基本要点在于: ①借助于 $f(x_0)=0 \Rightarrow (x-x_0)|f(x)$ 找多项式 $f(x)$ 的因子; ②借助于比较特殊项的系数来确定多项式最后的具体形态.

讲观察时, 讲解视觉心理学中的一些经典图形, 让学生感受科学与艺术在思维方式上的共同之处. 实现科学教育与艺术人文教育的渗透性融合, 体现 "教育是完整的人的教育" 的观念. 每一门课都应贯彻基于自身的全息教育观 —— 虽然各门课的具体内容不同, 但教育的总目标是一致的. 一门具体的学科体现出的是整体科学 —— 甚至人类文化的一种侧重而已.

断想 95　教育的本质首先体现为教师的自我教育

完整的人的教育首先是教师的自我教育 —— 教育的本质首先体现为教师的自我教育. 如果一名教师的教育思想都不能激励、感动自己、提高自己的话, 其对学生的教育效果决不会好. 一个人的行为不论是自发还是自觉, 客观上首先对其本人产生或潜或显的影响. 教育行为也不例外. 从这个角度说, 每位教师都应本着对自己负责的态度, 认真而高质量地履行自己的教书育人的职责.

断想 96　"研究型学习与学习型研究" 的问题

我们倡导学生的研究型学习与教师的学习型研究. 教师的职业也由此成为一个执行者成长的职业. 社会中的职业可分为两类: 一是明显的成长型职业; 二是奉献型职业. 将社会的职业都变成成长型职业是一个利于社会协调发展的重要课题, 因由此实现的是人之成长市场的共同进步的帕累托改进, 而不是损人利己的卡尔多改进.

断想 97　"成功是最好的激励; 成长本身也是进一步成长的资本"

基于此, 教师应引导学生提出一些在其知识、能力范围内能解决的问题. 他们提出了问题、自己解决了问题, 由此获得的成功感是其进一步提高的重要动力, 其解决问题的经验也为其进一步的智力发展奠定了基础. 自然引申问题的设计能力是教师实施创新教育的必备能力. 一门课程中, 教师设计的问题引申机会越多、类

型越丰富、越有内容层次、越有针对性 —— 适宜所教学生的水平分布, 创新教育越有望获得好的收益.

例　矩阵的转置、伴随、逆三种一元运算满足同一运算规律$f(\boldsymbol{AB})=f(\boldsymbol{B})f(\boldsymbol{A})$(反同态或部分反同态). 一般来讲, $\boldsymbol{A}^{\mathrm{T}},\boldsymbol{A}^{*},\boldsymbol{A}^{-1}$ 是不一样的. 其中的两个、三个若一样, 会如何呢? 满足 $\boldsymbol{A}^{-1}=\boldsymbol{A}^{\mathrm{T}}$ 的矩阵 $\boldsymbol{A}$(n 阶方阵), 在线性代数课程中称为正交矩阵; 满足 $\boldsymbol{A}^{-1}=\boldsymbol{A}^{*}$ 的矩阵有何特点呢? 对此类矩阵, 可让学生作一考察. 由于

$$\boldsymbol{A}^{-1}=\boldsymbol{A}^{*}\leftrightarrow \boldsymbol{A}\boldsymbol{A}^{*}=\boldsymbol{E}\xleftrightarrow{\boldsymbol{A}\boldsymbol{A}^{*}=|\boldsymbol{A}|\boldsymbol{E}}|\boldsymbol{A}|\,\boldsymbol{E}=\boldsymbol{E}\leftrightarrow|\boldsymbol{A}|=1.$$

因此, 满足 $\boldsymbol{A}^{-1}=\boldsymbol{A}^{*}$ 的矩阵与满足 $|\boldsymbol{A}|=1$ 的矩阵是一回事.

满足 $\boldsymbol{A}^{\mathrm{T}}=\boldsymbol{A}^{*}$ 的矩阵如何呢? 显然, 对此类矩阵, $\boldsymbol{A}\boldsymbol{A}^{\mathrm{T}}=|\boldsymbol{A}|\,\boldsymbol{E}$. 零矩阵自然属于这一类; 而若 $\boldsymbol{A}\neq\boldsymbol{0}$, 则 $\boldsymbol{A}\boldsymbol{A}^{\mathrm{T}}$ 主对角线上至少有一个元素大于零, 从而,$|\boldsymbol{A}|>0$. 这样,

$$\boldsymbol{A}\boldsymbol{A}^{\mathrm{T}}=|\boldsymbol{A}|\boldsymbol{E}\Rightarrow|\boldsymbol{A}\boldsymbol{A}^{\mathrm{T}}|=|\boldsymbol{A}|^{2}\boldsymbol{E}\Rightarrow|\boldsymbol{A}|^{2}=|\boldsymbol{A}|^{n}.$$

当 $n\geqslant 3$ 时,

$$|\boldsymbol{A}|^{2}=|\boldsymbol{A}|^{n}\xrightarrow{|\boldsymbol{A}|>0}|\boldsymbol{A}|=1.$$

这时, $\boldsymbol{A}\boldsymbol{A}^{\mathrm{T}}=\boldsymbol{E}$, $\boldsymbol{A}$ 是正交矩阵. 容易理解, "若方阵 $\boldsymbol{A}$ 的阶数 $n\geqslant 3$, 则 $\boldsymbol{A}$ 满足 $\boldsymbol{A}^{\mathrm{T}}=\boldsymbol{A}^{*}$ 的充分必要条件是: $\boldsymbol{A}$ 是行列式为 1 的正交矩阵". 当然, 此结论也可表述为: "若方阵 $\boldsymbol{A}$ 的阶数 $n\geqslant 3$, 则 $\boldsymbol{A}$ 满足 $\boldsymbol{A}^{-1}=\boldsymbol{A}^{\mathrm{T}}=\boldsymbol{A}^{*}$ 的充分必要条件是: $\boldsymbol{A}$ 是行列式为 1 的正交矩阵".

从整体 (如实 n 阶矩阵空间) 上讲, 人们还可考虑, $\boldsymbol{A}^{\mathrm{T}},\boldsymbol{A}^{*},\boldsymbol{A}^{-1}$ 中的两个相等的机会有多大等问题.

断想 98　重温教育的观念

改进你对所学材料理解状况的一个好的方法, 就是在更高水平上重温与应用它 (文献 [33]). "从更高观点以新理旧、在实践中强化所学" 是吃透所学的基本路线. 一个人关于任何对象的知识都有一个吸收消化到理解、有感觉的过程. 知识的本身有一个展开的过程. 仅仅在课程本身, 知识的本质往往不能充分暴露或显示. 当然, 这与教师的水平和学生的感受力都有相当的关系. 为了让学生对所学知识有一个深刻了解, 在学生心目中建立 "知识展开的过程原则" 是必要的. 重温或改变已有知识的存在形态, 是数学研究中的一个重要类型. 在数学中, 形式的改变具有本质的意义.

断想 99　如何获得好的学习效果

在学生大学期间的当时紧迫需求 (即拿到毕业证) 与学到真本事之间取得协调, 是每一位有社会责任感的教师都要考虑的问题. 教育的职责在于为社会培养出高品质的人才. 如何激励学生在后继工作或学习中回头整合以前所学知识, 让以前所学成为自己本能或拟本能的资本呢? 这是教师落实 "回头整合深化原则" 的问题.

"增加难度, 使得所欲教授的内容变得相对较为容易些" 是提高学生学习效果的重要措施之一. 在课堂上普遍实行这一原则以取得期望效果的前提, 是要建立学生适应这一教育思想的信心. 要做到这一点, 教师就必须要向学生讲明白这种 "相对容易化" 思想的合理性. 教师的教学设计有两类: 一类是必须要让学生明白你的设计之可取性以便获得其配合的; 另一类是只 "使其由之, 而不使其知之" 者. 从本质上讲, "人是在无知中获得成长的". 如果一个人什么都看透了, 那他就不会再有新知, 进而也就很自然地不会再有什么成长了. 人从无知到知, 是个 "幡然醒悟" 的过程 —— 由无知状态 "幡" 到知的状态, 是个由 "双面人" 到 "单面人" 的过程 —— 前者有知与无知两面, 后者则合二为一. 这一转换过程, 类似于数学中将单侧曲面扭转对接为单侧曲面 ——Mobius 带 —— 一样. 不论哪种设计, 目标都是一样的 —— 就是要将学生引导到一个新的高度. "相对容易化" 的设计属于前者. 为说服学生, 可与跑步相类比. 如果你有跑 1000 米的愿望, 那么, 当你跑到 500 米时一定不会觉得累. 而若一开始你仅想跑 500 米, 那么跑到 450 米的时候一般就会感觉累了. 体力上如此, 智力上也是如此: 如果你有学好难的课程的信心或目标, 那么, 难的课程的预备知识对你来说就会显得比较容易. 我们将此教育思想称为 "赋重原则"(或称 "加压原则" "反折扣原则" "反伤耗原则"). 反映到课堂教学中, 此原则要求教师讲的内容的水平要超越课本的水平. 笔者在线性代数教学中采用的设计之一就是这一原则: 将线性代数的内容纳入抽象代数的背景进行讲解.

赋重原则对数学教学的要求, 必然要其超越数学本身. 数学只是实施素质教育的载体之一 (文献 [16]). 这与怀特海的教育观点基本是一致的. 数学教育的目的, 并不仅仅在于讲授数学, 而是更要 "让学生从他们课程的一开始就懂得科学是什么、为什么当应用于自然现象的时候, 它必然成为精确思想的基础. "(文献 [112], P.2).

赋重原则可以两种方式实施: 一是在课堂上大面积应用; 二是建议学生课下自己去做这一工作 —— 告诉他们要看深一些的著作, 以便根据其自身的具体情况进一步提高. 学了简单的知识, 再学难些的知识, 然后用难的新观点回头看简单的知识, 会感觉简单的知识确实简单. "(深 —) 浅 — 深 — 浅" 的学习路线是科学的学习路线. 经历了否定之否定的思维过程, 前后认识的比较会给人留下简单化的感受. 笔者在大学期间学习抽象代数 (也称为近世代数) 课程时就有此经验. 当时, 我首先自学的是 van der Waerden 的《代数学》([荷]B.L. 范德瓦尔登 著, 代数学 I, 丁石孙 曾肯成 郝炳新 译, 北京: 科学出版社, 1978), 此起点高于后来我们的《近世代数》教材 (吴品三编, 近世代数, 北京: 人民教育出版社, 1982), 感觉课程很简单; 再后来, 读了英国数学家 M.F.Atiyah 和 J.G.Macdonald 的《交换代数导引》(冯绪宁 刘木兰 戴宗铎 译, 北京: 科学出版社, 1982) 之后, 感觉原先学的东西很少、也很简单 —— 因为 Atiyah 的书写得非常凝练: 能够适应它的信息密度和跨度, 理解起原先较平缓的东西就变得轻松多了.

学生课下读书, 我们建议尽可能地去读一些经典名著, 切实践行挪威数学家阿贝尔 (Abel, Niels Henrik. 1802—1829) 的名言 "向大师学习". 经典之所以是经典, 是由于其既经受了时间的检验, 其思想又处在数学相应领域发展的主流中. 学习他们的知识, 能够使人较快地进入主流, 尽早掌握人类相关方面的核心成就. 这是一种低时间成本的学习策略.

"向大师学习" 带给学习者更加深层的益处在于, 学习者的思维感觉系统的运作模式将趋近于大师的神经运动模式. 大师的作品承载着其本人思维神经系统运动的一个相应片断. 知识的传播在一定水平上讲, 是知识生产者思维振动模式的传播. 在思维领域, 也存在着 "近朱者赤, 近墨者黑" 的自然现象.

可以说, 学习是借助于知识信息的冲击来改进学习者神经系统状态的一种行为.

常言道, "物以类聚, 人以群分". 你属于哪一群? 如果你认为自己是处于发展时期未定型的人, 那么, 你属于哪一群, 就与你的追求和努力有关. 你想加入哪一群? 须知, 近朱者赤, 近墨者黑. 你该为你的意向付出怎样的努力? 这是每个人自己应该回答的问题. "向大师学习" 就是努力接近大师, 与大师同群. "向大师学习" 就是向高人学习. 这是提升自己的捷径. 寻找学习的榜样, 既可在现世的人群中找 (比如找研究生导师), 更应视野更加开阔地在当世及其之前的历史长河中去找. 历史经典就属此类. 何为生者, 何为逝者? 若就思想影响力而言, 经典作品的作者虽为生理意义上的逝者, 但实为精神意义上的生者 — 甚至圣者!

由于经典著作在出版的时间上往往早于市面上散发着墨香的新书, 以致使相当一部分表面上求新的人认为经典过时了. 其实这是一个错误的认识. 人要汲取的是书中的思想与精神, 而不应是物质的墨香. 人们应该关注经典, 还有另外两个重要的原因.

(1) 在人类思想的发展史上, 提出一种原创性思想是比较难的. 在有人提出了原创性思想后, 在之后相当长的一个时期内, 本领域的人们做的是推广、改造、应用这一思想的工作. 直至下一原创思想产生后, 人们才开始分流. 原创性的思想是人类思想史长河中的一些闪亮的航标. 我们将以原创思想 T_0 为核心展开的相关工作的全部, 称为 T_0 的衍生群或衍生邻域, 记作 $U(T_0)$. 原创性的核心思想走入学校的正式教材, 由于学术争议及教育政策等方面的原因, 往往还要需要更长一些的时间 (在网络非常发达、资讯传播很快的今天, 情况已有了很大改观). 学校中学习的内容, 一般不是目前最近的原创思想集 (原创思想往往不是一个, 而是一个集合) 的衍生群, 而就是过去原创思想衍生群中的部分知识. 如果你读到了同一原创思想的早期创始人的作品, 你的收获一般会比从现在普通教科书中获得的收获要大. 因为创始人的表述往往最具有直观、正宗性, 你可以从中获得真传.

(2) 在某种宏观层次的划分上, 人类思想的发展具有一定的周期性. 某些思想在不同的年代总是以与时代相一致的面貌重复出现. 我们将这一现象称为思想的周期现象. 经济学中有关于经济周期的研究 (比如, 熊彼特的《经济发展理论》文献 [134]), 在知识经济研究的知识思想层面上, 我们认为: 应该有 "思想周期的研究". 思想周期现象在哲学中表现突出. 有的哲学家认为, 后人的思想就是柏拉图思想的注释①, 都在柏拉图思想的衍生领域内 —— 人类的思想连一个周期都还没有形成; 德国著名诗人、思想家歌德认为, 当时人们提出的问题, 过去人们都已经考虑过了 —— 历史中的思想即构成一个思想样板和周期; 意大利佛罗伦萨政治家和历史学家马基雅维里也曾明确表达过思想周期现象问题. 他说: "从对过去事情的考察能够认识和猜测未来. 因为, 一切发生在世界中的诸事, 他们都曾有某个相同的东西, 而这个东西以同样的方式和以我们今天所看到的同样的诸原因而发生了 ······ 这样, 你好像也能够从过去的事预测未来的诸事. "(文献 [122], P.154); 经济学大师马希尔、瓦里安在经济思想、原则范围内, 明确表达过同样的思想 (文献 [23], [24]); 现代中国所谓的 "与时俱进", 老百姓常言的 "新瓶装旧酒", 践行和体现的都是思想周期律. 美国作家富尔格姆 (Robert Fulghum, 1937—) 尤其重视和强调思想再现现象. 他说, "思想永远都是在复活、循环与再生 (Thought is forever

① 《牛津哲学词典》词条 Parmenides of Elea 讲到, 假如像怀特海所说, 西方哲学是对柏拉图的一系列脚注, 那么也可进一步而言, 柏拉图是对巴门尼德的一系列注释. 参见文献 [209],278. 德国存在主义大师雅思贝尔斯 (Karl Jaspers, 1883—1969; 1967 年成为瑞士公民) 在其《智慧之路》一书中指出, "哲学也不像各门科学那样具有向前进展的特征. 毫无疑问, 在医学方面我们已经远远超过古希腊的希波克拉斯底 (Hippocrates), 但在哲学领域我们却不能说超出了柏拉图. 我们仅仅在史料方面超过了他, 在他曾运用过的科学发现上高于他, 然而, 就哲学本身而言, 我们大概很难再达到他的水平"(文献 [416], P.1).

being revived, recycled, and renewed)"(文献 [405], P.4). 基于思想周期的考虑, 从总体上看, 在思想周期形成以后的时期里, 就不存在思想的新旧问题 —— 随着时间的推移, 旧的还会再成为新的. 当然, 真实的历史发展并不是单线程的, 它是一个多条进程交织在一起的过程. 既然思想发展具有周期性, 那我们在思想的学习上, 就要选择真实、活泼而富有创新激励功能的经典作品去读、去研究.

需指出, 思想的周期性依赖于人之感觉神经系统的稳定性. 人的一种思想, 由神经系统的一种振动模式所决定. 稳定的神经系统的振动模式总量, 在一定时期内, 具有一个界限. 此界限内的模式衍生的思想即形成一个周期. 当然, 随着人类的进化, 人的神经系统也会有相当的变化, 进而在人类新时期的思想周期也会相应地有所改变.

系统的稳定性总是一种相对稳定性. 关于神经系统的平衡与变化, 美国哥伦比亚大学的布什 (Wendell T.Bush, 1867—1941) 博士在其 1905 年论阿芬那留斯的博士论文*Avenarius and the standpoint of pure experience*(文献 [266]) 中, 较为详细地介绍了阿芬那留斯的有关观点, 有兴趣的读者可以从中了解详情. "对任意给定的刺激, 都有一个平衡的反应模式 — 就其而言, 学习者的行为倾向于重复. 要想使反应获得稳态提高, 刺激情态必须稳态演进而非仅仅重复"(文献 [267]). 1972 年诺贝尔经济学奖获得者阿罗 (Kenneth J.Arrow, 1921—) 也表达了类似的思想.

将人类行为回归到人的神经系统的活动状态、从神经感受系统的角度看问题, 是一个根本有效的思维原则. 它有助于人们看清一些问题的本质.

"就艺术形式一面而言, 当这些形式一旦被创造出来以后, 他们便将变成一些代代传承下去的固定遗产. 这种传贻与继承的现象, 许多时候甚至可以历数百年而不衰竭. 每一个世代都从它的上一代摄取一些特定的形式, 并把这些形式传贻下去. 而这一种形式层面的语言似乎已具备了一种恒久性, 使得某一些特定的课题比喻某一些特定的表达方式一起紧密地成长, 而且必一再地以同样的方式或轻微变更的方式陈示于吾人面前.

这一涉及形式的发展运动的 "恒常性定律" 构成了艺术发展的最重要因素之一 — 而对于美术史而言, 此中亦藏有一份最刺激的工作. …… 每当某一种相同的感触在荡漾着的时候, 艺术就这一感受所创造出的图像或造型便马上会活跃起来. 以瓦尔堡的见解, 当某一些 "感受公式" 一旦形成以后, 它们便将会不可磨灭地烙印于人类的记忆之中. 借着对造型艺术整个发展史的整理, 瓦尔堡把这些 "感受公式" 的内容、变迁和把它们的静态的与动态的力学都予以追踪探讨了. "(文献 [178], PP.188—189).

经济学大师 Hayek 在其《货币的非国家化》(*Denationalisation of money*) 一

书的序言中提到了、但未进一步讨论这样“一个有趣的方法论问题, 即我们如何才能够弄清我们实际上并没有经验过的情形的意义”,“这一点对于探讨一般的经济学理论方法具有很有益的启发作用”(文献 [142], P.18). 借助于思想的神经系统的振动基础, 是可以在一定程度上理解哈耶克提出的这一问题的. 实际上, 一个人在生活中经历的事情, 基本上可以构成振动模式的一个较为完整的代表系. 当未经历的事情与已经历的事情在神经感受上一样或相近时, 其意义便较易理解了. 正所谓触类旁通是也. 当然, 如果未经历的事情给经历者的神经感受与未经历者的已有感受振动模式相差较远, 那么, 未经历者仍将难以理解其未经历事情的内涵与意义. 在此我们指出, 神经系统振动模式间相似性或距离的定量刻画问题是一个有待进一步研究的问题.

任何规律的存在, 都要求相应稳定性的存在. 没有稳定性, 任何规律都无从谈起. 在经济分析方面, 经济学诺贝尔奖获得者贝克尔 (Gary S. Becker, 1930—) 认为:“最大化行为、市场均衡和偏好稳定的综合假定及其不折不扣地运用便构成了经济分析的核心”(文献 [140], P.8).

顺便我们指出, 历史上也有人对思想的“无进步现象”做过其他的解释. 比如, 著名的哲学家维特根斯坦 (Ludwig Wittgenstein, 1889—1951) 谈到:“人们一而再、再而三地说哲学确实没有进步, 我们仍然忙于解决希腊人探讨过的相同的问题. 然而, 说这种话的人不懂得哲学为什么不得不如此. 原因在于我们的语言没有变化, 它不断地诱使人们提出同样的问题. ”(文献 [131], PP.225—227). 维特根斯坦对“无进步现象”在总体上是持否定态度的. 他说:“我读到“…… 没有几个哲学家比柏拉图更接近‘实在’……” 奇怪的现象. 不可思议, 柏拉图竟能走到如此之远! 难道我们不能走得更远! 是因为柏拉图聪明绝顶吗?”(文献 [131], P.227). 当然, 否定无进步现象, 不等于否定思想周期现象. 这是两个不同的概念.

总体而言, 要想获得好的学习效果, 一次性学习是不够的. 一次性学习后, 有些东西是显意识地掌握了, 而有些东西是处于潜意识状态的 —— 这些东西浮出意识的水面, 既需要教师的外在强调指出, 更需要自身内在的消化. 一定知识之内涵的尽量意识化是需要一个过程的. 从理论上讲, 知识的内涵并没有一个确定的量, 它是在人的思维内在酝酿及与其他知识的联系中不断发展式地显示的. 在这方面, 历史上一个有趣的例子说, 据说哲学家黑格尔在读了其哲学的法文译本后才第一次理解他自己的哲学 (文献 [43], P.xxii). 一个眼前的例子是: 2007 年“七一”中国共产党的生日时期, 北京电视台二频道 BTV-2 由田歌主持的“我们的七月”一期栏目中, 请著名词作家乔羽先生主客其中 (7 月 22 日晚重播). 期间田歌问道, 是否乔先生对自己作的每首歌词都很感动. 乔羽先生说, “是的, 不过很多歌一开始并不觉得多好, 等过些日子回头看时发现, 当时写的东西还很有水平的嘛". 有意识或无意识地运用 "价值的体现需要过程" 于科研工作中的典型例子, 是德国数学大师高斯. 他常常是将写好的文章放在抽屉里一段时间, 等再看时, 若觉得有价值, 才投出去发表. 以往人们对高斯这种做法的评价只是强调他的谨慎和怕俗人对奇异创新的嘲弄、对自己声誉的维护 (文献 [12]), 其实, 高斯的做法是有科学道理的. 这主要表现在两个方面：一是思想的价值有一个成长的过程. 经历一段时间的检验后, 人们对事情看得会更加清楚 —— 经历一段时间的酝酿后, 如果其意义明显地显露了出来, 或起初的认识确实真确, 这时将结果公之于世, 断然是会有好的影响的. 沉淀后的爆发是有力量、负责任 (减少负面影响) 的行为. 二是行为视野应该宽远. 一个人做事情要站在历史的高度看问题. 不能急功近利. 做工作争得优先权是有意义的. 优先权的竞争激发人们的竞争意识. 但竞争要考虑效果. 有意义成果的领先才是对人类发展真正有价值的东西, 而意义的确定需要一定的时间. 大师之所以称为大师, 是其成就经得起时间的检验, 有历史的大视野. 大师是有大成就、大胸怀、大气、沉稳、并对历史负责任的人.

断想 100　知识的内涵是知识拥有者的意识品质、知识基础及以后的知识境遇的函数

如果我们分别以 M_K, Q_K, O_P, O_F 表示知识 K 的内涵、拥有者的思维意识品质、拥有者的现有知识基础以及未来的知识境遇, 则

$$M_K = f(Q_K, O_P, O_F).$$

断想 101　好的激励教学利于教学相长

教师在研究教学时, 可以提出一系列有价值的科研课题. 比如, 受 Fibonacci 数的行列式形式的启示, 我们可以提出 "数学对象的行列式表示研究"①、从矩阵

---

① 行列式表示可帮助人们认识对象的有关性质. 例如, 若知道

$$a^3+b^3+c^3-3abc=\begin{vmatrix} a & b & c \\ b & c & a \\ c & a & b \end{vmatrix},$$

则由行列式的性质便易知,

$$(a+b+c)|(a^3+b^3+c^3-3abc),$$

因为

$$\begin{vmatrix} a & b & c \\ b & c & a \\ c & a & b \end{vmatrix} = \begin{vmatrix} a+b+c & b & c \\ b+c+a & c & a \\ c+a+b & a & b \end{vmatrix} = (a+b+c)\begin{vmatrix} 1 & b & c \\ 1 & c & a \\ 1 & a & b \end{vmatrix}.$$

转置的两种说法 (行列互换; 关于主对角线作对称变换) 在方阵上等价而在非方阵上不等价现象提出 "保真域与失真化的研究".

失真、保真、得真是三类重要研究课题.

得真又可称为 "真化"—— 它强调将不现实的事情转化为现实的事情. 通过发挥人的创造力, 以实际做出来的事情 —— 在世界 3 中改变人们已有的看法或激发其相应的新观念, 由此促进文化的发展. 比如, 循此思路可以给出解决 "绝对应征联" 问题的一个可行方案. 对联是以特有结构对 "已有" 事物与现象进行描述的. 对已有的东西, 人们有感觉, 能够感受相应描述的精妙之处. 对目前对不上对子的 "征联", 例如, "古文故人做" 是无下联的半联 (文献 [102], P.76), 可先从对子的韵律方面造些词, 并由其对出相应的联. 然后, 发展其中语词的含义. 在经历了人们的认可之后, 对子也就真正对上了. 这种由形式到内容的创作手法, 既丰富了语言, 又推进了世界 2、世界 3 以至世界 1 的发展. 这是一种面向未来、强调创造的观念. 其基本特点在于: "在人为扩展了的世界里解决问题." 这恰如同数学中通

再例如, 爱尔兰都柏林三一学院的数学家伯恩赛德 (William Snow Burnside, 1839—1920) 和潘顿 (Arthur William Panton, 1843—1906) 在他们于 1899 年出版的有关行列式理论的著作中, 对 Euler 公式给出了下述证明 ([410], P.30): 将四项平方和表示为二阶行列式, 通过利用行列式的乘法公式, 就可以轻松得到历史上有名的 Euler 公式:

$$\begin{vmatrix} a+bi & c+di \\ -c+di & a-bi \end{vmatrix} \begin{vmatrix} a'-b'i & c'-d'i \\ -c'-d'i & a'+b'i \end{vmatrix} = \begin{vmatrix} D-Ci & B-Ai \\ -B-Ai & D+Ci \end{vmatrix},$$

其中

$$A = bc' - b'c + ad' - a'd, \quad B = ca' - c'a + bd' - b'd,$$
$$C = ab' - a'b + cd' - c'd, \quad D = aa' + bb' + cc' + dd'.$$

将三个二阶行列式算出来即有 Euler 公式

$$\begin{aligned}&(a^2+b^2+c^2+d^2)(a'^2+b'^2+c'^2+d'^2)\\ =&(aa'+bb'+cc'+dd')^2+(bc'-b'c+ad'-a'd)^2\\ &+(ca'-c'a+bd'-b'd)^2+(ab'-a'b+cd'-c'd)^2.\end{aligned}$$

"通过考虑研究对象的某种表示的性质而得到研究对象的性质" 的思想是创新教育中不可缺少的重要教学内容. 在数学方法论的环境中来看, 这一思维方法可看作是徐利治先生 RMI 原则 (关系映射反演原则. 参见文献 [35], PP.24—46; 文献 [411])) 的一种具体体现:

$$\begin{array}{ccc} \text{研究对象}A & \rightarrow & A\text{的某种表示}A' \\ \vdots\downarrow & & \downarrow \\ A\text{的性质}P & \leftarrow & A'\text{的性质}P' \end{array}$$

"探查研究对象的新表示, 考虑各种表示的新应用" 是寻找表示并从表示出发的教育 (我们简称之为 "表示" 教育) 的两个基本内容. 表示不仅是解决问题的一种有力工具, 而且早就已经成为数学研究的具体对象, 例如, 数学结构研究中著名的群表示论、李代数表示等.

过数系的扩张来解方程一样：小范围内无解的方程在扩张后的大范围内可以有解，而且一定可以扩张数系到使方程有解的程度. “在扩展了的世界里解决问题” 是解决问题的一个普遍有效的原则.

例　英国著名数学科普作家斯图尔特 (Ian Stewart, 1945—) 在其《自然之数》(*Nature's numbers: the unreal reality of mathematics*)(文献 [144], PP.40—43. 中译本 PP.37—38) 中谈到了有关英文单词的 “SHIP/DOCK 游戏”：它是说，给你一个单词，如 ship, 改变它的一个字母，使其成为另一个有意义的单词，然后再对此单词只改变一个字母，使其成为一个有意义的单词，如此下去，一直到变出事先给出的另一个词，如 dock 为止. “ship→slip→slop→slot→soot→loot→look→lock→dock” 便是此问题的一个解.

显然，这种游戏可应用到具有其他选定长度，如 5 个字母构成的单词上，人们还可改变变换规则设计新游戏. 这是人们扩展思维的一个方面；还有另一个重要方面，那就是：在已有单词范围之内，这种游戏并不总是有解的. 拿 4 个字母构成的单词为例，如果我们不作限制，仅考虑 4 字母的字符串，则共有 $26^4 = 456976$ 个. 目前市面上的英文字典都不完备，其单词量都远远达不到这一规模. 亦即至少存在两个 4 个字母的字符串，按前述游戏规则，没有足够的中间单词能将它们连接起来. 要想实现连接，怎么办呢？扩展单词表！创造新单词，在扩展了的字典里解决问题. 其实，人类的语言一直处于扩展发展之中. 今天人们学到的单词，并不是一开始就都有的.

断想 102　抓住各种机会锻炼自己的逻辑思维、计算等能力

其基本的原因有三个，第一，我们不应放过任何一次计算的机会. 按照大数学家高斯的看法，任何事情都有其自身的魅力，而且，可能以后很少有机会再与之碰面 (文献 [14], P.81). 实际上，人们与任何事情的相遇都是一种缘分. 第二，数学是一门从混乱中整理出秩序的学问①(用于定积分近似计算的 Simpson 公式的推导过程是让学生体验这一点的一个很好的例子). 我们应抓住每一次实践的机会来体验这一点. 第三，只有亲身实践才能获得使自身能力增长的宝贵的直接经验. 只有积极主动地做数学，才能把握数学. 诚如美国数学家爱德华 (Harold M. Edwards) 所说，“不存在被动地理解数学的事情. 人们只有通过主动地讲数学、写数学、或解决问题的实践，才能获得对数学思想的透彻理解”(文献 [14], P.viii). 大家到学校接受教育，绝不会是为了找个场所玩有偿虚度光阴 (又交学费、又花时间) 的游戏,

① 杨 (R. W. Young) 认为，“智力是心灵的那种能力，通过它，人们可以从先前被认为无序的地方感知到秩序”(文献 [460], P.261). 以这种观点看来，数学行为反映着智力的本质.

而是为了自己以后的发展打基础. 通过实践提高自己的能力是获得真本事的必经之途.

断想 103　对于受教育者而言, 激励有强势激励和弱势激励之分

除天生的主动行为以外, 学生时期受教育的意义主要有两个基本方面: 一是在学校适宜的环境中, 充分展示、发展自身的天生可行能力 (天生可行能力意指不费劲就能将有关事情做成的自然能力. 如果在某类人群中, 一个人在某方面的可行能力强于他人, 那么, 这时其能力便具体表现为比较优势); 二是通过适当教育措施的激发, 挖掘自身一些不明显展示的能力或改进自身以往的一些劣势. 针对前者的措施, 称为强势激励措施; 针对后者的措施, 称为弱势激励措施.

断想 104　学知识、明事理、塑人格

激励不是盲目的激励, 它服务于受教育者在以下三个方面的提高: 学知识、明事理、塑人格.

激励的目的在于以后的不激励, 在于建筑起学生自我激励、自身自生长的机制 (文献 [16]). 为此, 要让学生知道主动学习的道理. 怀特海的言论是值得引用的: "教育" 的字面意思是引导出来的过程. 因此, 我们要谈谈如何循循善诱才能使你们的聪明才智增长起来, 发挥出来. 让我们想一想, 大自然通常是用什么方法又到世界万物生长的. 如果你们不晓得整个生长的基本动因在你们内部, 那么你们就无法了解大自然的方法. 从外部, 你们能够得到的充其量不过是某些用以构建肌体的物质食粮和精神营养以及促使你们生龙活虎、蓬勃向上的某些激动和鞭策. 实际上, 在你们的成长过程中, 至关重要的一切都必须由你们自己去身体之, 力行之. …… 记住我刚刚说过的话, 实际上, 你们是在自己教育自己. 你们不是一块块供聪明的教师捏成文化人的胶泥. 你们自己的努力, 只有你们自己的努力才是最重要的. 因此, 说一千, 道一万, 对那些值得做和值得想的事情, 你们还是要做到: 一是培养兴趣; 二是视为享受. 你们的学习生活或者会苦不堪言, 或者会其乐无穷, 这就要看你们怎样对待它了. 当然, 谁也帮不了你们, 你们必须度过漫长而暗淡的苦学岁月, 必须忍受着疲惫的煎熬和失望的痛苦. 如果既不勇敢, 又怕挫折, 你们就不可能学业有成. "(文献 [111], PP.109—112).

通过激励, 逐步培养学生的哪些能力? 学生初始的思维复杂度、对知识的统合驾驭力是比较低的. 这时, 知识的讲述要尽可能凝练、单线程, 不引入新概念能讲清楚的就不引入新概念, 如矩阵的秩的引入时机就是一个例子. 复杂表述的概念化是服务于知识的后继发展的, 是为了减少复杂语句的不断重复, 如行列式的

引入既然, 体现的是数学行为的经济特点和艺术性.

例 在一般线性代数教材中, 在讲解可逆矩阵的求解公式时, 人们往往先引入伴随矩阵的概念: 若 $\boldsymbol{A}=(a_{ij})_{n\times n}$, 以 $\boldsymbol{A}_{ij}$ 表示其 ij 位置的代数余子式, 则称 $(\boldsymbol{A}_{ji})_{n\times n}$ 为 $\boldsymbol{A}$ 的伴随矩阵, 记作 $\boldsymbol{A}^*$. 然后将逆矩阵表达为 $\boldsymbol{A}^{-1}=\dfrac{1}{|\boldsymbol{A}|}\boldsymbol{A}^*$. 实际上, 一开始没有必要引入这一概念和记号. 伴随矩阵是对两种相继操作 (替换与转置) 的复合的一种命名而已. $\boldsymbol{A}^*=(A_{ij})^{\mathrm{T}}_{n\times n}$ 是这样得到的: 首先, 将 $\boldsymbol{A}$ 中的每一元素 a_{ij} 都换成相应位置的代数余子式 A_{ij}, 很自然地得到一个新矩阵 $(A_{ij})_{n\times n}$; 然后, 求其转置, 就得到 $(A_{ij})^{\mathrm{T}}_{n\times n}$. 这就是 $\boldsymbol{A}^*$. 伴随矩阵就是一种新叫法. 如果课程本身的后继内容对此用得很少, 在课时紧张的情况下, 可以去掉这一概念. 美国 Oakland 大学的 John W. Dettman 教授在其 *Introduction to linear algebra and differential equations* 中就是这样处理的 (文献 [156], P.72): 对矩阵 $\boldsymbol{A}=(a_{ij})_{n\times n}$, 在英文环境中, 他很自然地用 c_{ij} 表示 ij 位置的代数余子式 (cofactor), 用 $\boldsymbol{C}$ 表示 $(c_{ij})_{n\times n}$. 这样, $\boldsymbol{A}^{-1}=\dfrac{1}{|\boldsymbol{A}|}\tilde{\boldsymbol{C}}$. 其中, Dettman 用 $\tilde{C}$ 而不是我们现在常见的 $\boldsymbol{C}^{\mathrm{T}}$ 或 $\boldsymbol{C}''$ 来表示矩阵 $\boldsymbol{C}$ 的转置矩阵.

断想 105 激励教育自然也要考虑激励后的人群状态问题

教育要考虑 “受教育者接受教育后所形成的人群是否是一个良性竞争、发展的人群” 的问题. 单纯强调培养学生为未来社会的强者, 是会出问题的. 大家都追求作为自己的强者, 不懂得协作, 社会将会出现不协调的纷争局面. 教育不是要培养出孤立的一个人, 而是要培养一个人群, 培养社会发展中一个阶段的主体. 一套教育措施是否可取, 关键看其实施后, 培养出的是否是一个能够积极参与建构社会和谐发展的人群. 我们将关注培养出的人群状态的教育评价原则, 称为 “张力群态极大化原则”. 这其中有两层含义: 一是关注人群的宏观整体状态; 二是关注其中的每一个成员 —— 希望每个成员都能尽可能地展示自己的意愿, 使得整体是一个具有成员之间极大协作式竞争张力的整体. 张力的强度与协调的程度反映着整体内在的活力. 在整体与个体发展之间, 存在的是一个共存互动的辩证关系. 但最终目的在于增加成员的幸福感、实现每个人的价值. 组织形式服务于人的发展.

为了实现个人极大的发展, 人总是要在个人主观意志与外在客观约束条件之间设法取得一种平衡. 人的发展过程实际是个人能力与约束力量之间博弈的过程.

断想 106 “体能、智能、德能”教育

德能的培养是个社会资本的积累问题. 德能教育的有效实施是个值得深入研

究的问题. “中国孩子背政治, 法国孩子读哲学” 的现象值得思考.

教育是个改变人、塑造人的工程. 教育要包含三个层面: 课程教育 — 通识教育 (文献 [49])— 人生教育.

在课程教育中, 应该强调两类知识: 一类是在课程内容知识体系中处于基本地位的内在知识点 —— 借助于逻辑演绎, 能够较为轻松地推演出其余的知识. 这些知识点相当于知识演绎空间的生成元 —— 只不过生成的方式不是线性组合, 而是逻辑演绎关系. 我们称此类知识为内向基本知识. 另一类是在学生的后继课程中有用的知识点, 如大学工科本科线性代数基础课中的 Vandermonde 行列式、Gram-Schmidt 正交化过程等. 我们称此类知识为外向连接知识.

一个人要达到未来一个具体的状态, 既与其出发点有关, 也与其选择的行进路线有关. 这就是数学中微分方程、差分方程的初值问题的人文含义之一.

人的起始天赋、外在成长环境 (个人自然的内在能力与外在的社会资本) 及其双方互动共进的前行扯动力决定着他的发展能力.

教师塑造人, 首先要能驾驭人.

教师的职业实即一种领导职业. 在大学里, 教师就是学生的领导 — 其职责就是进入学生的思想所处境地, 将其领到一个更高、视野更开阔的境界.

美国弗吉尼亚州 Norfolk 市的威拉德模范学校 (Willard Model School) 校长 Lillian Brinkley 认为, “领导艺术就是一种激励别人的能力”(文献 [202], P.21).

教师每天都在课堂里锻炼自己驾驭课堂的能力. 当然, 只有部分人较为充分地认识到了这一点, 并做得循序渐进.

驾驭课堂、激励学生的一个基本功夫, 在于当没有真实的相关事例支持教师的教学设计来诱导学生配合时, 能够动用自己丰富的想象力、逻辑思维能力, 运用 “样本空间的思维方式” 或称为 “虚构榜样事件或情境的思维方式” 来引导学生前行.

所谓样本空间的思维方式, 指的是: 首先虚拟、设想一些事件的问题存在, 并给出相应的解决方案; 然后在现实中, 就像真事似地讲解这些事情, 以期解决方案的真实落实, 以此来达到一定的预期目的. 借助想象设计出的理由或事件, 在想象空间中的状态是真实实现后的样本、样板、模式. 比如, 在没有同学提出将某些内容讲得更加深入些、而从教师的教学设计中, 教师认为有此必要时, 教师就可说: “一些同学希望将这方面的知识能够讲得更加深入、透彻些. 今天我们就满足这些同学的要求 ······”, 由此, 为自己教学安排的正常进行就做了理由上的铺垫. 教学设计的进行, 要时时让学生感到自然而必要. 学生在心理上感到教学进程顺畅, 是其乐学、好学, 进而取得好的学习效果的重要条件, 是教师的教学具有相当高“激励度”的前提性条件.

激励教育良性实施的基本体现, 就是教学激励度的不断提高. 提高自己课程的激励度, 是教师的基本任务. 我们将这一点, 称为教育的“提升激励度”要求.

样本空间的思维方式, 本质上是“设想的样本事件落实化”问题. 它包含两个基本的方面: 设想虚拟事件; 在现时中落实此事件. 这一思维方式不仅对教师教学是有用的, 对科研人员进行研究工作时, 用在虚构逻辑空间中考虑解决问题的方案的方法来弥补现实条件不足的问题也是有益的. 大物理学家爱因斯坦借助思想实验创立相对论, 即为一典型实例.

将逻辑上可能的东西落实化, 也是学生真实地掌握数学知识的一个重要方面. 收益极大化, 不是逻辑上可能的东西的极大化, 而是落到实处的确定性知识的收益极大化. 很显然, 要做到真实知识的极大化, 首先要做的工作就是考虑: 逻辑上可能的东西, 是否都有真实的情形与之相对应.

例 1 从逻辑上讲, 在正整数范围内, 方程 $x^n+y^n=z^n(n\geqslant 3)$ 的解有三种可能: 或者有解, 或者无解, 或者其解的情况不可判定. 逻辑上的可能不代表真实. 实际上, 上述三种情形只有一种是真实的: 无解. 这就是著名的 Fermat 大定理所告诉人们的.

例 2 如果实 n 阶方阵 $\boldsymbol{A}=(\alpha_{ij}^{(1)}),\boldsymbol{A}_2=(\alpha_{ij}^{(2)})$ 满足

$$a_{kk}^{(1)}=a_{kk}^{(2)},\quad k=1,2,\cdots,n;$$

$$a_{ij}^{(1)}+a_{ji}^{(1)}=a_{ij}^{(2)}+a_{ji}^{(2)},\quad 其中i,j=1,2,\cdots,n,\ 而且i\neq j,$$

则作为 n 元多项式的二次型 $\boldsymbol{X}^{\mathrm{T}}\boldsymbol{A}_1\boldsymbol{X}=\boldsymbol{X}^{\mathrm{T}}\boldsymbol{A}_2\boldsymbol{X}$. 能按照 $\boldsymbol{X}^{\mathrm{T}}\boldsymbol{A}\boldsymbol{X}$ 的方式产生同一个二次型的方阵 $\boldsymbol{A}$ 有无穷多种选择. 其中唯一的对称矩阵被称为相应二次型的矩阵. 若 n 阶方阵 $\boldsymbol{A},\boldsymbol{B}$ 产生同一个二次型 $\boldsymbol{X}^{\mathrm{T}}\boldsymbol{A}\boldsymbol{X}$(其中 $\boldsymbol{A}$ 是实对称矩阵), 则从理论上讲, $\boldsymbol{B}$ 的秩 $r(\boldsymbol{B})$ 与 $\boldsymbol{A}$ 的秩 $r(\boldsymbol{A})$ 有三种可能性: $r(\boldsymbol{B})>r(\boldsymbol{A}),r(\boldsymbol{B})=r(\boldsymbol{A}),r(\boldsymbol{B})<r(\boldsymbol{A})$. 真实的情形如何呢? 三种可能性都有实例存在. 比如

$$r\begin{pmatrix}0&-1&0\\1&0&0\\0&0&0\end{pmatrix}>r\begin{pmatrix}0&0&0\\0&0&0\\0&0&0\end{pmatrix};\quad r\begin{pmatrix}0&1&0\\3&0&0\\0&0&0\end{pmatrix}$$

$$=r\begin{pmatrix}0&2&0\\2&0&0\\0&0&0\end{pmatrix};\quad r\begin{pmatrix}0&2&0\\0&0&0\\0&0&0\end{pmatrix}<r\begin{pmatrix}0&1&0\\1&0&0\\0&0&0\end{pmatrix}.$$

有了真实, 才谈得上真正的收益.

断想 107　教师提高自己激励水平的基本途径

理论研究; 历史上著名案例分析、模仿 — 比如模仿苏联数学家欣钦 (Aleksandr Yakovlevich Khinchin, 1894—1959) 讲牛顿–莱布尼茨公式的语言; 实践反思、改进.

根据激励对象范围的不同, 教师对学生的激励可分为三种基本类型: ①针对个别具体学生的激励; ②针对某类学生的激励; ③针对课堂全体学生的激励.

教师提升激励水平的表现和目标, 在于提升教学整体收益. 整体收益的提高有两种基本类型: 一是收益总和的提高. 这时, 有可能某些学生学习效果有所下滑或与以往持平, 而另一些学生学习效果有大幅度提高. 二是每一个体收益都递增. 用数学语言讲, 首先将有 n 个学生的课堂的学生排序, 按照某种量化规则, 在激励措施为 D 的环境中, 记第 k 个学生的收益为 p_k^D, 并称 $(p_1^D, p_2^D, \cdots, p_k^D, \cdots, p_n^D)$ 为相对于教学激励措施 D 的收益向量. 对于激励措施由 D_1 改进为 D_2, 第一种收益提升类型指的是 $\sum\limits_{k=1}^{n} p_k^{D_2} > \sum\limits_{k=1}^{n} p_k^{D_1}$; 第二种指的则是 $p_k^{D_2} \geqslant p_k^{D_1} (k = 1, 2, \cdots, n)$, 且 $\sum\limits_{k=1}^{n} p_k^{D_2} > \sum\limits_{k=1}^{n} p_k^{D_1}$. 我们称第一种为 “笼统整体收益” 提升, 称第二种为 “逐点整体收益” 提升. 一般情况下, 逐点整体收益提升优于笼统整体收益提升.

值得指出, 如果我们将教学收益理解为教与学的收益之和, 则教学收益向量应增加教师教学收益一维 p^D, 变为 $(p^D; p_1^D, p_2^D, \cdots, p_k^D, \cdots, p_n^D)$.

教师的榜样激励. 苏联数学家欣钦每当讲到微积分中的牛顿–莱布尼茨公式时, 总要设法将其安排在一节课要结束时讲完, 接着便富有感染力地说: “今天是我们的一个盛大节日. 我们见识了数学思想的一颗明珠 —— 微积分计算的基本公式.” “他希望这一天永远留在学生们的记忆中. 证明了这么好的一条定理之后, 他不能再讲次要的东西. 因此课不能再上下去, 大家都可以休息”(文献 [419], P.157). 然后就下课了. 大师将对数学美的艺术感染力融入日常的教学之中, 这种教学设计, 对学生的学习具有较高的激励度; 对教师自身的教学设计具有榜样的激励作用. 教师的教学设计要对学生具有激励作用, 同时, 为了提高自身的激励水平, 还要善于从历史文献和现实生活中搜寻具有激励意义的素材, 并适宜地将这些营养哺喂到具体的教学中去.

名言、寓言激励. 为了增强激励效果, 还可讲些提神的类似豪言壮语的话语, 比如, 讲 “密涅瓦的猫头鹰只有在夜幕降临的时候才开始飞翔 ……”—— “黑格尔这句话, 指的是希腊文明衰落时期的文化结晶, 那些经典著作的文化结晶. 那个时期的文化丰富、独特, 对西方历史产生影响. 这说明, 智慧的猫头鹰的飞翔, 不仅开始于希腊文明的黄昏时期, 而且开启了西方文化的黎明. ”(文献 [13]). 对于受教育者来讲, 我们希望让有能力的同学有为自身理想肩负责任的气魄, 让在一方面学习不好的同学明了自己在其他方面的优势. 雅典娜肩上的猫头鹰既启示着自身的使命感, 其行为方式也启示的事物间的区别: 有的动物善于白天行动, 而猫头鹰等则善于夜间行动. 对于学生而言, 每类人都要找到适于自己特点的学习优势和努力方向.

通过具体知识的实例, 自然例示性讲解一些数学家的相关思想.

例　第一步, 初始问题: 若 $\boldsymbol{A}$ 是 n 阶实对称矩阵, 则其特征值是实数.

实对称矩阵就是满足 $\overline{\boldsymbol{A}}=\boldsymbol{A}, \boldsymbol{A}^{\mathrm{T}}=\boldsymbol{A}$ 进而 $\boldsymbol{A}=\boldsymbol{A}^{-\mathrm{T}}$ 的矩阵. 自然思维: 由定义, 设 λ 是 $\boldsymbol{A}$ 的特征值, $\boldsymbol{\alpha}$ 是属于 λ 的特征向量, 则

$$\left.\begin{array}{c}\boldsymbol{A}\boldsymbol{\alpha}=\lambda\boldsymbol{\alpha}\Rightarrow\overline{\boldsymbol{\alpha}}^{\mathrm{T}}\boldsymbol{A}\boldsymbol{\alpha}=\lambda(\overline{\boldsymbol{\alpha}}^{\mathrm{T}}\boldsymbol{\alpha})\\ \| \\ \overline{\boldsymbol{\alpha}}^{\mathrm{T}}\overline{\boldsymbol{A}}^{\mathrm{T}}\boldsymbol{\alpha}=\overline{\boldsymbol{A}\boldsymbol{\alpha}}^{\mathrm{T}}\boldsymbol{\alpha}=\overline{\lambda}(\overline{\boldsymbol{\alpha}}^{\mathrm{T}}\boldsymbol{\alpha})\end{array}\right\}\xrightarrow[\boldsymbol{\alpha}\neq\boldsymbol{0}\Rightarrow\overline{\boldsymbol{\alpha}}^{\mathrm{T}}\boldsymbol{\alpha}>0]{\lambda(\alpha^{\mathrm{T}}\alpha)=\lambda(\alpha^{\mathrm{T}}\alpha)}\lambda=\overline{\lambda}.$$

第二步, 反思问题, 推广问题: 反思上述解决问题的过程, 不难发现, 其总体思路是原型双视联结法. 利用 $\boldsymbol{A}=\overline{\boldsymbol{A}}^{\mathrm{T}}$, 将原型 $\overline{\boldsymbol{\alpha}}^{\mathrm{T}}\boldsymbol{A}\boldsymbol{\alpha}$ 中的 $\boldsymbol{A}$ 换成 $\overline{\boldsymbol{A}}^{\mathrm{T}}$, 是导致 $\lambda=\overline{\lambda}$ 的关键. 只要 $\boldsymbol{A}=\overline{\boldsymbol{A}}^{\mathrm{T}}$ 成立, 其特征值就是实数. 在复矩阵范围内, 用 $\boldsymbol{A}=\overline{\boldsymbol{A}}^{\mathrm{T}}$ 定义一类矩阵, 这就是数学上已有的 Hermite 矩阵 (如果没有, 这时人们就建立了新结论). 上述证明过程实际上证明的: Hermite 矩阵的特征值是实数. 这个例子告诉人们, 通过反思问题的解决过程, 会发现: 人们解决的问题实际上要比期望的要多. 原因在于, 人的思维过程是借助于一般概念、而不是借助于就事论事地、恰到好处地描述所论对象的具体概念进行的一种组合程序. 诚如圣地亚哥加州大学琼 · 曼德勒在其《论语义系统的基础》(文献 [98], PP.315—357) 中所说: “概念系统起初就是范畴化的, 首先形成宽泛的范畴, 然后才是这些宽泛范畴的细分. ” 解决的比期望的多的现象, 是一种 “超外延” 现象.

第三步, 衍生新知识 —— 在推广了的天底下, 平行地解决一些问题、衍生一些新结论: 比如, 类比地考虑问题: 实对称矩阵的特征值是实数, 实反对称矩阵的特征值有没有一个确定的结论呢? 若 $\boldsymbol{B}$ 是实反对称矩阵, 则其特征值 λ 满足 $|\lambda\boldsymbol{E}-\boldsymbol{B}|=0\Rightarrow|(\mathrm{i}\lambda)\boldsymbol{E}-(\mathrm{i}\boldsymbol{B})|=0$. 即 $\mathrm{i}\lambda$ 是 $\mathrm{i}\boldsymbol{B}$ 的特征值. 而 $\overline{\mathrm{i}\boldsymbol{B}}^{\mathrm{T}}=-\mathrm{i}\boldsymbol{B}^{\mathrm{T}}=-\mathrm{i}(-\boldsymbol{B})=\mathrm{i}\boldsymbol{B}$, 亦即 $\mathrm{i}\boldsymbol{B}$ 是 Hermite 矩阵, 从而其特征值 $\mathrm{i}\lambda$ 为实数, 进而 λ 是零或纯虚数. 这样, 在复矩阵的大范围内, 借助于化归, 我们就明确了实反对称矩阵特征值的特点.

第四步, 一般思想反思. 以上三步, 在宏观上, 典型地体现着数学家 J. Hadamard 的观点: "实数域内两个真理之间的最短路径在于通过复平面 (The shortest path between two truths in the real domain passes through the complex plane)." Hermite 矩阵将实对称矩阵与实反对称矩阵联系了起来.

这种名言激励设计机制, 也可称为 "数学家思想经验再现激励模式". 当然, 从素质教育的角度讲, 只要时间允许, 教师也可设计一些其他领域科学家、思想家 —— 甚至艺术家的经验再现情景. 这类再现情景的设计, 本质上如同让学生接受相应大师的教育, 课堂中的教师只是起一中介作用. 这种措施, 是教师间接增强授课效果的一种手段. 我们将此教学方法形象地称为 "将大师引入课堂" 或 "让大师为你上课". 类似于中国传统的太极推手, 这是一种借力的方法. 教师的水平 —— 其实每个人的水平都是表现在两个方面: 一是自身内在的能力; 二是驾驭外力的能力. 显然, 教师要高质量地运用好这一借力的教学手段, 体现出其艺术水准, 平时就要注意相关知识的积累与雕琢. 数学家名言录是有的, 如文献 [95], 但像上述例证 Hadamard 的思想一样, 系统地以具体实例例证名言录的参考书, 目前图书市场上还没有. 这也是笔者在作本论著的工作中衍生出的下一步的一个写作计划:《数学家名言例证集》. 可有面向各种水平及学科的例证集. 面向小学的、中学的、大学的、研究人员的; 面向数学的、经济的等; 面向线性代数的、微积分的、概率统计的等.《思想与实例》是个具有大量有意义工作可做的系统工程.

"将人类教育精华引入课堂" 是对上述教学设计的一种推广.

关注数学结论的证明过程、方法甚于结论本身, 是数学家持有的态度之一. 因为人们可以从证明方法中获得更多的收益. 英国剑桥大学和美国墨菲斯大学 (University of Memphis) 的世界著名数学家博拉巴什 (Bela Bollobas, 1943—; 出生于匈牙利) 在其两部名著《随机图》(文献 [262], P.xv) 和《极图理论》(文献 [402], P.viii) 的前言中, 都非常明确地强调了这一思想. 这种态度蕴含着学习收益极大化的一个一般原理: 如果 A 导致 B, 则人们应该更加关注 A. 我们将这一思想, 称为 "关注源头原理".

教师不仅要做磨刀石: "锋利了别人, 磨损了自己", 而且要常讲常新, 否则, 没有激情的教学不仅不会有好的教学效果, 而且教学对教师本身也会成为一种折磨.

施行激励教育的教师首先要激励自己, "否则你将无法激励他人. 一个已经被激励的领导者才可以激励他人. 榜样是伟大的疑惑者. "(文献 [67], P.103). 世界上第一位领导学教授约翰 · 阿代尔 (John Eric Adair, 1934—)[①]在《领导力与激励》一书中的这一观点对激励型教师也是适用的.

① 1979 年成为英国萨里大学 (University of Surrey, UniS) 的领导学教授.

代代接力, 人类发展便可展现出一个不断上升、富有活力的演进过程.

断想 108　改变思想方法教育缺失的局面

思想方法教育十分重要. "案例会改变, 但是思想是不会过时的"(文献 [24]).

例 1　证明: 实对称矩阵的属于不同特征值的特征向量是正交关系. 对此问题, 我们可这样思考解决: 设 $\boldsymbol{A}$ 是实对称矩阵,

$$\begin{matrix} \boldsymbol{A}\boldsymbol{\alpha}_1=\lambda_1\boldsymbol{\alpha}_1, & \boldsymbol{\alpha}_1\neq\boldsymbol{0}, \\ \boldsymbol{A}\boldsymbol{\alpha}_2=\lambda_2\boldsymbol{\alpha}_2, & \boldsymbol{\alpha}_2\neq\boldsymbol{0}, \end{matrix} \quad \lambda_1\neq\lambda_2.$$

计算 $(\boldsymbol{\alpha}_1,\boldsymbol{\alpha}_2)$ 时, 进行自然联想, 将 $\boldsymbol{\alpha}_1$ 与 λ_1 联系起来:

$$\lambda_1(\boldsymbol{\alpha}_1,\boldsymbol{\alpha}_2)\xleftarrow{=}(\lambda_1\boldsymbol{\alpha}_1,\boldsymbol{\alpha}_2)\xrightarrow{=}(\boldsymbol{A}\boldsymbol{\alpha}_1,\boldsymbol{\alpha}_2)\underset{\boldsymbol{A}^{\mathrm{T}}=\boldsymbol{A}}{\longrightarrow}=\boldsymbol{\alpha}_1^{\mathrm{T}}\boldsymbol{A}\boldsymbol{\alpha}_2.$$

由于问题环境中没有任何信息表明, $\boldsymbol{\alpha}_1,\boldsymbol{\alpha}_2$ 哪个更具优越性, 因此, 对 $\boldsymbol{\alpha}_1$ 施行了什么操作 (给了什么待遇), 我们也一视同仁地对 $\boldsymbol{\alpha}_2$ 施行什么操作 (给什么待遇):

$$\lambda_2(\boldsymbol{\alpha}_1,\boldsymbol{\alpha}_2)\xleftarrow{=}(\boldsymbol{\alpha}_1,\lambda_2\boldsymbol{\alpha}_2)\xrightarrow{=}(\boldsymbol{\alpha}_1,\boldsymbol{A}\boldsymbol{\alpha}_2)\xrightarrow{=}\boldsymbol{\alpha}_1^{\mathrm{T}}\boldsymbol{A}\boldsymbol{\alpha}_2.$$

将二者联结起来, 便知,

$$\lambda_1(\boldsymbol{\alpha}_1,\boldsymbol{\alpha}_2)=\lambda_2(\boldsymbol{\alpha}_1,\boldsymbol{\alpha}_2)\Rightarrow(\lambda_1-\lambda_2)(\boldsymbol{\alpha}_1,\boldsymbol{\alpha}_2)=0\xrightarrow{\lambda_1\neq\lambda_2}(\boldsymbol{\alpha}_1,\boldsymbol{\alpha}_2)=0.$$

从而, $\boldsymbol{\alpha}_1,\boldsymbol{\alpha}_2$ 是正交关系.

上述问题的解决, 在总体上用的是由分析到综合的原型双视联结法的思维框架.

在一个问题环境中, 如果没有充分的信息表明, 其中的哪些因素具有优越性, 那么, 我们将对它们采取公平的态度, 一视同仁地进行处理. 这一思维原则, 我们称之为 "不充足理由律" 或 "公平原则""对称处理原则""一视同仁原则".

看到问题、对象结构中某些元素的地位同等性, 对加深对对象的理解是有帮助的.

例 2　n 阶实正定矩阵 $\boldsymbol{A}$ 的任何一个主子式都是正的. 对此问题, 可如下理解: 设 $\boldsymbol{M}_k$ 是 $\boldsymbol{A}$ 的第 $i_1,i_2,\cdots,i_k$ (其中, $1_1<i_2<\cdots<i_k$) 行与第 $i_1,i_2,\cdots,i_k$ 列的交叉位置上的元素按 $\boldsymbol{A}$ 中的结构构成的 k 阶主子式. 在将二次型 $\boldsymbol{X}_1^{\mathrm{T}}\boldsymbol{A}\boldsymbol{X}_1$ 展成 n 元多项式 $f(x_1,x_2,\cdots x_k,\cdots,x_n)$ 后, 众变元 $x_j(j=1,2,\cdots,n)$ 的地位都是一样的: 我们既可以将其看成 $x_1,x_2,\cdots,x_n$ 的多项式, 也可以将其看成前 k 个

变量为 $x_{i_1}, x_{i_2}, \cdots, x_{i_k}$ 的多项式 — 谁是第一个变元、谁是第二个变元、以致谁是第 k 个变元、第 n 个变元, 并没有一个必然的约束. 当将 $f(x_1, x_2, \cdots x_k, \cdots, x_n)$ 看成 $f(x_{i_1}, x_{i_2}, \cdots x_{i_k}, \cdots, x_n)(x_{i_1}, x_{i_2}, \cdots, x_{i_k}$ 外的其他变元可任意排序) 时, $\boldsymbol{M}_k$ 就成了此二次型矩阵乘积形式 $\boldsymbol{X}_2^{\mathrm{T}}\boldsymbol{A}_2\boldsymbol{X}_2$ 的矩阵 $\boldsymbol{A}_2$ 的 k 阶顺序主子式, 因此 $M_k > 0$.

将二次型 $f(x_1, x_2, \cdots, x_n)$ 写成 $\boldsymbol{X}^{\mathrm{T}}\boldsymbol{A}\boldsymbol{X}$ 的表达式中, 有两个可变性: 一是确定了变元 $x_k(k = 1, 2, \cdots, n)$ 顺序的 X 之下的 $\boldsymbol{A}$ 的可变性; 二是 $\boldsymbol{X}$ 的可变性 — 它依赖于变元的顺序. 由于一个 n 元正定二次型的变元有 $n!$ 中选择, 因此, 能够产生同一个二次型的对称矩阵总共至少有 $n!$ 个. 比如

$$\begin{array}{l} x_1^2+3x_2^2+4x_3^2 \\ -2x_1x_2+4x_2x_3 \end{array} = \begin{cases} \boldsymbol{X}_1^{\mathrm{T}}\boldsymbol{A}_1\boldsymbol{X}_1, \text{其中} \boldsymbol{X}_1 = (x_1, x_2, x_3)^{\mathrm{T}}, \boldsymbol{A}_1 = \begin{pmatrix} 1 & -1 & 0 \\ -1 & 3 & 2 \\ 0 & 2 & 4 \end{pmatrix}; \\ \boldsymbol{X}_2^{\mathrm{T}}\boldsymbol{A}_2\boldsymbol{X}_2, \text{其中} \boldsymbol{X}_2 = (x_1, x_3, x_2)^{\mathrm{T}}, \boldsymbol{A}_2 = \begin{pmatrix} 1 & 0 & -1 \\ 0 & 4 & 2 \\ -1 & 2 & 3 \end{pmatrix}; \\ \boldsymbol{X}_3^{\mathrm{T}}\boldsymbol{A}_3\boldsymbol{X}_3, \text{其中} \boldsymbol{X}_3 = (x_2, x_1, x_3)^{\mathrm{T}}, \boldsymbol{A}_3 = \begin{pmatrix} 3 & -1 & 2 \\ -1 & 1 & 0 \\ 2 & 0 & 4 \end{pmatrix}; \\ \boldsymbol{X}_4^{\mathrm{T}}\boldsymbol{A}_4\boldsymbol{X}_4, \text{其中} \boldsymbol{X}_4 = (x_2, x_3, x_1)^{\mathrm{T}}, \boldsymbol{A}_4 = \begin{pmatrix} 3 & 2 & -1 \\ 2 & 4 & 0 \\ -1 & 0 & 1 \end{pmatrix}; \\ \boldsymbol{X}_5^{\mathrm{T}}\boldsymbol{A}_5\boldsymbol{X}_5, \text{其中} \boldsymbol{X}_5 = (x_3, x_1, x_2)^{\mathrm{T}}, \boldsymbol{A}_5 = \begin{pmatrix} 4 & 0 & 2 \\ 0 & 1 & -1 \\ 2 & -1 & 3 \end{pmatrix}; \\ \boldsymbol{X}_6^{\mathrm{T}}\boldsymbol{A}_6\boldsymbol{X}_6, \text{其中} \boldsymbol{X}_6 = (x_3, x_2, x_1)^{\mathrm{T}}, \boldsymbol{A}_6 = \begin{pmatrix} 4 & 2 & 0 \\ 2 & 3 & -1 \\ 0 & -1 & 1 \end{pmatrix}, \end{cases}$$

$\boldsymbol{A}_1, \cdots, \boldsymbol{A}_6$ 是 $x_1^2 + 3x_2^2 + 4x_3^2 - 2x_1x_2 + 4x_2x_3$ 的 $3! = 6$ 个正定矩阵.

教学中之所以要强调思想方法、普遍性较强的知识的教育, 有两个主要原因: 一是人内在思维观点、视野的发展变化导致的知识平凡化的规律 —— 我们称之为知识平凡化的内因; 二是外在技术工具的发展导致的部分思维实践的平凡化的规律 —— 我们称之为知识平凡化的外因.

数学知识体系发展的规律在于, 随着时间的推移, 人们思维或内在智慧之目的观点 (the point of view) 会发生发展变化, 这时, 以往已获得的结论往往成了新视野中的推论 — 其重要性开始有所降低. 数学发展的过程, 就是一个其知识体系之 "基本定理" 的位置不断提升、以致其他已有结论的位置相应下降的过程. 对于一个具体的结论来说, 其最终的命运, 就是成为练习题一族 (按照著名数学家徐利治先生的说法, 一位数学家的成果能成为未来教科书中的一道习题, 已是不错的命运. 大多数较平庸的结果都会逐渐被人遗忘). 这就是法国数学家、布尔巴基 (Bourbaki) 学派重要成员丢多内 (Jean Dieudonné, 1906—1992) 的一种数学发展观 (文献 [348], P.8). 它揭示了数学知识平凡化的客观内因①. 这一内因告诉我们, 从发展的角度、关注创新教育的角度来看, 具体知识教育逊于能够产生它们的思

① 数学知识平凡化的发展规律利于数学工作者对自己工作的重要性之评价抱有平和的心态: 即使是在当时相对而言重要的工作, 在历史的长河中也可能会被人们淡忘. 自己的劳动成果外在地被人们重视固然重要 (实际上, 每年公开发表的定理中, 只有少部分能有真正的读者, 大部分没人看. 生于波兰的美国数学家乌拉姆 (Stanislaw Marcin Ulam, 1909—1984) 1976 年统计, 每年出版 200000 条定理, 仅很少一部分被关注), 但劳动过程本身和获得可喜结果的令人振奋的一刻能够内在地给研究者本人带来愉悦、能够在相当程度上强化自身神经系统的收益更加重要. 这显示着 "数学之体育功能" 应被人们重视的必要性. 适宜的数学的学习与研究由于主要直接益于内在神经系统的锻炼, 因而, 可将数学行为视为一种新被揭示出的 "内功". 在体育功能的视角下, 数学文献价值的评价就相应地又多了一个维度: "体育效用". 在此背景下, 以往被认为只有历史文献价值的文本可能由于具有特定的体育效用而被重新重视. 系统地重新考察历史, 给各种文献重新定位, 探究文献演进背后之体育效用变化的规律, 诸如此类问题, 都是人们在以后的日子里, 应该结合神经科学技术进行研究的问题. 我们称 "重在关注数学学习、研究过程及其产品 — 数学作品 (论文, 著作等) 的体育效用" 的数学, 为 "面向体育效用的数学". 类似地, 人们还可研究面向体育效用的其他以致一般关于体育效用的学问.

需指出, 数学知识平凡化的发展规律是总体而言的规律; 它并不否认与之对偶的另一方面, 即在一定时期内, 知识的重要性有个被认识的过程 —— 起初被忽视, 后来才被重视和发展. 实际上, 任何新思想、知识都有一个在社会、在文化大家族中逐渐被认可、传播、发展的过程. 不仅如此, 甚至一种思想往往还并不以其原初提出或发现者的名字命名, 这几乎成了一个规律. 美国芝加哥大学的统计学家斯蒂格勒 (Stephen Stigler) 称 "科学思想从不被其原初发现者的名字命名 (scientific ideas are never named after their original discovers!)" 现象为 "斯蒂格勒得名法则 (Stigler's law of eponymy)"(文献 [370], Preface, P.VII). 英国大哲学家、数学家罗素早在其 1946 年的著作《西方哲学史》中就明确提到了这一现象. 他说, "一般讲, 最早想出新颖见解的人, 远远走在时代前面, 以致人人以为他无知, 结果他一直湮没无闻, 不久就被人忘记了. 后来, 世间的人逐渐有了接受这个见解的心理准备, 在此幸运的时机发表它的那个人便独揽全功. "(文献 [371], P.156).

有发展, 有衰落, 是事物发展遵循的辩证规律.

数学知识平凡化, 除了知识体系的发展变化规律外, 还有另外一个重要的含义, 那就是 "思维劳动成本降低倾向": 随着数学思维方法的发展变化, 在新方法背景下, 同一结论的产生、证明或问题的解决变得更加容易. 诚如丢多内所说, 数学进步的表现之一在于, 一个今天颇费周折才能得到的结论, 可能 50 或 100 年以后, 人们毫不费力地用仅仅几行就能给出证明 (文献 [348], P.9).

想方法教育.

知识平凡化的客观发展规律诱导出相应的教育思想. 从自发的规律可走向各种自觉的教育观念. 比如, 美国教育心理学家布鲁纳 (Jerome Bruner, 1915—) 认为, 要想对眼前的对象有真正的理解, 必须在更一般或更加具有普遍性的知识视野中看待它. “理解即在于在某种更加一般知识结构中把握一个思想或事实的位置. 当我们理解事物时, 我们将其看作例示更加广泛的概念原则或理论的引子; 而且, 知识本身应以这样一种方式进行组织: 对其概念结构的把握可使得其特例变得更加显然, 甚至是多余”(文献 [407], PP.XI—XII). 在更高、更开阔的视野中, 在展开的历史中回顾以前的事件, 可获得其更加清晰的画面. 德国数学大师、哥廷根学派的创始人克莱因 (Felix Klein, 1849—1925) 的经典名作《高观点下的初等数学》(中译本三卷. [408]) 可谓体现这一思想的典范.

在更广阔、更高的视野中看问题, 既可获得相应普遍性的新认知, 又可加深对已有知识的理解, 可谓收获双福利.

伴随着人类内在思维立足点的提升、观点的变化、视野的扩大的同时, 人们还在凭借着自身智慧, 追求着从各种类型的劳动中解放出来的理想. 实现自由化的具体途径, 就是将人类的相应劳作功能, 以外在机械承载的形式分离、独立出来①. 体力劳动如此, 脑力劳动亦如此. 在现代, 计算机硬件和软件的发展, 使得人的相应劳动力更加强大. 以往人要亲力亲为的事情, 在现代, 借助于先进的机械设备, 事情往往简化到了只需做些简单的按键、移动点击鼠标的动作就可以了. 自然地, 相应行为中涉及的知识便由前台, 退到了幕后. 在学习这种知识的重要性因此而降低的意义上, 这也可看成知识的一种平凡化. 这是知识平凡化的、一类与时俱进的、由科技进步体现的外因. 举一个小例子: 美国德州仪器公司生产的 TI 图形计算器, 对工科大学三大数学基础课 (高等数学、线性代数、概率论与数理统计) 的普通具体题目 (不涉及常变量任意自然数 n 的问题), 都可快速给出答案. 如果教学中还像过去似的, 让学生做大量具体的重复性练习题, 那就是在浪费学生的

① 人的功能外化, 实际是人成长的一个阶段. 总体而言, 人的成长有以下五个基本阶段 —— 笔者称之为 “人之生长的五阶段说”: a. 具体的人之生理身体的生长; b. 内在精神生命的生长; c. 在社会中基于社会关系, 沿着社会资本方向的生长; d. 人类社会作为整体网络, 集体协作, 创造发明各种替代人的某种劳作职能的工具, 以此本质上来延伸能够有效利用这些工具的人之相关职能. 这一阶段, 是人借助集体协作的成果而实现的、沿着利用工具方向的、基于社会背景的生长. 笔者称之为 “功能外化、工具延伸型生长”. 关于人类发展的功能外化理论, 可参见笔者 2002 年在北京师范大学的博士后出站报告《始向量方法及其应用》(文献 [349]). e. 寿命的增长. 前四种成长的综合结果, 最终体现的, 就是人之寿命的增长. 教育的目的, 就是要实现受教育者的生长. 学校教育, 在以上五个方面都应该强化有所作为的意识. 面向五阶段生长的教育, 即是笔者的 “生长教育观”.

时间. 什么才是这种科技背景下的教育内容? 必然地, 是由具体知识承载的: 思想方法. 这与笔者在其《自生长教育的观念》一文中给出的 “以知识教育为主体, 以挖掘、展现其思想方法和数学美学因素为两翼” 的 “一体两翼教学法”(文献 [16]) 是一脉相承的.

断想 109　思想方法的教育是开放式的教育

任何一个学科都有多面性. 数论大师 Hardy 在其经典名著*An introduction to the theory of numbers*([91]) 第一版前言中说: 本书不是多边理论任何一个方面的理论解说, 它只是多边理论的一个依次引论. 笔者将这种思想称为 Hardy 的 “理论多面体的多面引论” 学说. 这种思想在现代教育中也有一定的体现. Alan F. Beardon 在 (文献 [92]) 中说, 一门大学课程应该强调思想之间的关联和相互作用, 应该强调学科的整体性. 而这样一来, 就不可避免地, 学生不能沿着一个确定的方向深入下去. 但我们相信, 这是大学生进入大学后开始数学学习的正确道路. 需指出, 对这里的 “不能沿着一个确定的方向深入下去” 要做正确的理解. 学科间的联系, 往往利于知识的深化. 比如, 将概率中的

$$P(a<\xi\leqslant b)=F_\xi(b)-F_\xi(a),$$

与微积分中的牛顿–莱布尼茨公式

$$\int_a^b f(x)\mathrm{d}x=F(b)-F(a)$$

进行联系比较, 可以很自然地抽象出满足下列条件的一类随机变量 ξ: 存在非负函数 $f(x)$, 使得

$$P(a<\xi\leqslant b)=\int_a^b f(x)\mathrm{d}x$$

对任意的实数 $a<b$ 总是成立. 这就是连续型随机变量的概念. 其中 $F_\xi(x)$ 是随机变量 ξ 的分布函数, $F(x)$ 是 $f(x)$ 的一个原函数. 当然, 这也可看成借助于类比实现新概念衍生的一个典型例子.

Hardy 的写作方式不仅呈现给人们一种知识整理与组织的结构, 而且也启示着一种开放式的教育方式: 在知识教育的基础上引入思想方法的教育, 让学生有知识衍生、问题提出、表达、解决的意识, 揭示出知识发展的各种可能窗口, 显示知识有机整体的不完备性、开放性、活力性. 这种方式有助于开阔学生的视野, 利于提高其创新能力. 德国启蒙主义时代哲学家、美学家赫尔德 (Johann Gottfried Herder, 1744—1803) 对教育持有相近的观点. 他认为, “对于青年时代来说, 教育

的主要部分不是要学什么, 而是要怎样学. "(*Not what, but how the young learn is the chief concern of education*)(文献 [207], P.140; 或文献 [260], P.332).

断想 110　教育的本质及教师的要求

教育是个借助知识的传授来提高学生对数学的理解力、鉴赏力、养成好的学习思维习惯、塑造好的性格的一种艺术 —— 教育的本质是运用知识尽可能全方位塑造人的一门艺术. 教育的中心问题, 一是如何"使知识保持活力和防止知识僵化"(文献 [111], P.344) 一这要求"教师必须教的是与知识相辅相成的活动, 学生必须学的是与知识相辅相成的活动"(文献 [111], P.161); 二是如何巧妙地运用知识塑造学生的哪些品质? 解决好了第一个问题, 就可以使得知识的教育功能可持续地在人类发展的历程上发挥作用; 而明确了第二个问题的内涵 (如何 + 哪些) 并付诸实践, 则可切实实现人类自身素质的提高.

作为知识传播的教育要求教师应该懂得信息传播的理论; 作为素质提高的教育要求教师应该懂得人论. 有关人的理论, 可阅读德国哲学家卡西尔 (Ernst Cassirer, 1874—1945) 的《人论》(文献 [179])、法国古生物学家德日进 (Pierre Teilhard de Chardin, 1891—1955) 的《人的现象》(文献 [180]) 等.

英国著名经济学家白芝浩 (Walter Bagehot, 1826—1877) 认为"就像山的最高峰一样, 各个行业的顶峰要比山顶下的部分更相似 —— 最起码的原则几乎相同; 真正让它们彼此形成鲜明对比的, 仅仅是下面丰富多变的岩层. 但是要想知道这些顶峰都是一样的, 你得去旅行. 那些待在一座山上的人总认为, 他们这座山完全不同于其他的. "(文献 [66], P.37)

例 1　求空间中点 $P(x_0, y_0, z_0)$ 到平面 $\pi: Ax + By + Cz + D = 0$ 的距离. 对距离的不同理解导致问题的不同解法. 如果将距离理解成 P 与平面上点的距离的最小值, 那么, 借助于微积分中约束极值的 Lagrange 乘数法可以解决这一问题. 如果将距离理解成 P 到其在平面上投影点的距离, 那么, 借助于向量的知识, 可给出如下的解:

设 $P_1(x_1, y_1, z_1)$ 为 P 在 π 上的投影点 (过 P 向 π 作垂线的垂足), 构作向量 $\overrightarrow{P_1P}$, 问题所要求的就是此向量的长度 $\left\|\overrightarrow{P_1P}\right\|$, $\overrightarrow{P_1P}$ 与给定平面的法向量 $\overrightarrow{n}(A, B, C)$ 平行. 考虑二者点乘的绝对值 $\left|\overrightarrow{P_1P} \cdot \overrightarrow{n}\right|$, 用两种方法来计算它: 一是借助于点乘的定义,

$$\left|\overrightarrow{P_1P} \cdot \overrightarrow{n}\right| = \left\|\overrightarrow{P_1P}\right\| \|\overrightarrow{n}\| = \left\|\overrightarrow{P_1P}\right\| \sqrt{A^2 + B^2 + C^2};$$

二是借助于点乘运算的坐标形式, 并考虑到 $Ax_1+By_1+Cz_1+D=0$, 可知

$$\left|\overrightarrow{P_1P}\cdot\overrightarrow{n}\right|=\left|(x_0-x_1,y_0-y_1,z_0-z_1)\cdot(A,B,C)\right|=\left|Ax_0+By_0+Cz_0+D\right|.$$

两相结合, 得到

$$\left\|\overrightarrow{P_1P}\right\|\sqrt{A^2+B^2+C^2}=\left|Ax_0+By_0+Cz_0+D\right|.$$

从中解出

$$\left\|\overrightarrow{P_1P}\right\|=\frac{\left|Ax_0+By_0+Cz_0+D\right|}{\sqrt{A^2+B^2+C^2}}.$$

这就是问题的解. 整个解题思路由三部分组成: 将欲求对象 $\left(\left\|\overrightarrow{P_1P}\right\|\right)$ 纳入一个关系环境 “大对象” 中 (这里是点乘的绝对值); 对大对象从两个角度进行分析考察 (这里是从定义和坐标形式两个方面进行计算), 得到两个考察结果 (这里是两个计算结果); 将两个结果联系起来进行综合推演, 得到问题的解. 我们将其中的大对象称为待考察的原型, 将整个解题思路 “找原型 → 找两个视角进行分析 → 联结分析的结果进行综合” 称为 “原型双视联结法”(简称 ODC 原则). 这是笔者在文献 [52] 中首先给出的方法论概念, 它是建立等式的一个一般方法 (文献 [53]). 美国的 Titu Andreescu 和 Zuming Feng 在文献 [54] 中将此解题思想称为 “Fubini 原则”(Fubini Principle); 德国的 Martin Aigner and Gunter M. Ziegler 在他们的《来自圣经的证明》(第三版) 中将此思想称为 “双数 (shǔ, 三声; 动词)(double counting)”(文献 [113], P.142).

例 2 行列式的乘法公式也可由此思路得出: 对给定的 m 阶方阵 $\boldsymbol{A}$、n 阶方阵 $\boldsymbol{B}$, 以及 $n\times m$ 型矩阵 $\boldsymbol{C}$, 由行列式的定义可知

$$\begin{vmatrix}\boldsymbol{A} & \boldsymbol{0}\\ \boldsymbol{C} & \boldsymbol{B}\end{vmatrix}=|\boldsymbol{A}|\,|\boldsymbol{B}|.$$

对同阶方阵 $\boldsymbol{M},\boldsymbol{N}$, 直接应用上述公式, 有

$$\begin{vmatrix}\boldsymbol{M} & \boldsymbol{0}\\ -\boldsymbol{E} & \boldsymbol{N}\end{vmatrix}=|\boldsymbol{M}|\,|\boldsymbol{N}|;$$

对上左式进行变换后再用前公式, 有

$$\begin{vmatrix}\boldsymbol{M} & \boldsymbol{0}\\ -\boldsymbol{E} & \boldsymbol{N}\end{vmatrix}=\begin{vmatrix}\boldsymbol{0} & \boldsymbol{MN}\\ -\boldsymbol{E} & \boldsymbol{N}\end{vmatrix}=(-1)^n\begin{vmatrix}\boldsymbol{MN} & \boldsymbol{0}\\ \boldsymbol{N} & -\boldsymbol{E}\end{vmatrix}=(-1)^n\,|\boldsymbol{MN}|\,|-\boldsymbol{E}|=|\boldsymbol{MN}|.$$

将上两等式的右端联结起来, 就得到了乘法公式 $|\boldsymbol{MN}| = |\boldsymbol{M}|\,|\boldsymbol{N}|$

例 3 在特征多项式、特征值的分析中, 也有原型双视法的应用. 对 n 阶矩阵 $\boldsymbol{A} = (a_{ij})$ 的特征多项式 $|\lambda\boldsymbol{E} - \boldsymbol{A}|$, 从行列式的完全展开式定义进行分析可知

$$\begin{aligned}|\lambda\boldsymbol{E} - \boldsymbol{A}| &= \begin{vmatrix} \lambda - a_{11} & -a_{12} & \cdots & -a_{1n} \\ -a_{21} & \lambda - a_{22} & \cdots & -a_{2n} \\ \vdots & \vdots & \ddots & \vdots \\ -a_{n1} & -a_{n2} & \cdots & \lambda - a_{nn} \end{vmatrix} \\ &= (\lambda - a_{11})(\lambda - a_{22})\cdots(\lambda - a_{nn}) + \cdots + (-1)^n |A| \\ &= \lambda^n - \left(\sum_{k=1}^{n} a_{kk}\right)\lambda^{n-1} + \cdots + (-1)^n |A|,\end{aligned}$$

另外, 根据代数学基本定理, 若上述 n 次多项式的根为 $\lambda_k(k = 1, 2, \cdots, n)$, 则

$$\begin{aligned}|\lambda E - A| &= (\lambda - \lambda_1)(\lambda - \lambda_2)\cdots(\lambda - \lambda_n) \\ &= \lambda^n - \left(\sum_{k=1}^{n} \lambda_k\right)\lambda^{n-1} + \cdots + (-1)^n \prod_{k=1}^{n} \lambda_k.\end{aligned}$$

两相联合, 比较 λ^{n-1} 的系数与常数项, 便知

$$\sum_{k=1}^{n} \lambda_k = \sum_{k=1}^{n} a_{kk}, \quad \prod_{k=1}^{n} \lambda_k = |A|.$$

例 4 在复数范围内, 若 n 阶方阵 $\boldsymbol{A}$ 满足 $\overline{\boldsymbol{A}}^{\mathrm{T}} = \boldsymbol{A}$, 则称 $\boldsymbol{A}$ 为 Hermite 矩阵. 如果 λ 是其特征值, $\boldsymbol{\alpha}$ 是属于 λ 的特征向量, 则

$$\boldsymbol{A\alpha} = \lambda\boldsymbol{\alpha} \Rightarrow \left\{\begin{array}{cl} \overline{\boldsymbol{\alpha}}^{\mathrm{T}}\boldsymbol{A\alpha} & = \lambda(\overline{\boldsymbol{\alpha}}^{\mathrm{T}}\boldsymbol{\alpha}) \\ \| & \\ \overline{\boldsymbol{\alpha}}^{\mathrm{T}}\overline{\boldsymbol{A}}^{\mathrm{T}}\boldsymbol{\alpha} = (\overline{\boldsymbol{A\alpha}})^{\mathrm{T}}\boldsymbol{\alpha} & = \overline{\lambda}(\overline{\boldsymbol{\alpha}}^{\mathrm{T}}\boldsymbol{\alpha}) \end{array}\right\}$$

$$\Rightarrow \lambda(\overline{\boldsymbol{\alpha}}^{\mathrm{T}}\boldsymbol{\alpha}) = \overline{\lambda}(\overline{\boldsymbol{\alpha}}^{\mathrm{T}}\boldsymbol{\alpha}) \underset{\boldsymbol{\alpha}\neq\boldsymbol{0}\Rightarrow\overline{\boldsymbol{\alpha}}^{\mathrm{T}}\boldsymbol{\alpha}>0}{\longrightarrow} \lambda = \overline{\lambda}.$$

从而, 借助于原型双视联结法, 便明确了: Hermite 矩阵的特征值是实数. 特殊地, 实对称矩阵的特征值为实数.

传统正规课程中强调的是具体知识, 而对思路没有上升到规范教育的水平. 实际上, 从上述例子中已不难意识到, 没有思路, 问题是解不出来的. 知识与思路的有效联合才能真正提高学习者的思维品质. 思维进路的学问是迄今教育中的一个缺失. 开设数学方法论课程, 或至少教师具有有关修养, 并将思想方法贯彻于课堂教学之中, 对于排除学生的思维障碍, 提升教学效果, 是十分必要的. 不懂思维进行的方式, 思维只能静止, 教育自然谈不上. 现在很多人对思想方法教育的重要性仍停留在自发无觉 (自然更是无知) 的 “原始野蛮” 状态.

断想 111 “思维向量”的教育

思维意向的动觉意识教育——“思维向量” 教育是思想方法教育的首要内容. 思维首先要动起来、要流动起来! 其次是要考虑 “向什么方向动? 动的路线是什么? 走多远?” 等较深层的问题.

美国的索罗 (Daniel Solow) 是现代明确倡导数学思想过程教育的人物之一. 他在线性代数、高等数学等课程的教学中, 都在贯彻思想方法的教育 (见文献 [55] 或其网页).

思维如何深入、何时转换、如何综合? 这些根本的东西在目前的教育中是缺失的.

自然思维的观念. 大多数学生在学习中最常见的问题在于: 听得懂, 做不出. 解决这一问题的有效方法有两个方面: 一是教师教给同学一些常见的解题原则; 二是强化同学的解题实践训练. 间接经验与直接经验的结合与互动, 有利于提高学生的解题水平. 问题解决教育 —problem solving. 在众多方法中, 自然思维是第一原则. 所谓自然思维, 是指 “遇到一个问题时, 要由近及远地思考问题 —— 首先给出相关概念的定义、明确其本然含义: 先将要求解的问题的含义写出来, 再将问题中给定条件的具体含义写出来; 当问题含义与条件含义的表述形式不唯一时 (理论上往往如此, 学生时期的问题往往不如此), 要双方相联系地采取适当形式; 针对要解决的问题 —— 亦即胸怀目标, 将给定的条件一个一个相继联系地展示出来, 事情往往即可得到解决. 问题的解就存在于问题的内涵之中 —— 由问题内涵不能解决的问题是个解不确定的问题 —— 条件不足以确定结论的问题”. 数学史上著名的欧氏几何的第五公设 (文献 [12])、集合论中的连续统假设等等命题皆独立于相应的传统数学体系.

自然思维的一种具体体现是 “同类化思维原则”.

例 1 如果 $\boldsymbol{A}, \boldsymbol{B}$ 都是 n 阶正交矩阵, 且 $|\boldsymbol{A}|+|\boldsymbol{B}|=0$, 那么 $\boldsymbol{A}+\boldsymbol{B}$ 是否可逆?

对此问题, 首先从未知入手: $\boldsymbol{A}+\boldsymbol{B}$ 可逆的充要条件是什么? 一个矩阵可逆的充要条件有很多, 到底用哪一条? 这时就要沿着与给定的已知条件的存在形态相类似的方向考虑问题: 已知条件 $|\boldsymbol{A}|+|\boldsymbol{B}|=0$ 是有关行列式的形式, 那我们就考虑矩阵可逆的与行列式有关的判别法: $\boldsymbol{A}+\boldsymbol{B}$ 是否可逆, 就看 $|\boldsymbol{A}+\boldsymbol{B}|$ 是否等于零. 以行列式为考虑问题的基点, 回头再看另一条件: “$\boldsymbol{A}, \boldsymbol{B}$ 都是 n 阶正交矩阵”. 它让我们马上想到正交矩阵的行列式性质: 行列式 $=\pm 1$. 再与 $|\boldsymbol{A}|+|\boldsymbol{B}|=0$ 相联系, 可知 $|\boldsymbol{A}|, |\boldsymbol{B}|$ 异号, 故而 $|\boldsymbol{A}||\boldsymbol{B}|=-1$. 在上述考虑的基础上,

$$|A+B|=|A|\left|B^{-1}+A^{-1}\right||B|=|A||B|\left|B^{\mathrm{T}}+A^{\mathrm{T}}\right|=-|A+B|\Rightarrow|A+B|=0.$$

因此, $A+B$ 是不可逆的. 这一解题过程就是沿着面向行列式同类化的思维过程. 如果问题的条件与结论中所涉及的概念有同类的刻画形式, 那么, 将思维的焦点集聚在共同的形态内考虑问题, 往往有助于问题的解决. 这是一种沿着同类化的"收敛思维原则".

例 2 在实数范围内, 若 $\sum_{k=1}^{n}\alpha_i=1$, 则 $n\sum_{k=1}^{n}\alpha_i^2\geqslant 1$.

对此, 我们可将 $n\sum_{k=1}^{n}\alpha_i^2$ 中的第一个因子 n 与第二个因子 $\sum_{k=1}^{n}\alpha_i^2$ 同类化, 将其写成 $\sum_{k=1}^{n}1^2$. 这样, 原问题归结为证 $\left(\sum_{k=1}^{n}1^2\right)(\sum_{k=1}^{n}\alpha_i^2)\geqslant 1$. 若令

$$\boldsymbol{A}=(1,1,\cdots,1),\quad \boldsymbol{B}=(\alpha_1,\alpha_2,\cdots,\alpha_n),$$

则不等式的左边即 $|\boldsymbol{A}|^2|\boldsymbol{B}|^2$. 由向量知识知道 $|\boldsymbol{A}|^2|\boldsymbol{B}|^2\geqslant\left|\overrightarrow{\boldsymbol{A}}\cdot\overrightarrow{\boldsymbol{B}}\right|^2=\left(\sum_{k=1}^{n}1\alpha_k\right)^2=1$. 因此结论得证.

例 3 有关矩阵秩的 Sylvester 公式 (其中 $\boldsymbol{A},\boldsymbol{B}$ 皆为 n 阶方阵)

$$r(\boldsymbol{A})+r(\boldsymbol{B})-r(\boldsymbol{AB})\leqslant n,$$

可在结构上同类化为

$$[n-r(\boldsymbol{A})]\geqslant[n-r(\boldsymbol{AB})]-[n-r(\boldsymbol{B})].$$

它启示着人们, 从齐次线性方程组解空间的维数与系数矩阵的秩的关系入手解决问题: 显然, $\boldsymbol{BX}=\boldsymbol{0}$ 的解也是 $(\boldsymbol{AB})\boldsymbol{X}=\boldsymbol{0}$ 的解, 亦即 $\boldsymbol{BX}=\boldsymbol{0}$ 的解空间是 $(\boldsymbol{AB})\boldsymbol{X}=\boldsymbol{0}$ 的解空间的子空间. 记 $n-r(\boldsymbol{B})=p, n-r(\boldsymbol{AB})=q$. 若 $p=q$, 结论成立; 若 $p<q$, 考虑 $\boldsymbol{BX}=\boldsymbol{0}$ 的一个基础解系 $\boldsymbol{X}_1,\boldsymbol{X}_2,\cdots,\boldsymbol{X}_p$. 在 $(\boldsymbol{AB})\boldsymbol{X}=\boldsymbol{0}$ 的解空间中, 可以将其扩张成 $(\boldsymbol{AB})\boldsymbol{X}=\boldsymbol{0}$ 的一个基础解系

$$\boldsymbol{X}_1,\boldsymbol{X}_2,\cdots,\boldsymbol{X}_p,\boldsymbol{X}_{p+1},\boldsymbol{X}_{p+2},\cdots,\boldsymbol{X}_q.$$

我们断言, $\boldsymbol{BX}_{p+1},\boldsymbol{BX}_{p+2}\cdots,\boldsymbol{BX}_q$ 一定是线性无关的. 事实上,

$$\begin{aligned}\sum_{j=1}^{q-p}k_{p+j}\boldsymbol{BX}_{p+j}=0\Rightarrow B\sum_{j=1}^{q-p}k_{p+j}\boldsymbol{X}_{p+j}=0&\\ \xrightarrow{\exists k_i,i=1,2,\cdots,p}\sum_{j=1}^{q-p}k_{p+j}\boldsymbol{X}_{p+j}=\sum_{i=1}^{p}k_i\boldsymbol{X}_i&\\ \Rightarrow\sum_{i=1}^{p}k_i\boldsymbol{X}_i+\sum_{j=1}^{q-p}(-k_{p+j})\boldsymbol{X}_{p+j}=0&\\ \Rightarrow k_h=0,\quad 其中h=1,2,\cdots,q.&\end{aligned}$$

特别地, 是 $k_{p+1}=k_{p+2}=\cdots=k_q=0$. 又由于 $\boldsymbol{A}(\boldsymbol{B}\boldsymbol{X}_{p+1})=\boldsymbol{A}(\boldsymbol{B}\boldsymbol{X}_{p+2})=\cdots=\boldsymbol{A}(\boldsymbol{B}\boldsymbol{X}_q)=\mathbf{0}$, 所以 $\boldsymbol{B}\boldsymbol{X}_{p+1},\boldsymbol{B}\boldsymbol{X}_{p+2},\cdots,\boldsymbol{B}\boldsymbol{X}_q$ 是 $\boldsymbol{A}\boldsymbol{Z}=\mathbf{0}$ 的一组线性无关解, 因此 $q-p\leqslant$ 方程 $\boldsymbol{A}\boldsymbol{Z}=\mathbf{0}$ 的解空间的维数 $n-r(\boldsymbol{A})$, 亦即 $[n-r(\boldsymbol{A}\boldsymbol{B})]-[n-r(\boldsymbol{B})]\leqslant[n-r(\boldsymbol{A})]$.

例 4 若 $\boldsymbol{A},\boldsymbol{B}$ 是 n 阶方阵, $\lambda_k(k=1,2,\cdots,n)$ 是 $\boldsymbol{B}$ 的特征值, 且存在可逆矩阵 $\boldsymbol{P}$, 满足

$$\boldsymbol{B}=\boldsymbol{P}\boldsymbol{A}\boldsymbol{P}^{-1}-\boldsymbol{P}^{-1}\boldsymbol{A}\boldsymbol{P}+\boldsymbol{E},$$

其中, $\boldsymbol{E}$ 是单位矩阵, 则 $\sum_{k=1}^{n}\lambda_k=?$

给定的问题是关于特征值的问题, 而给定的主要条件是关于矩阵的一个等式, 本着同类化的原则, 应首先将特征值的和转换为矩阵 $\boldsymbol{B}$ 的另一种更加直接与 $\boldsymbol{B}$ 有关的属性上, 这自然让人想到迹的概念:

$$\begin{aligned}\sum_{k=1}^{n}\lambda_k&=\mathrm{tr}B=\mathrm{tr}(PAP^{-1}-P^{-1}AP+E)\\&=\mathrm{tr}(PAP^{-1})-\mathrm{tr}(P^{-1}AP)+\mathrm{tr}E=n.\end{aligned}$$

在“迹运算的线性性质”及“相似矩阵具有相同的迹”的基础上, 问题迎刃而解.

一个矩阵的“特征值的和”语言上建立在特征值的基础上, 而迹建立在矩阵主对角线的和的基础上, 后者比前者更加表面化 —— 与矩阵本身的关系在表面上更近些. 上题的同类化指的实际上是属性的拉近化. 同类化指的是对象的同类化, 但由于对象是由属性刻画的, 因此, 从本质上讲, 同类化指的在一定标准下的属性层次贴近化.

例 5 如果随机变量 X 服从概率分布律为

$$P(X=k)=\frac{\lambda^k}{k!}\mathrm{e}^{-\lambda},\quad k=0,1,2,\cdots$$

的 Poisson 分布, 为了借助于公式

$$\mathrm{Var}X=EX^2-(EX)^2$$

求其方差, 我们需要计算 EX^2.

$$\begin{aligned}EX^2&=\sum_{k=0}^{\infty}k^2\frac{\lambda^k}{k!}\mathrm{e}^{-\lambda}=\sum_{k=1}^{\infty}\{k(k-1)+k\}\frac{\lambda^k}{k!}\mathrm{e}^{-\lambda}\\&=\sum_{k=2}^{\infty}k(k-1)\frac{\lambda^k}{k!}\mathrm{e}^{-\lambda}+\sum_{k=1}^{\infty}k\frac{\lambda^k}{k!}\mathrm{e}^{-\lambda}\\&=\lambda^2\mathrm{e}^{-\lambda}\sum_{k=2}^{\infty}\frac{\lambda^{k-2}}{(k-2)!}+\lambda\mathrm{e}^{-\lambda}\sum_{k=1}^{\infty}\frac{\lambda^{k-1}}{(k-1)!}\\&=\lambda^2+\lambda.\end{aligned}$$

在上述计算过程中, 技巧

$$k^2=k(k-1)+k$$

是问题得以顺利进行的关键. 这一变形其实也是同类化自然思维的产物：为了使得 k^2 与 $k!$ 可以约简, 自然希望 k^2 具有与 $k!$ 相近的结构. 本着经济化的思维原则, 将 k^2 和两项下阶乘结构 $k(k-1)$ 联系起来, 便可想到 $k^2=k(k-1)+k$.

例 6 计算实元素行列式

$$D=\begin{vmatrix} 1+a_1 & 1 & 1 & \cdots & 1 \\ 1 & 1+a_2 & 1 & \cdots & 1 \\ 1 & 1 & 1+a_3 & \cdots & 1 \\ \vdots & \vdots & \vdots & \ddots & \vdots \\ 1 & 1 & 1 & \cdots & 1+a_n \end{vmatrix}, \quad \text{其中} a_k\neq 0,\ k=1,2,\cdots,n.$$

可通过升阶的方法计算此题：

$$D=\begin{vmatrix} 1 & 1 & 1 & 1 & \cdots & 1 \\ 0 & 1+a_1 & 1 & 1 & \cdots & 1 \\ 0 & 1 & 1+a_2 & 1 & \cdots & 1 \\ 0 & 1 & 1 & 1+a_3 & \cdots & 1 \\ \vdots & \vdots & \vdots & \vdots & \ddots & \vdots \\ 0 & 1 & 1 & 1 & \cdots & 1+a_n \end{vmatrix}=\begin{vmatrix} 1 & 1 & 1 & 1 & \cdots & 1 \\ -1 & a_1 & 0 & 0 & \cdots & 0 \\ -1 & 0 & a_2 & 0 & \cdots & 0 \\ -1 & 0 & 0 & a_3 & \cdots & 0 \\ \vdots & \vdots & \vdots & \vdots & \ddots & \vdots \\ -1 & 0 & 0 & 0 & \cdots & a_n \end{vmatrix}$$

$$=\begin{vmatrix} 1+\dfrac{1}{a_1} & 1 & 1 & 1 & \cdots & 1 \\ 0 & a_1 & 0 & 0 & \cdots & 0 \\ -1 & 0 & a_2 & 0 & \cdots & 0 \\ -1 & 0 & 0 & a_3 & \cdots & 0 \\ \vdots & \vdots & \vdots & \vdots & \ddots & \vdots \\ -1 & 0 & 0 & 0 & \cdots & a_n \end{vmatrix}$$

$$=\cdots=\begin{vmatrix} 1+\sum\limits_{k=1}^{n}\dfrac{1}{a_k} & 1 & 1 & 1 & \cdots & 1 \\ 0 & a_1 & 0 & 0 & \cdots & 0 \\ 0 & 0 & a_2 & 0 & \cdots & 0 \\ 0 & 0 & 0 & a_3 & \cdots & 0 \\ \vdots & \vdots & \vdots & \vdots & \ddots & \vdots \\ 0 & 0 & 0 & 0 & \cdots & a_n \end{vmatrix}=\left(1+\sum_{k=1}^{n}\frac{1}{a_k}\right)\prod_{k=1}^{n}a_k.$$

这一解法依赖于约束条件 $\prod_{k=1}^{n} a_k \neq 0$. 能否去掉这一约束, 给出计算 D 的一个一般方法呢? 是可以做到的. 改变一下思路, 借助于将行列式中元素的表达式结构同类化, 便可给出更具普遍性的解法:

$$D = \begin{vmatrix} 1+a_1 & 1+0 & 1+0 & \cdots & 1+0 \\ 1+0 & 1+a_2 & 1+0 & \cdots & 1+0 \\ 1+0 & 1+0 & 1+a_3 & \cdots & 1+0 \\ \vdots & \vdots & \vdots & \ddots & \vdots \\ 1+0 & 1+0 & 1+0 & \cdots & 1+a_n \end{vmatrix},$$

利用行列式的性质, 将其沿第一列拆成两个行列式的和: 二者的第一列分别是

$$(1,1,1,\cdots,1)^{\mathrm{T}}, \quad (a_1,0,0,\cdots,0)^{\mathrm{T}};$$

对这两个行列式再进一步沿着第二列同样拆开; 对得到的四个行列式再沿着第三列同样拆开; 一直拆到最后一列. 最终, 原行列式被拆成了 2^n 个具有下述结构特点的行列式的和: 行列式的 n 列由若干 $(1,1,1,\cdots,1)^{\mathrm{T}}$ 列和若干 $(0,\cdots,a_k,\cdots,0)^{\mathrm{T}}$ 列组成. 为行文方便, 我们暂将这些行列式称为基本行列式. 这些基本行列式, 依据其中 $(1,1,1,\cdots,1)^{\mathrm{T}}$ 列的个数, 可被分为三类: 不包含; 仅有一列; 至少有两列. 第一类只有一个, 值 $= \prod_{k=1}^{n} a_k$; 第三类的值是 0; 将第二类中的行列式, 按其诸 $(0,\cdots,a_k,\cdots,0)^{\mathrm{T}}$ 列依次展开, 可知其值 $= a_1\cdots\hat{a}_k\cdots a_n$. 其中, $a_1\cdots\hat{a}_k\cdots a_n$ 表示将 n 项 $a_1,a_2,\cdots,a_n$ 中的 a_k 去掉后, 余下的 $n-1$ 项的乘积. 这样一来, 原行列式的值就算出来了

$$D = a_1\cdots a_m\cdots a_n + \sum_{k=1}^{n}(a_1\cdots\hat{a}_k\cdots a_n).$$

需指出, 这里涉及了原型双视联结法的一种反问题, 它蕴涵着一个重要的方法论原则. 原型双视联结法是证明等式的基本理论原则: $A = B$ 就意味着等号两边形式不同, 本质相同 —— 亦即是同一对象沿两个角度的不同表现形式. 因此, 为证明 $A = B$, 只要做好两件事就可解决问题了: 寻找背后的对象 —— 我们称之为原型; 寻找产生 A, B 的两个视角. 框图如下:

原型P

视角1 ↙ ↘ 视角2

$A = B$

我们将思路“(原型; 视角 1, 视角 2)→ $(A = B)$”称为原型双视联结法的正问题, 而将“(原型; 角度 1, $A = B$)→(角度 2)”称为原型双视联结法的反问题. 其具

体含义是：如果对对象 P, 沿一个角度进行分析、或用一种计算方法计算, 得到了一个结果 $A(P \to A)$, 而 $A = B$, 则在思路导向上, 我们认为：①存在看待、或计算 P 的另一个视角, 沿此对其分析、或计算, 可以产生结果 B; ②这种视角, 可能在现有知识范围内能够找出来; 或者在知识加以扩展后可以出现. 总之, 在发展的意义上, 由 $P \to B$ 的视角是存在、或是可以建构的. 在这种思想的指导下, 人们便可以去设法寻求这一新的视角. 上述行列式的计算便属一例：给出的行列式就是原型 P, $\left(1+\sum\limits_{k=1}^{n}\frac{1}{a_k}\right)\prod_{k=1}^{n}a_k$ 就是 A, 借助分配律得到

$$\left(1+\sum_{k=1}^{n}\frac{1}{a_k}\right)\prod_{k=1}^{n}a_k = a_1\cdots a_m\cdots a_n + \sum_{k=1}^{n}(a_1\cdots \hat{a}_k\cdots a_n),$$

等式右边的表达式就是 B. 由于有产生 A 的行列式之计算方法, 我们相信, 也有得到 B 的计算方法. 这就是上面已经给出的相关计算方法 (当然, 还可尝试其他方法).

显然, 原型双视联结法的反问题属“一题两解”范畴.

当 $A = B$ 两边表达式的“定义域”不同时, 相应视角给出的解答, 实际上代表着不同问题的答案. 上述行列式计算就是很典型的例子：A 是带约束条件的行列式的结果, B 是不带约束条件的行列式的结果. 这给人们一个一般化方法论的启示：如果一个问题的答案是 A_1, 而且, 在其定义域内 $A_1 = A_2$; 倘若 A_2 的定义域真包含 A_1 的定义域, 则人们在找到问题的答案是 A_2 的解法的同时, 便已经实现了原问题的推广, 其特点是：问题结构没有变, 只是其中元素的约束条件减少了. 这是“由降低结果的约束化程度而实现问题之推广”的“松绑路线”.

根据 A_1, A_2 的定义域之间的关系, 有兴趣的读者, 可对其进行进一步系统的研讨.

需指出, “反问题”三个字, 具有多种含义. 一个较直接、但很重要的情形是：给定一个问题 Q, 人们试图找到 Q 的解. 这一“问题 → 解”的过程, 可称作正问题思维. 这时, 人们关注的是“我如何解决 Q”. 在解决 Q 的思维进程中, 在一定阶段, 人们可能得到了一个结果 R— 但它还不是 Q 的解. 如果这时人们一反正问题思维的方向, 而考虑“我已经解决了什么问题”—R 是哪个问题的解. 这一“结果 → 问题”的思维, 便是控制论创始人、美国麻省理工学院 (MIT) 数学家维纳 (Norbert Wiener, 1894—1964) 意义下的“反问题 (reverse question)”思维. 他认为, “反问题的使用, 恰恰在科学最深层的部分具有重要价值. 在特殊的工程问题中也

具有重要作用"(文献 [296], P.22)①.

技巧往往也是与问题环境一致契合的自然产物.

天才的想法、技巧理论上都可借助一定的思维路线自然产生出来; 这种自然路线的出现往往滞后于技巧的产生. 我们将此现象称为 "解释滞后现象". 正是由于起初人们并不知道技巧出现的自然机制, 技巧才对人的心灵产生一定的震撼. 随着人们对这些技巧越来越熟悉, 技巧的震撼力变得越来越低. 这也是边际效用递减的一个例子. 原创性的思想在不断发展、开花结果的同时, 其在人们心目中的新鲜感、震撼力在宏观上也在不断衰减. 人们对旧的东西适应了, 便开始追求新的原创思想.

问题解决从思维模式上讲, 有三个基本类型、灵感直觉型、经验启示型; 语义分析型. 上述所言自然思维主要是指第三类.

灵感直觉型是指灵感呈现了思路. 尽管借助于长期的自我暗示和思维敏感性训练, 人的灵觉度有望获得一定程度的提升, 但总体上讲, 这种情形在短时间内可遇而不可求.

经验启示型是指通过与以往的内在思维和外在生活经验相联系而获得问题解决路线启示的情形. 与过去直接或间接经验的类比联系, 是其常见类型.

关于数学 (创造性思维) 与常识 —— 生活经验等因素的关系, 可参见美国数学家戴维斯 (Philip J.Davis, 1923—) 的著作《数学与常识》(*Mathematics and common sense–A case of creative tension*)(文献 [291]).

断想 112　新闻化教育原则

翻新教育、再创造教育. 变个说法, 在新形势下拓展思维、拓展知识. 我们称这种原则为 "变形拓展教育原则". 例如, 不用直接解齐次线性方程组

$$\begin{cases} x_1+x_2+x_3+x_4=0 \\ x_1+2x_2+3x_4=0 \\ -x_1-2x_3+x_4=0 \end{cases}$$

写出它的通解和一个特解. 此题意在检查学生两件事: ①是否清楚非齐次线性方程组 $\boldsymbol{AX}=\boldsymbol{b}$ 的解之差是其导出齐次线性方程组 $\boldsymbol{AX}=\boldsymbol{0}$ 的解; ②是否会解

① 维纳论创造 (invention) 的这一著作具有下述明显特点: 很多作者都是将自己的作品 "献给某某人", 如父母、老师等. 在笔者迄今的见识里, 只有维纳此书 "献给 MIT—— 创造性心智的家 (To the Massachusetts Institute of Technology, a home for the creative intellect)" 献给了一个特殊的组织机构.

$\boldsymbol{AX}=\boldsymbol{b}$. 若会, 则构造一有解的 $\boldsymbol{AX}=\boldsymbol{b}$, 解之, 写出其向量形式的通解, 将作为特解的常向量移过来, 便可得到 $\boldsymbol{AX}=\boldsymbol{0}$ 的通解. 此过程解的是 $\boldsymbol{AX}=\boldsymbol{b}$, 不是直接解 $\boldsymbol{AX}=\boldsymbol{0}$. 拿上题来讲, 可简解如下:

解非齐次方程组

$$\begin{cases} x_1+x_2+x_3+x_4=1, \\ x_1+2x_2+3x_4=2, \\ -x_1-2x_3+x_4=0, \end{cases}$$

$$\begin{pmatrix} 1 & 1 & 1 & 1 & 1 \\ 1 & 2 & 0 & 3 & 2 \\ -1 & 0 & -2 & 1 & 0 \end{pmatrix} \to \begin{pmatrix} 1 & 0 & 2 & -1 & 0 \\ 0 & 1 & -1 & 2 & 1 \\ 0 & 0 & 0 & 0 & 0 \end{pmatrix},$$

原方程组等价于 $\begin{cases} x_1+2x_3-x_4=0, \\ x_2-x_3+2x_4=1, \end{cases}$ 从中解出 $\begin{cases} x_1=-2x_3+x_4, \\ x_2=1+x_3-2x_4, \end{cases}$ 其中 x_3, x_4 可取任意值. 方程组的解向量

$$\boldsymbol{X}=\begin{pmatrix} x_1 \\ x_2 \\ x_3 \\ x_4 \end{pmatrix}=\begin{pmatrix} 0 & -2x_3 & +x_4 \\ 1 & +1x_3 & -2x_4 \\ 0 & +1x_3 & +0x_4 \\ 0 & +0x_3 & 1x_4 \end{pmatrix}=\begin{pmatrix} 0 \\ 1 \\ 0 \\ 0 \end{pmatrix}+x_3\begin{pmatrix} -2 \\ 1 \\ 1 \\ 0 \end{pmatrix}+x_4\begin{pmatrix} 1 \\ -2 \\ 0 \\ 1 \end{pmatrix}.$$

从中看到,$\boldsymbol{X}_0=(0\ 1\ 0\ 0)^{\mathrm{T}}$ 是非齐次方程组的一个特解; $\boldsymbol{X}-\boldsymbol{X}_0$ 便是原齐次线性方程组的通解.

关于线性方程组解的问题, 传统题目是借助导出齐次线性方程组来解非齐次线性方程组. 上题则属反其道而行之. 这种出题的方法是倒行逆施出题法.

“从正反两个方面理解所学知识” 是学习收益最大化的有效途径之一.

例 1 观察角度的变化常会让你有新发现. 人们从左到右的书写习惯直接影响着人的思维效率. 特别是对等式 $a=b$, 人们见到 a 后想到 b, 易于由 b 想到 a. 在学习中, 对任何一个语句都应前后双向地表述一下. 比如, 对一个矩阵施行一次初等行变换, 就等价于在矩阵的左侧乘上一个相应的初等矩阵; 反过来, 在一个矩阵的左侧乘上一个初等矩阵, 就等价于对矩阵施行了一次相应的初等行变换. 正反、前后双向表述的学习法, 我们称之为 “对称表述学习法”. 此法的施行, 有助于消除思维的相应盲点.

例 2 在数学发展与教学中, 严格的逻辑推理是重要的, 不严格的似真推理也是重要的. 对严格与不严格都要予以适当的关注. 在学习中, 似真推理主要有

两大作用：一是引导解题思路; 二是有助于提出新的问题、发现新的结论. 比如, 将方阵 $\boldsymbol{A}$ 形式地代换其特征多项式 $f_{\boldsymbol{A}}(\lambda)=|\lambda\boldsymbol{E}-\boldsymbol{A}|$ 中的 λ, 便有 $f_{\boldsymbol{A}}(\boldsymbol{A})=0$。$f_{\boldsymbol{A}}(\boldsymbol{A})=0$ 是否是一普遍成立的结论呢? 经过严格的证明, 人们发现, 确实如此. 这一结论, 就是线性代数中著名的 Cayley-Hamilton 定理. 1853 年, 英国数学家 Hamilton 首先就一类特殊的矩阵证明了这一点, 五年后, 其同胞 Cayley 发表了不带证明的一般形式.

似真推理仅仅是建议、发现真理的一类方式, 其本身不能保证由此得到的结果是正确的. 在传统推理方式中, 不完全归纳和类比是两类典型的似真推理. 下面给出一个由不完全归纳得到错误结论的有趣例子 (文献 [299], PP.127—128).

定义函数

$$\operatorname{sinc}(x)=\begin{cases}\sin(x)/x, & x\neq 0,\\ 1, & x\neq 0.\end{cases}$$

人们可以证明,

$$\begin{aligned}
\int_0^{\infty}\operatorname{sinc}(x)\mathrm{d}x&=\pi/2,\\
\int_0^{\infty}\operatorname{sinc}(x)\operatorname{sinc}(x/3)\mathrm{d}x&=\pi/2,\\
\int_0^{\infty}\operatorname{sinc}(x)\operatorname{sinc}(x/3)\operatorname{sinc}(x/5)\mathrm{d}x&=\pi/2,\\
\int_0^{\infty}\operatorname{sinc}(x)\operatorname{sinc}(x/3)\operatorname{sinc}(x/5)\operatorname{sinc}(x/7)\mathrm{d}x&=\pi/2,\\
\int_0^{\infty}\operatorname{sinc}(x)\operatorname{sinc}(x/3)\operatorname{sinc}(x/5)\operatorname{sinc}(x/7)\operatorname{sinc}(x/9)\mathrm{d}x&=\pi/2,\\
\int_0^{\infty}\operatorname{sinc}(x)\operatorname{sinc}(x/3)\operatorname{sinc}(x/5)\operatorname{sinc}(x/7)\operatorname{sinc}(x/9)\operatorname{sinc}(x/11)\mathrm{d}x&=\pi/2,\\
\int_0^{\infty}\operatorname{sinc}(x)\operatorname{sinc}(x/3)\operatorname{sinc}(x/5)\operatorname{sinc}(x/7)\operatorname{sinc}(x/9)\operatorname{sinc}(x/11)\operatorname{sinc}(x/13)\mathrm{d}x&=\pi/2.
\end{aligned}$$

7 个规律明显的结论, 很容易让人们归纳认为, 对 $n=1,2,3,\cdots$,

$$\int_0^{\infty}\operatorname{sinc}(x/1)\operatorname{sinc}(x/3)\operatorname{sinc}(x/5)\cdots\operatorname{sinc}(x/2n-1)\mathrm{d}x=\pi/2!?$$

但这是错误的! 因为

$$\int_0^{\infty}\operatorname{sinc}(x)\operatorname{sinc}(x/3)\operatorname{sinc}(x/5)\operatorname{sinc}(x/7)\operatorname{sinc}(x/9)\operatorname{sinc}(x/11)\operatorname{sinc}(x/13)\operatorname{sinc}(x/15)\mathrm{d}x$$
$$=\frac{467807924713440738696537864469}{935615849440640907310521750000}\pi\neq\pi/2.$$

例 3 若 $\boldsymbol{AB}=\boldsymbol{E}$, 则我们称 $\boldsymbol{A}$ 是可逆矩阵. 这时我们思维的顺序是从左到右; 若从右向左看, 则这一等式可看成单位矩阵 $\boldsymbol{E}$ 的一种分解. 可逆矩阵就是 $\boldsymbol{E}$ 的因子. 借助于集合思维, 考虑 $\boldsymbol{E}$ 的因子的集合. 易知, 它关于矩阵的乘法构成一个群 —— 可逆矩阵群. 在矩阵类中, 利用一般化思想 —— 换 $\boldsymbol{E}$ 为一般方阵 $\boldsymbol{M}$, 我们可给出 $\boldsymbol{M}$ 可逆的概念: 如果 $\boldsymbol{AB}=\boldsymbol{M}$, 我们称 $\boldsymbol{A}$ 为左 $\boldsymbol{M}$ 可逆的, 同时称 $\boldsymbol{B}$ 是右 $\boldsymbol{M}$ 可逆的. 从右向左看, 这实际是考虑 $\boldsymbol{M}$ 的分解问题, 只是思维关注的重点不同而已. 从这些考虑中, 人们可继续提出很多问题, 比如, 若 $\boldsymbol{M}$ 的左因子集合构成一个乘法群, 则 $\boldsymbol{M}$ 是否一定是单位矩阵? 左因子集合与右因子集合如果相同, 则 $\boldsymbol{M}$ 是否一定是单位矩阵? 等等.

例 4 若 $\boldsymbol{A}$ 是实对称矩阵, $\boldsymbol{u}_1,\boldsymbol{u}_2,\cdots,\boldsymbol{u}_n$ 是属于特征值 $\lambda_1,\lambda_2,\cdots,\lambda_n$ 的正交单位向量组. 若记 $\boldsymbol{T}=(u_1,u_2,\cdots,u_n)$, 则 $\boldsymbol{T}^{-1}\boldsymbol{AT}=\mathrm{diag}(\lambda_1,\lambda_2,\cdots,\lambda_n)$. 从中将 $\boldsymbol{A}$ 解出来, 得到

$$\begin{aligned}\boldsymbol{A}&=(\boldsymbol{u}_1,\boldsymbol{u}_2,\cdots,\boldsymbol{u}_n)\begin{pmatrix}\lambda_1&&&\\&\lambda_2&&\\&&\ddots&\\&&&\lambda_n\end{pmatrix}\begin{pmatrix}\boldsymbol{u}_1^{\mathrm{T}}\\\boldsymbol{u}_2^{\mathrm{T}}\\\vdots\\\boldsymbol{u}_n^{\mathrm{T}}\end{pmatrix}\\&=\lambda_1\boldsymbol{u}_1\boldsymbol{u}_1^{\mathrm{T}}+\lambda_2\boldsymbol{u}_2\boldsymbol{u}_2^{\mathrm{T}}+\cdots+\lambda_n\boldsymbol{u}_n\boldsymbol{u}_n^{\mathrm{T}}.\end{aligned}$$

这就是 $\boldsymbol{A}$ 的谱分解. 将正交相似对角化换个说法, 就得到了新东西. 当特征值不等于零时, $\boldsymbol{A}$ 可逆, 此时还可得到

$$\begin{aligned}\boldsymbol{A}&=\boldsymbol{Au}_1\boldsymbol{u}_1^{\mathrm{T}}+\boldsymbol{Au}_2\boldsymbol{u}_2^{\mathrm{T}}+\cdots+\boldsymbol{Au}_n\boldsymbol{u}_n^{\mathrm{T}}\\&\Rightarrow\boldsymbol{u}_1\boldsymbol{u}_1^{\mathrm{T}}+\boldsymbol{u}_2\boldsymbol{u}_2^{\mathrm{T}}+\cdots+\boldsymbol{u}_n\boldsymbol{u}_n^{\mathrm{T}}=\boldsymbol{E}.\end{aligned}$$

它是说: n 阶可逆实对称矩阵 $\boldsymbol{A}$ 总能写成 n 个秩为 1、和为单位矩阵的矩阵的线性组合, 而且此线性组合中的系数都是 $\boldsymbol{A}$ 的特征值.

例 5 线性代数中有这样一个结论: 对一个矩阵进行一次行初等变换, 就等价于在它的左边乘上一个相应的初等矩阵. 反过来, 在一个矩阵的左边乘上一个初等矩阵, 就等价于对此矩阵进行一次相应的行初等变换. 这后一种说法, 实际上蕴含着求初等矩阵与另一矩阵乘积的一种方法. 例如, 计算

$$\begin{pmatrix}0&0&0&1\\0&1&0&0\\0&0&1&0\\1&0&0&0\end{pmatrix}\begin{pmatrix}-2&5&6&8&-12\\0&3&5&0&9\\1&1&-1&5&6\\-1&0&6&9&2\end{pmatrix}.$$

容易发现, 左边初等矩阵对应的是第一、第四两行的换位变换, 所以, 上述乘积为

$$\begin{pmatrix} -1 & 0 & 6 & 9 & 2 \\ 0 & 3 & 5 & 0 & 9 \\ 1 & 1 & -1 & 5 & 6 \\ -2 & 5 & 6 & 8 & -12 \end{pmatrix}.$$

本着收益极大化的精神, 我们还可以将上述做法进行推广. 由于任何一个可逆矩阵都可写成一系列初等矩阵乘积的形式, 所以, 从理论上讲, 上述思想内含着求可逆矩阵与另一矩阵乘积的一种普遍方法.

列初等变换的情形可类似考虑.

如果综合上其他一些知识点, 人们还可编出其他相应的有趣的题型. 例如,

$$\boldsymbol{A}=\begin{pmatrix} 1 & 2 & 0 \\ 0 & 1 & 0 \\ 0 & 0 & 1 \end{pmatrix}\begin{pmatrix} 1 & 0 & 0 \\ -3 & 1 & 0 \\ 0 & 0 & 1 \end{pmatrix}\begin{pmatrix} 1 & 0 & 0 \\ 0 & 0 & 1 \\ 0 & 1 & 0 \end{pmatrix}, \quad \boldsymbol{A}^{-1}=?$$

看清 $\boldsymbol{A}$ 的三个矩阵都是初等矩阵, 其逆矩阵便可这样求解

$$\begin{aligned} A^{-1}&=\left(\begin{pmatrix} 1 & 2 & 0 \\ 0 & 1 & 0 \\ 0 & 0 & 1 \end{pmatrix}\begin{pmatrix} 1 & 0 & 0 \\ -3 & 1 & 0 \\ 0 & 0 & 1 \end{pmatrix}\begin{pmatrix} 1 & 0 & 0 \\ 0 & 0 & 1 \\ 0 & 1 & 0 \end{pmatrix}\right)^{-1} \\ &=\begin{pmatrix} 1 & 0 & 0 \\ 0 & 0 & 1 \\ 0 & 1 & 0 \end{pmatrix}^{-1}\begin{pmatrix} 1 & 0 & 0 \\ -3 & 1 & 0 \\ 0 & 0 & 1 \end{pmatrix}^{-1}\begin{pmatrix} 1 & 2 & 0 \\ 0 & 1 & 0 \\ 0 & 0 & 1 \end{pmatrix}^{-1} \\ &=\begin{pmatrix} 1 & 0 & 0 \\ 0 & 0 & 1 \\ 0 & 1 & 0 \end{pmatrix}\left(\begin{pmatrix} 1 & 0 & 0 \\ 3 & 1 & 0 \\ 0 & 0 & 1 \end{pmatrix}\begin{pmatrix} 1 & -2 & 0 \\ 0 & 1 & 0 \\ 0 & 0 & 1 \end{pmatrix}\right) \\ &=\begin{pmatrix} 1 & 0 & 0 \\ 0 & 0 & 1 \\ 0 & 1 & 0 \end{pmatrix}\begin{pmatrix} 1 & -2 & 0 \\ 1\times 3+0 & -2\times 3+1 & 0\times 3+0 \\ 0 & 0 & 1 \end{pmatrix} \\ &=\begin{pmatrix} 1 & -2 & 0 \\ 0 & 0 & 1 \\ 3 & -5 & 0 \end{pmatrix}. \end{aligned}$$

其中涉及三方面知识:

(1) 同阶可逆矩阵乘积的逆矩阵等于各自逆矩阵反序的乘积.

(2) 初等矩阵是可逆的, 而且, 若记三类初等矩阵为

$$P(i(k)) = \begin{pmatrix} 1 & & & & \\ & \ddots & & & \\ & & k & & \\ & & & \ddots & \\ & & & & 1 \end{pmatrix} \begin{matrix} \\ \\ \cdots 第i行 \\ \\ \\ \end{matrix}$$

$$P(i,j) = \begin{pmatrix} 1 & & & & & & \\ & \ddots & & & & & \\ & & 0 & & 1 & & \\ & & & \ddots & & & \\ & & 1 & & 0 & & \\ & & & & & \ddots & \\ & & & & & & 1 \end{pmatrix} \begin{matrix} \\ \\ \cdots 第i行 \\ \\ \cdots 第j行 \\ \\ \\ \end{matrix},$$

$$P(i,j(k)) = \begin{pmatrix} 1 & & & & & & \\ & \ddots & & & & & \\ & & 1 & & k & & \\ & & & \ddots & & & \\ & & & & 1 & & \\ & & & & & \ddots & \\ & & & & & & 1 \end{pmatrix} \begin{matrix} \\ \\ \cdots 第i行 \\ \\ \cdots 第j行 \\ \\ \\ \end{matrix},$$

则它们的逆矩阵分别是

$$P(i(k))^{-1} = P\left(i\left(\frac{1}{k}\right)\right), \quad P(i,j)^{-1} = P(i,j), \quad P(i,j(k))^{-1} = P(i,j(-k)).$$

给一个矩阵左乘一个初等矩阵, 等价于对被乘矩阵施行一次相应的行初等变换. 初等矩阵是对单位矩阵仅施行一次初等变换的结果. 对单位矩阵连续相继施行 m 次行初等变换的结果矩阵可以写成相应的 m 个初等矩阵的乘积. 因此, 也可将上述 $\boldsymbol{A}$ 中的因子矩阵换成对单位矩阵连续相继施行多次所得结果的矩阵进

行编题. 计算方法是类似的. 深入思考了这一步, 对初等矩阵的理解自然便会加深一步.

例 6 给定了齐次线性方程组, 人们可以求其基础解系; 反过来, 给了一个线性无关向量组, 也应会求以其为基础解系的齐次线性方程组. 要解决这一问题, 只要意识到方程组与其解的关系之本质即可：方程组就是其解满足的约束条件. 例如, 给定向量组

$$\boldsymbol{\alpha}=(1,1,0,1)^{\mathrm{T}},\quad \boldsymbol{\beta}=(0,-1,1,2)^{\mathrm{T}},$$

求以之为基础解系的齐次线性方程组, 就是要求其一般解向量 $\boldsymbol{X}=(x_1,x_2,x_3,x_4)^{\mathrm{T}}$ 满足的约束方程: 因为 $\boldsymbol{\alpha},\boldsymbol{\beta}$ 是基础解系, 所以 $\boldsymbol{X}$ 可写成它们的线性组合, 进而

$$R(\boldsymbol{\alpha},\boldsymbol{\beta},\boldsymbol{X})=R(\boldsymbol{\alpha},\boldsymbol{\beta})=2.$$

由于

$$\begin{pmatrix} 1 & 0 & x_1 \\ 1 & -1 & x_2 \\ 0 & 1 & x_3 \\ 1 & 2 & x_4 \end{pmatrix} \to \begin{pmatrix} 1 & 0 & x_1 \\ 0 & 1 & x_1-x_2 \\ 0 & 0 & x_1-x_2-x_3 \\ 0 & 0 & 3x_1-2x_2-x_4 \end{pmatrix},$$

所以

$$\begin{cases} x_1-x_2-x_3=0, \\ 3x_1-2x_2-x_4=0, \end{cases}$$

此即为所求.

例 7 在概率统计中, 服从标准正态分布的随机变量的概率密度函数是

$$f(x)=\frac{1}{\sqrt{2\pi}}\mathrm{e}^{-\frac{x^2}{2}}, x\in\mathbf{R}$$

对此, 人们要说明其原因, 亦即表明

(1)$f(x)>0$;

(2) $\int_{-\infty}^{+\infty} f(x)\mathrm{d}x=1$,

其中第二条的证明往往要用到二重积分的概念. 事情并不应到此为止, 而是要进一步强调事情的另一个方面：由概率密度函数的性质, 反过来记忆一些无穷积分值, 使概率密度函数的性质成为一种助记法. 比如,

$$\int_{-\infty}^{+\infty}\mathrm{e}^{-\frac{x^2}{2}}\mathrm{d}x=\sqrt{2\pi};\quad \int_{0}^{+\infty}\mathrm{e}^{-\frac{x^2}{2}}\mathrm{d}x=\sqrt{\frac{\pi}{2}};$$
$$\int_{0}^{+\infty}\mathrm{e}^{-x^2}\mathrm{d}x=\frac{\sqrt{\pi}}{2};\quad \int_{-\infty}^{+\infty}\mathrm{e}^{-x^2}\mathrm{d}x=\sqrt{\pi}.$$

对其他分布的概率密度函数也要有此助记法的意识.

例 8 组合数学不仅是研究一定约束条件下组态的存在、计数、构造、优化等问题的学问, 而且是研究反面问题的学问：将已有对象看作组态, 探究其符合的约束条件及其性质 —— 尽管目前人们还没注意到这一点, 但从科学在逻辑上的完整性追求来讲, 人们不久会对其予以关注的. 在这一认识下, 很容易理解, 数理逻辑作为研究推理规则的学问, 实是研究这反面问题的组合学. Leibniz 于 1666 年 (其时年 20 岁) 出版的、被人们认作数理逻辑经典的《论组合术》(*Ars Combinatoria*), 实具有名实相符的特点 —— 它确是组合数学的先驱之作; 而英国天才数学家 F.P.Ramsey (1903—1930) 在论逻辑问题的文章 "*On a problem of formal logic*"(Proc. London Math. Soc. 30 (1930, 264—286)) 中给出 Ramsey 定理, 更不值得奇怪 (J.H.van Lint 和 R.M.Wilson 在《组合学教程》中认为这足够奇怪："strangly enough, this led to the theorem that in turn led to so-called Ramsey theory" (文献 [130], P.35)).

从正反两个方面理解所学知识的另一层含义是：不仅要掌握结论及其证明, 而且还要明确使得结论不成立的一些反例. 既熟悉使得结论成立的环境, 又熟悉使得结论失效的尽可能多的环境. 内外两个方面的思考, 对于真正理解好所学的知识是非常必要的. 诚如美国麻省理工学院的 Robert G. Gallager 教授在其教材《离散随机过程》(文献 [133]) 前言中所说："理解对一定数量的好的反例的依赖, 不亚于对有关定理知识的依赖 (understanding is often as dependent on a collection of good counterexamples as on knowledge of theorems)".

懂得一件事情的不同存在形态, 是收益极大化的一个基本方面. 了解事物的多面孔, 方有助于高效率地解决有关的问题. 以特征值特征向量为例. 既要懂得矩阵方程形态的表述 $\boldsymbol{AX} = \lambda\boldsymbol{X}$, 又要懂得具体方程组的形式. 例如, 解四元非线性方程组

$$\begin{cases} a_1x + b_1y + c_1z = ux, \\ a_2x + b_2y + c_2z = uy, \\ a_3x + b_3y + c_3z = uz \end{cases}$$

的问题, 本质上就是求矩阵

$$\begin{pmatrix} a_1 & b_1 & c_1 \\ a_2 & b_2 & c_2 \\ a_3 & b_3 & c_3 \end{pmatrix}$$

的特征值 u 和特征向量 $(x, y, z)^{\mathrm{T}}$(再加上零解) 的问题.

"基于题型识别的编题教育" 是提高学生主动思维、利于培养创新思维、面向收益最大化的教育. 题型就是题目的一般结构.

基本的题型是以某已知概念或结论的结构为宏观结构的题型. 例如, 在线性代数中, 我们知道, 二次型 $\boldsymbol{X}^{\mathrm{T}}\boldsymbol{A}\boldsymbol{X}$ 的实对称矩阵 $\boldsymbol{A}$ 可以正交相似对角化, 即存在矩阵 $\boldsymbol{T}$, 满足 $\boldsymbol{T}^{-1}=\boldsymbol{T}^{\mathrm{T}}$, 使得

$$\boldsymbol{T}^{\mathrm{T}}\boldsymbol{A}\boldsymbol{T}=\boldsymbol{T}^{-1}\boldsymbol{A}\boldsymbol{T}=\begin{pmatrix}\lambda_1 & & & \\ & \lambda_2 & & \\ & & \ddots & \\ & & & \lambda_n\end{pmatrix}.$$

从而, "在正交线性替换 $\boldsymbol{X}=\boldsymbol{T}\boldsymbol{Y}$ 之下,

$$\boldsymbol{X}^{\mathrm{T}}\boldsymbol{A}\boldsymbol{X}=\lambda_1y_1^2+\lambda_2y_2^2+\cdots+\lambda_ny_n^2.$$

其中 $\lambda_k(k=1,2,\cdots,n)$ 是 A 的特征值". 我们将此结论称为主轴定理. 在此基础上, 容易看出, 下述题目的整体宏观结构就是主轴定理.

"已知

$$f(x_1,x_2,x_3)=x_1^2+x_2^2+x_3^2+2ax_1x_2+2x_1x_3+2bx_2x_3$$

经正交变换化为标准形

$$f(x_1,x_2,x_3)=y_2^2+2y_3^2,$$

则 $a=?,b=?$".

因此马上想到, 二次型矩阵

$$\begin{pmatrix}1 & a & 1\\ a & 1 & b\\ 1 & b & 1\end{pmatrix}$$

的特征值是 $0,1,2$. 自然思维, 回到特征值定义 $|\boldsymbol{A}-\lambda\boldsymbol{E}|=|\lambda\boldsymbol{E}-\boldsymbol{A}|=0$ 当中去, 便知

$$\begin{vmatrix}1 & a & 1\\ a & 1 & b\\ 1 & b & 1\end{vmatrix}=0,\quad \begin{vmatrix}0 & a & 1\\ a & 0 & b\\ 1 & b & 0\end{vmatrix}=0,\quad \begin{vmatrix}-1 & a & 1\\ a & -1 & b\\ 1 & b & -1\end{vmatrix}=0.$$

从中解出, $a=b=0$.

意识到知识的模式性, 利于提高问题解决的思维效率.

在很多情况下, 题型识别是一个看清思路结构, 将解题过程模式化、形式化的过程; 也是一个借助奥卡姆剃刀, 剥去具体过程的外衣, 裸露思维本质的过程①.

例 9 已知 3 阶方阵 $\boldsymbol{A}$ 的特征值为 $1,-2,-1$, 计算行列式 $|(\boldsymbol{A}^*)^3+\boldsymbol{A}+\boldsymbol{E}|$ 的值. 其中 $\boldsymbol{A}^*$ 是 $\boldsymbol{A}$ 的伴随矩阵. 解题过程是个始于未知 (要求的东西, 或要证明的结论), 然后按序联系已知而到达目标的自然思维过程. 联系的黏合剂就是学过的一些知识. 这里要求解的行列式中有伴随矩阵. 遇到 $\boldsymbol{A}^*$, 马上想到其重要性质 $\boldsymbol{A}\boldsymbol{A}^*=\boldsymbol{A}^*\boldsymbol{A}=|\boldsymbol{A}|\boldsymbol{E}$—— 它启示人们

$$\begin{aligned}|(\boldsymbol{A}^*)^3+\boldsymbol{A}+\boldsymbol{E}|&=\frac{|\boldsymbol{A}^3|\,|(\boldsymbol{A}^*)^3+\boldsymbol{A}+\boldsymbol{E}|}{|\boldsymbol{A}^3|}\\&=\frac{|\boldsymbol{A}^3(\boldsymbol{A}^*)^3+\boldsymbol{A}^4+\boldsymbol{A}^3|}{|\boldsymbol{A}^3|}=\frac{|(|\boldsymbol{A}|\,\boldsymbol{E})^3+\boldsymbol{A}^4+\boldsymbol{A}^3|}{|\boldsymbol{A}|^3}.\end{aligned}$$

回头看已知条件: "3 阶方阵 $\boldsymbol{A}$ 的特征值为 $1,-2,-1$." 如果在人的意识中对其关注的重点是知道了矩阵的所有特征值, 则人们自然应联想到 "矩阵行列式的值等于其所有特征值之积", 这样, $|\boldsymbol{A}|=1\times(-2)\times(-1)=2$; 如果关注的重点在于: 3 阶方阵有 3 个不同的特征值, 则人们应自然联想到 "如果矩阵的特征值两两不同, 则其可相似对角化", 这样, 存在可逆矩阵 $\boldsymbol{P}$, 使得

$$\boldsymbol{P}^{-1}\boldsymbol{A}\boldsymbol{P}=\begin{pmatrix}1&&\\&-2&\\&&-1\end{pmatrix}\Rightarrow\boldsymbol{A}=\boldsymbol{P}\begin{pmatrix}1&&\\&-2&\\&&-1\end{pmatrix}\boldsymbol{P}^{-1}.$$

将 $|\boldsymbol{A}|$ 和 $\boldsymbol{A}$ 的表达式代入前式, 简单计算便知

$$\begin{aligned}|(\boldsymbol{A}^*)^3+\boldsymbol{A}+\boldsymbol{E}|&=\frac{1}{8}\left|P(8\boldsymbol{E})\boldsymbol{P}^{-1}+\boldsymbol{P}\begin{pmatrix}1&&\\&16&\\&&1\end{pmatrix}\boldsymbol{P}^{-1}+\boldsymbol{P}\begin{pmatrix}1&&\\&-8&\\&&-1\end{pmatrix}\boldsymbol{P}^{-1}\right|\\&=\frac{1}{8}\left|\boldsymbol{P}\begin{pmatrix}10&&\\&16&\\&&8\end{pmatrix}P^{-1}\right|=160.\end{aligned}$$

① 以色列 Hebrew University of Jerusalem 哲学系讲师 Meir Buzaglo 从 "幂的概念由自然数扩展到零、分数、实数、复数, 对数函数由起初定义在正数到扩展到负数" 等概念的扩展现象出发, 较系统探讨了概念扩展的本质, 建立了《概念扩展的逻辑》(*The logic of concept expansion*) 的理论体系 (文献 [230]). 与之相类似地, 有兴趣的读者可以尝试建立基于解题过程分析的 "思路分析的一般化逻辑", 通过这种多走一步而获得进一步系统化成果的路线来具体体现思维收益极大化的精神.

从上述解题过程可知，只要给定的 n 方阵 $\boldsymbol{A}$ 具有两两不同的特征值 $\lambda_1, \lambda_2, \cdots, \lambda_n$，则对任意给定的多项式 $f(x,y)$，人们都可重复上述过程，对行列式 $|f(\boldsymbol{A},\boldsymbol{A}^*)|$ 尝试求解. 根据其中的要素 (参数) 构成，这一题型可简记为 $(n;\lambda_k,\neq;f(x,y)) \rightarrow |f(\boldsymbol{A},\boldsymbol{A}^*)|$. 由于 $\boldsymbol{A}^*$ 是 $\boldsymbol{A}$ 的一元运算的产物，换伴随运算为其他一元运算，如逆矩阵，人们还可给出更一般的题型

$$(n;\lambda_k,\neq;f(x,y,z)) \rightarrow \left|f(\boldsymbol{A},\boldsymbol{A}^{-1},\boldsymbol{A}^*)\right|.$$

给出适当的参数，人们便可编出具体的题目，比如，4 阶方阵的特征值为 $1,-1,2,-3$，求行列式 $\left|\boldsymbol{A}-(\boldsymbol{A}^*)^2+2\boldsymbol{A}^{-1}-\boldsymbol{E}\right|$ 的值.

更进一步，应该注意到，上述题目可以解出的关键，并不是矩阵的特征值两两不同，而是由此保证的相似对角化. 如果给定矩阵的条件适于其行列式值的求出，并能保证其相似对角化，则其某些种类的多项式矩阵的行列式也可求出来. 比如，实对称矩阵是可以相似对角化的. 我们可编这样的题目：设 5 阶实对称矩阵 $\boldsymbol{A}$ 的特征值为 $1,-1,3$，其中，$1,-1$ 的代数重数皆为 2，试求行列式 $|\boldsymbol{A}^2-(\boldsymbol{A}^*)^3+2\boldsymbol{A}^{-3}-\boldsymbol{E}|$ 的值. 此类题型可简记为

$$(n;\bar{\boldsymbol{A}}^{\mathrm{T}}=\boldsymbol{A};\lambda_k;f(x,y,z)) \rightarrow \left|f(\boldsymbol{A},\boldsymbol{A}^{-1},\boldsymbol{A}^*)\right|,\quad \text{其中 } \bar{\boldsymbol{A}}^{\mathrm{T}} \text{为} \boldsymbol{A} \text{的共轭转置}.$$

例 10　证明

$$\begin{vmatrix} 1 & 2 & \cdots & 2006 & 2007 \\ 2^2 & 3^2 & \cdots & 2007^2 & 2008^2 \\ 3^3 & 4^3 & \cdots & 2008^3 & 2008^3 \\ \vdots & \vdots & & \vdots & \vdots \\ 2007^{2007} & 2008^{2007} & \cdots & 2008^{2007} & 2008^{2007} \end{vmatrix} \neq 0.$$

借助于行列式的定义对其进行分析. 考虑完全展开式的通项：对作乘积的项从下往上选：最后一行的选项有两种选择：或选 2007^{2007} 或选 2008 的某次幂. 只要选的不是前者，上边的行不论选什么元素，乘出的就一定是偶数；若选前者，倒数第二行只有选 2007^{2006}，才有可能乘出的不是偶数 ……，如此上推可知，展开式中只有一个奇数乘积 —— 那就是左下右上对角线上元素的乘积，除此之外的乘积项中都有 2008 的某次幂，因而是偶数. 这样一来，给定行列式的值是一个奇数与一系列偶数的代数和，因此它是一个奇数，故此 $\neq 0$. 从此分析不难发现：行列式不等于零的关键，在于其值是奇数；而其值是奇数的关键，在此是："左下右上

对角线上的元素全是奇数, 同时此对角线下面的元素全是偶数". 满足这种结构的行列式都不等于零. 更一般地, 只要一条对角线上的元素全为奇数 (偶数), 同时, 其上或下一侧三角的元素全为偶数 (奇数), 则行列式的值 $\neq 0$. 这里的思维是关于奇偶性的 "类演算" 思维 —— 其本质等同于剩余类环 Z_2 的运算. Z_2 的知识在这里具体变成了思维方法. 这可看成是 "化知识为方法" 的一个典型例子吧.

重复同上思路, 可以得到以下一个一般的结论: 记 $\boldsymbol{R}$ 为实数域. 若子集 C, A 满足以下三个条件: (1) C 关于乘法封闭; (2) A 是 $\boldsymbol{R}$–向量空间; (3)$\lambda \in C, a \in A \Rightarrow \lambda + a \neq 0$, 则 n 阶实行列式

$$\left|(a)_{ij}\right| \neq 0,$$

其中, (1)$a_{i,n+1-i} \in C(1 \leqslant i \leqslant n)$; (2) $i+j<1 \Rightarrow a_{ij} \in A(1 \leqslant i,j \leqslant n)$.

显然, 对其他对角线, 也可建立类似的结论; 并可进一步推广到相关抽象的数学结构上. 有兴趣的读者不妨一试.

知识具有自在、为己 (自为) 的价值, 也有为它应用价值. 知识的可应用性, 体现的即其方法性. 在用一种知识解决问题时, 有两种基本的情形: ①是改变解决问题的思维路线, 用其他的指示作铺垫, 也可以解决这一问题. 这时我们说, 起初所用的知识相对于问题的解决而言, 具有可替代性. ②即使改变思维路线, 也难以绕过所用的知识. 这时, 相对于问题的解决而言, 所用知识具有不可替代性. 我们称这种知识是有关问题的 "瓶颈知识".

例 11 已知

$$\boldsymbol{\alpha} = (1, -t+1, 2)^{\mathrm{T}}, \quad \beta = (2t-1, 1, -4)$$

分别是实对称矩阵 $\boldsymbol{A}$ 的特征值 $\lambda_1 = 1, \lambda_2 = 3$ 的特征向量, 则 $t=$?

对此问题, 如果不知道实对称矩阵特征向量的特点: "对实对称矩阵而言, 属于其不同特征值的特征向量是正交的关系," 那么, 问题将难以解决. 而知道这一点, 解则易如反掌

$$1(2t-1) + (-t+1)1 + 2(-4) = 0 \Rightarrow t = 8.$$

特征向量的正交性成了此类问题的瓶颈知识.

从广义的角度讲, 对给定的问题 P 而言, 任一选定的知识 K, 对于 P 的解决都存在一个可替代性、可替代度 (当然, 从对立面来讲, 也可说不可替代性、不可替代度) 的概念. "知识在问题解决中的方法性作用" 是方法论研究中的重要课题.

"以一定知识为瓶颈知识的问题类有何特点? 一定问题的瓶颈知识有何特点?" 是其中的两个具有代表性的问题.

题型识别的行为, 让学生会的不是一道题, 而是一类题, 这符合学习的经济原则. 这种实践的不断进行, 有利于提升学生的洞察力和思想敏感性. 美国 Whittier 学院的 Anne E. Kenyon 在其《现代初等数学》(文献 [87]) 中说: "经常的情形是, 初等学校的学生甚至对最初等的数学具有很少的洞察. 他通常能够展示一些机械的算术技巧, 但他对其所用数系的结构的理解水平, 不会超过对其家中电视机内部工作原理的理解. 对他来讲, 数学远不是问题解决中必不可少的工具, 而是一门似乎毫无价值的令其畏惧的课程."

断想 113 洞察已知, 发现新知

由 "有比较才有鉴别"(二次警醒) 到 "由微而著"(也可称为 "一点平凡突破原则") 的转变既是个实践、经验积累的过程, 也是一个与解题思路有关的现象. 有的问题要重复几遍, 才能触动人的意识神经, 让其感觉到一些带有普遍性的东西. 这并不仅仅与思维的敏感度有关, 它也与解题思路有关. 不同的思路, 揭示普遍规律的功效是不一样的. 思路有个 "启示度" 的问题. 请看下述截取自北京工业大学概率统计课程教材中的一题 (文献 [124], P.25).

例 1 一批产品共 20 件, 其中有 5 件是次品, 其余为正品. 现从这 20 件产品中不放回地任意抽取三次, 每次只取一件. 求第三次取到次品的概率.

此题有两种基本解法: 一是以前两次可能的具体情形为背景, 借助于全概率公式进行求解; 二是利用古典概型进行直接求解. 计算结果表明, 所求的概率是 $\frac{1}{4}=\frac{5}{20}$: 与有放回地抽取, 第三次取到次品的概率是一样的, 这不是偶然现象. 由古典概型的思路, 很容易将问题推广到一般情形: 如果一批产品共有 n 件, 其中 m 件是次品, 现从中不放回地任意抽取 r 次, 每次只取一件, 则第 r 次取到次品的概率仍与有放回地抽取的结果一样, 概率值是 $\frac{m}{n}$: 我们将无放回地抽取 r 次作为一个随机试验, 其样本空间的容量是

$$n(n-1)(n-2)\cdots(n-r+1);$$

而 "第 r 次取到次品" 这一随机事件包含基本事件的个数是

$$m(n-1)\{(n-1)-1\}\cdots\{(n-1)-(r-1)+1\}=m(n-1)(n-2)\cdots(n-r+1),$$

其中, 我们是倒着数的: 先考虑第 r 次取到次品 —— 共有 m 种可能性; 在第 r 次放好一个次品后, 前 $r-1$ 次所取产品的结果, 可以是从剩下的 $n-1$ 个产品中取

出 $r-1$ 个产品的任意一个排列. 有了以上两个数据, 直接套用古典概型, 便知所欲求的概率值是

$$\frac{m(n-1)(n-2)\cdots(n-r+1)}{n(n-1)(n-2)\cdots(n-r+1)}=\frac{m}{n}.$$

从中可以看到, 所求概率的结果不仅与有无放回无关, 而且与第几次取到次品也无关. 当然, 这里有一个基本前提, 所取次数不超过 n.

古典概型的解法在上述问题环境中, 具有较高的启示度.

显然, 对概率问题中随机试验的不同解读, 可导致不同的解法.

不同的思路, 导致不同的收益. 请看下述两例.

例 2 若 $\boldsymbol{A}$, $\boldsymbol{B}$ 均为 n 阶复方阵, 则 $\boldsymbol{AB}$, $\boldsymbol{BA}$ 具有相同的特征值.

解法一 对此问题, 可分两种情形进行证明: ①$\boldsymbol{A},\boldsymbol{B}$ 之一, 如 $\boldsymbol{A}$ 是可逆的. 此时, $\boldsymbol{A}^{-1}(\boldsymbol{AB})\boldsymbol{A}=(\boldsymbol{BA})$ 告诉人们, $\boldsymbol{AB}$ 与 $\boldsymbol{BA}$ 是相似的, 因此, 它们具有相同的特征多项式, 进而具有相同的特征值. ②$\boldsymbol{A}$, $\boldsymbol{B}$ 都不可逆. 此时, 考虑 $\boldsymbol{A}-t\boldsymbol{E}$. 代数学基本定理告诉人们, $|\boldsymbol{A}-t\boldsymbol{E}|=0$ 在复数范围内有 n 个根 $t_k(k=1,2,\cdots,n)$. 因此, 当 $t\neq t_k$ 时, $|\boldsymbol{A}-t\boldsymbol{E}|\neq 0$: $(\boldsymbol{A}-t\boldsymbol{E})$ 是可逆的, 根据①可知,

$$\begin{aligned}&|\lambda\boldsymbol{E}-(\boldsymbol{A}-t\boldsymbol{E})\boldsymbol{B}|=|\lambda\boldsymbol{E}-\boldsymbol{B}(\boldsymbol{A}-t\boldsymbol{E})|\\ \Rightarrow\ &|\lambda\boldsymbol{E}-(\boldsymbol{A}-t\boldsymbol{E})\boldsymbol{B}|-|\lambda\boldsymbol{E}-\boldsymbol{B}(\boldsymbol{A}-t\boldsymbol{E})|=0.\end{aligned}$$

也就是说, 有关 t 的至多 n 次多项式方程 $|\lambda\boldsymbol{E}-(\boldsymbol{A}-t\boldsymbol{E})\boldsymbol{B}|-|\lambda\boldsymbol{E}-\boldsymbol{B}(\boldsymbol{A}-t\boldsymbol{E})|=0$ 有无穷多个根 $t(\neq t_k)$, 故 $|\lambda\boldsymbol{E}-(\boldsymbol{A}-t\boldsymbol{E})\boldsymbol{B}|-|\lambda\boldsymbol{E}-\boldsymbol{B}(\boldsymbol{A}-t\boldsymbol{E})|=0$ 对任意的复数 t 成立, 当然对 $t=0$ 也成立: $|\lambda\boldsymbol{E}-\boldsymbol{AB}|=|\lambda\boldsymbol{E}-\boldsymbol{BA}|$. 从而 $\boldsymbol{AB},\boldsymbol{BA}$ 具有相同的特征值.

解法二 令 μ 是任意的复数. 在以下两个矩阵等式的两侧取行列式运算

$$\begin{pmatrix}\mu\boldsymbol{E} & -\boldsymbol{A}\\ 0 & \boldsymbol{E}\end{pmatrix}\begin{pmatrix}\mu\boldsymbol{E} & \boldsymbol{A}\\ \boldsymbol{B} & \mu\boldsymbol{E}\end{pmatrix}=\begin{pmatrix}\mu^2\boldsymbol{E}-\boldsymbol{AB} & 0\\ \boldsymbol{B} & \mu\boldsymbol{E}\end{pmatrix},$$

$$\begin{pmatrix}\boldsymbol{E} & 0\\ -\boldsymbol{B} & \mu\boldsymbol{E}\end{pmatrix}\begin{pmatrix}\mu\boldsymbol{E} & \boldsymbol{A}\\ \boldsymbol{B} & \mu\boldsymbol{E}\end{pmatrix}=\begin{pmatrix}\mu\boldsymbol{E} & \boldsymbol{A}\\ 0 & \mu^2\boldsymbol{E}-\boldsymbol{BA}\end{pmatrix}.$$

得到

$$\mu^n\left|\mu^2\boldsymbol{E}-\boldsymbol{AB}\right|=\mu^n\left|\mu^2\boldsymbol{E}-\boldsymbol{BA}\right|\Rightarrow\left|\mu^2\boldsymbol{E}-\boldsymbol{AB}\right|=\left|\mu^2\boldsymbol{E}-\boldsymbol{BA}\right|.$$

任意复数 $\lambda=\mu^2$ 满足 $|\lambda\boldsymbol{E}-\boldsymbol{AB}|=|\lambda\boldsymbol{E}-\boldsymbol{BA}|$. 从而 $\boldsymbol{AB}$, $\boldsymbol{BA}$ 具有相同的特征多项式, 进而具有相同的特征值.

以上两种解法都在于考虑特征多项式. 但给人的进一步启示是不一样的. 解法二的思路可将结论扩展到非方阵的情形, 而解法一则难做到这一点: “若 $\boldsymbol{A}$ 是 $m\times n$ 矩阵, $\boldsymbol{B}$ 是 $n\times m$ 矩阵, 则 $\boldsymbol{AB}$, $\boldsymbol{BA}$ 具有相同的特征值. 只是阶数较高的那个乘积还有 $|m-n|$ 个零特征值. ”(文献 [132], PP.55—56).

例 3 “实对称矩阵 $\boldsymbol{A}$ 的特征值 λ 是实数” 的两种证明之比较.

第一种: λ 是实对称矩阵 $\boldsymbol{A}$ 的特征值 $\Rightarrow \exists\boldsymbol{\alpha}\neq\boldsymbol{0}$ 使得

$$\boldsymbol{A\alpha}=\lambda\boldsymbol{\alpha}\Rightarrow(\overline{\boldsymbol{\alpha}})^{\mathrm{T}}\boldsymbol{A\alpha}=\lambda((\overline{\boldsymbol{\alpha}})^{\mathrm{T}}\boldsymbol{\alpha})\xrightarrow{(\boldsymbol{\alpha})^{\mathrm{T}}\boldsymbol{\alpha}>0}\lambda=\frac{(\overline{\boldsymbol{\alpha}})^{\mathrm{T}}\boldsymbol{A\alpha}}{(\overline{\boldsymbol{\alpha}})^{\mathrm{T}}\boldsymbol{\alpha}}$$

由于

$$\overline{(\overline{\boldsymbol{\alpha}})^{\mathrm{T}}\boldsymbol{A\alpha}}=\overline{(\overline{\boldsymbol{\alpha}})^{\mathrm{T}}}\,\overline{\boldsymbol{A\alpha}}\overset{(1)}{=}\boldsymbol{\alpha}^{\mathrm{T}}\boldsymbol{A}\overline{\boldsymbol{\alpha}}=(\boldsymbol{\alpha}^{\mathrm{T}}\boldsymbol{A}\overline{\boldsymbol{\alpha}})^{\mathrm{T}}=(\overline{\boldsymbol{\alpha}})^{\mathrm{T}}\boldsymbol{A}^{\mathrm{T}}(\boldsymbol{\alpha}^{\mathrm{T}})^{\mathrm{T}}\overset{(2)}{=}(\overline{\boldsymbol{\alpha}})^{\mathrm{T}}\boldsymbol{A\alpha}$$

表明 $(\overline{\boldsymbol{\alpha}})^{\mathrm{T}}\boldsymbol{A\alpha}$ 是实数, 因此, λ 是两个实数的比值, 是实数.

第二种: λ 是实对称矩阵 $\boldsymbol{A}$ 的特征值 $\Rightarrow\exists\boldsymbol{\alpha}\neq 0$ 使得 $\boldsymbol{A\alpha}=\lambda\boldsymbol{\alpha}$. 由于 $\boldsymbol{\alpha}\neq\boldsymbol{0}$, 自然 $(\overline{\boldsymbol{\alpha}})^{\mathrm{T}}\boldsymbol{\alpha}>0$. 因此

$$\begin{array}{ccccc}
\boldsymbol{A\alpha} & = & \lambda\boldsymbol{\alpha} & \lambda=\overline{\lambda} & \\
 & \Downarrow & & \Uparrow & \\
(\overline{\boldsymbol{\alpha}})^{\mathrm{T}}\boldsymbol{A\alpha} & = & \lambda((\overline{\boldsymbol{\alpha}})^{\mathrm{T}}\boldsymbol{\alpha}) & = & \overline{\lambda}((\overline{\boldsymbol{\alpha}})^{\mathrm{T}}\boldsymbol{\alpha}) \\
(*)\parallel \boldsymbol{A}=(\overline{\boldsymbol{A}})^{\mathrm{T}} & & & & \parallel \\
(\overline{\boldsymbol{\alpha}})^{\mathrm{T}}(\overline{\boldsymbol{A}})^{\mathrm{T}}\boldsymbol{\alpha}= & (\overline{\boldsymbol{A}}\overline{\boldsymbol{\alpha}})^{\mathrm{T}}\boldsymbol{\alpha}= & (\overline{\boldsymbol{A}}\overline{\boldsymbol{\alpha}})^{\mathrm{T}}\boldsymbol{\alpha}= & (\overline{\lambda}\overline{\boldsymbol{\alpha}}\boldsymbol{\alpha})^{\mathrm{T}}= & (\overline{\lambda}\,\overline{\boldsymbol{\alpha}})^{\mathrm{T}}\boldsymbol{\alpha}
\end{array}$$

返观两种证明思路结构. 在第一种证明中, $\boldsymbol{A}$ 的实矩阵属性 $\overline{\boldsymbol{A}}=\boldsymbol{A}$ 和对称矩阵属性 $\boldsymbol{A}^{\mathrm{T}}=\boldsymbol{A}$ 是在 (1)、(2) 两步分别应用的; 而在第二种证明中, 关键的等量代换式 (*) 用的是这两种属性的综合产物 $\boldsymbol{A}=(\overline{\boldsymbol{A}})^{\mathrm{T}}$: 只要复矩阵 $\boldsymbol{A}$ 满足 $\boldsymbol{A}=(\overline{\boldsymbol{A}})^{\mathrm{T}}$, $\boldsymbol{A}$ 的特征值就必然是实数 (满足 $\boldsymbol{A}=(\overline{\boldsymbol{A}})^{\mathrm{T}}$ 的复矩阵 $\boldsymbol{A}$, 被称为 Hermite 矩阵), 而

$$\left.\begin{array}{r}\boldsymbol{A}=\overline{\boldsymbol{A}}\\ \boldsymbol{A}=\overline{\boldsymbol{A}}^{\mathrm{T}}\end{array}\right\}\begin{array}{c}\xrightarrow{\text{一定}}\\ \xleftarrow[\text{不一定}]{}\end{array}\left\{\boldsymbol{A}=(\overline{\boldsymbol{A}})^{\mathrm{T}},\right.$$

比如, $\boldsymbol{B}=\begin{pmatrix}0 & -3\mathrm{i} & 2\mathrm{i}\\ 3\mathrm{i} & 0 & -5\mathrm{i}\\ -2\mathrm{i} & 5\mathrm{i} & 0\end{pmatrix}$ 满足 $\boldsymbol{B}=(\overline{\boldsymbol{B}})^{\mathrm{T}}$, 但其既不是实矩阵, 也不是对称矩阵. 也就是说, 第二种证明可以让人们较容易地得到更加普遍的结论, 获得较多的认知收益.

不同解法、思路带给人们不同收获之间有收益比较问题; 我们追求收益大的解法, 但也不忘追求寻找尽可能多的不同解法, 因这会让我们获得大于单个解法的总收益: 我们会相应地获得更多的观点、视角及联系.

例 4 求解线性方程组的 Cramer 法则:

$$\begin{cases} a_{11}x_1+a_{12}x_2+\cdots+a_{1n}x_n=b_1, \\ a_{21}x_1+a_{22}x_2+\cdots+a_{2n}x_n=b_2, \\ \cdots\cdots \\ a_{n1}x_1+a_{n2}x_2+\cdots+a_{nn}x_n=b_n, \end{cases}$$

$$D=\begin{vmatrix} a_{11} & a_{12} & \cdots & a_{1n} \\ a_{21} & a_{22} & \cdots & a_{2n} \\ \vdots & \vdots & & \vdots \\ a_{n1} & a_{n2} & \cdots & a_{nn} \end{vmatrix}\neq 0,\quad \boldsymbol{\beta}=\begin{pmatrix} b_1 \\ b_2 \\ \vdots \\ b_n \end{pmatrix}.$$

若 D_k 表示将 D 的第 k 列换为 $\boldsymbol{\beta}$ 列后得到的行列式, 则

$$x_k=\frac{D_k}{D},\quad k=1,2,\cdots,n.$$

解法一 (文献 [36], P.46) 若记

$$\boldsymbol{A}=\begin{pmatrix} a_{11} & a_{12} & \cdots & a_{1n} \\ a_{21} & a_{22} & \cdots & a_{2n} \\ \vdots & \vdots & & \vdots \\ a_{n1} & a_{n2} & \cdots & a_{nn} \end{pmatrix},\quad \boldsymbol{X}=\begin{pmatrix} x_1 \\ x_2 \\ \vdots \\ x_n \end{pmatrix},$$

$\boldsymbol{A}_k$ 表示将 $\boldsymbol{A}$ 的第 k 列换为 $\boldsymbol{\beta}$ 列后得到的矩阵, $\boldsymbol{E}_{x_k}$ 表示将单位矩阵 $\boldsymbol{E}$ 的第 k 列换为 X 列后得到的矩阵, 则

$$\begin{aligned} \boldsymbol{AX}=\boldsymbol{\beta} &\overset{\text{矩阵乘法}}{\longrightarrow} \boldsymbol{AE}_{x_k}\boldsymbol{A}_k \\ &\Longrightarrow |\boldsymbol{AE}_{x_k}|=|\boldsymbol{A}_k| \Longrightarrow |\boldsymbol{A}||\boldsymbol{E}_{x_k}|=|\boldsymbol{A}_k| \\ &\xrightarrow{\boldsymbol{D}=\boldsymbol{A},\boldsymbol{D}_k=\boldsymbol{A}_k,\boldsymbol{E}_{x_k}=x_k} Dx_k=D_k \\ &\Longrightarrow x_k=\frac{D_k}{D},\quad k=1,2,\cdots,n. \end{aligned}$$

解法二 (常见解法) 沿用上述记号, 并令 $\boldsymbol{A}_{ij}$ 表示 D 中 ij 位置的代数余子

式, 则

$$\boldsymbol{AX}=\boldsymbol{\beta}\xrightarrow{\boldsymbol{A}\neq 0\Rightarrow \boldsymbol{A}\text{可逆}}\boldsymbol{X}=\boldsymbol{A}^{-1}\boldsymbol{\beta}=\frac{1}{|\boldsymbol{A}|}\boldsymbol{A}^*\boldsymbol{\beta}$$

$$=\frac{1}{D}\begin{pmatrix} A_{11} & A_{21} & \cdots & A_{n1} \\ \vdots & \vdots & & \vdots \\ A_{1k} & A_{2k} & \cdots & A_{nk} \\ \vdots & \vdots & & \vdots \\ A_{1n} & A_{2n} & \cdots & A_{nn} \end{pmatrix}\begin{pmatrix} b_1 \\ b_2 \\ \vdots \\ b_n \end{pmatrix}$$

$$=\frac{1}{D}\begin{pmatrix} b_1A_{11}+b_2A_{21}+\cdots+b_nA_{n1} \\ \vdots \\ b_1A_{1k}+b_2A_{2k}+\cdots+b_nA_{nk} \\ \vdots \\ b_1A_{1n}+b_2A_{2n}+\cdots+b_nA_{nn} \end{pmatrix}$$

$$\Longrightarrow\begin{pmatrix} x_1 \\ \vdots \\ x_k \\ \vdots \\ x_n \end{pmatrix}=\frac{1}{D}\begin{pmatrix} D_1 \\ \vdots \\ D_k \\ \vdots \\ D_n \end{pmatrix}\Longrightarrow x_k=\frac{D_k}{D},\quad k=1,2,\cdots,n.$$

上述解法一用的知识点是矩阵乘法和行列式的乘法公式; 解法二则用到了矩阵可逆的知识、伴随矩阵的概念、行列式沿某列展开的公式等知识点. 相较而言, 解法一更加轻巧.

美国威斯康星大学线性代数专家 Hans Schneider 在其*Matrices and linear algebra*第一版前言中例示了二次警醒律对学好相关知识的必要性 (文献 [9]): 一名学生, 要想熟练掌握线性代数, 就必须善于在矩阵观点和线性变换观点之间进行转换; 而要在线性代数中体会线性变换抽象的本质, 体会数学中 "抽象" 的意义, 仅了解矩阵这一种线性变换是不够的, 它还必须了解其他的线性变换实例 — 在线性代数中, 了解线性微分方程的知识是有益的, 因为一些微分算子就是线性变换.

人文探索丛书的包页中谈到: "在众所周知的事物之上发现新的事物, 在耳熟能详的话题之内发现新的路向." 洞察已知、发现新知 —— 推陈出新是研究型学习的基本原则.

教育是知识忘记后遗留下来的东西 —— 遗留下的是宏观框架化方法、是思考问题的角度、是语言、是素养. 俄国大文豪列夫 · 托尔斯泰在其名著《战争与和平》中关于人类历史研究与微积分的关系之论述即为典型一例. 他说:

“人类的聪明才智不理解运动的绝对连续性. 人类只有在他从某种运动中任意抽出若干单位来进行考察时, 才逐渐理解. 但是, 正由于把连续的运动任意分成不连续的单位, 从而产生了人类大部分的错误.

古代有一个著名的 ‘诡辩’, 说的是阿奇里斯永远追不上乌龟, 虽然他比乌龟走得快十倍: 阿奇里斯走完他和乌龟之间距离时, 乌龟在他前面就爬了那个距离的十分之一; 阿奇里斯走完着十分之一的距离时, 乌龟又爬了那个距离的百分之一, 如此类推, 永无止境. 这个问题在古代人看来是无法解决的. 阿奇里斯追不上乌龟这个答案之所以荒谬, 就是把运动任意分成若干不连续的单位, 而实际上阿奇里和乌龟的运动却是连续不断的.

把运动分为越来越小的单位, 这样处理, 我们只能接近问题的答案, 却永远得不到最后的答案. 只有采取无穷小数和由无穷小数产生的十分之一以下的级数, 再求出这一几何级数的总和, 我们才能得到问题的答案. 数学的一个新的分支, 已经有了处理无穷小数的技术, 其他一些更复杂的、过去似乎无法解决的运动问题, 现在都可以解决了.

这种古代人所不知道的新的数学分支, 用无穷小数来处理运动问题, 也就是恢复了运动的重要条件, 从而纠正了人类的智力由于只考察运动的个别单位而忽略运动的连续性所不能不犯的和无法避免的错误.

在探讨历史的运动规律是, 情况完全一样.

有无数人类的肆意行为组成的人类运动, 是连续不断的.

了解这一运动的规律, 是史学的目的. 但是, 为了了解不断运动着的人们肆意行动的总和的规律, 人类的智力把连续的运动任意分成若干单位. 史学的一个方法, 就是任意拈来几个连续的事件, 孤立地考察其中某一事件, 其实, 任何一个事件都没有也不可能有开头, 因为一个事件永远是另一个事件的延续. 第二种方法是把一个人、国王或统帅的行动作为人类肆意行动的总和加以考察, 其实, 人类肆意行动的总和永远不能用一个历史人物的活动来表达.

历史科学在其运动中经常采取越来越小的单位来考察, 用这种方法力求接近真理. 不过, 不管历史科学采取多么小的单位, 我们觉得, 假设彼此孤立的单位存在, 假设某一现象存在着开头, 假设个别历史人物的活动可以代表所有人们的肆意行为, 这些假设本身就是错误的.

任何一个历史结论, 批评家不费吹灰之力, 就可以使其土崩瓦解, 丝毫影响都不会留下, 这只需要批评家选择一个大的或小的孤立的单位作为观察的对象, 就可以办到了; 批评家永远有权利这样做, 因为任何历史单位都是可以任意分割的.

只有采取无限小的观察单位 —— 历史的微分, 也就是人的共同倾向, 并且运用积分的方法 (就是得出这些无限小的总和), 我们才能希望了解历史的规律.

……

为了研究历史的规律, 我们应当撇开帝王将相, 完全改变观察的对象, 而去研究指导群众的同类型的无穷小的因素. 谁也不敢说用这种方法了解历史的规律究竟有多大成就; 但是, 显然, 只有用这种方法才能找到历史的规律, 人类的聪明才智在这个途径上所用的精力还不及史学家在描述帝王将相的各种活动和叙述他们对这些活动的见解所用的精力的百万分之一 …… "(文献 [50]).

从中可以看到, 微积分的基本思想对托尔斯泰的文学创作具有很大的影响. 他的思想在一定程度上接近于 "人民创造历史" 的观点.

需指出, 离散与连续的关系问题, 在现在有了很大进展. 美国的组合学家 Doron Zeilberger 认为 "连续是离散的退化情形", 这与传统的观点正好相反 (文献 [51]).

例 5　从 "方阵 $\boldsymbol{A}$ 可逆 $\Leftrightarrow |\boldsymbol{A}| \neq 0$" 出发, 可提出行列式秩的概念: 从 "方阵 $\boldsymbol{A}$ 可逆 $\Leftrightarrow |\boldsymbol{A}| \neq 0$ " 出发, 让人想到考虑一个矩阵中的元素构成的行列式. 一个矩阵中的元素能构成的行列式很多. 借助子集思维, 重点考虑保持原矩阵元素的相对位置构成的行列式: 这就有了子式的概念 —— 选定的 k 行 k 列交叉点上的 k^2 元素, 按照其原有相对位置构成的行列式, 人们称之为 k 阶子式; 然后, 将目光放到值不等于零的子式的最大阶数上, 给其起个名字, 这就是行列式秩的概念. 这一过程属于单点突破.

人们也可如前, 在考虑 $(\boldsymbol{A}+(-\boldsymbol{A}))^* \neq \boldsymbol{A}^*+(-\boldsymbol{A})^*$ 的条件 "当 n 阶矩阵 A 的秩 $r(\boldsymbol{A}) \geqslant n-1$, 而且 n 是奇数时, 上式一定成立" 后提出行列式秩的概念, 这一过程属于二次警醒.

考虑等于零、不等于零两种情形, 属二值逻辑的思考. 关注其中的一个方面产生的概念, 我们称之为二分法概念或二值逻辑的概念. 对应于多值逻辑的概念相应地被称为 n 值逻辑的概念.

断想 114　线性教学, 非线性综合

对象具有独立的多方面性质. 但在讲解时是要有关联地线性进行的 (要将并联改为串联), 否则效果不好: 人脑在显意识状态是单线程的, 潜意识状态是多线程的. 学生线性接受了知识后, 要将这些知识各就各位, 塑造对象的立体形象 —— 这时做的是知识的某些独立化、非关联化. 教时将知识线性化、学后要将知识非

线性化. 知识的输入有前后, 但知识间并无尊卑之分. 教育的关联化原则为的是实现由旧知识到新知识的柔性平稳过渡 (上升的阶梯高度过高会给学习者增加理解的困难. 每个人都有其顺利理解所学知识的跳跃度和坡度. 人在智力上的一个重要区别就是这二度: 它们反映着学习者在学习过程中, 显意识流动中夹杂的潜意识的有效参与水平. 一个人可能理解东西很快, 但要他给二度低于他的人讲明白他的清楚知识, 他往往对材料要进行精细化梳理. 二度表现的一个宏观效果就是知识接收者的精细度、清晰度、清醒度、直觉度. 知识的有效传达就在于其存在形态的清晰度大于等于众接收者的精细度); 学者的独立化原则为的是实现对象的还原 (准确地应说是建立与自己思维、感觉状况相适应的立体形象. 言说的东西也可看成一文本. 对文本的解读不必追求对作者的理解. 只要自己搞明白了, 自己的理解越偏离作者的意图, 越有创新价值. 在一定程度上讲, 创新思维实际上源于对对象的有效误读. 关于解读的思想可见一些文学文献, 比如, 艾柯 (Umberto Eco, 1932—) 的名作 [4],[5]).

例 中学学了多项式、函数的概念. 在此基础上, 可引入如下线性代数课程中二次型的概念: 二次型就是一些二次单项式的线性组合 —— 它是一类特殊的多元多项式; $\boldsymbol{X}^{\mathrm{T}}\boldsymbol{A}\boldsymbol{X}$ 是二次型; 任何一个二次型都可写成 $\boldsymbol{X}^{\mathrm{T}}\boldsymbol{A}\boldsymbol{X}$ 的形式 —— $\boldsymbol{X}^{\mathrm{T}}\boldsymbol{A}\boldsymbol{X}$ 的结构实际是二次型的一种表示. 让学生感到, 他目前所学的知识实际是其中学内容的自然延伸, 对取得良好的教学效果有重要作用. 这种将二次型与特殊多项式联系起来的处理方式, 既让学生感到了知识的开放性, 又让其接触到了在数学中具有重要地位的 “表示” 的思想. 这为 “启后” 又奠定了基础.

断想 115 面向感觉的教育

让学生对所学知识有一个内在清晰的感受, 只要你的方法达到了其清醒度即可, 不一定要逻辑地细致讲述. 对于大学一、二年级的学生来讲, MIT 的 Gilbert Strang“直观思想 + 例子” 的讲法是可取的 (文献 [10]). 其讲课录像可在 MIT 的开放课程网站 http://ocw.mit.edu 看到. 美国的很多教科书采用的都是这种从 “大量的例题一点点引到公式上面来的”. “例如, 假设要讲解 N 维空间的公式或定理. 老师首先会拿出一维的例题让学生思考, 然后证明一维的情况下定理成立. 接着便会加深问题难度. 学生在解题的过程中会发现 “这些问题都符合一个一般性的定理啊”. 定理是在最后给出的, 大都是在练习题中提出来的, “这章的定理实际上是一个适用于 N 维空间的定理. 形式就像这样, 大家证明一下吧. ”(文献 [86], P.94)

从锻炼人的思维感觉来讲, 无体系的训练也是可以获得体系训练的感觉结果

的 (除了理论化能力外). 一种感觉系统的练就, 可有多种达成的途径.

人类知觉的稳定性是人的行为能力可持续发展的基础.

学习的本质不在于学习知识, 而在于感知知识 —— 感受知识内含的思想、感觉因素, 在于以知识的感知为手段完善、灵化感觉系统.

感觉的扩展有两条基本的路线：一是横向广泛刺激, 如伸展教育即起此作用; 二是纵向强度刺激如将以往不太直观的知识通过知识结构的简明化重塑或多媒体手段实现直观化, 可有助于实现这一点.

数学是隐几何①. 数学发展的过程是个对数学对象看得越来越清晰、细致、深入, 同时表述语言也越来越严密、艺术的过程. 这代表着数学沿抽象化方向发展的两个方面：数学思维图像的清晰化程度日益提高、数学语言阅读的困难化程度日益增强. 需指出, 数学观念在人之心灵中的内在澄明化及其语言表达之间并不是割裂开来的 —— 不是先有单纯的内在形象思维, 而后再由适当的语言外在可交流传播地进行表述, 而是形象思维与语言思维一直是交织在一起进行活动的. 当然, 在这一综合的思维活动中, 两种思维成分的比例及其配合模式可能是因人而异的; 在一个特定数学论题有了令数学思维工作者满意的结果后, 成果的最终用于交流传播的语言形态往往也是需要进行精细艺术加工的. 不仅在数学思维中如此, 在一般的思维活动中, 其实也是如此. “语言并非独立于心智以外的一种可有可无的工具” 和 “心智与语言是根本上不可分割的现象” 及 “语言和思维 …… 是必须一起发育成长的”. 这就是关于语言 “表达” 功能的 “育成观”. (文献 [235], P.125). “语言的表达 …… 是人类心智的自我教育、自我组织的过程”(文献 [235], P.126). “表达” 的本质就在于 “达表”—— 在于内在心智活动的外在清晰客观化. 内外不断互动, 推动着心智与语言的协同进步. 人类在漫长时间长河中习得的日常生活语言有育成属性, 科学的语言 —— 数学语言不论在整体上还是在短时间跨度内的思维活动中也同样具有育成的属性.

增强已有知识的直观度, 是数学知识发展、教育中的一个重要方面. 直观化已有知识, 提高知识、思想的传播效果, 使每位教师的重要职责. 也正是在直观化水平上, 反映出教师数学修养的基本水平.

除了传统的改变知识逻辑结构的 “软手段”, 借助于现代 IT 技术 “硬实现” 知识的直观、生动化目标, 是现在以致将来的重要工作.

---

① 几何观念及其语言在数学的发展中具有基本的模式重要性. 它为人们的数学思维提供着直观背景的支撑. 诚如美国代数学家费斯 (Carl Faith, 1927—) 在其经典代数著作第二卷前言中所说, “代数及其他的数学分支都在系统地利用和探索着相当一般的几何性质, 比如, 上下、左右、对称–反对称、划分等.”(文献 [234], Preface P.XIV).

利用多媒体技术, 将生动的思想直观地在屏幕上显示出来, 益于强化有关知识对学生的刺激. 活泼、直观的知识形态容易对学生的学习产生激励作用.

陆游的"功夫在诗外"的思想对学习者和研究者都是有借鉴意义的. 除了领域之外的经验会提供给你在本领域的有益之事, 更重要的是, 扩展到外的经验会给你更加完备或完备度更大的感觉代表系.

断想 116　小尺度例示大尺度原理

困难序列化分解 (积分化) 以实现小步快跑.

例　Schur 定理是说:"若 n 阶方阵 $\boldsymbol{A}$ 的特征值皆为实数, 则存在正交矩阵 $\boldsymbol{Q}$, 使得 $\boldsymbol{Q}^{\mathrm{T}}\boldsymbol{A}\boldsymbol{Q}=\boldsymbol{T}$ 成为一个上三角矩阵." 此问题的解决可如下进行: 先证明 3 阶的特殊情形, 然后将其一般思想用来证明一般情形. 文献 [93][338] 的具体设计是这样的:

第一步: 设 $\boldsymbol{A}$ 是一个特征值皆为实数的 3 阶方阵. 假设 $\boldsymbol{A}\boldsymbol{u}=\lambda\boldsymbol{u}, \boldsymbol{u}^{\mathrm{T}}\boldsymbol{u}=1$. 借助于 Gram-Schmidt 正交化过程, 可以找到一个规范正交基 $\{\boldsymbol{u},\boldsymbol{v},\boldsymbol{w}\}$. 对正交矩阵 $\boldsymbol{Q}=(\boldsymbol{u},\boldsymbol{v},\boldsymbol{w})$, 验证

$$\boldsymbol{Q}^{\mathrm{T}}\boldsymbol{A}\boldsymbol{Q}=\begin{pmatrix}\lambda & \boldsymbol{u}^{\mathrm{T}}\boldsymbol{A}\boldsymbol{v} & \boldsymbol{u}^{\mathrm{T}}\boldsymbol{A}\boldsymbol{w}\\ 0 & \boldsymbol{v}^{\mathrm{T}}\boldsymbol{A}\boldsymbol{v} & \boldsymbol{v}^{\mathrm{T}}\boldsymbol{A}\boldsymbol{w}\\ 0 & \boldsymbol{w}^{\mathrm{T}}\boldsymbol{A}\boldsymbol{v} & \boldsymbol{w}^{\mathrm{T}}\boldsymbol{A}\boldsymbol{w}\end{pmatrix}=\begin{pmatrix}\lambda & \boldsymbol{u}^{\mathrm{T}}\boldsymbol{A}\boldsymbol{v} \quad \boldsymbol{u}^{\mathrm{T}}\boldsymbol{A}\boldsymbol{w}\\ 0 & \\ 0 & \boldsymbol{A}_1\end{pmatrix}.$$

第二步: 记 $\boldsymbol{B}=\boldsymbol{Q}^{\mathrm{T}}\boldsymbol{A}\boldsymbol{Q}$. 证明其上述 2 阶子矩阵 $\boldsymbol{A}_1$ 的特征值是实数.

第三步: 易知, 存在一个 2 阶正交矩阵 $\boldsymbol{S}$, 使得 $\boldsymbol{S}^{\mathrm{T}}\boldsymbol{A}_1\boldsymbol{S}=\boldsymbol{T}_1$ 是一个上三角矩阵. 构造 3 阶方阵 $\boldsymbol{R}$:

$$\boldsymbol{R}=\begin{pmatrix}1 & 0\quad 0\\ 0 & \\ 0 & \boldsymbol{S}\end{pmatrix}.$$

验证下述结论: ①$\boldsymbol{R}^{\mathrm{T}}\boldsymbol{R}=\boldsymbol{E}$,②$\boldsymbol{R}^{\mathrm{T}}\boldsymbol{Q}^{\mathrm{T}}\boldsymbol{A}\boldsymbol{Q}\boldsymbol{R}$ 是一个上三角矩阵.

第四步: 按照上述轮廓, 运用归纳法, 证明 Schur 定理.

前三步用来证明 3 阶特殊情形, 第四步用来证明一般情形.

一个特殊问题的解决思路有两类: 一类是具体问题具体分析型的特殊解法; 一类是具有普遍性的思维路线 —— 虽然当时解决的是特殊问题, 但其解题过程实际上并不依赖于特殊对象: 当将特殊对象换成一般对象时, 思路仍然有效. 这

时, 我们常说, “我们实际上证明了更多的东西”. 能够对特殊问题给出具有一般性的解法, 是我们数学教学中的一个追求. 这种追求体现着教学收益极大化的精神.

在人类的发展过程中, 经历了一个数由小到大的过程. 对较小数、较小尺度、较小范围的东西, 人们感觉较为清楚. 考虑问题从小尺度出发 — 更准确地说, 从与人的感觉水平相适应的角度出发 (人的感觉水平是时间和实践的函数), 人们是易于接受的. 小尺度与大尺度之间有时具有一种相似性. 这时, 从小尺度出发过渡到相似的大尺度, 人们的感觉意识较为自然. 以小尺度例示大尺度, 是人的感觉状态放大的一条自然途径. 我们将此原理称为 “小尺度例示大尺度原理”. 借用怀特海的一句话, 可以说: 人类的文明是 “借助样本前进着”(文献 [111], P.281).

断想 117　作品的清晰度依赖于读者的感知力

逻辑的环环相扣的讲法是给初始接触相关东西、没有感觉经验、或头脑清晰度太低的人用的方法. 逻辑的严格的写法是为了保证最低清晰度的人都能看懂. 逻辑的方法是说服艺术之一. 如果作者知道读者的清晰度, 其作品的写法则可以作相应水平的处理. 写给同行的专著有时就很精练, 即源于此. 不过, 真正明此内在道理的人也不多, 虽然表面上也有不少人在写或已写了一些所谓的专著.

断想 118　撑开想象空间的教育

教育的本质在于扩展学习者的感觉边缘. “哲学家不会满足于有感知力的人们的一致意见, 无论他们是他的同事, 或者甚至是他本人的先前自我. 他总是在攻击限定的各种边界”(文献 [111], P.296). 哲学家攻击问题的解答边界, 教育家扩展学生的知识边界. 二者共同地扩展人的意识、感觉边界.

人产生思考, 有主动和被动两种情形. 主动提高自己、发展自身, 需经过有意识的思考. 突破已有水平, 生发新智慧, 是建立在已有思维结果之上的, 属于一种突破已有意识边缘的工作. 而被动思考, 是基于外在因素的冲击所形成的一种意识觉醒, 以致进一步思考解决相关问题的行为. 两种情形的诱因不同, 但状态是一样的, 都是要在已有经验的基础上, 在意识的边缘, 推进已有智慧的边界、扩展它、突破它. 可以说, “意识边缘激发智慧” 是一个人智慧发展的基本原则.

例　设 $\boldsymbol{A}=(a_{ij}),\boldsymbol{B}=(b_{ij})$ 是 n 阶方阵.

$$|\lambda\boldsymbol{A}-\boldsymbol{B}|=|\lambda\boldsymbol{A}+(-\boldsymbol{B})|=\begin{vmatrix}\lambda a_{11}+(-b_{11}) & \lambda a_{12}+(-b_{12}) & \cdots & \lambda a_{1n}+(-b_{1n})\\ \lambda a_{21}+(-b_{21}) & \lambda a_{22}+(-b_{22}) & \cdots & \lambda a_{2n}+(-b_{2n})\\ \vdots & \vdots & & \vdots\\ \lambda a_{n1}+(-b_{n1}) & \lambda a_{n2}+(-b_{n2}) & \cdots & \lambda a_{nn}+(-b_{nn})\end{vmatrix}.$$

根据行列式的列线性运算性质, 若记

$$\boldsymbol{A}=(\boldsymbol{\alpha}_1,\boldsymbol{\alpha}_2,\cdots,\boldsymbol{\alpha}_n),\quad \boldsymbol{B}=(\boldsymbol{\beta}_1,\boldsymbol{\beta}_2,\cdots,\boldsymbol{\beta}_n),$$

则 $|\lambda\boldsymbol{A}-\boldsymbol{B}|$ 是 2^n 个行列式 $|\boldsymbol{u}_1,\boldsymbol{u}_2,\cdots,\boldsymbol{u}_n|$ 的和. 其中, $\boldsymbol{u}_k=\lambda\boldsymbol{\alpha}_k$ 或 $\boldsymbol{u}_k=-\boldsymbol{\beta}_k$. 将取 $\lambda\boldsymbol{A}$ 中列向量个数相同的 $|\boldsymbol{u}_1,\boldsymbol{u}_2,\cdots,\boldsymbol{u}_n|$ 放到一起形成一组, 可知, $|\lambda\boldsymbol{A}-\boldsymbol{B}|$ 是 λ 的 n 次多项式, 而且, λ^k 的系数是 $(-1)^{n-k}\sum|\boldsymbol{A}_k\boldsymbol{B}_{n-k}|$. 其中, $\sum|\boldsymbol{A}_k\boldsymbol{B}_{n-k}|$ 表示 $\begin{pmatrix}n\\k\end{pmatrix}$ 个有 k 列取自 $\lambda\boldsymbol{A}$, 其余 $n-k$ 列取自 $\boldsymbol{B}$ 的行列式的和.

特殊地, 当 $\boldsymbol{A}$ 是单位矩阵 $\boldsymbol{E}$ 时, 将 "k 列取自 $\lambda\boldsymbol{E}$, 其余 $n-k$ 列取自 $\boldsymbol{B}$ 的行列式" 按 k 个有 λ 的列依次展开, 便知: "$|\lambda\boldsymbol{E}-\boldsymbol{B}|$ 之 λ^k 的系数, 是 $(-1)^{n-k}$ 乘以 $\boldsymbol{B}$ 的下述 $\begin{pmatrix}n\\k\end{pmatrix}$ 个 $n-k$ 阶行列式的和: 删掉 $\boldsymbol{B}$ 的 k 行, 如 $i_1,i_2,\cdots,i_k$ 行, 再删掉同样的 k 列, 即 $i_1,i_2,\cdots,i_k$ 列, 余下的元素按原有相对位置不动构成一个 $n-k$ 阶行列式." 为了表述方便, 我们称上述 $n-k$ 阶行列式为 $\boldsymbol{B}$ 的一个 $n-k$ 阶主子式. 等价地说, 所谓一个方阵 $\boldsymbol{M}$ 的 m 阶主子式, 指的是其 $j_1,j_2,\cdots,j_m$ 行与 $j_1,j_2,\cdots,j_m$ 列的交叉位置上的元素按原有相对位置构成的 m 阶行列式. 在自然地由对行列式的操作 (列线性分拆) 过渡到引入矩阵的这样一个新概念名词 (主子式) 之后, 前述结论可重述为: "$\boldsymbol{B}$ 的特征多项式 $|\lambda\boldsymbol{E}-\boldsymbol{B}|$ 是 λ 的 n 次多项式, 而且 λ^k 的系数是 $(-1)^{n-k}$ 乘以 $\boldsymbol{B}$ 的 $\begin{pmatrix}n\\k\end{pmatrix}$ 个 $n-k$ 阶主子式的和".

上例既是新概念自然引入的生动例子, 更是利于扩展学生 (运用行列式分拆性质 (线性) 的) 思维想象空间的典型实例。其思路改编于数学家盖尔范德 (I. M. Gelfand, 1913—2009) 的线性代数经典《线性代数讲义》(*Lectures on linear algebra*)(文献 [106], P.88).

顺便指出, 当 $n=3$ 时,

$$|\lambda\boldsymbol{E}-\boldsymbol{B}|=\lambda^3-\lambda^2\mathrm{tr}\boldsymbol{B}+\lambda\mathrm{tr}\boldsymbol{B}^*-|\boldsymbol{A}|\,.$$

这是俄裔英国数学家米尔斯基 (Leon Mirsky, 1918—1983) 的《线性代数引论》(文献 [64]) 一书第 219 页的习题 36.

按照收益极大化的精神, 在明确了特征多项式的结构后, 我们还可以持续进行进一步的思考. 若 $\lambda_1,\lambda_2,\cdots,\lambda_n$ 是 $\boldsymbol{B}$ 的特征值, 简记其 k 次对称多项式

$$S_k:=S_k(\lambda_1,\lambda_2,\cdots,\lambda_n)=\sum_{1\leqslant i_1<i_2<\cdots<i_k\leqslant n}\lambda_{i_1}\lambda_{i_2}\cdots\lambda_{i_k},$$

则

$$
\begin{aligned}
|\lambda \boldsymbol{E}-\boldsymbol{B}| &= (\lambda-\lambda_1)(\lambda-\lambda_2)\cdots(\lambda-\lambda_n)\\
&= \lambda^n-\lambda^{n-1}S_1+\lambda^{n-2}S_2+\cdots+(-1)^k\lambda^{n-k}S_k+\cdots+(-1)^nS_n.
\end{aligned}
$$

结合前述特征多项式的结构, 比较 λ^{n-k} 的系数可知: S_k 等于 $\boldsymbol{B}$ 的所有 k 阶主子式的和. 这是文献 [64][198] 的一个结论 (其思路结构是原型双视联结法). 特殊地

$$\sum_{m=1}^{n}\lambda_m=\sum_{m=1}^{n}b_{mm}=\mathrm{tr}\boldsymbol{B},\quad \prod_{m=1}^{n}\lambda_m=|\boldsymbol{B}|.$$

这是在普通线性代数课本中大家熟悉的结论.

面向感觉而不是面向脑是我们的观点. 知识 → 能力 → 素质 → 人格 → 行为的生理基础 — 有两说: 狭者为脑说, 广者为感觉说, 是个由外而内逐步落到实处的过程. 人的一切, 最终都落实到自身的感受上. "从感受的角度看问题" 是最根本的原则. 人生在世, 追求的是快乐、幸福. 这一目标的体现者就是人的感觉. 从生理角度讲, 人的一切外在行为, 最终都服务于人本身感觉系统的改造上, 使得自身能得到快乐的感受.

一个人的思想, 内在地落实到感觉上, 外在地落实到文本上. 落实到文本上, 既是为了与外人交流, 也是为了给自己思想的进一步可持续发展提供一个中转站 —— 内在思想的流动, 借助于外化的文本而形式上周而复始地前行. 这体现着文本化的艺术本质: 它是人类思想进步的一种手段. 推而广之, 人类内在功能外化的技术行为, 其实都体现着人类创造的艺术性.

人是可以被触动的一种动物. 不仅对物理冲击有感受, 对信息冲击也有感受, 有时甚至感受更深, 特别是语言冲击, 在人类生活中意义重大. 好的鼓励性的语言, 可以激励人; 恶意的语言伤害, 往往可让人刻骨铭心. 对教师而言, 主要是要运用语言的正面积极的鼓励作用, 来激发学生的学习与自我全面发展. 教学中如此, 生活中在与人交往中也要注意语言的两面性. 顺便我们指出, 毛泽东当年领导人民打江山, 其成功服众的重要武器就是其富有思想的语言的影响力. 正是他的言论打动了人, 才有了大家 —— 包括井冈山的绿林领袖王佐和袁文才①—— 跟他走的局面. 人有怎样的感受, 就会有怎样的反应.

神经外科医生 Richard Berbland 曾说: "思维不仅只存在于大脑中, 它分布在全身."(文献 [81] 美国发展生物学家、精神学权威利普顿 (Bruce H. Lipton, 1944—) 在大量试验和文献综合的基础上, 甚至认为, 人的 "每个细胞都是一个智能性存

① 有关王佐、袁文才参加革命的历史, 可参见: 黎章根. 红色沧桑 —— 解读井冈山重大事件—追寻一段真实的历史. 北京: 中国文史出版社, 2005.

在,"能够从环境经验中学习,"能够建立细胞记忆, 并将细胞记忆遗传给其后代. …… 细胞很聪明"(文献 [445], PP.23—24).

值得指出的一个有趣的事实是, 早在 1901 年 (即清光绪 27 年) 的语文课本《澄衷蒙学堂字课图说 (肆)》①中, 对 "脑" 字就有这样的解说: 脑, "头髓也. 人物之精神思虑皆出于脑. 脑多则灵, 少则蠢. 由脑分达全体者, 谓之脑气筋. 脑司知觉, 脑气筋则司运动也, 其分散于脏腑脉管等处, 以主其涨缩松紧迟速. 而人不知觉者, 谓之自和脑筋"(文献 [447], 卷二 · 七十四).

既然大脑、身体相关一体化, 自然也就可以理解为什么 "运动可以改造大脑" 了 (文献 [440]). 另外, 实际上, 在人这一特殊物种身上, 至少存在两套先天生物计划 (biological plan) 或程序: 一个是针对人的物理身体生长的基因编码, 另一个是针对人的智力 (intelligence) 生长、展开的程序 (文献 [449]). 二者相互关联、影响. 身体运动有助于智力的生长.

需指出, 运动不仅有外在的肢体运动形式, 还有内在的心理、思维活动等形式. 运动不仅有助于一个人的心智发展, 而且有助于稳固已获得的发展成绩, 以致总体而言, 运动实有助于人之心智的可持续发展. "人体的物理运动与其思维、记忆等能力的保持与发展具有重要关联" 的意义和价值不仅体现在青年学生的学习中, 而且体现在中老年人的健康保证方面 (文献 [450], P.136). 教师对 "运动可以改造大脑" 和 "适宜的身体运动可以促进智力发展" 等思想了解得越多, 就越有利于向学生清晰地传达 "适宜的运动不仅强身健体, 而且健脑, 有助于提升自己的学习能力和相关成绩" 的精神, 因此而激励他们过健康、愉悦的学习生活.

真实直观、生动的思维过程与严格简洁的语言表述是数学教育中不可或缺的两个方面. 前者体现着数学行为的操作性、工艺性, 后者则体现着数学成品在内容上的科学性、在形式上的艺术性. 数学家实是科学艺术家.

对数学感觉成熟度不高的课程初学者, 不能用残篇断简作其教科书. 对其宜施行数学的严格性教育 (文献 [71]). 让其了解适宜传播的 "社会型数学" 的成品特点. 所谓社会型数学, 指的是在充分考虑各类人群理解力 (特别是较低理解力) 的基础上, 将数学内容表述的尽可能严密、清晰, 以利于有关知识在各层次人群中的交流. 照顾理解力的下界, 是社会型数学的特点. 这类表述, 对具有较高理解力的人来讲, 往往显得有些冗长.

① 此书是清末上海富商叶澄衷 (1840—1899) 所办蒙学堂 "澄衷蒙学堂" 的小学生识字课本; 由首任校长刘树屏 (1857—1917) 编撰, 是国学大师胡适 (1891—1962) 的启蒙书, 并被其称为中国有学校以来的第一部教科书.

断想 119 一个人的 X 教育观与其 X 观有着密切联系

数学也不例外 ($X=$ 数学). 对数学的不同理解, 直接影响其对数学教育从内容到形式的态度. 如果你像诗人泰戈尔 (Rabindranath Tagore, 1861—1941, 印度人, 1913 年诺贝尔文学奖获得者) 下述那样看待数学, 那你在短期内在数学教育方面就没什么可做的了: "我们听到过有数学天才的人能在极短的时间内解答出算法问题. 就数学计算来说, 这些数学天才的大脑是在一个不同的时间系统中工作, 这个时间系统不仅和我们的时间系统不同, 而且和他们自己的生活的其他方面的时间系统也不同. 似乎他们思维中的数学部分是生活在彗星中, 而其他部分却是这地球的居民. 因此, 他们的思维飞奔到结果的过程, 不仅我们看不到, 甚至他们自己也看不到"(文献 [109], P.45). 泰戈尔的这一观点基本为速算天才自己的经验所确认. 速算天才 Ferrol 说, "我经常感到 —— 特别是在我孤独的时候 —— 我居住在另一个世界里, (在这里) 有关数字的思想具有自己的生命. 突然, 任何种类的问题连同答案便出现在我的眼前".(文献 [103], P.149)

二度 (跳跃度和坡度) 大的人直觉能力强 —— 印度的 Ramanujan 即为一典型代表 (文献 [6]).

Ramanujan 只接受过九年学校教育, 没有任何大学学位. 其数学天赋在孩童时期就显露了出来. 他十二岁就掌握了 S.Loney 的《平面三角》(*Plane trigonometry*)(文献 [216]), 在十六岁时遇到了决定其数学天才的第二本数学书 ——G.S.Carr 编写的*Synopsis of elementary results in pure and applied mathematics*(文献 [217]), 这是一本包含了 6165 个定理及其粗略证明骨架的汇编. 离散的知识给了他主动创造的机会. "借助于学习这一朴素的文卷, 自己重新再造以往几个世纪的数学, Ramanujan 习得了一种非凡的天才 —— 在非凡的程度上, 在数学界可谓前无古人、后无来者: 这是一种神秘地对正确公式的感觉、对数字之间关系的精细化直觉. "(文献 [103], PP.145—146). 他不仅直觉到精确的公式, 比如

$$\frac{2}{\pi}=1-\left(\frac{1}{2}\right)^3+9\left(\frac{1}{2}\times\frac{3}{4}\right)^3-13\left(\frac{1}{2}\times\frac{3}{4}\times\frac{5}{6}\right)^3+17\left(\frac{1}{2}\times\frac{3}{4}\times\frac{5}{6}\times\frac{7}{8}\right)^3\cdots,$$

而且还直觉给出一些近似公式, 比如

$$\pi\cong\frac{-2}{\sqrt{210}}\cdot$$
$$\log\left[(\sqrt{2}-1)^2(2-\sqrt{3})(\sqrt{7}-\sqrt{6})^2(8-3\sqrt{7})(\sqrt{10}-3)^2(\sqrt{15}-\sqrt{14})(4-\sqrt{15})^2(6-\sqrt{35})/4\right]$$

到小数点后 20 位都是正确的 (文献 [103], P.145).

“Ramanujin 宣称, 他的定理是由女神 Namagili 在晚上写在他的舌头上的. 一起床, 他会经常焦躁不安地写下一些出人意料的结果, 这些结果让他后来的同事们都感到非常震惊.”(文献 [103], P.146).

考虑到 Ramanujan 独立研究成长的历程, 以及其极富原创性的工作, Stanislas Dehaene (1965—) 在其*The number sense*一书中称 “Ramanujan 的天才超越了牛顿, 因为他没有站在任何人的肩膀上就比其他数学家都看得更远”①(文献 [103], P.145).

Ramanujan 借助材料离散组合的汇编进行学习的方法, 有助于锻炼学习者积极主动思维的意识, 这对一个人思维的成长是非常有益的. 我们将这种学习方法称为 “词典学习法”. 如果一个人将一种词条汇编完整地融结为一个整体了, 明了了表面上独立成果的内在深层联系, 那么, 学习者不仅获得了完整的知识或准确地说建构了一种知识体系, 而且通过这一学习过程, 其脑思维神经系统也得到了有益的锻炼.

与 Ramanujan 数学能力开发路线有些相似的代表人物是现代概率论的奠基人、苏联数学家柯尔莫戈洛夫 (Andrei Nikolaevich Kolmogorov, 1903–1987). 在 14 岁时, 他通过研读百科全书来学习高等数学, 并补充书中没有提供的证明 (文献 [389], P.138).

词典学习法的目标, 反映在知识形态的变化上, 就是要实现由离散、不相关到整体连续、相互关联的转化. 以此例示一种一般的思想: “海平面上方各自独立、分离的岛屿, 在海底其实是连在一起的;” 而反映在思维感觉的变化上, 就是要提高自己对相关 (数学) 思维对象的直觉敏感度、熟悉度.

数学手册、词典、百科全书等是一类较集中体现数学成就的典型作品. 对它们有了深刻理解, 对数学便有了相当的感悟. 这是自然的事情. 词典学习法实际是 “典型对象学习法” 的一种特例. 所谓典型对象学习法, 就是通过对典型范例的学习和把握来理解相关领域、获得相应思维技能或行为特质的学习方法.

法国数学家、哲学家笛卡儿 (Rene Descartes, 1596—1650) 的创新能力, 在某种程度上即可看成受益于对这一方法的有意识实践. 他说, “年轻时, 当我听到一些巧妙的发明时, 我曾试着想在未阅读作者说明的情况下, 自己去发明它们”(文献 [464], P.185). 拉马努金和柯尔莫哥洛夫是自己尝试着重新得到他 (她) 人已得到的数学结论, 笛卡儿是自己尝试着重新得到他 (她) 人已得到的技术发明. 虽锻炼

① 牛顿在写给胡克的一封信中说道,“如果说我比别人看得更远一些, 那是因为我站在了巨人们的肩膀上”. — David M. Burton, The history of mathematics—An introduction (3rd edition), The McGraw-Hill Companies, Inc., 1997, P.311.

内容有别, 但获得的创新思维能力相近.

使用典型对象学习法来掌握一门语言, 在历史上也有很典型的例子: 18~19 世纪美国数学家鲍迪奇 (Nathaniel Bowditch, 1773—1838) 仅 10 岁前受过正规在校教育, 其学习外语的兴趣持续了一生, 学习了拉丁语、法语、希腊语等至少 25 种语言. 他学习外语的方法是: 用各种版本的《新约》(*New Testament*) 和词典作为教材 ([286], P.101)①. 对学习者而言,《圣经》和语言词典确是西方语言的两个紧密关联的典型对象.

断想 120　形式上不好的条件实际是最好的条件

学生学习不宜强调书本写得好不好. 教师对教材更应持 "不抱怨、自力更生" 的态度. "一切从自身找原因、发挥自身内在的能力" 是一个人成功的充分条件. 一般情况下, 人能控制的只有自身的因素, 而外在益己的条件往往是可遇而不可求的. 这是一种极其自然而行之有效的生活态度. "态度教育" 是教育取得良好效果的一个重要方面.

断想 121　教育质量不是一名教师的问题, 它是一项系统工程

其质量的真正提高, 依赖于教师队伍成员的水平与队伍的协调水平, 依赖于学生管理队伍的水平及其与教师队伍的协调水平.

断想 122　教育对时空具有依赖性

不同时代、不同地域的教育是有很大区别的.

断想 123　激励是为了有好的教学效果

好的教学效果既依赖于教师对授课内容驾轻就熟的程度, 也依赖于要授内容在课程时间内的合理布置 —— 在不同的时间段上, 学生的注意力和接受力状态是不一样的. 在学习中, 存在着首因 —— 近因效应: "在学习情境中, 倾向于对首先接触的信息或材料记忆最好 (高效期 -1), 其次是最后接触的信息 (高效期 -2),

① 取得不俗成绩的人士之学习方法自有其独到之处. 除了鲍迪奇, 再如, 大思想家马克思, "在少年的时候他就听从黑格尔的劝告, 用一种不熟悉的外国语去背诵诗歌, 借以锻炼他的记忆力" (文献 [45], P.189). 要认识或利用不熟悉的东西, 注意力自然就要集中, 当时的意识化水平 — 意识清醒的水平就要高. 意识越清醒, 当时记忆的效果就越好. 好的记忆力自然有助于提高学习效率. 马克思精通多种语言, 能用德、法、英三种文字写作, 能够阅读欧洲一切国家的文字. 他喜欢这样说, "外国语是人生斗争的一种武器" (文献 [45], P.190). 顺便指出, 马克思锻炼记忆力的策略本身蕴涵着认知科学的一个一般问题: 意识化水平与记忆力的关系问题.

中间的内容记忆效果最差 (低沉期). ”(文献 [101], P.95). 文献 ([72], P.88) 指出“学生在课堂开始时学到的最多 (称为重要时间 I), 其次是在快要下课时 (称为重要时间 II). 中间则是 “低落时间”, 学生不容易接受新知识 …… 应该利用重要时间 I 来教授新知识. 这段时间内不要做杂务, 最大限度地利用重要时间, 因为学生在那时最容易接受新事物. 可要结束时的重要时间 II 是复述的好时间, 学生可以对新知识得出意义, 并评价其意义. 低落时间需要用活动来调节, 也可以进行某种形式的复述”. 重要时间和低落时间的比例因对象和环境的不同而有所区别. 以大学 45 分钟一堂课来讲, 重要时间大约占 35 分钟①. 以此为起点, 不断观察、修正, 就能够很快掌握一学期的重要时间的大致数值.

我们将 “通过对不同时段合理分配内容, 来达到提高学生学习效果” 的原则, 称为 “内容的优化分布原则”. 这里的时段内容分配, 既指宏观的, 即哪节课讲什么, 又指微观的, 即一堂课内的什么时间讲什么.

需指出, 教师自身对所授知识的 “驾轻就熟” 有两个基本层次. 教师本人感觉其知识结构是简明的, 这属于第一层次 —— 它仅仅强调了知识对教师的思维结构特点的适应; 在此基础上, 学生感觉所学知识是简明的, 这属于第二层次 —— 它强调了知识对学生的思维结构的适应. 我们将前者称为自足的简明, 称后者为普度的简明、惠泽他人的简明. 显然, 人们难以保证所有学生都有简明的感受. 教师传授的知识只要让大多数同学感到容易接受就可以了. 教师仅仅自身对知识驾轻就熟不行, 使得学生能够驾轻就熟才是目的. 教师要在教学的过程中, 通过学生的反馈, 不断优化课程的知识结构, 以使其具有面向学生的大众化水平.

教师对所授内容进行简明再处理的过程, 实际就是一个探索寻找师生的 “可有共同思维结构” 的过程. 教育可以改变人的思维习惯. 师生的思维结构可以在一定程度上趋同. 通过师生互动交流而实现的基本相近的思维结构, 我们称之为可有共同思维结构 — 这一概念包含了两个方面的基本含义：一是共同的思维结构, 二是趋同的过程. 从生理学意义上讲, 教育在本质上就是一种通过知识的教学来实现思维、感觉趋同的艺术手段, 是人类通过信息冲击实现自我进化的一种方式. 在这种观点下, 容易理解, 只有具有较好思维意识结构、具有相当代表性 —

---

① 美国可汗学院的创始人萨尔曼 · 可汗 (Salman Khan, 1976—) 将自己的课程视频限定在 10 分钟之内, 除了上传网站对视频长度的客观限制之外, 他主要还参考了以往教育理论家关于学生注意力集中时间长度的研究结果. 一些权威的教育理论家早就判定, “学生能够集中注意力的时间大概为 10—18 分钟”(文献 [473], PP.014—015). 注意力集中时间的长短除与学生自身内在素质有关以外, 还与其所处社会、技术等外在环境各种诱惑因素有关. 在目前信息技术比以往大为发达的基础上, 学生注意力集中的时间要短于过去, 手机游戏、微信等诱惑是其原因之一. 教师在实施激励教育时, “注意力与技术环境的关系” 是必须要考虑进去的.

有众人与其在类型上接近 — 的人, 才适合于作教师 — 这样才有利于人类精神生理结构的不断提升. 一类人群中的教师应该是其中进化水平的佼佼者. 从教育的进化论含义出发, 人们可以提出很多有待进一步研究的课题, 比如, 生理学意义下教师的选拔机制、教师类型与学生类型的匹配关系、(知识、技术等) 教育对生理意识结构的影响" 等.

一名教师仅仅具有专业知识, 还不能保障激励教育的有效实施. 激励教育对教师的要求是全方位的. "懂事、懂人、懂沟通" 的 "三懂原则" 是对教师的基本要求. 在日常工作、生活中, 教师树立 "积累利于激励教育的素材" 的意识并付诸实践是必要的. 教师的传统职责就是答疑解惑. "传授科学知识、消除认识误解" 是教师的两大任务. 在资讯发达的全球化的今天, 一些学生误以为中国的教育是应试教育、美国的就不是. 其实这是在为自己的无能找借口. 世上没有绝对的自由. 只要社会存在, 一定意义上的竞争就存在. 有竞争就有比较、有考核. 考试是与竞争群体相伴生的事情. 在任何教育体制内, 在任何方面, 学习者之间都有一定的分层 —— 它就像社会中的人群有分层一样的自然. 中国有学习辅导书, 美国也不例外. 如何改进学生的数学学习成绩, 在发达国家一直是一个重要的研究课题. Paul D. Nolting 博士针对数学学习, 写了一系列的书, 从文献 [46] 可见一斑; 不仅教育界人士关心学生的数学学习, 专业数学家, 如组合学家 Askey、几何学家伍鸿熙等也加入了数学教育改革的活动中 (与前者在 2000 年 8 月的大连理工大学 "分析、组合、计算" 国际会议交流得知, 与后者经私人通信得知); 不仅教育、数学专业人士关注数学教育质量问题, 美国政府对此也投入了大量精力, 他们认识到, 高精尖技术背后的实质就是数学技术 —— 在一定程度上影响国家安全的 IT 业尤其如此. 除此之外, 在对一个国家和地区的经济发展影响力越来越大的金融衍生品产业中, 数学的核心地位更是业内人士众所周知的事情. 金融产品的背后就是数学. 诚如 P.J.Hunt 和 J.E.Kennedy 在其著名的教材 *Financial derivatives in theory and practice* 中所说: "我们今天所面临的巨大产业高度依赖于数学和数学家"(文献 [157]. Preface P.XV. 中译本之原序 P.1).

考试 (特别是明确号称为 "竞赛" 类考试, 比如, 国际数学奥林匹克竞赛、数学建模比赛等) 不仅是检查学生学习状况的一种措施, 而且是激励学生发现不足、改进不足, 以利提高的一种手段. 人都有一种争强好胜的天性. 当在一次竞争中出现失误后, 大多数人都有一种后悔的心情, 以及尽快再参与一次相应竞争的愿望. 激励教育应该利用人的这一特点, 充分发挥考试的激励作用, 不断激发学生的上进心. 通过不断考试、不断提高考试内容的水平的良性互动, 来实现提升学生学习效果的目的. 考试现象像任何一种现象一样, 其本身无所谓好坏, 关键看你怎么利用它. 事物在人类发展的过程中, 其作用如何, 主要依赖人认识事物、利用事物的驾驭水平. 人的主观能动性反映着人自身的生存水平、发展水平. 事物的使用价值如何, 取决于使用者的使用能力.

从个人生存与发展、人类生存与发展来讲, 数学教育是三大教育之一. 美国 2061 计划说: "在下一个人类历史发展阶段, 人类的生存环境和生存条件将发生迅速的变化. 科学、数学与技术是变化的中心. 它们引起变化, 塑造变化, 并对变化作出反应. 所以, 科学、数学与技术将成为教育今日儿童面对明日世界的基础."(文献 [90]) 不仅儿童教育如此, 其他教育亦如此.

教师应该是博学多识者, 应是思想世界中一个好的 "内游者"(文献 [73], PP.88—90). 元代学者郝经 (1223—1275) 提出了侧重间接经验的 "内游说". 对于古人所谓 "行万里路, 读万卷书" 之说, 他更强调 "读万卷书". 郝经并不反对 "行万里路", 而是强调精神内在的思索. 麻木不仁的外游不是他指的真正外游. 他认为: "欲游乎外者, 必游乎内."

教师博学是有效引导学生注意力及思维走向的重要条件. 有了有效引导, 教学气氛、场面才能被老师所控制, 施教者才能在此基础上贯彻自己的意图, 进而才谈得上基于其上的对学生的激励. 在数学发展史上, 法国几何学家日果内 (Joseph Diaz Gergonne, 1771—1859) 的教学是这方面的一个典型例子. 据荷兰数学家斯特洛伊克 (Dirk Jan Struik, 1894—2000) 讲, "在 1830 年 7 月革命时期, 难以控制的学生开始在他的课堂里吹口哨, 他因势利导, 暂停讲原课程的内容, 开始向学生讲吹口哨的声学知识, 由此而将学生的心收回来"①. 显然, 如果日果内没有适当的声学知识, 他控制课堂的愿望可能难以顺利实现.

教师博学多识才能有效地答疑解惑, 才能成为学生人生成长历程中的好导游. 比如, 学生在学一门课程时, 往往希望老师多讲一些应用性的问题. 对此, 教师要从两个方面去回答: 对于有成熟例子的, 要尽量找时间进行讲解; 对于目前尚没成熟例子的, 要让学生清楚 "工具造好才能应用" 的道理 —— 生动完整而典型的例子需要相应完整的知识作工具. 工具造好前是谈不上真正意义上的应用的. 我们将此称为 "工具形成应用说". 枪没有造好是不能有效射击的. 学习不能急功近利. 同时, 我们也不应忘记, "教学不仅要教内容, 而且要涉及其意义. 没有人会真正去学没有意义的事情. "(文献 [356], P.204). 学生能够尽早了解所学内容的意义、应用价值, 对保持其学习的兴趣、提升学习效率是非常重要的.

反映大学教师系统学识与智慧的一个指标就是要经过系统规范的相关训练.

① http://www-history.mcs.st-andrews.ac.uk/Biographies/Gergonne.html.

仅有高学历是不够的, 但没有高学历一般是不可取的[②]. 小孩子容易有进步, 就是他们与大人的显意识智力有一定差距, 大人容易设计引导他们前行; 而当人长大后, 大人之间的见识基本扯平了, 人便开始自以为是了, 别人的意见难再听进去, 进步也就迟缓了. 小孩子的虚心是自然的、自发的; 而大人的虚心是有意的、自觉的 —— 能自觉做到虚心学习的人, 才会有大的进步. 从对小孩子的教育到成年人的教育, 有一个从 "阴谋教育" 到 "阳谋教育" 的转变. 有效的教育者必然是一位足智多谋、具有高于常人智慧的人 —— 不然, 你如何有足够的力量来引导学生?

断想 124 课堂制度建设问题

增加教师课堂教学的吸引力是激励教育的一个方面, 另一个更重要的方面在于 "课堂制度建设"—— 增加学习的约束力. 相对于一件特定的事情而言, 理论上讲, 人性中都有好的一面, 也有恶的一面. 利于事情成功的就是好, 阻碍事情成功的就是恶. 好、恶是相对的一种临时品质. 好的一面的力量可引导其在好的行为中自然发挥效力, 恶的力量若想让其发挥好的作用, 则需要制度的约束. 自然吸引与制度约束相结合, 才能真正实现有针对性的激励教育. 目前的课堂状态还是比较简单的, 其制度设计的系统研究还是一个空白. 增加课堂教育制度方面的复杂度是一个重要的课题. 教师的良好引导是有益的, 学生之间的相互促进也是需要的, 教师与学生管理人员的有效配合也是不可缺少的.

设计机制, 让学生之间有一个相互牵制、监督、促进的关系是非常重要的.

鼓励同学之间进行数学口语交流 —— 其承载形式可是散步, 也可是沙龙等. 数学散步在数学史上已被 Hilbert、Kolmogolov 等大师证明是一种很好的数学教育方式.

我们称教师对学生的激励为垂直激励, 称同学之间产生的激励为水平激励, 这两种激励之间还有着重要的关系.

有效的水平激励机制设计对学生学习成绩的提高具有明显而重要的作用. 大家都知道, 每个宿舍都具有自己的学习影响氛围: 好学者可以影响同宿舍的同学好学, 而爱玩者也往往影响同学好玩而影响学业. 在同学中设置 "学习影响力奖" 是通过激发人的助人荣誉感而提升学习主动性、良性互动程度的一项激励措施. 它不仅对激发整体好学风气的形成具有一定的积极作用, 而且在这一运动中还可以培养学生的集体责任感和领导精神. 当然, 在全面人的教育过程中, 还可设置彰显人之其他方面质素的影响力奖, 如艺术才华影响力奖、社会实践影响力奖和全面发展影响力奖等.

---

② 这里说的是一般制度设计情形. 不同时代、不同地域会出现一些例外的天才.

水平激励措施设计既要有助于激发竞争精神, 也要有助于激发相互帮助的协作精神. 通过两相兼顾的良性竞争, 而达到教学收益的 “逐点整体收益” 提升. 在这方面, 美国发展生物学教授利普顿 (Bruce H. Lipton, 1944—) 的做法值得在课堂上推广. 1985 年, 利普顿辞去威斯康星大学医学院的终身教职, 转到位于加勒比的一家医学院任教. 他要教的学生从年龄、曾从事的职业等方面都很多样化, 且大多基础不太理想, 是美国名牌大学不录取的学生. 为了激发学生的学习热情, 他首先宣布, “只要学生们承诺付出相应努力, 我就会让每个学生都为期末考试做好充分准备”, 并 “告诉学生们, 他们完完全全就和我在美国教过的学生一样聪明”(文献 [445], P.18). 利普顿的垂直激励为学生鼓足了劲, 使他们斗志昂扬. 接下来, 在不断表扬学生的学习干劲之余, 他有意或无意地设计了水平激励: 讲细胞时, 他强调我们要向细胞学习. 每个细胞不仅本身有智力, 能在与环境信号的接触中做出相应的反应, 而且细胞间能够相互协作, 形成协调的复杂有机体如人. 在一定意义上讲, 人就是细胞个体发展与之间良性协作的产物. 受此榜样的启示, 同学们把自己比作细胞, “凝成一股力量, 形成一个团队 ……, 学习好的学生帮助差一点的学生, 通过这种方法, 所有学生都变得更好”(文献 [445], P.32). 结果, “期末考试时, 我把威斯康星大学学生必须通过的试卷原样发给我的学生. 事实证明, 这些 “被拒收” 的学生和他们在美国的 “精英” 同事, 在考试表现上并无二致. …… 学生们成功的一个主要原因是, 他们 …… 模仿了聪明细胞的行为, 紧密团结在一起, 变得更聪明”(文献 [445], P.33).

人有很多种类型的荣誉感. 基于这些荣誉感, 我们都可以考虑设计相应的激励措施. 人不仅追求荣誉, 还有其他很多类型的欲望. 基于每一种欲望的彰显, 都可设计出相应的激励措施. 我们将基于欲望彰显的激励措施设计原则简称为 “欲望彰显原则”. 它是激励措施设计的一项基本原则.

断想 125　一科的教育不是孤立的

数学教育与文学、艺术教育是分不开的. 不同学科对激发 (激活与发展) 神经系统神经元的效用是不一样的, 但神经元可被不同内容的学习行为再利用①. 如果效能高的学科激发相关神经元, 既为己所用, 也为其他领域的学习所用, 那么, 在整体上, 学习者就会获得 “渔与鱼” 的双丰收: 既极大激发了自身神经系统, 又

① 法国神经科学家、科学院院士迪昂 (Stanislas Dehaene, 1965—) 提出了神经元再利用假说: “一项文化发明部分或全部占用曾用于其他功能的大脑皮层区域. …… 神经元的再利用也是一种再定位或再训练的形式: 它将一个在进化过程中为特定领域服务的古老功能转变为一个在目前的文化背景下更实用的新功能. ”(文献 [310], P.131)

费较小的力, 掌握了较多类型的知识. 这显然符合经济原则.

"俄国外的人知道, 欣钦是一位概率及数论大师, 但少有人知道, 他还曾出版过几本有关诗的俄文书"(文献 [65], P.3)[①]. 英国数学家希尔维斯特 (James Joseph Sylvester, 1814—1897) 也曾出版过一本论诗的书籍 (《诗的法则》(*The laws of verse*)(文献 [237])). 在数学史上, 既有文学才华、又有数学才能的人很多. 比如, 波斯 (现在的伊朗 —— 实际是伊朗南方的一个省. 波斯族是伊朗的主要民族) 的哈亚姆 (Omar Khayyam, 1048—1131)[②]作为诗人的影响力胜过其作为数学家、天文学家的声誉; 法国大数学家柯西 (Augustin Louis Cauchy, 1789—1857) 用法文和拉丁文写诗; 德国数学家 (集合论、拓扑学家) 豪斯道夫 (Feliex Hausdorff, 1868—1942) 用笔名 Paul Mongre 写了几部文学作品, 包括剧本 "*The Doctor's Honor*" 这一作品上演了上百场 (最后一场在柏林); 荷兰数学家、数学教育家 Hans Freuthenthal (1905—1990) 写过几部小说, 其中用笔名 Sirolf 写的一部作品还获得了文学奖. 德国数学大师魏尔斯特拉斯甚至说过, "一个没有诗人灵魂的人, 要想成为一个完整的数学家是不可能的"(文献 [305], P.12). 另外, 文学艺术家、建筑师等在自己的创作中, 也从数学中获益匪浅. 例如, 荷兰画家埃舍尔 (Maurits Cornelius Escher, 1898—1972) 的作品即以体现深刻的数学、哲学思想, 如双曲几何、平面划分、悖论、不可能性、无限等而闻名. 他的画风的形成是与其认真研究数学 —— 特别是几何、组合数学 — 紧密相关的. 著名数学家、数学教育家波利亚 (George Polya, 1887—1985)1924 年关于平面对称群的论文对其影响很大. 关于埃舍尔与数学的更多信息, 可参见网页http://www-history.mcs.st-andrews.ac.uk/Biographies/Escher.html或 1998 年罗马会议文集《埃舍尔的遗产》(文献 [327]). 在中国, 中央美术学院书法艺术家邱振中 (1947—) 教

---

① 美国数学家 Lipman Bers(1914 — 1993) 认为, 一首好诗、一首伟大的诗的特点在于, "它用很少的词表达了很丰富的思想". 在这点上, 数学与诗相通. 数学中的公式, 比如, $e^{\pi i}+1=0$, $\int_{\infty}^{+\infty} e^{-x^2} dx = \sqrt{\pi}$, 皆堪称为一首诗. (文献 [294], P.ii). 显然, 在上述意义上, 数学与诗皆具有经济性.

② 哈亚姆的诗作名著 —— 四行诗集《鲁拜集》(*Rubaiyat*) 有郭沫若 (1892—1978) 先生的中译本 (译自鲁拜集之菲兹吉拉德 (Edward Fitzgerald, 1809—1883) 英译本的第四版, 共 101 首诗). 鲁拜集 (Rubaiyat) 是鲁拜 (Rubai) 的复数. "鲁拜这种诗形, 一首四行, 第一第二第四行押韵, 第三行大抵不押韵, 和我国的绝诗相类似. "(文献 [315], 小引, PP.6—7). 除了郭沫若的译本外, 后来还出了一些其他中译本, 比如,《波斯经典文库》中张鸿年 (1931—; 北京大学教授) 的译本 [316](译自波斯文和波俄对照本. 内收鲁拜 376 首. 此译本认为, 海亚姆的生—卒年代为 1048—1122). 特别值得一提的, 还有美国麻省理工学院 (MIT) 著名华裔美籍物理学家黄克孙 (Kerson Huang, 1928—) 先生的中译本 [317](像郭沫若一样, 译的是 Fitzgerald 的英译本, 鲁拜 101 首. 此译本曾受到著名作家、翻译家钱钟书 (1910—1998. 著有《围城》等作品) 先生的赞赏). 关于作为数学家的哈亚姆的传记, 可参见网页 http://www-history.mcs.st-andrews.ac.uk/Biographies/Khayyam.html.

授在其书法论集《神居何所：从书法史到书法研究方法论》中，多处谈到书法的数学表达问题，并将波利亚的数学方法论的语言和思想 (如 "合情推理") 用到书法认识上来 (文献 [328]). 关于数学与艺术的更多有趣的材料，有兴趣的读者可以参见 Ivars Peterson 的《数学与艺术 —— 无穷的碎片》一书 (文献 [329]). 对数学与建筑的关系特别关注的读者，则可参见与意大利文艺复兴时期的画家、建筑设计师达 · 芬奇 (Leonardo Da Vinci, 1452—1519) 有关的《达 · 芬奇：建筑与数学》(文献 [330]) 与英国顶级建筑师列恩 (Christopher Wren, 1632—1723) 有关的《列恩的数学科学》(文献 [331])，等等.

考虑到数学与艺术之关系对人之发展的重要性，美国东北大学甚至开设了 "为艺术的数学 (*Mathematics for art*)" 的课程 (其中有论埃舍尔的专题).

不仅数学与艺术具有相互作用的关系，而且数学以及人类各种智慧的数学形态本身就可被看成一种艺术. 诚如澳大利亚经济学家斯诺克斯 (Graeme Donald Snooks, 1944—) 所说，"智慧产生的理论，用数学术语来表达，在高雅和简洁方面可以跟最高的艺术成就相比拟"(文献 [406], P13).

不同学科教育的相互良性影响的程度，是评估教育质量生态水平的一个重要指标. 从学校教育的整体上看，一门学科的激励效果，与其他学科的教育状态和水平是密切相关的. 学校整体激励制度的安排与各位教师自任课程激励教育措施的协调互动，才能保证学生获得较大的教育收益.

从更广大的范围来讲，国家的与教育相关的各种政策的性质对激励教育实施的状态与效果发挥着重要影响. 在这当中，如何理解教学与学术的关系，如何评价、奖励教学成就，在相当程度上，直接影响着教师的教学精神状态，进而影响着其教学效果. 美国教育家博耶在 1988 年 1 月 14 日美国大学协会第 74 届年会所作的《大学的质量》的讲演中谈到，"很显然，美国高等教育在对待教学与科研的关系问题上存在着巨大的矛盾心理. 但无论如何，我们都应该超越那种把教学与科研对立起来的传统思维方式，应该提出一个更具有刺激性的问题，即学者意味着什么"? "我相信，当学术① 不再仅仅意味着出版著作，而且包括设计课程、服务社会、指导学生的时候，我们将不必为提高大学生的学习质量而付出太多的时间

① 博耶在 1994 年 4 月 14 日埃默里专题讨论会上所作《学者共同体》的讲演中提出，学术工作包括相互联系的四个方面：知识探究的学术 (scholarship of discovery)，知识整合的学术 (scholarship of integration)，知识应用的学术 (scholarship of application)，知识传播 —— 教学的学术 (scholarship of teaching). "今日之大学能不能建立一种激励机制以便各种形式的学术都有其地位并得到适当的报偿呢？"(文献 [202], P.78). 在这一认识的基础上，我们可以给出用于大学分类的一种指标 —— 特色向量：以 discovery, integration, application, teaching 的第一个字母代表相应学术在学校工作中的权重，则向量 (d, i, a, t) 反映着学校的学术结构特色. 我们称其为学术分布向量，或学校的 "特色向量".

和精力". (文献 [202], P.65).

尽管有了一些有助于现实可操作性的定量研究方法或成果, 如*Statistical Methods for the Evaluation of Educational Services and Quality of Products*(文献 [238]), 但是, 总体而言, 迄今, 从科学性、共识性、可操作性等方面来讲, 评价 —— 特别是作为教师关心的教育评价问题仍是一个有待进一步发展的研究课题.

我们将 "国家、学校与各位教师激励教育的协动、教师之间激励教育的联动" 型教育, 称为 "系统协动激励教育的观念".

断想 126 激励教育最重要的目标是树立学生 "用自己的一生去成长" 的观念

一个人在学生时期不可能什么都能学到手. 即使我们目前写的这些东西, 也是笔者多年的经验总结. 教师自己短时间内做不到的事情, 不能要求学生做到. 一个人能做到的, 就是在时间的长河中不断锻炼自己、完善自己. 中国功夫大师李小龙认为, 自我教育造就伟大的人 (self-education makes great men. 文献 [192], P.88).

人类之所以不断可持续快速发展, 原因之一就在于, 一代人多年甚至一生的经验能够通过教育教给后人, 使其少走弯路, 少犯甚至不犯前人的错误或失误. "教育本质上是实现人类在继承中发展的一种机制". 人类发展的机制设计是个范围广泛的研究课题. 教育只是其中之一.

断想 127 知识的吸收, 除了传统的学习外, 还有生理技术、药物的手段

现代神经科学和医学均直接或间接地研究这一课题. 比如, 著名认知神经科学家、加州大学 (Santa Barbara 校区) 葛詹尼加 (Michael S. Gazzaniga, 1939—) 教授在其《伦理脑》(*The ethical brain*) 第 5 章即专门论述了 "用药物形成聪明的脑" 的问题 ([324]); 美国长寿医学专家格罗斯曼 (Terry Grossman, 1951—) 在与未来学家库兹韦尔 (Ray Kurzweil, 1948—) 合著的《神奇旅行》①一书中谈到, "为提高记忆力, 我吃许多聪明营养品 (smart nutrients), 包括长春西汀 (vinpocetine)、磷脂酰丝氨酸 (phosphatidylserine)、磷脂胆碱 (phosphatidylcholine)、银杏叶 (ginkgo

① 此书介绍了美国医药界在 "聪明" 药物 (促智药物) 研制方面的一些成果, 比如, a. 研制脑伟哥 (viagra for the brain). b. FDA(美国食品药物管理局) 认可的莫达芬尼 (modafinil) 是治疗嗜睡症的药物, 许多大学生发现, 它有助于提升人的注意力和精力, 可使人减少睡眠, 提升认知水平, 这种药物对提高考前复习效率是有益的. c. 另一种 FDA 认可的、用于治疗阿尔茨海默 (alzheimer) 症 (一种痴呆症) 的药物安理申 (aricept), 对提升人的注意力、记忆力也都是有帮助的 (文献 [460], P.278).

biloba), 以及乙酰左旋肉碱 (acetyl-L-carnitine)" (文献 [460], P.258); 美国医学博士卡尔萨 (Dharma Singh Khalsa, 1946—) 在其《脑长生 —— 改进你的头脑和记忆的突破性医学项目》(*Brain Longevity—the breakthrough medical program that improves your mind and memory*) 一书中, 以治疗和预防早老性痴呆症 Alzheimer 疾病为背景, 探讨了使人保持年轻的心灵 —— 拥有充满活力的脑力、学习能力、创造力, 以及对事物持有年轻人般的兴趣与热情等 —— 的问题 ([355]). 其实, 早在 18 世纪, 爱尔兰讽刺作家斯威夫特 (Jonathan Swift, 1667—1745) 在其经典《格列佛游记》中即想象了有关的一幕: "我来到了数学学校, 那里的老师用一种我们欧洲人难以想象的方法教他们的学生. 命题和证明都用由一种头脑调料合成的墨水诚实地写在一块威夫饼干上. 这饼干学生得空腹整个吞下去, 以后三天, 除面包和水之外什么都不准吃. 随着水的被吸收, 头脑调料色就会带着命题爬上他的大脑. 但迄今还很难讲 (这种教法) 的成功, 这部分是由于墨水的成分有错误, 部分是由于小孩子的不配合 — 对他们而言, 这大药丸太令人恶心了, 以致他们一般都会偷偷地跑到一边, 不等药性发作, 就朝天把它吐了出来. 他们也不听劝告, 不愿像处方上要求的那样长时间节食." (文献 [326], PP.143—144)

在数学史上, 匈牙利大数学家埃尔德什 (Paul Erdos, 1913—1996) 为了防止年老体衰导致降低数学上的创造力, 养成了服用兴奋剂 (药物 amphetamine 安非他明) 的习惯① (他是一个为了心智可舍弃身体的人) (文献 [325], PP.16—17). 药物对他而言, 起一个至少维持其聪明水平的作用. 这种 "学术兴奋剂" 行为, 存在着对身体某种程度的负面影响. 在大学教育中, 我们是不提倡的. 我们倡导健康饮食, 合理运动, 由此而安全地改进人的生理机能, 提高人的学习、工作及生活效率.

断想 128　教育实际上属于社会 "人口优育" 的范畴

经济学大师马歇尔认为: "资本大部分是由知识与组织构成的 …… 知识是我们最有力的生产动力" (文献 [23], P.157).

为何追求收益极大化? 收益极大化有助于提高人的人力资本. 人力资本的提

---

① 法国数学物理学家吕埃勒 (David Ruelle, 1935—) 则认为, "脑是数学家的主要专业工具, 它必须理性地保持在一个好的状态. 这 (一特点) 使得数学家不能像 (其他) 有些艺术家一样沉浸于好饮和使用药物之中. 当然, 许多数学家为了保持 (思想的) 警敏而喝咖啡或茶. 尽管有一些后果很严重的副作用, 烟草可能也有助于心智的集中. 在 20 世纪 60 年代, 大麻 (marijuana) 曾在美国学术界, 包括数学家群体中使用, 但我没听说, 这对他们的数学有帮助. 一个希奇的说法说, 某些思维较快的数学家为了避免思考中出错误而喝葡萄酒以降低思维速度. 因此, 适当量的葡萄酒可能对一些人是有帮助的 …… 一般而言, 人们认为, 药物不会使你更聪明. 因此, 在数学家中不存在像运动员或某些艺术家中似的药物问题" (文献 [354], P.80).

高益于一个人以后的发展. 人之所以追求发展, 目的在于提高自己的生活满意、愉悦水平. 诚如奥地利经济学大师米塞斯 (Ludwig von Mises, 1881—1973) 所言："人的每一行动都旨在以更令人满意的境况来取代不那么令人满意的境况. 人之所以行动, 是因为他感到不自在, 并且相信他有能力通过影响事件的进程来排遣这种不自在. 一个完全满意于其处境的人不会有动机来改变事物; 他既没有愿望也没有欲望, 因为他已经是完全地幸福了, 所以他也就不会行动. 一个尽管不满意其处境但看不到任何改善可能性的人, 也是不会行动的. 严格而言, 只有增加满意程度(降低不自在程度) 才能称之为目的, 相应地带来这种增加的所有状态才能称之为手段. "(文献 [139], P.24)

人力资本指的是 "蕴涵于人的劳动力中的技能和知识的存量. 这些存量是人的天赋和对人的投资相结合的产物. 对人的投资包括教育、在职培训、保健与营养等方面的开支. "(文献 [125], P.97).

诺贝尔经济学奖获得者舒尔茨说 "全世界的人类后天所获得的能力的增长, 以及在运用科学知识方面的进步, 是决定其未来经济生产能力及提高其生活水平的关键.

我最主要的论点是, 在人口质量与知识方面的投资, 在很大程度上奠定了人类未来的前景. "(文献 [123], 作者前言).

人力资本的真正获得, 不仅依赖于在教育、培训等方面的金钱、时间投资, 更依赖于内在的学习、培训过程. 投入金钱、时间等不是目的, 目的在于获得自身在知识储备、学习能力、研究技巧、综合素质等方面的一个切实提高. 收益的获得, 既依赖于受教育者自身的努力, 也依赖于教育者对教育的有效实施.

教师对受教育者实施激励教育, 重在提升教育品质, 服务于受教育者的投资回报.

教育实际上属于社会 "人口优育" 的范畴. 提升人口质量, 倡导 "优生优育", 不仅仅指婴儿期, 而实应将优育原则贯彻于人成长的一生之中. 为每一位具体的人提供成长、享受自然、贡献协调社会的建设的机会, 是政府、社会的责任.

断想 129　课堂激励教育的两个对象：课堂中的学生团体以及作为个体的学生

课堂中教师的激励教育包含两个基本的内容：一是将课堂中的学生作为一个整体对象 —— 一个特殊团队的教育; 一是对课堂中的学生作为个体的教育. 前者重在培养课堂良好的积极向上的学习气氛, 后者则重在激励学生的内心, 驱策他或她对自己的学习付出积极的努力. 二者是密切关联在一起的 —— 协动共进的关系.

断想 130　教学效益的一个重要方面, 是同一材料的多种形式的利用

让它在多种场合发挥作用, 体现知识的多面孔性、"厚度". 空间布局的变化是达成形式变化的重要形象化手段.

例　对级数 $1-1+1-1+1-\cdots$ 按不同的形式加括号

$$(1-1)+(1-1)+(1-1)+\cdots=0, 1+(-1+1)+(-1+1)+\cdots=1,$$

可用来说明 "级数和" 概念严格化的必要性 —— 无穷级数不能简单地像有限情形一样运算; 而将上两式布局到一个结构 —— 无穷矩阵中

$$(a_{ij})=\begin{pmatrix} 1 & -1 & 0 & 0 & \cdots \\ 0 & 1 & -1 & 0 & \cdots \\ 0 & 0 & 1 & -1 & \cdots \\ \vdots & \vdots & \vdots & \vdots & \ddots \end{pmatrix},$$

便可用来说明, 对无穷项求和,

$$\sum_i\sum_j a_{ij}=\sum_j\sum_i a_{ij}$$

一般不再成立. 这一布局利用了表达式结构的同类化 —— 将有限和, 通过加 0, 变成形式上的无穷和: 从行来看, 就是将原先的第 k 个 "$(1-1)$" 中的 "$1-1$", 变成

$$\underbrace{0+\cdots+0}_{k-1}+1-1+0+\cdots.$$

这种通过加 0 变换表达式的方法, 在 n 阶行列式 $|a_{ij}|_n$ 按第 k 行展开公式的推导中, 已经出现过, 只不过那是将元素 a_{kj} 变成 n 元素之和

$$\underbrace{0+\cdots+0}_{j-1}+a_{kj}+\underbrace{0+\cdots+0}_{n-j}$$

如果将一定问题环境中对象或元素同类化后的共同的结构, 称为目标结构, 则上面两个加 0 同类化的例子, 启示我们提出关于同类化的一个简单二分法: 目标结构内取型和目标结构外取型或简单地称为内源型和外源型. 前者是指, 目标结构是欲同类化对象中某一对象的结构; 后者是指, 目标结构是欲同类化对象之外的结构.

断想 131　基于激励制度研究的教师品质及其排序研究等问题

考虑事情有个立场问题: 站在哪或以什么身份说话. 站在教师本人的立场上, 教学中有个如何提高自身教学激励度的问题; 站在教育管理者的立场上, 则有个"教师教学激励度"评估及排序的问题. 教师公正排序不是一个新问题, 比如, 德国的 Hendrik Jürges 和 Kerstin Schneider 就曾用计量经济学的方法研究过教师品质、教师公正排序问题 (文献 [323]). 但系统的、面向大学教育、基于激励度研究的教师品质、排序研究, 目前基本尚是空白.

参考文献

[1] 田国强. 名家学术讲演录 (第一辑). 上海：上海财经大学出版社, 2006.

[2] 维特根斯坦. 名理论 (逻辑哲学论). 张申府, 译. 北京：北京大学出版社, 1988.

[3] Henry H Crapo. Rota's Combinatorial Theory. In: Gian-Carlo Rota on Combinatorics. Boston: Birkhauser, 1995.

[4] Umberto Eco et al. Stefan Collini. 诠释与过度诠释. 王宇根, 译. 北京：生活 · 读书 · 新知三联书店, 2005.

[5] Umberto Eco. 开放的作品. 刘儒庭, 译. 北京：新星出版社, 2005.

[6] R. Kanigel. 知无涯者 —— 拉马努金传. 胡乐士, 齐民有, 译. 上海：上海科技教育出版社, 2002.

[7] 昂利 · 彭加勒. 科学与方法. 李醒民, 译. 沈阳：辽宁教育出版社, 2001.

[8] Hadamard J. An essay on the psychology of invention in the mathematical field. Dover Publications,Inc. 1954. (中译本：[法] 雅克 · 阿达马著. 数学领域中的发明心理学, 陈植荫, 肖奚安, 译. 南京：江苏教育出版社, 1989.)

[9] Hans Schneider, George Phillip Barker. Matrices and linear algebra. 2nd ed. New York: Dover Publications, Inc. 1989.

[10] Gilbert S. Linear algebra and its applications. 3rd ed. Thomson Learning, Inc. 1988.

[11] 伯特兰 · 罗素. 罗素回忆录 —— 来自记忆里的肖像. 吴凯琳, 译. 太原：希望出版社, 2006.

[12] 阴东升. 罗巴切夫斯基//科学巨星 (2). 李醒民, 主编. 西安：陕西人民教育出版社, 1995.

[13] 哈罗德 · 伊尼斯. 传播的偏向. 何道宽, 译. 北京：中国人民大学出版社, 2003.

[14] Harold M. Edwards, Fermat's last theorem: a genetic introduction to algebraic number theory. New York: Springer-Verlag, 1977.

[15] 阴东升, 卞瑞玲, 徐本顺. 数学中的特殊化与一般化. 南京：江苏教育出版社, 1996.

[16] 阴东升. 自生长教育的观念. 数学教育学报, 1997, 6(2): 4–8

[17] Felix K. Elementary mathematics from an advanced standpoint—Arithmetic algebra analysis. Hedrich E R, Noble C A, ed. New York: Dover Publications, 1924.

[18] Fletcher D, Ian P. 3D 数学基础：图形与游戏开发. 史银雪, 陈洪, 王荣静, 译. 北京：清华大学出版社, 2005.

[19] Andrew H. Visualizing Quaternions, San Francisco. Calif.: Morgan Kaufmann, 2006.

[20] Stephen I. Brown, Marion I. Walter. The art of problem posing. Mahwah, N.J. : Lawrence Erlbaum, 2005.

[21] 悲剧的诞生 —— 尼采美学文选. 周国平, 译. 北京：生活 · 读书 · 新知三联书店, 1986.

[22] Jr. Robert R, Alfred John Frost. Elliott wave principle—Key to market behavior. New Classics Library, 1998. (中译本：艾略特波浪理论 —— 市场行为的关键. 陈鑫, 译.

上海：百家出版社, 2002.)

[23] 马歇尔. 经济学原理 (上卷). 朱志泰, 译. 北京：商务印书馆, 1997.

[24] 卡尔 · 夏皮罗, 哈尔 · 瓦里安. 信息规则：网络经济的策略指导. 张帆, 译. 北京：中国人民大学出版社, 2001.

[25] Charles W. Trigg. Mathematical Quickies. New York：Dover Publications, Inc, 1985.

[26] 史蒂芬 · 平克. 语言本能 —— 探索人类语言进化的奥秘. 洪兰, 译. 汕头：汕头大学出版社, 2004.

[27] 布赖恩 · 巴特沃思. 数学脑. 吴辉, 译. 上海：东方出版中心, 2004.

[28] 张景中. 教育数学探索. 成都：四川教育出版社, 1994.

[29] 弗莱登塔尔. 作为教育任务的数学. 陈昌平, 唐瑞芬, 等译, 上海：上海教育出版社, 1999.

[30] 汉森 N R. 发现的模式. 邢新力, 周沛, 译. 北京：中国国际广播出版社, 1988.

[31] Leone Burton. Mathematicians as enquiers—learning about learning mathematics. Dordrecht: Kluwer Academic Publishers, 2004.

[32] 阴东升. 原始思维方法. 数学教育学报, 1996, 5(1): 20–24.

[33] John O'Donnell, Cordelia H, Rex P. Discrete Mathematics Using a Computer. 2nd ed. Condon:Springer-Verlag London Limited, 2006.

[34] Timothy G. Mahematics: A Very Short Introduction. Oxford: Oxford University Press, 2002.

[35] 徐利治. 数学方法论选讲. 3 版. 武汉：华中科技大学出版社, 2002.

[36] Harold M Edwards. Linear Algebra. Boston: Birkhäuser, 1995.

[37] Eugene A. Herman, Michael D.Pepe, Visual Linear Algebra. N J: John Wiley & Sons, Inc. 2005.

[38] 让–皮埃尔 · 韦尔南. 希腊思想的起源. 秦海鹰, 译. 生活 · 读书 · 新知三联书店, 1996.

[39] Augustus De Morgan. On the study and difficulties of mathematics. Mineola, New York: Dover Publications, Inc., 2005.

[40] 史树中. 金融学中的数学. 北京：高等教育出版社, 2006.

[41] 德布鲁. 价值理论. 刘勇, 梁日杰, 译. 北京：北京经济学院出版社, 1988.

[42] 孔令和, 李民. 论语句解. 济南：山东友谊书社, 1988.

[43] Paul A Samuelson. Foundations of Economic Analysis (Enlarged edition). Massachusetts: Harvard University Press, 1983.

[44] Richard A Brualdi, Bryan L Shader. Matrices of Sign-Solvable Linear Systems. Cambridge: Cambridge University Press, 1995.

[45] 中共中央马克思, 恩格斯, 列宁, 斯大林著作编译局. 回忆马克思. 北京：人民出版社, 2005.

[46] Paul D Noltings. Winning at Math–Your Guide to Learning Mathematics Through Successful Study Skills. Pompano Beach, Florida: Academic Success Press, Inc., 1991.

[47] Benoit B Mandelbrot. 大自然的分形几何学. 陈守吉, 凌复华, 译. 上海: 上海远东出版社, 1998.
[48] 曼德尔布洛特. 分形对象 — 形、机遇和维数. 文志英, 苏虹, 译. 北京: 世界图书出版公司, 1999.
[49] 黄坤锦. 美国大学的通识教育 —— 美国心灵的攀登. 北京: 北京大学出版社, 2006.
[50] 列夫 · 托尔斯泰. 战争与和平 (下). 刘辽逸, 译. 北京: 人民文学出版社, 2003: 911–913.
[51] Doron Z. "Real" analysis is a degenerate case of discrete analysis. New progress in difference equations (Proc. ICDEA2001), Bernd Aulbach, Saber Elaydi, Gerry Ladas ed. London: Taylor & Francis, 2004. 或参见 Doron Zeilberger 的主页相关链接.
[52] 卞瑞玲, 阴东升. 原型双视联结法. 曲阜师范大学学报 (自然版), 1995, 21(2): 99–101.
[53] 阴东升. 关于等式的思想方法. 天津教育学院学报 (自然版), 1998, 12(1): 15–18.
[54] Titu A, Zuming F. A Path to Combinatorics for Undergraduates: Counting Strategies, Boston: Birkhauser, 2004.
[55] Daniel S. How to Read and Do Proofs——An introduction to Mathematical Thought Processes, 4th ed. New York: John Wiley & Sons, Inc., 2005.
[56] Loomis L H, Sternberg S. 高等微积分 (修订版). 王元, 胥鸣伟, 译. 北京: 高等教育出版社, 2005.
[57] Bell E T. A History of Blissard's Symbolic Method, with a Sketch of its Inventor's Life. Amer. Math. Monthly XLV, 1938: 414–421.
[58] Roman S M, Rota G C. The Umbral Calculus. Adv. in Math. 1978, 27: 95—188.(后来, Roman 出版了同名专著: Steven Roman, The Umbral Calculus, Academic Press, Inc., 1984.)
[59] Rota G C, Taylor B D. The classical umbral calculus, SIAM J. Math. Anal. 1994, 25(2), 694–711.
[60] Roman S. Advanced Linear Algebra. New York: Springer-Verlag, 北京: 世界图书出版公司, 1992.
[61] 徐利治, 蒋茂森, 朱自强. 计算组合数学. 上海: 上海科技出版社, 1983.
[62] 阴东升. 影子演算和 Hsu-Riordan 阵 (Umbral Calculus and Hsu-Riordan Array). 大连理工大学博士论文, 1999.
[63] Doron Z. The Umbral Transfer-Matrix Method. I. Foundations. J. Combin. Theory, Series A, 2000, 91: 451–463.
[64] Mirsky L. An introduction to linear algebra. New York: Dover Publications, Inc. 1990.
[65] Yaglom L M. Mathematical structures and mathematical modeling. Gorden and Breach Science Publishers, 1986.
[66] John Adair. 激励型领导者的 9 堂必修课. 姜文波, 译. 北京: 中国人民大学出版社, 2007.
[67] John Adair. 领导力与激励. 姜文波, 译. 北京: 中国人民大学出版社, 2007.

[68] Roy Sorensen. 悖论简史 —— 哲学和心灵的迷宫. 贾红雨, 译. 北京：北京大学出版社, 2007.

[69] 卡莫 · 洛姆布. 我是怎样学外语的 —— 二十五年学用十六种外语经验谈. 叶瑞安, 译. 北京：外语教学与研究出版社, 1982.

[70] Blyth T S, Robertson E F. Matrices and vector spaces. London, New York: Chapman and Hall, 1986.

[71] Roger G. 大学代数 (Undergraduate Algebra). 台北：徐氏基金会出版, 1969.

[72] Joseph Ciaccio. 完全积极的教学 —— 激励师生的五种策略. 郑莉, 闫慧敏, 译. 北京：中国轻工业出版社, 2005.

[73] 北京大学哲学系美学教研室. 中国美学史资料选编 (下册). 北京：中华书局, 1981.

[74] 约翰 · 杜威. 我们怎样思维 · 经验与教育. 姜文闵, 译. 北京：人民教育出版社, 2006.

[75] Eric Jensen. 适于脑的教学. 北京师范大学 "认知神经科学与学习" 国家重点实验室, 脑科学与教育应用研究中心, 译. 北京：中国轻工业出版社, 2005.

[76] 春山茂雄. 脑内革命 (第二卷). 郑民钦, 译. 北京：中国对外翻译出版公司, 1997.

[77] Moshe F Rubinstein. Tools for thinking and problem solving. New Jersey: Prentice-Hall, Inc., 1986.

[78] Bertrand R. Mathematics and the metaphysicians. New York: Simon and Schuster, 1956, III: 1576–77.

[79] 冯契. 冯契文集第一卷：认识世界和认识自己. 上海：华东师范大学出版社, 1996.

[80] 徐利治, 郑毓信. 数学模式观的哲学基础. 哲学研究, 1990: 74–81.

[81] Restak R. Receptors. New York: Bantam Books, 1993.

[82] Hardy G H. A mathematician's apology. London: Cambridge University Press, 1967.

[83] 卡尔 · 波普尔. 客观知识 —— 一个进化论的研究. 舒伟光, 卓如飞, 周柏乔, 曾聪明, 等译, 上海：上海译文出版社, 1987.

[84] 托马斯 · 达文波特, 约翰 · 贝克. 注意力管理. 谢波峰, 王传宏, 陈彬, 康家伟, 译. 北京：中信出版社, 2002.

[85] 冯契. 冯契文集第八卷：智慧的探索. 上海：华东师范大学出版社, 1997.

[86] 金山武雄. 像外行一样思考, 像专家一样实践 —— 科研成功之道. 马金成, 王国强, 译. 北京：电子工业出版社, 2006.

[87] Anne E Kenyon. Modern elementary mathematics—An introduction to its structure and meaning. New Jersey: Prentice-Hall, Inc., 1969.

[88] 约翰 ·C· 埃克尔斯. 脑的进化 —— 自我意识的创生. 潘泓, 译. 上海：上海科技教育出版社, 2004.

[89] 伍蠡甫, 胡经之. 西方文艺理论名著选编 (上卷). 北京：北京大学出版社, 1988.

[90] 国家教育发展研究中心. 发达国家教育改革的动向与趋势 (第四集)——《美国 2061 计划》《美国 2000 教育战略》等. 北京：人民教育出版社, 1992.

[91] Hardy G H, Wright E M. 数论导引 (英文影印版 An introduction to the theory of numbers. 5th ed.) 北京：人民邮电出版社, 2007.

[92] Alan F. Beardon Algebra and geometry. Cambridge: Cambridge University Press, 2005.

[93] Lee Johnson W, Dean Riess R, Jimmy Arnold T. 线性代数引论 (Introduction to Linear algebra 原书第 5 版影印版). 北京: 机械工业出版社, 2004.

[94] 克里斯 · 安德森. 长尾理论. 乔江涛, 译. 北京：中信出版社, 2006.

[95] Kapur J N. 数学家谈数学本质. 王庆人, 译. 北京：北京大学出版社, 1989.

[96] 许成刚. 经济学、经济学家与经济学教育// 王小卫, 宋澄宇. 经济学方法 —— 十一位经济学家的观点. 上海：复旦大学出版社, 2006.

[97] 奥斯瓦尔德 · 斯宾格勒. 西方的没落 [全译本] 第一卷：形式与现实. 吴琼, 译. 上海：上海三联书店, 2006: 106–111.

[98] 爱默 · 福德, 格林 · 汉弗莱斯. 脑与心智的范畴特异性. 张航, 等译. 北京：商务印书馆, 2007.

[99] 阴东升. L'Hospital 法则的简明教学. 数学教育学报, 1995, 2.

[100] Neil L. Rudenstine, Peking University Address 英语活页文选 (4). 北京：北京大学出版社, 1998.

[101] David A. Sousa. 脑与学习. "认知神经科学与学习" 国家重点实验室, 脑与教育应用研究中心, 译. 北京：中国轻工业出版社, 2005.

[102] 王泽敏. 中华楹联大全. 北京：北京出版集团, 北京出版社, 2007.

[103] Stanislas D. The number sense. Oxford: Oxford University Press, 1997.

[104] Morris K. Mathematical Thought from Ancient to Modern Times Volume 1. Oxford: Oxford University Press, 1990. (中译本：[美]M. 克莱因著, 古今数学思想 (第一册). 张里京, 张锦炎, 译. 上海：上海科学技术出版社, 1985.)

[105] 斯蒂芬 ·D· 布鲁克菲尔德. 大学教师的技巧 —— 论课堂教学中的方法、信任和回应. 周心红, 洪宁, 译. 杭州：浙江大学出版社, 2006.

[106] Gel'fand I M. Lectures on Linear Algebra. Translated by Shenitzer A. New York: Dover Publications, Inc.,1989.

[107] 约瑟夫 · 傅里叶. 热的解析理论. 桂质亮, 译. 武汉：武汉出版社, 1993.

[108] Marco D, Thomas S. 蚁群优化. 张军, 胡晓敏, 罗旭耀, 等, 译. 北京：清华大学出版社, 2007.

[109] 刘湛秋. 泰戈尔随笔. 合肥：安徽文艺出版社, 1997.

[110] 恩斯特 · 海克尔. 宇宙之谜 —— 关于一元论哲学的通俗读物. 上海外国自然科学哲学著作编译组, 译. 上海：上海人民出版社, 1974.

[111] 怀特海 A N, 刘明. 怀特海文录. 陈养政, 等, 译. 杭州：浙江文艺出版社, 1999.

[112] Alfred North Whitehead. An Introduction to Mathematics. Oxford: Oxford University Press, 1958.

[113] Martin A, Gunter M. Ziegler, Proofs from the book. 3rd ed. 北京: Springer 世界图书出版公司北京公司, 2006.

[114] 颜一清. 多变数解析函数开拓者冈洁. 数学传播, 民国八十五年十二月第二十卷第四期: 21–32.

[115] 乔治 · 波利亚. 数学的发现 —— 对解题的理解、研究和讲授. 刘景麟, 曹之江, 邹清莲, 译. 北京: 科学出版社, 2006: 270.

[116] Karim M, Abadir, Jan Magnus R. Matrix algebra. Cambridge: Cambridge University Press, 2005.

[117] 罗杰 ·E 巴克豪斯. 西方经济学史 —— 从古希腊到 21 世纪初的经济大历史. 莫竹芩, 袁野, 译. 海口: 海南出版社, 三环出版社, 2007.

[118] 斯坦利 · 杰文斯. 政治经济学理论. 郭大力, 译. 北京: 商务印书馆, 1997.

[119] Lando S K. Lectures on generating functions, AMS, 2003.

[120] Jonathan M. Boewein and William M. Farmer (Eds.), Mathematical knowledge manage ment–5th international conference. MKM 2006 Wokingham, UK, August 2006 Proceedings, Heidelberg: Springer-Verlag Berlin, 2006.

[121] 郑远强. 一种新型的广义行列式计算基尼系数的方法. 数量经济技术经济研究, 2005, 2: 143–148.

[122] 卡尔 · 门格尔. 经济学方法论探究. 姚中秋, 译. 北京: 新星出版社, 2007.

[123] 西奥多 · 舒尔茨. 对人口进行投资 —— 人口质量经济学. 吴珠华, 译. 北京: 首都经济贸易大学出版社, 2002.

[124] 王松桂, 张忠占, 程维虎, 高旅端. 概率论与数理统计. 2 版. 北京: 科学出版社, 2007.

[125] 林白鹏, 臧旭恒. 消费经济学大辞典. 北京: 经济科学出版社, 2000.

[126] Howard E. Elementary Matrix Theory. Boston: Allyn and Bacon, Inc.,1966.

[127] Thomas M. A treatise on the theory of determinants. New York: Dover Publications Inc., 2003.

[128] Yang Y X. Theory and applications of higher-dimensional Hadamard matrices. Beijing: Science Press, 2006.

[129] 洛桑斯基 E, 鲁索 C. 制胜数学奥林匹克. 侯文华, 张连芳, 译. 北京: 科学出版社, 2003.

[130] Lint J H V, Wilson R M. A course in combinatorics. 2nd ed. 北京: 机械工业出版社, 2004.

[131] 维特根斯坦. 游戏规则 —— 维特根斯坦神秘之物沉默集. 唐少杰, 等译. 天津: 天津人民出版社, 2007.

[132] 威尔金森 J H. 代数特征值问题. 石钟慈, 邓健新, 译. 北京: 科学出版社, 2003.

[133] Robert G Gallager. Discrete stochastic processes. Kluwer Academic Publishers, 1996.

[134] 约瑟夫·熊彼特著, 经济发展理论, 何畏, 易家祥, 张军扩, 胡和立, 叶虎, 译. 北京: 商务印书馆, 2000.

[135] 约翰·塔巴克. 代数学 —— 集合、符号和思维的语言. 邓明立, 胡俊美, 译. 北京: 商务印书馆, 2007.

[136] 沃纳·赛佛林, 小詹姆斯·坦卡德. 传播理论 —— 起源、方法与应用. 郭镇之, 等译. 北京: 华夏出版社, 2006.

[137] 埃德蒙德·胡塞尔, 克劳斯·黑尔德. 现象学的方法 (修订本). 倪梁康, 译. 上海: 上海译文出版社, 2005.

[138] Harvey E Rose. Linear Algebra —A Pure Mathematical Approach. Basel: Birkhauser Verlag, 2002.

[139] 路德维希·冯·米塞斯. 货币、方法与市场过程. 戴忠玉, 刘亚平, 译. 北京: 新星出版社, 2007.

[140] 加里 S 贝克尔. 人类行为的经济分析. 王业宇, 陈琪, 译. 上海: 生活·读书·新知三联书店上海分店, 上海人民出版社, 1999.

[141] Cullis C E. Matrices and determinoids. Cambridge: University Press, 1913.

[142] 弗里德里希·冯·哈耶克. 货币的非国家化. 姚中秋, 译. 北京: 新星出版社, 2007.

[143] 梁之舜. "头脑编程" 与数学教育//严士健, 主编. 面向 21 世纪的中国数学教育 (数学家论数学教育). 南京: 江苏教育出版社, 1994.

[144] Ian Stewart. Nature's Numbers: The Unreal Reality of Mathematics. BasicBooks, 1995. (中译本: [英] 伊恩·斯图尔特. 自然之数 —— 数学想象的虚幻实境. 潘涛, 译. 上海: 上海世纪出版集团, 上海科学技术出版社, 2007.)

[145] Caianiello E R. Combinatorics and Renormalization in Quantum Field Theory. W. A. Benjamin, Inc. 1973.

[146] 克莱因 M. 现代世界中的数学. 齐民友, 等译. 上海: 上海世纪出版集团, 上海教育出版社, 2007.

[147] Kenneth J, Craik W. The Nature of Explanation. London: Cambridge University Press, 1943.

[148] Israel G. Seymour Goldberg, Nahum Krupnik, Traces and Determiants of Linear Operators. Basel: Birkhauser Verlag, 2000.

[149] Gelfand I M, Kapranov M M, Zelevinsky A V. Discriminants, Resuliants, and Multidimensional Determiants. Boston: Birkhauser, 1994.

[150] Varadarajan V S. Supersymmetry for mathematicians: An introduction. American Mathematical Society, 2004.

[151] Jonathan S G. The Linear Algebra: A Beginning Graduate Student Ought to Know. 2nd ed. Dordrecht: Springer, 2007.

[152] B L van der Waerden Algebra (Vol.1). 北京: 世界图书出版公司北京公司, 2007.

[153] Reinhold B. Linear algebra and projective geometry. Dover Publications, Inc., 2005.

[154] 威廉 · 卡尔文. 大脑如何思维 —— 智力演化的今昔. 杨雄里, 梁培基, 译. 上海：世纪出版集团, 上海科学技术出版社, 2007.

[155] 阿达马 J. 初等几何教程 (上册)—— 平面几何. 朱德祥, 译. 上海：上海科学技术出版社, 1964.

[156] John W Dettman. Introduction to linear algebra and differential equations. New York: Dover Publications, Inc. 1986.

[157] Hunt P J, Kennedy J E. Financial derivatives in theory and practice. Chichester: John Wiley & Sons Ltd, 2000. (中译本：金融衍生工具理论与实践 (修订版). 朱波, 译. 成都：西南财经大学出版社, 2007).

[158] 丹尼尔 · 平克 (Daniel H.Pink). 全新思维. 林娜, 译. 北京：北京师范大学出版社, 2007.

[159] Gian-Carlo R. Indiscrete thoughts. Boston: Birkhauser, 1997.

[160] Paul R Halmos. Finite-Demensional Vector Spaces. New York: Springer, 1987. (英文影印版《有限维向量空间》, 北京：世界图书出版公司北京公司, 2007).

[161] Kenneth I, Michael R. A classical introduction to modern number theory. New York: Springer-Verlag Inc., 1982.

[162] Gregory M. Constantine, Combinatorial theory and statistical design. New York: John Wiley & Sons, 1987.

[163] Aitken A C. Determinants and matrices. 9th ed. Edinburgh: Oliver and Boyd Ltd., 1958.

[164] Paul A Fuhrmann. A polynomial approach to linear algebra. New York: Springer-Verlag, 1996.

[165] Macduffee C C. The Theory of Matrices. New York: Chelsea Publishing Company, 1946.

[166] 卡西尔. 卢梭 · 康德 · 歌德. 刘东, 译. 北京：生活 · 读书 · 新知三联书店, 2002.

[167] 莱辛. 拉奥孔. 朱光潜, 译. 北京：人民文学出版社, 1997.

[168] 卡西尔 E. 启蒙哲学. 顾伟铭, 等, 译. 济南：山东人民出版社, 2007.

[169] Richard Durrentt. Probability—theory and examples. 2nd ed. Belmont: Wadsworth publishing company, 1996.

[170] 施利亚耶夫 A H. 概率 (第一卷)(修订和补充第三版). 周概容, 译. 北京：高等教育出版社, 2007.

[171] Borden R S. A course in advanced calculus. Elsevier Science Publishing Co., Inc. 1983

[172] 倪梁康. 作家就是写作困难的人. 1994—2008 China Academic Journal Electronic Publishing House.

[173] 韩福荣. 质量生态学. 北京：科学出版社, 2005.

[174] Paul Arthur Schilpp. The philosophy of Ernst Cassirer. Open Court Publishing Company, La Salle, Illinois 61301, 1949, 1973.
[175] 帕萨 · 达斯古普塔. 大众经济学. 叶硕, 谭静, 译. 南京: 凤凰出版传媒集团, 译林出版社, 2008.
[176] 恩斯特 · 卡西尔. 国家的神话. 范进, 等译. 北京：华夏出版社, 2003.
[177] 张祥龙. 数学与形而上学的起源. 云南大学学报 (社会科学版), 2002, 1(2): 31–35 .
[178] 恩斯特 · 卡西尔. 人文科学的逻辑. 关子尹, 译. 上海：上海译文出版社, 2005.
[179] 恩斯特 · 卡西尔. 人论. 甘阳, 译. 上海：上海译文出版社, 2004.
[180] 德日进. 人的现象. 李弘祺, 译. 北京：新星出版社, 2006.
[181] Edwin Wilson. Vector analysis: a text-book for the use of students of mathematics and physics: founded upon the lectures of J. Willard Gibbs. New Haven: Yale university press, 1943.
[182] 司各脱. 行列式之理论与应用. 黄缘芳, 译. 上海：商务印书馆, 1935, 3 版 1950.
[183] 亨利 · 托马斯, 达纳 · 李 · 托马斯. 大哲学家生活传记. 武斌, 译. 北京：书目文献出版社, 1992.
[184] Ernst Cassirer. The philosophy of symbolic forms, vol. two: Mythical thought, Translated by Ralph Manheim. New Haven: Yale University Press, 1955.
[185] 康德. 纯粹理性批判, 蓝公武, 译. 北京：商务印书馆, 1995.
[186] 迈克尔 · 曾伯格. 经济学大师的人生哲学. 侯玲, 欧阳俊, 王荣军, 译. 北京：商务印书馆, 2001.
[187] 玛丽卢 · 赫特 · 麦卡蒂. 非凡的经济智慧 ——44 位诺贝尔经济学奖得主的卓越贡献. 徐佳, 李淑文, 易经, 译. 北京：中国人民大学出版社, 2006.
[188] 阿尔森 · 古留加. 康德传, 等译. 北京：商务印书馆, 1992.
[189] 格林 ·W· 汉弗莱斯, M, 简 · 里多克. 看却没看见 —— 解读视觉失认现象. 尹文刚, 译. 北京：世界图书出版公司公司, 2007.
[190] 斯宾诺莎. 笛卡儿哲学原理 (依几何学方式证明) 附录：形而上学思想. 王荫庭, 洪汉鼎, 译. 北京：商务印书馆, 1 版. 1980, 4 版, 2007.
[191] 缘中源. 智者的顿悟：哲学经典名言的智慧. 北京：新世界出版社, 2008.
[192] Lee B. Striking thoughts. Tokyo: Tuttle Publishing, 2000.
[193] 布瓦洛. 诗的艺术. 修订版. 任典, 译. 北京：人民文学出版社, 2009.
[194] 莱辛 G E. 论人类的教育 —— 莱辛政治哲学文选. 朱雁冰, 译. 北京：华夏出版社, 2008.
[195] 马特 · 里德利. 先天, 后天 —— 基因、经验, 及什么使我们成为人. 陈虎平, 严成芬, 译. 北京：北京理工大学出版社, 2005.
[196] 何柏生. 数学精神与法律文化. 上海：上海人民出版社, 2005.
[197] Ernst Mach, The science of mechanics–A critical and historial account of its development. Chicago, London: The Open Court Publishing Co., 1919.

[198] Bertrand Russell. The Problems of Philosophy, New York: Henry Holt and Company, 1912. (中译本：罗素. 哲学问题. 何兆武, 译. 北京：商务印书馆, 2008).

[199] Bohm D, Hiley B J. The Undivided Universe–An Ontological Interpretation of Quantum Theory. New York: Routledge, 1993.

[200] 戴维 · 玻姆. 论创造力, 洪定国, 译, 上海：上海科学技术出版社, 1998.

[201] 七田真. 超右脑照相记忆法 —— 快速唤醒右脑照相记忆功能. 李菁菁, 译, 海口：南海出版公司, 2004.

[202] 欧内斯特 ·L· 博耶. 关于美国教育改革的演讲. 涂艳国, 方彤, 译. 北京：教育科学出版社, 2003.

[203] 罗洛 · 梅. 创造的勇气. 杨韶刚, 译. 北京：中国人民大学出版社, 2008.

[204] 博尔诺 O F. 卡西尔和海德格尔在瑞士达沃斯的辩论 (赵卫国, 记录整理), 世界哲学, 2007, 3:22-31.

[205] 杜威. 哲学的改造. 胡适, 唐壁黄, 译. 合肥：安徽教育出版社, 1999.

[206] 爱德华 ·L· 桑代克. 人类的学习. 李月甫, 译. 杭州：浙江教育出版社, 1999.

[207] 约翰 · 哥特弗里特 · 赫尔德. 赫尔德美学文选. 张玉能, 译. 上海：同济大学出版社, 2007.

[208] Ramanujan, A K. Is there an Indian way of thinking? An informal essay, Contributions to Indian Sociology (n.s.), 1989, 23(1): 41-58.

[209] Simon Blackburn. 牛津哲学词典 (英文). 上海：上海外语教育出版社, 2007.

[210] Vladimir Tasic. Mathematics and the Roots of Postmodern Thought. New York: Oxford University Press, Inc. 2001.

[211] Rollo May. The meaning of anxiety. Revised ed., New York: W.W.Norton & Company, Inc., 1996.

[212] Geza Schay. An algebra of conditional events. Journal of mathematical analysis and applications, 1968, 24: 334-344.

[213] Goodman I R, Nguyen H T, Walker E A. Conditional Inference and Logic for Intelligent Systems. Amsterdam: Elesevier science publishers B.V., 1991.

[214] 康耀红. 数据融合理论与应用, 西安：西安电子科技大学出版社, 1997.

[215] 列宁. 唯物主义和经验批判主义. 中共中央马克思　恩格斯　列宁　斯大林著作编译局, 译. 人民出版社出版, 1971.

[216] Loney S L. Plane Trigonometry. London:Cambridge university press, 1893.

[217] Carr G S. A Synopsis of Elementary Results in Pure Mathematics: Containing Propositions, Formulae, and Methods of Analysis with Abridged Demonstrations. London: Francis Hodgson, 89 Farringdon Street, E.C. Cambridge: Macmillan and Bowes, 1886.

[218] Wright W J. Tracts Relating to the Modern Higher Mathematics, Tracts No.1: Determinants. London: C.F.Hodgson & Son, Gough Square, Fleet street, 1875.

[219] Augustus de Morgan. An essay on probabilities and on their application to life contingencies and insurance offices, London, 1838.

[220] Thomas J. McCormack. Why do We Study Mathematics: a Philosophical and Historial Retrospect. Iowa: The Torch Press, 1910.

[221] Gruenberg K W, Weir A J. Linear Geometry. 2nd ed. New York: Springer-Verlag, 1997.

[222] Brualdi R A, Dragos Cvetkovic. A Combinatorial Approach to Matrix Theory and Its Applications. London: Taylor & Francis Group, 2009.

[223] 關子尹. 從哲学的觀點看. 臺北市：東大發行, 民 83.

[224] Mark Steiner. The applicability of mathematics as a philosophical problem. Massachusetts: Harvard University Press, 1998.

[225] Felix Berezin：Life and Death of the Mastermind of Supermathematics. Singapore: World Scientific Publishing Co. Pte. Ltd., 2007.

[226] Charles Hartshorne, Paul Weiss. Collected Papers of Charles Sanders Peirce Vol.1 Principles of Philosophy, Bristol Thoemmers Press, 1998.

[227] Nicholas Rescher, Cognitive economy–the economic dimension of the theory of knowledge, University of Pittsburgh Press, 1989.

[228] James R. Wible J R. The Economics of Science –Methodology and Epistemology as if Economics Really Mattered. London: Routledge, 1998.

[229] 支顺福. 世界语言博览. 上海：上海外语教育出版社, 2008.

[230] Meir Buzaglo. The logic of concept expansion, Cambridge University Press, 2003.

[231] Langville A N, Meyer C D, Google's PageRank and Beyond: The Science of Search Engine Rankings. Princeton: Princeton University Press, 2006.

[232] Frederick Copleston S J. A history of philosophy. vol. ⅷ: Modern philosophy: Empiricism, Idealism and Pragmatism in Britain and America. New York: Image Books Doubleday, 1994.

[233] Rolf Biehler. 数学教学理论是一门科学. 唐瑞芬, 等译. 上海：上海教育出版社, 1998.

[234] Carl Faith. Algebra Ⅱ: Ring Theory. Berlin: Springer-Verlag, 1976.

[235] 关子尹. 语默无常 —— 寻找定向中的哲学反思. 北京：北京大学出版社, 2009.

[236] 奥尔特加 · 加塞特. 大学的使命. 徐小舟, 陈军, 译. 杭州：浙江教育出版社, 2002.

[237] Sylvester J J. The Laws of Verse or Principles of Versification. London: Longmans, Green and Co., 1870.

[238] Matilde Bini, Paola Monari, Domenico Piccolo, Luigi Salmaso. Statistical Methods for the Evaluation of Educational Services and Quality of Products. Berlin: Springer-Verlag, 2009.

[239] 徐利治口述, 袁向东, 郭金海访问整理. 徐利治访谈录 (20 世纪中国科学口述史). 长沙：湖南教育出版社, 2009.

[240] Steven Schwartzman. The Words of Mathematics — An Etymological Dictionary of Mathematical Terms Used in English. The Mathematical Association of America,1994.

[241] Charles Hartshorne, Paul Weiss. Collected Papers of Charles Sanders Peirce Vol.4 The Simplest Mathematics, Thoemmers Press, 1998.

[242] 笛卡儿. 探求真理的指导原则. 管震湖, 译. 北京：商务印书馆, 1995.

[243] 李维武. 徐复观文集第一卷, 文化与人生. 武汉：湖北人民出版社, 2009.

[244] Bertrand Russell. Principles of Social Reconstruction. London: George Allen & Unwin LTD., 1917. (1923 年重印版的中译本：柏特兰 · 罗素. 社会改造原理. 张师竹, 译. 上海：上海人民出版社, 1959 年第 1 版, 1987 年第 3 次印刷).

[245] Paul G.Stoltz. Adversity Quotient. New York: John Wiley & Sons, Inc., 1997.

[246] Jeff Keller. Attitude is Everything. FL: Inc., 2001

[247] Hermann Weyl. Space—Time—Matter, Translated from the German by Henry L. Brose. London: Methuen & Co.LTD., 1922.

[248] De Bruijn N G. Asymptotic Methods in Analysis. Amsterdam: North-Holland Publishing Co., 1958.

[249] Hussein Tevfik Pacha. Linear algebra. Constantinople: Press of A.H.Boyajian, 1882.

[250] Victor J K. Historical ideas in teaching linear algebra, in“ Learn from the masters!”(Edited by Frank Swetz, John Fauvel, Otto Bekken, Bengt Johansson, and Victor Katz). The Mathematical Association of America, 1995.

[251] Crowe M J. A History of Vector Analysis: The Evolution of the Idea of a Vectorial System. New York: Dover Publications, Inc., 1994.

[252] Moon J W. Some Mapping Problems for Tournaments//Bernard Harris, ed. Graph Theory and Its Applications. New York: Academic Press, 1970, 133–148.

[253] Hall H S. A short Introduction to Graphical Algebra. London Macmillan and Co., Limited, New York: The Macmillan Company, 1907.

[254] Temperley H N V. Graph Theory and Its Applications. West Sussex: Ellis Horwood Ltd., 1981.

[255] van der Waerden B L. How the proof of Baudet’s conjecture was found//Mirsky L, ed. Studies in Pure Mathematics, Papers in Combinatorial Theory, Analysis, Geometry, Algebra and the Theory of Numbers Presented to Richard Rado on the Occasion of His Sixty-fifth Birthday. London, New York: Academic Press, 1971.

[256] Mark Ronan. Symmetry and the Monster — One of the greatest quests of mathematics, New York: Oxford University Press, 2006.

[257] Roman A. Zatorsky. Theory of paradetermiants and its applications. Algebra and Discrete Mathematics, 2007, 1: 109–138.

[258] Schottenloher M. A Mathematical Introduction to Conformal Field Theory. 2nd ed. Berlin: Springer-Verlag, 2008.

[259] 霍华德 · 伊夫斯. 数学史概论. 6 版. 欧阳绛, 译. 哈尔滨：哈尔滨工业大学出版社, 2009.

[260] Johann Gottfried Herder. Selected Writings on Aesthetics, Thanslated and Edited by Gregory Moore. Princeton: Princeton University Press, 2006.

[261] 钟文庆. 财务是个 "真实的谎言". 北京：机械工业出版社, 2010.

[262] Bela Bollobas. Random Graphs. 2nd ed. Cambridge: Cambridge University Press, 2001.

[263] Eberhard Knobloch. From Gauss to Weierstrass: Determinant Theory and Its Historical Evalutions//The Intersection of History and Mathematics. (Editors: Sasaki Chikara, Sugiura Mitsuo, Joseph W. Dauben). Basel: Birkhauser Verlag, 1994, 51–66.

[264] Linn J J. Extensions of the matrix form of double entry. Working paper Alfred P.Sloan School of Management, 90-64.

[265] Paul Lockhart. A Mathematician's Lament. New York: Bellevue Literary Press, 2009.

[266] Wendell T.Bush. Avenarius and the Standpoint of Pure Experience. New York: The science press, 1905.

[267] Kenneth J.Arrow. The economic implications of learning by doing. The Review of Economic Studies, vol.XXIX (3), No.80, 1962, 155–173.

[268] Weyl H. 诗魂 —— 数学家的沉思. 袁向东, 等编译. 南京：江苏教育出版社, 2008.

[269] 约翰 · 洛克. 理解能力指导散论. 吴棠, 译. 北京：人民教育出版社, 2007.

[270] 洛克. 人类理解论 (上册). 关文运, 译. 北京：商务印书馆, 1983.

[271] John Lock. An essay concerning human understanding. The Pennsylvania State University (Electronic classics series), 1999.

[272] Lex Newman. The Cambridge companion to Lock's "Essay concerning human understanding".Cambridge: Cambridge University Press, 2007.

[273] Sergio M. Focardi, Frank J. Fabozzi. The reasonable effectiveness of mathematics in economics. The American Economist, 2010. 55(1): 19–30.

[274] Charles S. Hastings. Biographical memoir of Josiah Gillard Gibbs 1839—1903, National Academy of Sciences, Biographical memoirs, Part of volume Ⅵ. Washington: National Academy of Sciences, May, 1909.

[275] 杜威. 民本主義與教育. 鄒恩潤, 譯. 上海：商務印書館, 中华民国十七年 (1928 年. 大学丛书 繁体竖排版).

[276] 梁漱溟. 人生至理的追寻：国学宗师读书心得. 北京：当代中国出版社, 2008.

[277] George E. Andrews. MacMahon, Percy Alexander 1854—1929, Collected Papers Vol.2, Number theory, Invariants, and Applications. Cambridge, Massachusetts Inst of Technology Press, 1986.

[278] Lorentz G G. Bernstein Polynomials 2nd ed. New York: Chelsea Publishing Company, 1986.

[279] Chen C C, Koh K M. Principles and Techniques in Combinatorics. Singapore: World Scientific Publishing Co. Pte. Ltd., 1992.

[280] Matthias Beck, Sinai Robins. Computing Continuous Discretely. New York: Springer Science Business Media, LLC, 2007.

[281] Matthijs J. Koornstra. Changing Choices Psychological Relativity Theory. Leiden University Press, 2007.

[282] Bruno Breitmeyer. Blindpots The Many Ways We Cannot See. Oxford: Oxford University of Press, 2010.

[283] Emily Carson, Renate Huber. Intuition and the Axiomatic Method. New York: Springer, 2006.

[284] Ralph Abraham. Linear and Multilinear Algebra. New York: W.A.Benjiamin, Inc., 1966.

[285] Manfred Schroeder. Unreasonable effectiveness of number theory in physics, communication and music//Stefan A Burr, ed. The Unreasonable Effectiveness of Number Theory, American Mathematical Society, Short course, August 6–7, 1991, Orono, Maine. AMS, 1992, 1–19.

[286] Dirk J. Struik. Yankee Science in the Making, New York: Collier Books, 1962.

[287] Erhan Cinlar. Probability and Stochastics. New York: Springer Science+Business Media, LLC, 2011.

[288] Bernhard Korte. Laszlo Lovasz and Rainer Schrader, Greedoids. Berlin: Springer-Verlag, 1991.

[289] Osman Güler. Foundations of optimization. Springer Science& Business Media, LLC , 2010.

[290] Avi Ostfeld. Ant colony optimization—methods and applications, Intech, 2011.

[291] Philip J. Davis. Mathematics and Common Sense–A Case of Creative Tension. A. K. Peters, Ltd., 2006.

[292] Neil White. Theory of Matroids. Cambridge: Cambridge University Press, 1986.

[293] Martin Grotschel, Laszlo Lovasz, Alexander Schrijver. Geometric algorithms and combinatorial optimization. Berlin: Springer-Verlag, 1988.

[294] Efe A. Ok. Real analysis with economic applications. New York University, December, 2005.

[295] Jane P.Gilman, Irwin Kra, Rubi E. Rodriguez, Complex analysis in the spirit of Lipman Bers. Springer Science+Business Media, LLC, 2007.

[296] Norbert Wiener. Invention — The care and feeding of ideas. Cambridge: The Massachusetts Inst of Techaology Press, 1993.

[297] Mark Levi. The Mathematical Mechanic–using Physical Reasoning to Solve Problems. Princeton: Princeton University Press, 2009.

[298] Bhubaneswar Mishra. Algorithmic Algebra. New York: Springer-Verlag Inc., 1993.

[299] Alexandre V, Borovik. Mathematics under the microscope – Notes on cognitive aspects of mathematical practice. July 2, 2007, Creative Commons.

[300] Davis P J. Hersh R. The Mathematical Experience. Boston: Birkhauser, 1981. (中译本：戴维斯 P J, 赫什 R. 数学经验. 王前, 俞晓群, 等译. 南京：江苏教育出版社, 1991.)

[301] V. Arnold, M. Atiyah, P. Lax. Mathematics: Frontiers and Perspectives. AMS, 2000.

[302] Martin Raussen, Christian Skau. Interview with Michael Atiyah and Isadore Singer. Notices of the AMS, February 2005: 223–231(电子版).

[303] Jurgen Richter-Gebert, Bernd Sturmfels, Thorsten Theobald. First steps in tropical geometry, arXiv: math/0306366v2 [math.AG] 9 Dec 2003.

[304] Peter Butkovic. Max-linear Systems: Theory and Algorithms. London: Springer-Verlag, 2010.

[305] Michael Fitzgerald, Ioan James. The Mind of the Mathematician. Baltimore: The Johns Hopkins University Press, 2007.

[306] 哈克斯. 经济学原理. 5 版. 学习指南. 梁小民, 陈宇峰, 译. 北京：北京大学出版社, 2009.

[307] 徐利治. 数学分析的方法及例题选讲. 上海：商务印书馆, 1955. (1998 年 11 月 25 日, 徐利治先生将此书的一本复印本送给了笔者. 学生从中受益匪浅.)

[308] 哈代 G H. 一个数学家的自白. 李咏, 评注. 长沙：湖南科学技术出版社, 2007.

[309] Bill Chen, Jerrod Ankenman. The mathematics of poker. Pittsburgh: ConJel Co. LLC, 2006.

[310] Stanislas Dehaene. Reading in the Brain–The New Science of How We Read. New York: Penguin Books, 2010. (此书 2009 年首次出版于美国. 中译本：斯坦尼斯拉斯 · 迪昂. 脑的阅读 —— 破解人类阅读之谜. 周加仙, 等译. 北京：中信出版社, 2011)

[311] Timothy Gowers, Michael Nielsen. Massively collaborative mathematics. Nature 461, 879–881 doi:10.1038/461879a; Published online 14 October 2009.

[312] Melvyn B.Nathanson. One,two,many: individuality and collectivity in mathematics, The mathematical intelligencer, 2011, 33(1): 5–8.

[313] Alexander Soifer. The Mathematical Coloring Book—Mathematics of Coloring and the Colorful Life of Its Creators. Springer Science+Business Media, LLC, 2009.

[314] Dierk Schleicher, Malte Lachmann. An Invitation to Mathematics—From Competitions to Research. Berlin: Springer-Verlag, 2011.

[315] 迦亚谟. 鲁拜集. 郭沫若, 译, 北京：人民文学出版社, 1958. (2009 年 1 月, 吉林出版集团有限责任公司出版了郭沫若 20 世纪 20 年代最早的版本：我默 · 伽亚谟. 杜拉克插图本. 鲁轩集. 费慈吉拉德, 英译, 埃德蒙 · 杜拉克, 绘. 郭沫若, 译. 长春：吉林出版集团有限责任公司, 2009).

[316] 海亚姆. 鲁拜集. 张鸿年译, 长沙：湖南文艺出版社, 2001.

[317] 奥马珈音. 鲁拜集. 黄克孙, 译. 台北：书林出版公司, 1987.

[318] Jean-Pierre Changeux. The Physiology of Truth–Neuroscience and Human Knowledge. DeBevoise M B transtate. Cambridge Massachusetts: The Belknap Press of Harvard University Press, 2002.

[319] Stanislas Dehaene, Yves Christen. Characterizing consciousness: From cognition to clinic? Berlin: Springer-Verlag, 2011.

[320] N. Pytheas Fogg. Substitutions in Dynamics, Arithmetics and Combinatorics. Berlin: Springer-Verlag, 2002.

[321] L. Lovasz. Discrete and continuous: two sides of the same, In: "Visions in mathematics, GAFA 2000 special volume, Part 1//Alon N, Bourgain J, Connes A, Gromov M, Milman V. Reprint of the 2000 edition. Birkhauser, Springer Basel AG, 2010. (此书是 "现代 Birkhauser 经典" 系列之一).

[322] 安东尼奥 ·R. 达马西奥. 笛卡儿的错误：情绪、推理和人脑. 毛彩凤, 译, 北京：教育科学出版社, 2007. (英文版的电子版：Antonio R. Damasio. Descartes' error: Emotion, Reason, and Human Brain. New York: Avon Books, 1995.)

[323] Hendrik Jürges, Kerstin Schneider. Fair ranking of teachers. // Bernd Fitzenberger, Stephen Machin ed. The economics of education and training, Christian Dustmann. Heidelberg: Physica-Verlagm, 2008.

[324] Michael S. Gazzaniga. The Ethical Brain. New York/Washington, D.C.: Dana Press, 2005.

[325] Paul Hoffman. The Man Who Loved Only Numbers—The Story of Paul Erdos and the Search for Mathematical Truth. London: Fourth Estate Limited, 1999. (哲人石丛书中译本：保罗 · 霍夫曼. 数字情种 —— 埃尔德什传. 米绪军, 章晓燕, 缪卫东, 译. 上海：上海科技教育出版社, 2000)

[326] 乔纳森 · 斯威夫特. 格列佛游记 (英文). 上海：上海世界图书出版公司, 2007.

[327] Doris Schattschneider, Michele Emmer. M. C. Escher's legacy. Berlin: Springer-Verlag, 2005.

[328] 邱振中. 神居何所：从书法史到书法研究方法论. 北京：中国人民大学出版社, 2006.

[329] 伊凡思 · 彼得生. 数学与艺术 —— 无穷的碎片. 袁震东, 林磊, 译. 上海: 上海教育出版社, 2007.

[330] Nexus Network Journal. Leonardo Da Vince: Architecture and mathematics. Sylvie Duvernoy, Guest Editor, Vol.10, No.1, Spring 2008.

[331] Bennett J A. The Mathematical Science of Christopher Wren. Cambridge: Cambridge University Press, 1982.

[332] Michael S. Gazzaniga. The Social Brain——Discovering the Networks of the Mind. New York: Basic Books, Inc., 1985.

[333] 迈克尔 · 波兰尼. 个人知识. 许泽民, 译. 贵阳: 贵州人民出版社, 2000.

[334] 迈克尔 · 波兰尼. 科学、信仰与社会. 王靖华, 译. 南京: 南京大学出版社, 2004.

[335] 博藍尼講演集 —— 人之研究 · 科學、信仰與社會 · 默會致知. 彭淮棟, 譯. 臺北: 聯經出版事業公司, 民国七十四年三月初版.

[336] Steve Ross. The Mathematical Works of Bernard Bolzano. Oxford: Oxford University Press, 2004.

[337] 徐利治, 阴东升. 数学家的思维方式纵横谈. 滨州师专学报, 1992 18(2):1–9

[338] 阴东升. 范德瓦尔登.//解恩泽, 徐本顺, 主编. 世界数学家思想方法, 济南: 山东教育出版社, 1993: 1402—1422.

[339] АЛЕКСАНДРОВ П С. 集与函数的泛论初阶 (上册). 楊永芳, 译. 上海: 商务印书馆, 1955.

[340] 斯托利亚尔 A A. 数学教育学. 丁尔陞, 等译. 北京: 人民教育出版社, 1985.

[341] Alexei I. Kostrikin, Yuri I. Manin. Linear Geometry and Geometry. Amsterdam: Gordon and Breach Science Publishers, 1997.

[342] Birth of the communist manifesto (With full text of the Manifesto, all prefaces by Marx and Engels, early drafts by Engels, and other supplementary material, Edited and annotated, with an Introduction by Dirk J. Struik). New York: International Publishers Co., Inc., 1993.

[343] For Dirk Struik – Scientific, Historical and Political Essays in Hornor of Dirk J. Struik, Edited by R. S. Cohen, J. J. Stechel, and M. W. Wartofsky, D. Reidel Publishing Company, Dordrecht, Holland, 1974.

[344] 恩格斯. 反杜林论. 3 版. 中共中央 马克思 恩格斯 列宁 斯大林 著作编译局, 译. 北京: 人民出版社, 1999.

[345] 杜林 E. 哲学教程 —— 严密科学的世界观和人生观, 郭官义, 李黎, 译. 北京: 商务印书馆, 1991.

[346] 孙小礼. 莱布尼茨与中国文化. 北京: 首都师范大学出版社, 2006.

[347] 费尔巴哈. 对莱布尼茨哲学的叙述、分析和批判. 涂纪亮, 译. 北京: 商务印书馆, 1985.

[348] Jean Dieudonne. Linear Algebra and Geometry. Paris: Herman Publishers in Arts and Science, 1964.

[349] 阴东升. 始向量方法及其应用. 北京师范大学博士后出站报告, 2002.

[350] Florian Cajori. A History of Mathematical Notations, vol.II: Notations Mainly in Higher Mathematics. Chicago, Illinois: The Open Court Publishing Company, 1952.

[351] Bell E T. Men of Mathematics, volume one. Penguin Books, 1953.

[352] Franklin Perkins. Leibniz and China—a Commerce of Light. Cambridge: Cambridge University Press, 2004.

[353] 颜一清. 遊裡工夫獨造微 —— 小平邦彦 (Kodaira Kunihiko, 1915—1997) 傳. 數學傳播. 25 卷 1 期, 民 90 年 3 月, 39–56.

[354] David Ruelle. The Mathematician's Brain, Princeton: Princeton University Press, 2007.

[355] Dharma Singh Khalsa. Brain Longevity—the Breakthrough Medical Program that Improves your Mind and Memory. i-publish.com at Time Warner Company, First eBook edition: Febraury 2001.

[356] Centre for educational research and innovation, Understanding the brain: the birth of a learning science, OECD, 2007.

[357] Nathaniel Bowditch. The American practical navigator—An epitome of navigator, 2002 bicentennial edition. The national imagery and mapping agency, U. S. government, 2002.

[358] 韦佐西. 达 · 芬奇 —— 宇宙的艺术与科学. 朱燕, 译. 上海: 上海译文出版社, 2004.

[359] Kevin Houston. How to Think Like a Mathematician—A Companion to Undergraduate Mathematics. Cambridge: Cambridge University Press, 2009.

[360] 艾克曼. 歌德谈话录. 杨武能, 译. 北京: 北京燕山出版社, 2011.

[361] 爱比克泰德. 哲学谈话录. 吴欲波, 等译. 北京: 中国社会科学出版社, 2004.

[362] 塞涅卡. 哲学的治疗: 塞涅卡伦理文选 2. 吴欲波, 译. 北京: 中国社会科学出版社, 2007.

[363] 张展欣. 天价书法市场. 广州: 岭南美术出版社, 2011.

[364] Harville D A. Matrix Algebra: Exercises and Solutions. New York: Springer-Verlag, Inc., 2001.

[365] 奥加涅相 B A. 中小学数学教学法. 刘远图, 管承仲, 秦璋, 王慧芬, 译. 北京: 测绘出版社出版, 1983.

[366] Heinz Luneburg. Tools and Fundamendal Constructions of Combinatorial Mathematics. Zürich: BI-Wiss.-Verl., 1989.

[367] Alfred Inselberg. Parallel Coordinates–Visual Multidimensional Geometry and Its Applications. Springer Science+Business Media, LLC, 2009.

[368] 李时珍. 本草纲目 —— 全图附方. 李若溪, 大车, 编. 重庆: 重庆大学出版社, 1998.

[369] 奥里森 · 斯韦特 · 马登. 人生资本论. 杜伟华, 译. 北京：光明日报出版社, 2011.

[370] Mark Rubinstein. A History of the Theory of Investments — My Annotated Bibliography. Hoboken: John Wiley & Sons, Inc., 2006.

[371] 罗素. 西方哲学史 (下卷). 马元德, 译. 北京：商务印书馆, 2006.

[372] Walter Mosley. This Year You Write Your Novel. New York: Little, Brown and Company, 2007.

[373] Ira Gessel, Gian-Carlo Rota. Classic papers in combinatorics. Boston: Birkhauser, 2009.

[374] Joseph P. S. Kung. A Source Book in Matroid Theory. Bostion: Birkhauser, 1986.

[375] Smith J D H, Romanowska A B. Post-Modern Algebra. New York: John Wiley & Sons, Inc., 1999.

[376] Blyth T S, Robertson E F. Basic Linear Algebra. 2nd ed. London: Springer-Verlag, 2002.

[377] Robert Vein, Paul Dale. Determinants and Their Applications in Mathematical Physics. New York: Springer-Verlag, 1999.

[378] The collected works of J. Willard Gibbs, vol.1. New York, London, Toronto: Thermodynamics, Longmans, Green and Co, 1928.

[379] Taylor J M. Determinants–Designed for High-Schools and the Lower Classes of Colleges and Universities. Chicago, NewYork: Werner school book company, 1896.

[380] Prabhat Choudhary. A Practical Approach to Linear Algebra. Jaipure Oxford Book Company, 2009.

[381] Iva Ekeland. The Best of All Possible Worlds—Mathematics and Destiny. Chicago: The University of Chicago Press, 2006.

[382] Heinrich Reitberger. Leopold Vietoris (1891—2002), Notices of the AMS, Vol.49, No.10, November 2002.

[383] Marcus du Sautoy. The music of the primes — Why an unsolved problem in mathematics matters. Fourth Estate, 2003.

[384] Bressoud D M. A radical approach to real analysis. 1994 by The Mathematical Association of America.

[385] Otto Toeplitz. The Calculus – A Genetic Approach. Chicago: The University of Chicago Press, 2007.

[386] Lars V. Ahlfors, Lipman Bers, Morris Kline, George Polya, Andre Weil, et al. On the mathematics curriculum of the high school. The American Mathematical Monthly, 1962, 69: 189–193.

[387] Littlewood J E. A mathematician's miscellany. London: Methuen & Co. Ltd, 1953.

[388] Robert Sternberg, Louise Spear—Swering. 思维教学 —— 培养聪明的学习者. 赵海燕, 译. 北京: 中国轻工业出版社, 2011.

[389] David Salsburg. The Lady Tasting Tea–How Statistics Revolutionized Science in the Twentieth Century. New York: W.H.Freeman and Company, 2002 (First Holt Paperbacks Edition).

[390] Antony Eagle. Philosophy of probability– Contemporary readings. Routledge, 2011.

[391] Harald Cramer. Mathematical methods of statistics. Princeton: Princeton University Press, 1962. (注: 1962 年英文版为笔者见到的版本; 早先见到的是 1960 年的中译本: 哈雷德 · 克拉美. 统计学的数学方法. 第一分册. 郑朴, 吴锦. 译. 北京: 高等教育出版社, 1960).

[392] Daniel Kahneman. Thinking, Fast and Slow. New York: Farrar, Straus and Giroux, 2011.

[393] Jan Mycielski. Russell's paradox and Hilbert's (much forgotten) view of set theory.//Godehard Link, ed. One Hundred Years of Russell's Paradox—Mathematics, Logic, Philosophy. Berlin: Walter de Gruyter, 2004: 533–547.

[394] George M. Phillips. Mathematics is not a Spectator Sport. Springer Science+Business Media, Inc., 2005.

[395] Bertrand Russell. The Analysis of Matter (with a new introduction by John Slater). London: Routledge, 1992.

[396] 西蒙娜 · 薇依. 柏拉图对话中的神 —— 薇依论古希腊文学. 吴雅凌 译, 北京: 华夏出版社, 2012.

[397] 柏拉图. 理想国 (大师经典文库英文版). 北京: 外语教学与研究出版社, 1998.

[398] 斯宾诺莎. 伦理学. 贺麟, 译. 北京: 商务印书馆, 1997.

[399] 乔伊 · 帕尔默. 教育究竟是什么? 100 位思想家论教育. 任钟印, 诸惠芳, 译. 北京: 北京大学出版社, 2011.

[400] 伊万 · 斯特伦斯基. 二十世纪的四种神话理论 —— 卡西尔、伊利亚德、列维 — 斯特劳斯与马林诺夫斯基. 李创同, 张经纬, 译. 北京: 生活 · 读书 · 新知三联书店, 2012.

[401] 杰罗姆 · 布鲁纳. 布鲁纳教育文化观 (导读 作者: 程刚). 宋文里, 黄小鹏, 译. 北京: 首都师范大学出版社, 2012.

[402] Bela Bollobas. Extremal Graph Theory. New York: Dover Publications, Inc., 2004.

[403] Bruce Schechter. My Brain is Open, the Mathematical Journeys of Paul Erdos. New York: First Touchstone Edition, 2000.

[404] Andre Weil. Collected papers, Vol.II (1951—1964). Berlin: Springer-Verlag, 2009.

[405] Robert Fulghum. Words I Wish I Wrote – A collection of writing that inspired my ideas. HarperPerennial, 1999.

[406] 格雷姆 · 唐纳德 · 斯诺克斯, 家庭在整体经济中的作用 ——1788~1990 年澳大利亚长期动态的研究. 尹雪芬, 刘晨阳, 林国禄, 等译. 北京: 中国经济出版社, 2001.

[407] Jerome Bruner. The Culture of Education. Canbridge: Harvard University Press, 1996.

[408] 菲利克斯 · 克莱因. 高观点下的初等数学 (第一卷: 算术 代数 分析; 第二卷: 几何; 第三卷: 精确数学与近似数学). 舒湘芹, 陈义章, 杨钦樑, 译 (第一、二卷). 吴大任, 陈鹀, 译 (第三卷). 上海: 复旦大学出版社, 2008.

[409] 路德维希 · 维特根斯坦. 哲学研究 (一). 英汉对照. 蔡远, 译. 北京: 九州出版社, 2007.

[410] William Snow Burnside, Arthur William Panton. An Introduction to Determinants, Being a Chapter from The Theory of Equations, Dublin: Hodges, Figgis, & Co. (Ltd.), Grafton Street. London: Longmans, Green, & Co., Paternoster Row. 1899.

[411] 徐利治, 郑毓信. 关系映射反演方法. 南京: 江苏教育出版社, 1989.

[412] 楼宇烈. 中国的品格. 海口: 南海出版公司, 2008.

[413] Joesph J. Rotman. Journey into Mathematics—An Introduction to Proofs, New York: Dover Publications, Inc., 2007.

[414] Karl Popper. Unended Quest—An Intellectual Autobiography. New York: Routledge, 2002. (1992 年版本有中译本: 卡尔 · 波普尔. 无尽的探索 —— 卡尔 · 波普尔自传. 邱仁宗, 译. 南京: 江苏人民出版社, 2000. 2002 年英文本比此中译本多参考文献选编 (Select bibliography) 和索引 (Index)).

[415] 罗素, 莫洛亚. 大师眼中的大师. 林衡哲, 编译. 上海: 上海三联书店, 2012.

[416] 卡尔 · 雅思贝尔斯. 智慧之路 —— 哲学导论, 柯锦华, 范进, 译. 北京: 中国国际广播出版社, 1988.

[417] 伯特兰 · 罗素. 罗素自传. 第三卷 1944——1967. 徐奕春, 译. 北京: 商务印书馆, 2012.

[418] Bertrand Russell. Autobiography. Taylor & Francis e-Library, 2009.

[419] 苏霍金. 艺术与科学. 王仲宣, 何纯良, 译. 北京: 读书 · 新知 · 生活三联书店, 1986.

[420] Bertrand Russell. My Philosophical Development, With an Appendix, Russell's Philosophy, by Alan Wood. New York: Simon and Schuster, Inc., 1959.

[421] 伯特兰 · 罗素. 我的哲学的发展. 温锡增, 译. 北京: 商务印书馆, 1988.

[422] John Maynard Keynes. A Treatise on Probability. BN Publishing, 2008.

[423] 约翰 · 内维尔 · 凯恩斯. 政治经济学的范围与方法, 党国英, 刘惠, 译. 北京: 华夏出版社, 2001.

[424] 玛丽亚 · 蒙台梭利. 蒙台梭利科学教育法. 霍力岩, 李敏谊, 胡文娟, 等译. 北京: 光明日报出版社, 2013.

[425] Poincare H. The foundations of science—Science and hyperthesis, The value of science, Science and method. Authorized translation by George Bruce Halsted, with a special

preface by Poincare, and an introduction By Josiah Royce, Harvard University. New York and Garrison, N.Y. The Science Press, 1921.

[426] 埃德蒙德 · 胡塞尔. 笛卡儿沉思与巴黎讲演. 张宪, 译. 北京: 人民出版社, 2008.

[427] Simon Singh. Interview with Richard Borcherds. The Guardian, 28 August, 1998.

[428] Littewood D E. The Skeleton Key of Mathematics–A Simple Account of Complex Algebraic Theories, Mineola. New York: Dover Publications, Inc., 2002.

[429] Littlewood D E. The Theory of Group Characters and Matrix Representations of Groups. 2nd ed. Oxford at the Clarendon Press, 1950.

[430] 雅克 · 德里达. 书写与差异 (上、下册). 张宁, 译. 北京: 生活 · 读书 · 新知三联书店, 2001.

[431] 雅克 · 德里达. 论文字学. 汪堂家, 译. 上海: 上海译文出版社, 1999.

[432] 甘地. 甘地自传 —— 体验真理的故事. 杜危, 吴耀宗, 译. 北京: 商务印书馆, 1992.

[433] Maria Montessori. The Montessori method, Mineola. New York: Dover Publications, Inc., 2002. (这个 Dover 版是重印的 Frederick A. Stokes Company 1912 出版的第 5 版).

[434] Felix Klein. Development of mathematics in the 19th century. Ackerman M, transtate. Appendices “Kleinian mathematics from an advanced standpoint” by R. Hermann. Massachusetts: Math SCI Press, 1979.

[435] Edmund Phelps. Mass Flourishing—How Grassroots Innovation Created Jobs, Challenge, and Change. Princeton: Princeton University Press, 2013.

[436] George Lakoff, Rafael E. Nunez, Where Mathematics Comes From—How the Embodied Mind Brings Mathematics into Being. New York: Basic Books, 2000.

[437] 木田元. 反哲学入门. 路秀丽, 译. 北京: 中信出版社, 2011.

[438] 杰里米 · 里夫金. 第三次工业革命 —— 新年经济模式如何改变世界. 张体伟孙豫宁, 译. 北京: 中信出版社, 2013.

[439] Whitehead A N. The rhythm of education —An address delivered to the training college association, Christophers, 22 Berners Street, London, W.1. 1922.

[440] 约翰 · 瑞迪, 埃里克 · 哈格曼. 运动改造大脑. 浦溶, 译. 杭州: 浙江人民出版社, 2013.

[441] 迪厄多内 J. 无穷小计算. 余家荣, 译. 北京: 高等教育出版社, 2012.

[442] Gill Edwards. Conscious medicine — Creating health and well–being in a conscious universe. Piatkus, 2011.

[443] 丹尼尔 · 博尔. 贪婪的大脑 —— 为何人类会无止境地寻求意义. 林旭文, 译. 北京: 机械工业出版社, 2013.

[444] Paul Atthur Schilpp. The Philosophy of Alfred North Whitehead, The Library of Living Philosophers. New York: Tudor Pulishing Company, 1951.

[445] 布鲁斯 ·H· 利普顿. 信念的力量 —— 新生物学给我们的启示, 喻华译, 北京：中国城市出版社, 2013.

[446] 阴东升, 徐达林. 卡尔达诺. //解恩泽, 徐本顺, 主编. 世界数学家思想方法. 济南：山东教育出版社, 1993:304–317.

[447] 刘树屏, 吴子城. 澄衷蒙学堂字课图说：全 8 册. 北京：新星出版社, 2014.

[448] Michael Mendizza with Joseph Chilton Pearce, Magical Parent Magical Child, North Atlantic Books (Berkeley, California), In-Joy Publications (Ojai, California), 2004.

[449] Joseph Chilton Pearce, Magical child, Plum, 1992.

[450] Guy McKhann, Marilyn Albert. Keep your brain young–The complete guide to physical and emotional health and longevity. Hoboken: John Wiley & Sons, Inc., 2002.

[451] Douglas Hofstadter. I Am A Strange Loop, New York: Basic Books, 2007.

[452] Henryk Minc. Permanents. New York: Addison-Wesley Publishing Company, Inc., 1978.

[453] 基恩 · 德夫林. 千年难题：七个悬赏 1000000 美元的数学问题, 沈崇圣译, 上海：上海科技教育出版社, 2006.

[454] William J. Cook. In Pursuit of the Traveling Salesman Mathematics at the Limits of Compution. Princeton: Princeton University Press, 2012(中译本：William J. Cook. 迷茫的旅行商：一个无处不在的计算机算法问题. 隋春宁, 译. 北京：人民邮电出版社, 2013).

[455] Douglas Hofstadter, Emmanuel Sander. Surfaces and Essences—Analogy As the Fuel and Fire of Thinking. New York: Basic Books, 2013.

[456] 李仲轩口述, 徐皓峰撰文. 逝去的武林. 北京：人民文学出版社, 2014.

[457] W. Brian Arthur. The Nature of Technology: What It Is and How It Evolves. New York: Free Press, 2009. (中译本：布莱恩 · 阿瑟. 技术的本质：技术是什么, 它是如何进化的. 曹东溟, 王健, 译. 杭州：浙江人民出版社, 2014)

[458] Joseph Chilton Pearce. Evolution's End: Claiming the Potential of Our Intelligence. New York: HarperOne, 1993.

[459] 雷 · 库兹韦尔. 如何创造思维：人类思想所揭示出的奥秘 (How to Create A Mind: The Secret of Human Thought Revealed). 盛杨燕, 译. 杭州：浙江人民出版社, 2014.

[460] Ray Kurzweil, Terry Grossman. Fantastic Voyage: Live Long Enough to Live Forever (The Science behind Radical Life Extension). New York: Plume, 2005.

[461] Keith Devlin. The Math Instinct: Why You're a Mathematical Genius. New York: Thunder's Mouth Press, 2005.

[462] 齐斯 · 德夫林. 数学的语言：化无形为可见. 洪万生, 洪赞天, 苏意雯, 英家铭, 译. 桂林：广西师范大学出版社, 2013.

[463] Michael D. Resnik. Mathematics as a Science of Patterns. Oxford: Oxford University Press, 2005.

[464] 霍华德 · 加德纳. 智能的结构. 沈致隆, 译. 北京：中国人民大学出版社, 2008.

[465] Kelly McGonigal. The Willpower Instinct: How Self-Control Works, Why It Matters, and What You Can Do to Get More of It. New York: Avery,2012. (中译本：凯利 · 麦格尼格尔. 自控力. 王岑卉, 译. 北京：印刷工业出版社, 2012)

[466] Francis P. Cholle. The Intuitive Compass: Why the Best Decisions Balance Reason and Instinct, Jossey-Bass, 2012.

[467] John Polkinghorne. Meaning in Mathematics. Oxford: Oxford University Press, 2011.

[468] John Polkinghorne. Exploring Reality: The Intertwining of Science and Religion. New Haven: Yale University Press, 2005.

[469] Roger Penrose. The Road to Reality: A Complete Guide to the Laws of the Universe, New York: Vintage Books, 2004. (中译本：罗杰 · 彭罗斯. 通向实在之路 —— 宇宙法则的完全指南. 王文浩, 译. 长沙：湖南科学技术出版社, 2013)

[470] Hao Wang. Reflections on Kurt Godel. MIT Press , 1987. Fourth printing, 1995. (中译本：王浩. 哥德尔, 康宏逵, 译. 上海：上海译文出版社, 1997)

[471] Jean-Pierre Changeux, Alain Connes. Conversations on Mind, Matters, and Mathematics (Edited and Translated by M. B. DeBevoise). Princeton: Princeton University Press, 1995.

[472] Leon Henkin, Patrick Suppes, Alfred Tarski. The Axiomatic Method with Special Reference to Geometry and Physics, Proceedings of an International Symposium held at the University of California, Berkeley, December 26, 1957—January 4, 1958. Amsterdam: Nort-Holland Publishing Company, 1959.

[473] 萨尔曼 · 可汗. 翻转课堂的可汗学院：互联时代的教育革命, 刘婧译, 杭州：浙江人民出版社, 2014.

[474] Ulam S. John von Neumann 1903—1957, Bulletin of the AMS. 1958, 64(3):1-49.

[475] 库兹韦尔. 奇点临近. 李庆诚, 董振华, 田源, 译. 北京：机械工业出版社, 2014.

[476] Whitehead A N. The Organisation of Thought: Educational and Scientific. London: Williams and Norgate, 1917.

[477] Douglas R. Hofstadter, Godel, Escher, Bach: an Eternal Golden Braid. New York: Basic Books, Inc., 1979. (中译本. 全译本：侯世达. 哥德尔、埃舍尔、巴赫 —— 集异璧之大成. 郭维德等译, 北京：商务印书馆, 1996. 较早的改编压缩译本：道 · 霍夫斯塔特., GEB —— 一条永恒的金带. 乐秀成, 编译. 成都：四川人民出版社, 1984. 笔者多年前首先读到的就是这一简编译本.)

[478] Douglas R. Hofstadter and the Fluid Analogies Research Group, Fluid Concepts and Creative Analogies — Computer Models of the Fundamental Mechanisms of Thought.

New York: Basic Books, 1995.

[479] 石里克 M. 普通认识论. 李步楼, 译. 北京：商务印书馆, 2005.

[480] 梯利著, 伍德增补, 西方哲学史 (增补修订版). 葛力, 译. 北京：商务印书馆, 1995.

[481] Stanislaw Dehaene. Consciousness and the Brain: Deciphering How the Brain Codes Our Thoughts, New York: Viking Penguin, 2014.

[482] Fredric M.Ham Ivica Kostanic. 神经计算原理. 叶世伟, 王海娟, 译. 北京：机械工业出版社, 2007.

[483] L. M. Adleman. Molecular computation of solutions to combinatorial problems, Science,226 (November 1994), 1021–1024.

[484] Paun G, Rozenberg G, Salomaa A. DNA 计算 —— 一种新的计算模式. 许进, 王淑栋, 潘林强, 译. 北京：清华大学出版社, 2004.

[485] 萨多夫尼契 B A, 波德科尔津 A C. 大学生数学竞赛题解汇集. 朱尧辰, 译. 北京：科学普及出版社, 1982.

[486] Paul Erdos, Joel Spencer. Probabilistic Methods in Combinatorics. New York: Academic Press, 1974.

[487] Mark Levy. Accidential Genius: Using Writing to Generate Your Best Ideas, Insight, and Content, BK (Berrett-Koehler Publishers, Inc.), 2010.

[488] Blyth T S, Robertson E F. Algebra Through Practice—Books 4,5&6. Cambridge: Cambridge University Press, 1985.

人 名 索 引

H

I

Q

R

S

T

名词及基本思想索引

T